Grundlagen des Mathematikunterrichts in der Sekundarstufe

Mathematik Primarstufe und Sekundarstufe I + II

Herausgegeben von
Prof. Dr. Friedhelm Padberg
Universität Bielefeld

Bisher erschienene Bände (Auswahl):

Didaktik der Mathematik

P. Bardy: Mathematisch begabte Grundschulkinder – Diagnostik und Förderung (P)
M. Franke: Didaktik der Geometrie (P)
M. Franke/S. Ruwisch: Didaktik des Sachrechnens in der Grundschule (P)
K. Hasemann: Anfangsunterricht Mathematik (P)
K. Heckmann/F. Padberg: Unterrichtsentwürfe Mathematik Primarstufe (P)
G. Krauthausen/P. Scherer: Einführung in die Mathematikdidaktik (P)
G. Krummheuer/M. Fetzer: Der Alltag im Mathematikunterricht (P)
F. Padberg/C. Benz: Didaktik der Arithmetik (P)
P. Scherer/E. Moser Opitz: Fördern im Mathematikunterricht der Primarstufe (P)

G. Hinrichs: Modellierung im Mathematikunterricht (P/S)

R. Danckwerts/D. Vogel: Analysis verständlich unterrichten (S)
G. Greefrath: Didaktik des Sachrechnens in der Sekundarstufe (S)
F. Padberg: Didaktik der Bruchrechnung (S)
H.-J. Vollrath/H.-G. Weigand: Algebra in der Sekundarstufe (S)
H.-J. Vollrath/J. Roth: Grundlagen des Mathematikunterrichts in der Sekundarstufe (S)
H.-G. Weigand/T. Weth: Computer im Mathematikunterricht (S)
H.-G. Weigand et al.: Didaktik der Geometrie für die Sekundarstufe I (S)

Mathematik

F. Padberg: Einführung in die Mathematik I – Arithmetik (P)
F. Padberg: Zahlentheorie und Arithmetik (P)

K. Appell/J. Appell: Mengen – Zahlen – Zahlbereiche (P/S)
A. Filler: Elementare Lineare Algebra (P/S)
S. Krauter: Erlebnis Elementargeometrie (P/S)
H. Kütting/M. Sauer: Elementare Stochastik (P/S)
T. Leuders: Erlebnis Arithmetik (P/S)
F. Padberg: Elementare Zahlentheorie (P/S)
F. Padberg/R. Danckwerts/M. Stein: Zahlbereiche (P/S)

A. Büchter/H.-W. Henn: Elementare Analysis (S)
G. Wittmann: Elementare Funktionen und ihre Anwendungen (S)

P: Schwerpunkt Primarstufe
S: Schwerpunkt Sekundarstufe

Weitere Bände in Vorbereitung

Hans-Joachim Vollrath / Jürgen Roth

Grundlagen des Mathematikunterrichts in der Sekundarstufe

2. Auflage

Autoren
Prof. Dr. Hans-Joachim Vollrath
Universität Würzburg
Institut für Mathematik
Emil-Fischer-Str. 30
97074 Würzburg
E-Mail: vollrath@mathematik.uni-wuerzburg.de

Prof. Dr. Jürgen Roth
Universität Koblenz-Landau
Institut für Mathematik
Fortstraße 7
76829 Landau
E-Mail: roth@uni-landau.de

Weitere Informationen zum Buch finden Sie unter www.spektrum-verlag.de/978-3-8274-2854-7

Wichtiger Hinweis für den Benutzer
Der Verlag, der Herausgeber und die Autoren haben alle Sorgfalt walten lassen, um vollständige und akkurate Informationen in diesem Buch zu publizieren. Der Verlag übernimmt weder Garantie noch die juristische Verantwortung oder irgendeine Haftung für die Nutzung dieser Informationen, für deren Wirtschaftlichkeit oder fehlerfreie Funktion für einen bestimmten Zweck. Ferner kann der Verlag für Schäden, die auf einer Fehlfunktion von Programmen oder ähnliches zurückzuführen sind, nicht haftbar gemacht werden. Auch nicht für die Verletzung von Patent- und anderen Rechten Dritter, die daraus resultieren. Eine telefonische oder schriftliche Beratung durch den Verlag über den Einsatz der Programme ist nicht möglich. Der Verlag übernimmt keine Gewähr dafür, dass die beschriebenen Verfahren, Programme usw. frei von Schutzrechten Dritter sind. Die Wiedergabe von Gebrauchsnamen, Handelsnamen, Warenbezeichnungen usw. in diesem Buch berechtigt auch ohne besondere Kennzeichnung nicht zu der Annahme, dass solche Namen im Sinne der Warenzeichen- und Markenschutz-Gesetzgebung als frei zu betrachten wären und daher von jedermann benutzt werden dürften. Der Verlag hat sich bemüht, sämtliche Rechteinhaber von Abbildungen zu ermitteln. Sollte dem Verlag gegenüber dennoch der Nachweis der Rechtsinhaberschaft geführt werden, wird das branchenübliche Honorar gezahlt.

Bibliografische Information der Deutschen Nationalbibliothek
Die Deutsche Nationalbibliothek verzeichnet diese Publikation in der Deutschen Nationalbibliografie; detaillierte bibliografische Daten sind im Internet über http://dnb.d-nb.de abrufbar.

Springer ist ein Unternehmen von Springer Science+Business Media
springer.de

2. Auflage 2012
© Spektrum Akademischer Verlag Heidelberg 2012
Spektrum Akademischer Verlag ist ein Imprint von Springer

12 13 14 15 16   5 4 3 2 1

Planung und Lektorat: Dr. Andreas Rüdinger, Barbara Lühker
Herstellung: Crest Premedia Solutions (P) Ltd, Pune, Maharashtra, India
Satz: Autorensatz
Umschlaggestaltung: SpieszDesign, Neu-Ulm

ISBN 978-3-8274-2854-7

Inhaltsverzeichnis

Einleitung

Die Grundlagen des Mathematikunterrichts in der Sekundarstufe I werden in diesem Buch aus *didaktischer* Sicht behandelt. Im Vordergrund stehen die folgenden Fragen:

- Wie lässt sich *Mathematik als Pflichtfach* für alle Heranwachsenden in allen Schultypen und in allen Jahrgangsstufen rechtfertigen? Welche Ziele hat dieser Unterricht? Welche Inhalte sind zu unterrichten?

- Was bedeutet es, Mathematik zu *lernen,* und unter welchen Bedingungen vollzieht es sich? Was geschieht dabei im Denken des Menschen?

- Was bedeutet es, Mathematik zu *lehren*? Gibt es Erfolg versprechende Handlungsmuster der Lehrenden für den Mathematikunterricht?

- Wie *plant* man Mathematikunterricht so, dass kurz- und mittelfristiges Lernen erfolgt und zu langfristigem Lernen führt? Wie plant man einen lebendigen, zielgerichteten Unterricht, ohne die Spontaneität von Lehrenden und Lernenden zu verhindern?

- Wie kann man die wichtigsten Typen mathematischer Inhalte im Mathematikunterricht der Sekundarstufe I *erarbeiten*?

Diese *allgemeinen* Fragen werden in 5 Kapiteln aus der Sicht der Mathematikdidaktik *theoretisch* und zugleich mit Blick auf die *Unterrichtspraxis* behandelt. *Inhaltliche* Fragen des Mathematikunterrichts werden überwiegend in Beispielen angesprochen. Dabei gehen wir auch ausführlich auf die Rolle der *elektronischen Medien* für das Lehren und Lernen von Mathematik ein.

Obwohl der *Taschenrechner* heute in der Hand der Schülerinnen und Schüler inzwischen eine Selbstverständlichkeit ist, beginnt in Deutschland der Unterricht erst damit, z.B. die Möglichkeiten der graphikfähigen Taschenrechner zu nutzen, die vor allem im englischen Sprachraum bereits umfassend eingesetzt werden.

Die sich ständig weiterentwickelnden dynamischen Geometriesysteme, Tabellenkalkulationsprogramme und Computeralgebrasysteme ermöglichen einen vielfältigen Einsatz des *Computers* als Werkzeug im Mathematikunterricht. Darüber hinaus kann der Computer als *Unterrichtsmedium* in allen Phasen des Unterrichtsgeschehens auf unterschiedliche Weise nutzbringend verwendet werden. Dieses Buch soll die Lehrenden anregen, die durch den Computer entstehenden Freiräume nicht allein mit neuen Inhalten und Aufgaben zu füllen, sondern für einen neuen Unterrichtsstil zu nutzen, bei dem die Lernenden Spielraum zur Entfaltung eigener Ideen erhalten, ihre Gedanken in Ruhe entwickeln und Zusammenhänge und Gesetzmäßigkeiten selbst entdecken können.

Nach unserer Auffassung bieten leistungsfähige Taschenrechner und Computerwerkzeuge die Chance, tiefer in die Mathematik einzudringen, so dass *Verstehen* von Mathematik für *alle* Schülerinnen und Schüler möglich wird und sie Aufgaben lösen können, an denen sie sonst vielleicht scheitern würden.

Für die Mathematikdidaktik ist das *Lehren und Lernen von Mathematik* das zentrale Forschungsanliegen. Dabei liefern *Mathematik, Pädagogik* und *Psychologie* Argumente, mit denen sich didaktische Theorien stützen lassen. Mathematikdidaktik gründet sich aber auch auf *Unterrichtserfahrung*, die theoretisch reflektiert wird, und auf Ergebnisse *empirischer didaktischer Forschung*.

Mathematikdidaktik ist in Deutschland seit etwa 50 Jahren an den wissenschaftlichen Hochschulen etabliert. Grundlegende mathematikdidaktische Fragen werden international erforscht. Da es hier in erster Linie um Fragen des Mathematikunterrichts in Deutschland geht, wird überwiegend auf deutsche Literatur Bezug genommen. Wo allgemeine Fragen berührt werden, wird auch einschlägige internationale Literatur mit herangezogen.

Verweise auf ältere Literatur sollen die Wurzeln didaktischer Ideen aufzeigen, die in der didaktischen Diskussion der Gegenwart wichtig sind. Dabei wird sich zeigen, dass manche alte Idee lediglich in neuem Gewand daherkommt. Das lässt sich häufig bei Begriffen nachweisen, die aus den USA nach Deutschland kommen und anscheinend „modern" wirken. Um sich an der aktuellen Diskussion beteiligen zu können, kann sich die Mathematikdidaktik kaum diesem Vokabular entziehen. Aus diesem Grund finden sich auch in diesem Buch einige dieser Begriffe.

Im geteilten Deutschland hatte sich die Entwicklung der Mathematikdidaktik — in der DDR wurde sie als „Methodik des Mathematikunterrichts" bezeichnet — weitgehend getrennt vollzogen. Bei der Wiedervereinigung wurden die Strukturen überwiegend von der Bundesrepublik her bestimmt. Das gilt auch für die Didaktik und für das Schulsystem. Der Mathematikunterricht in Deutschland hat also unterschiedliche Traditionen. Manches lässt sich nur verstehen, wenn man dies bei der Analyse berücksichtigt. In den historischen Betrachtungen wird deshalb auch immer wieder auf Beiträge von Mathematikdidaktikern der ehemaligen DDR verwiesen.

Mathematikunterricht wendet sich an Heranwachsende. Sie sollen lernen, mathematisch zu denken. Das ist nur möglich, wenn die Lehrenden von den Heranwachsenden her denken.

Das eigene kindliche Denken haben Erwachsene weitgehend vergessen. Wer Kinder lehren will, muss deshalb wieder lernen, wie Kinder denken. Dazu will dieses Buch zumindest Anstöße geben.

In der hier vorgelegten neuen Auflage sind an vielen Stellen Verbesserungen angebracht worden: Beispiele und Literaturhinweise wurden aktualisiert. Inhaltlich Neues, das im Wesentlichen auf den neu gewonnenen zweiten Autor zurückgeht, ist vor allem im Hinblick auf einen sinnvollen Einsatz des Taschenrechners und des Computers hinzugekommen. Darüber hinaus finden sich jeweils am Ende eines Kapitels *Aufgaben*, die zur Beschäftigung mit einschlägigen didaktischen Problemen des behandelten Themas einladen.

Bei der Überarbeitung waren uns die Anregungen von Prof. Dr. Dr. Günter Pickert, Gießen, und von Prof. Dr. Hans Schupp, Saarbrücken, eine Hilfe, für die wir herzlich danken.

Dem Herausgeber dieser Schriftenreihe und dem Verlag danken wir für die Möglichkeit dieser Neuauflage.

Für Ergänzungen verweisen wir auf die in dieser Reihe erschienenen Bücher:

Vollrath, H.-J., Weigand, H.-G., *Algebra in der Sekundarstufe,* 2007³;

Weigand, H.-G. et al., *Didaktik der Geometrie für die Sekundarstufe I,* 2009;

Weigand, H.-G., Weth, T., *Computer im Mathematikunterricht,* 2002.

Schließlich sei auf unsere Informationsmaterialien zu den Grundlagen des Mathematikunterrichts in der Sekundarstufe I im Internet verwiesen, die sich unter der folgenden Adresse finden:

http://www.mathematikunterricht.net

1 Mathematik als Unterrichtsfach

Mathematik ist Unterrichtsfach an *allen* Schularten und in allen Schulstufen. In diesem Kapitel wird untersucht, wie es dazu gekommen ist und welche Erwartungen an den Mathematikunterricht gerichtet werden. Im Vordergrund stehen dabei drei zentrale Anforderungen:

- Mathematik als allgemeinbildendes Fach,
- Mathematik als qualifizierendes Fach,
- Mathematik als authentisches Fach.

1.1 Mathematik in der Schule

Mathematik ist ein Fach, das an allen allgemeinbildenden Schulen unterrichtet wird. Als ein „Hauptfach" ist es durch seine Stundenzahl, durch den Umfang der Hausaufgaben, durch die Anzahl der zu erbringenden Leistungsnachweise und durch das Gewicht seiner Zeugnisnote gegenüber anderen Fächern hervorgehoben. Es stellt vergleichsweise hohe Anforderungen an Schülerinnen und Schüler und weist den Lehrenden eine wichtige Rolle im schulischen Leben der Lernenden zu.

1.1.1 Einschätzungen des Fachs

Aus der Sicht der Lehrkräfte gehört das zu den positiven Seiten des Berufs. Denn das Gewicht des Faches bewahrt sie vor manchen disziplinarischen Problemen, mit denen z.B. Lehrerinnen und Lehrer von sogenannten „Nebenfächern" häufig zu kämpfen haben. Andererseits werden sie in Mathematik in stärkerem Maße mit dem Versagen von Schülerinnen und Schülern konfrontiert, was bei den Lernenden Aggressionen hervorrufen und die Beziehung zu ihnen belasten kann.

Angesichts der Anforderungen des Faches würde man erwarten, dass es nicht besonders beliebt ist. Es ist deshalb überraschend, dass bei allen Befragungen über die Beliebtheit der Fächer Mathematik ziemlich weit vorn rangiert. Die negativen Erfahrungen spiegeln sich jedoch bei der Frage nach dem unbeliebtesten Fach wider, denn auch hier rangiert Mathematik weit vorn. Das ist kein Widerspruch, sondern besagt, dass Mathematik ein *polarisierendes* Fach ist.

In einer 1995 von Emnid durchgeführten repräsentativen Umfrage unter Bundesbürgern über 18 Jahren mit unterschiedlichsten Schulabschlüssen wurde z.B. auf die Frage „Was waren Ihre Lieblingsfächer?“ Mathematik mit 46 % am häufigsten genannt. Es folgten Deutsch mit 38 %, Erdkunde mit 22 % und Sport mit 21 %. Die übrigen Fächer erhielten weniger als 15 % Nennungen (SPIEGEL special 9/1995, S. 139).

Auf die Frage „Welche Fächer haben Sie am meisten gehasst?“ nannten in der Emnid-Umfrage 24 % Mathematik, je 14 % Chemie und Physik und 13 % Deutsch. Die übrigen Fächer wurden jeweils zu weniger als 10 % genannt (SPIEGEL special 9/1995, S. 139).

Dass Mathematik ein polarisierendes Fach ist, ist keine neue Beobachtung. Die *Methodik des Mathematikunterrichts* stellte das z.B. bereits 1961 fest und bezog sich dabei auf Erhebungen aus den Jahren 1923 und 1956 (Lietzmann 1961[3], S. 11).

Im öffentlichen Leben geben Verantwortungsträger häufig unumwunden zu, in der Schule eine „Matheniete“ gewesen zu sein (Beutelspacher 2009[5]). Es ist daher erstaunlich, dass trotzdem das Fach Mathematik in der Schule weitgehend unangefochten ist.

Wie Elisabeth Moser Opitz in einer umfangreichen Untersuchung an Schülerinnen und Schülern der Sekundarstufe I feststellen konnte, waren dort bei den positiven Beurteilungen das Interesse an der Sache und die Lebensrelevanz der Mathematik entscheidend, während für die negativen Beurteilungen in erster Linie negative Erlebnisse im Mathematikunterricht verantwortlich waren (Moser Opitz 2009).

Nun kann allerdings über die konkrete Frage, wie lange und in welchem Umfang Mathematik an einem bestimmten Schultyp unterrichtet werden soll, durchaus leidenschaftlich und kontrovers in der Öffentlichkeit diskutiert werden. Als Hans-Werner Heymann 1995 in seiner Habilitationsschrift (Heymann 1996, S. 153) zu dem Ergebnis gekommen war: „Erwachsene, die nicht in mathematikintensiven Berufen tätig sind, verwenden in ihrem privaten und beruflichen Alltag nur relativ wenig Mathematik – was über den Stoff hinausgeht, der üblicherweise bis Klasse 7 unterrichtet wird (Prozentrechnung, Zinsrechnung, Schlußrechnung), spielt später kaum noch eine Rolle.“, zog die Presse daraus die Konsequenz: „Sieben Jahre Mathematik sind genug.“ Das löste eine lebhafte, kontroverse Diskussion in der Öffentlichkeit aus.

In einer offenen Gesellschaft werden scheinbar selbstverständliche Regelungen von Zeit zu Zeit in Frage gestellt. Das gilt auch für die Rolle des Mathematikunterrichts in der Schule. Derartige Diskussionen werden häufig sehr emotional geführt, was auf Grund der persönlichen Betroffenheit der meisten Menschen nicht verwunderlich ist. Mit Argumenten lassen sie sich aber versachlichen. Im Folgenden sollen einige grundlegende Fragen angesprochen und mögliche Argumente erörtert werden.

1.1.2 Schule für alle

In Deutschland besteht für alle Kinder eine allgemeine *Schulpflicht*. Nach dem Grundgesetz (Artikel 7, Absatz 1) steht das gesamte Schulwesen unter der Aufsicht des Staates. Damit soll sichergestellt sein, dass jedes Kind – unter Umständen auch gegen den Willen der Eltern – eine Schule besucht. Die allgemeine Schulpflicht billigt jedem Kind auch das *Recht* auf Schule zu. Das ist heute weltweit keineswegs selbstverständlich; und auch in Deutschland besteht erst seit 1919 die allgemeine Schulpflicht.

Da Mathematik in allen Schularten verbindlich ist, bedeutet dies, dass alle Kinder Mathematik lernen *müssen*, dass sie aber auch Mathematik lernen *dürfen*. Wenn für die Lernenden oft das „Müssen" im Vordergrund steht, so lassen sich doch in der kindlichen Entwicklung Phasen beobachten, in denen sie von Zahlen und Formen so fasziniert sind, dass sie Mathematik unbedingt lernen *wollen*.

Wohl alle Mathematiklehrer wünschen sich Kinder, die im Mathematikunterricht fragen: Wie macht man das? Warum macht man das so? Könnte man es auch anders machen? Resigniert müssen aber viele feststellen, dass sie es sind, die den Kindern derartige Fragen stellen müssen.

Ist eine Schule, in der die *Kinder* fragen, eine Illusion? Der Philosoph Karl Popper (1902–1994) wünschte sich als Mathematikstudent eine solche Schule:

> Wenn ich an die Zukunft dachte, träumte ich davon, eines Tages eine Schule zu gründen, in der junge Menschen lernen könnten, ohne sich zu langweilen; in der sie angeregt würden, Probleme aufzuwerfen und zu diskutieren; eine Schule, in der sie nicht gezwungen wären, unverlangte Antworten auf ungestellte Fragen zu hören; in der man nicht studierte, um Prüfungen zu bestehen, sondern um etwas zu lernen. (Popper 1984[3], S. 51)

Popper hat seine Traumschule nicht gegründet, aber es gibt heute doch viele engagierte Lehrkräfte, die sich darum bemühen, eine solche Schule Wirklichkeit werden zu lassen.

Wenn *alle Heranwachsenden* am Mathematikunterricht teilnehmen müssen, dann ergibt sich daraus eine Machtposition für die Lehrkräfte, die nur dann zu vertreten ist, wenn sie sich ihrer großen Verantwortung bewusst sind, die ihnen daraus erwächst, und wenn sie verantwortungsbewusst unterrichten. Ihr Handeln muss von der Überzeugung geleitet sein:

Verstehen des Verstehbaren ist ein Menschenrecht.

(Martin Wagenschein)

Diese Erklärung des Pädagogen Martin Wagenschein (1896–1988) ist die didaktische Überzeugung, die diesem Buch zugrunde liegt. Sie ist gepaart mit dem Optimismus, dass man selbst Menschen, die bisher keinen Zugang zur Mathematik gefunden haben, zu mathematischem Verstehen verhelfen kann.

Dass Mathematik *Pflichtfach* in allen Schulen ist, ergibt sich aus dem Bildungsauftrag der Schule. Traditionell wird dieser Auftrag in erster Linie in der Vermittlung von *Allgemeinbildung* gesehen, wobei die verschiedenen Schulfächer zusammenwirken sollen. Die einzelnen Fächer müssen sich deshalb durch ihren Beitrag zur Allgemeinbildung begründen und die Ergebnisse ihres Unterrichts müssen sich am eigenen Anspruch messen lassen. Für den Mathematikunterricht ist also zu klären, worin sein spezifischer Beitrag zur Allgemeinbildung besteht. Dazu wird im Folgenden zunächst der Begriff der Allgemeinbildung etwas näher betrachtet.

1.1.3   Allgemeinbildung als Auftrag der Schule

Von „allgemeiner Bildung" wird seit dem Beginn des 19. Jahrhunderts gesprochen. Man bezeichnete damit ein Ideal, mit dem Verengungen im damaligen Schulwesen überwunden werden sollten. Es war von der Überzeugung bestimmt, dass alle jungen Menschen in „Elementarschulen" vor ihrer Ausbildung für einen bestimmten Stand oder Beruf *Allgemeinbildung* erwerben sollten. Das bezog sich auf „Allgemeinwissen", schloss aber praktisches Können, Werthaltungen und soziale Tugenden ein. Allgemeinbildung war also auf den *ganzen* Menschen gerichtet und sollte deshalb zugleich *grundlegende* Bildung, *umfassende* Bildung und *gemeinsame* Bildung sein.

Bald wurde jedoch deutlich, dass sich Allgemeinbildung nicht auf Elementarschulen beschränken ließ. Auch die „Volksschulen", die „Mittelschulen" und die „Gymnasien" hatten die Vermittlung von Allgemeinbildung zum Ziel. Und doch definierten sie sich durch unterschiedliche „Bildungsaufträge". Dieses Spannungsverhältnis besteht bis heute. Grundschulen, Hauptschulen, Realschulen, Gymnasien und Gesamtschulen sollen Allgemeinbildung vermitteln. Offensichtlich kann dieses Ziel im jeweiligen Kontext Unterschiedliches bedeuten, so dass es doch recht verschwommen wirkt und deshalb auch von Pädagogen kritisch gesehen wird:

> In der Rückschau auf die letzten 200 Jahre deutscher Philosophie und Pädagogik lässt sich nachweisen, daß das „Bildungs"-Vokabular wegen seiner Ungenauigkeit mehr zur Vernebelung als zur Aufklärung anthropologisch-pädagogischer Sachverhalte beigetragen hat. Es ist ein spezifisch deutsches Vokabular, das unübersetzbar ist. (Brezinka 2000, S. 1)

Wenn man trotzdem an dem Begriff der Allgemeinbildung festhält, so hat dies eine Ursache darin, dass eine Grundlage benötigt wird, wenn pädagogisches Handeln „begründbar und verantwortbar" sein soll (Klafki 1985, S. 13). Dazu ist es allerdings notwendig, diesen Begriff näher zu beschreiben. Heymann wählte dazu den Ansatz, ihn durch *Aufgaben der Schule* wie z.B. „Lebensvorbereitung", „Weltorientierung", „Anleitung zu kritischem Vernunftgebrauch" und „Entfaltung von Verantwortungsbereitschaft" zu konkretisieren (Heymann 1996, S. 47).

Ein derartiger Aufgabenkatalog sollte einleuchtend und umfassend sein. Im Folgenden werden darunter die vier grundlegenden Aufgaben verstanden:

- Entfaltung der Persönlichkeit,

- Aneignung von Fähigkeiten und Kenntnissen zum Leben in der Umwelt,

- Befähigung zur Teilhabe am Leben in der Gesellschaft,

- Vermittlung von Normen und Werten.

In diesem Katalog wird der Blick zunächst auf den Menschen, dann auf seine Beziehung zur Umwelt, danach auf Beziehungen zu anderen Menschen und schließlich auf das diesen Beziehungen Übergeordnete gelenkt. Er bezieht sich damit auf die *Grundrelationen,* in denen Menschen leben.

Auch diese Aufgaben sind noch sehr allgemein formuliert. Immerhin machen die unterschiedlichen Aufgabenbereiche deutlich, dass Schule sich nicht nur auf die Vermittlung von *Wissen* und *Können* beschränken darf, sondern auf den ganzen Menschen ausgerichtet ist. Albert Einstein (1879–1955) drückte das 1936 in einem Vortrag „Über Erziehung" wie folgt aus:

> Zuweilen hält man die Schule nur für ein Instrument zur Weitergabe einer Höchstmenge von Wissen an die heranwachsende Generation. Das ist nicht richtig. Wissen allein ist tot; die Schule aber dient dem Lebendigen. Sie soll in den jungen Menschen alle Eigenschaften und Fähigkeiten entwickeln, die für die Wohlfahrt der Allgemeinheit wertvoll sind. Das soll nicht heißen, daß die Individualität zerstört und der Einzelne zum bloßen Werkzeug der Gemeinschaft werden soll, wie eine Biene oder eine Ameise. Denn eine Gemeinschaft gleichgerichteter Individuen ohne persönliche Originalität und persönliches Streben wäre eine kümmerliche Gemeinschaft, die keine Möglichkeit zur Entwicklung hätte. Im Gegenteil, das Ziel ist die Heranbildung unabhängig handelnder und denkender Personen, die allerdings im Dienst einer Gemeinschaft ihr höchstes Lebensproblem erblicken. (Einstein 1952, S. 36 f.)

Trotzdem beschränkt sich die Bildungsdiskussion häufig auf Wissen und Können. In der Bildungstradition strebt man mit dem Können *formale* Bildung und mit dem Wissen *materiale* Bildung an. Die Diskussion um Bildungsziele wird dann leicht auf die Frage verengt, ob es in der Schule in erster Linie um die Vermittlung von formaler oder von materialer Bildung geht. Im Mathematikunterricht wurde z.B. immer wieder diskutiert, ob es eher auf die Kenntnis von Definitionen und Sätzen oder auf die Fähigkeit zum Lösen von Aufgaben ankommt. Im Schulalltag steht allerdings durch das Gewicht der Klassenarbeiten für den schulischen Erfolg das Lösen von Aufgaben im Vordergrund. Sachwissen ist nur insoweit von Bedeutung, als es zum Lösen der Aufgaben dienlich ist.

Derartige Polarisierungen führen zu Einseitigkeiten, die letztlich zu Lasten der Lernenden gehen. Ist einmal eine Einseitigkeit im Unterricht eingerissen, dann mag es sinnvoll sein, einen anderen Aspekt stärker zu betonen. Generell sollte man sich aber in Fragen der Erziehung vor einem „Entweder-oder" hüten. So ist Wolfgang Klafki darum bemüht, mit seiner Theorie der *kategorialen* Bildung die Ideen der formalen und der materialen Bildung miteinander zu verbinden, indem er danach fragt, welche Inhalte lehrenswert sind (Klafki 1985).

Das lenkt den Blick zurück zur *Allgemeinbildung*. Die angegebenen Aufgaben sind so allgemein gehalten, dass es nicht schwerfällt, sie zu akzeptieren. Wenn man sie allerdings aus dem Blickwinkel der einzelnen Fächer betrachtet und fragt, welche substantiellen Beiträge das einzelne Fach zur Bewältigung dieser Aufgaben leisten kann, dann gerät man leicht in Schwierigkeiten. Dass Mathematik wesentliche Beiträge zur Vermittlung von nützlichem Wissen und Können leisten kann, lässt sich leicht begründen. Ob dieses Fach auch für die anderen Aufgabenbereiche ernst zu Nehmendes beitragen kann, ist dagegen nicht selbstverständlich. Darauf wird später näher einzugehen sein. Die im Begriff der Allgemeinbildung zusammengefassten Erziehungsaufgaben gelten für *alle* Heranwachsenden. Andererseits hat der Staat bei der Einrichtung von Schulen dafür Sorge zu tragen, dass diese den unterschiedlichen Fähigkeiten, Interessen und Bedürfnissen der Heranwachsenden gerecht werden. Es handelt sich dabei um das *Problem der angemessenen Bildungsangebote*. In der Geschichte des deutschen Bildungswesens wurde versucht, dieses Problem mit dem Angebot unterschiedlicher Schultypen zu lösen.

1.1.4   Schultypen

Unser reich gegliedertes Schulwesen hat eine lange Tradition, die im Wesentlichen zwei Wurzeln hat. In der „Volksbildung" ging es in erster Linie um die *Vorbereitung auf das praktische Leben,* die von der *Volksschule* geleistet werden sollte. Diese Aufgabe spielt heute immer noch in der *Hauptschule* und in der *Berufsschule* eine wichtige Rolle. Die *Einführung in unsere Kultur* steht dagegen traditionell bei der „höheren Bildung" im Vordergrund, die im *Gymnasium* vermittelt werden soll. Hier entsprechen die Fächer wichtigen Bereichen unserer Kultur. Mitte des 19. Jahrhunderts wurde jedoch deutlich, dass angesichts der gestiegenen beruflichen Anforderungen die in der Volksschule angestrebten Ziele nicht ausreichten. Es wurde deshalb als dritter Schultyp die *Mittelschule* entwickelt, die in ihren Lernzielen über die Volksschule hinausgehen sollte, ohne freilich die der höheren Schule zu erstreben. Dieser Schultyp wird heute als *Realschule* bezeichnet.

Für den Mathematikunterricht bedeutete dies, dass unterschiedliche Inhalte in unterschiedlicher Weise zu unterrichten waren. Entsprechend wurden die Lehrkräfte unterschiedlich ausgebildet. Es entwickelten sich drei „didaktische Welten", die wenig miteinander zu tun hatten.

In dem Begriff der Allgemeinbildung drückte sich der Wunsch nach einer allgemeinen Bildung *für alle* aus. Seit dem Beginn des 19. Jahrhunderts wird deshalb von Zeit zu Zeit die Forderung nach einer *Einheitsschule* erhoben. Diese erhielt vor allem in nationalen und sozialen Krisen des Landes (1813, 1848, 1918, 1945) immer wieder neuen Schub. Während sich die DDR für die *Sozialistische Einheitsschule* entschied, hing in der Bundesrepublik die Gestaltung des Schulsystems von der politischen Mehrheit im jeweiligen Bundesland ab, denn die Bundesländer haben die Kulturhoheit. Während sozialdemokratisch regierte Länder die *Gesamtschule* propagierten, bauten konservativ regierte Länder das traditionelle *mehrgliedrige* Schulsystem aus. Nach der Wiedervereinigung übertrug sich diese Situation auch auf die neuen Bundesländer. Im Grunde wurde damit die Chance verpasst, die Wiedervereinigung als Anstoß zu einer grundlegend neuen Diskussion des deutschen Bildungssystems zu nutzen. Allerdings scheint das enttäuschende Abschneiden deutscher Schülerinnen und Schüler bei den internationalen Leistungsvergleichen der letzten Jahre die Diskussion um das angemessene Schulsystem wieder anzufachen. Dabei beginnen sich die starren Fronten mit der Veränderung der Parteienlandschaft in der Bundesrepublik aufzulösen. Immerhin wurde in den letzten Jahrzehnten erreicht, dass inzwischen in allen Bundesländern Lehrerinnen und Lehrer an wissenschaftlichen Hochschulen ausgebildet werden. Gegenwärtig konkurrieren also in Deutschland zwei verschiedene Schulsysteme miteinander: das traditionelle *mehrgliedrige Schulsystem* und die *Gesamtschule*, die aus der Idee der Einheitsschule erwachsen ist. So unversöhnlich die Grundpositionen erscheinen, zwingt doch die Praxis dazu, die Schwächen des jeweiligen Systems auszugleichen. Ein dreigliedriges Schulsystem achtet darauf, dass kein Schultyp in eine „Sackgasse" führt, während in Gesamtschulen durch Differenzierungen den unterschiedlichen Begabungen und Neigungen Rechnung getragen wird.

In der Mathematikdidaktik besteht weitgehend die Tendenz, die gegebenen Rahmenbedingungen des jeweiligen Bundeslandes zu akzeptieren. Forschungsaktivitäten setzen allenfalls an Einzelproblemen des Schulsystems an. So gibt es umfangreiche empirische Studien zum Problem der Differenzierung in der Orientierungsstufe (z.B. Viet und Sommer 1980) sowie Grundsatzstudien zur Reform der gymnasialen Oberstufe (z.B. Steiner 1978).

Unterschiede in den *Grundpositionen* zu den Schulsystemen zeigen sich z.B. bei Alexander Wittenberg (1926–1965) und Hans Freudenthal (1905–1990). So schrieb Wittenberg in seinem Buch *Bildung und Mathematik*:

> Die Idee einer gymnasialen Bildung gehört zu den kostbarsten kulturellen Besitztümern Europas. Sie gehört auch zu den gefährdetsten. Unermeßlich ist, was die Menschen und die Kultur Europas dem Gymnasium verdanken; unschätzbar das Versprechen, welches die Idee des Gymnasiums für die Zukunft in sich birgt. Und doch besteht die dringende, nur allzu gegenwärtige Gefahr einer Entartung und Selbstaufgabe dieser Schulen, die von ihnen wohl fürs erste die Schale übrig ließe, sie aber in zunehmendem Maße ihres inneren Sinnes, und damit zugleich ihrer Daseinsberechtigung, beraubte. Eine Preisgabe der Aufgabe, der das Gymnasium zu genügen hat, stellte aber eine soziale und kulturelle Tragödie ersten Ranges dar und ließe eine unabsehbar bedrohliche Lage entstehen. (Wittenberg 1990^2, S. 3)

Wittenbergs Buch ist ein engagiertes Plädoyer für das Gymnasium, dem freilich seine *elitäre* Sicht zum Vorwurf gemacht wurde. Freudenthal dagegen war mit den „traditionellen Elite-Erziehungen unseres Europas" unzufrieden (Freudenthal 1978, S. 49). Er plädierte stattdessen für Gesamtschulen.

> Ich glaube an den sozialen Lernprozeß, und darum eifere ich für die heterogene Lerngruppe. ... Die heterogene Lerngruppe umfaßt Schüler verschiedener Niveaus, die an *einer* Aufgabe – jeder auf der ihm eigenen Stufe – zusammenarbeiten, so wie in den im allgemeinen heterogenen Arbeitsgruppen der Gesellschaft Menschen verschiedener Niveaus, jeder seiner Stufe entsprechend, eine gemeinsame Aufgabe erfüllen. (Freudenthal 1978, S. 63)

Wittenberg kämpfte für die *Idee des Gymnasiums*. In der Realität wird damit ein Schultyp bezeichnet, von dem es ganz unterschiedliche Ausprägungen gibt. Auch im Gymnasium stellte sich nämlich immer wieder *das Problem der angemessenen Bildungsangebote*. Denn bei den Schülerinnen und Schülern, die ein Gymnasium besuchen wollen, handelt es sich keineswegs um eine homogene Gruppe. Auf die unterschiedlichen Interessen- und Begabungsschwerpunkte reagierte der Staat mit der Errichtung unterschiedlicher Typen von Gymnasien, die sich vor allem durch ihr Fächerangebot unterscheiden.

1.1.5   Schultyp und Fächerkanon

Die Fächer, die an einer Schule unterrichtet werden, bilden den *Fächerkanon* (Gesamtheit der Fächer); *Stundentafeln* legen fest, in welchem Umfang die Fächer in den einzelnen Jahrgangsstufen unterrichtet werden. Vergleicht man die Jahrgangsstufen 5 bis 10 für Gymnasien, Realschulen, Hauptschulen und Gesamtschulen, dann zeigen sich Gemeinsamkeiten und Unterschiede. Aber auch innerhalb einer Schulart gibt es meist unterschiedliche Zweige, für die das gilt. Man denke etwa an sprachliche, naturwissenschaftliche, technische, wirtschaftliche oder musische Zweige. Mit ihnen will man den unterschiedlichen Begabungen und Neigungen der Schülerinnen und Schüler entgegenkommen. Andererseits werden mit der Wahl eines Zweiges auch Weichen gestellt, die spätere Wahlmöglichkeiten einschränken. In der Praxis entscheiden die Eltern mit der Wahl einer bestimmten Schule auch über die Wahlmöglichkeiten bei den Zweigen.

Die historische Entwicklung der einzelnen Schularten ist stark bestimmt von der Frage, welche Fächer überhaupt unterrichtet werden sollen und welchen Anteil man ihnen zubilligen soll. Für das Gymnasium führte das zur Entwicklung immer neuer Typen mit eigenen Namen, die miteinander konkurrierten. Ursprünglich dominierten im *Gymnasium* zu Beginn des 19. Jahrhunderts die alten Sprachen. Eine stärkere Gewichtung von Mathematik und Naturwissenschaften zu Lasten der alten Sprachen führte gegen Ende des 19. Jahrhunderts zum *Realgymnasium* als alternativer Form des Gymnasiums. Um die Stärkung dieser Fächer hat sich vor allem der Mathematiker Felix Klein (1849–1925) besondere Verdienste erworben. Aus heutiger Sicht erstaunlich war z.B. das lange Zeit relativ geringe Gewicht des Faches Deutsch. Es erhielt erst in den 1920er Jahren mehr Gewicht in der *Deutschen Oberschule*. In ihr wurden übrigens auch Mathematik und Naturwissenschaften betont. Die Möglichkeit, sich für neue Sprachen als Fremdsprachen zu entscheiden, führte zum *neusprachlichen Realgymnasium*. An der *Oberrealschule* erhielten Mathematik und Naturwissenschaften das Hauptgewicht. Heute spricht man einheitlich vom *Gymnasium* und gibt eventuell noch den Schwerpunkt an.

1.1.6   Mathematik im Fächerkanon

Mathematik gehört heute zum Fächerkanon der allgemeinbildenden Schulen. Das war nicht immer so. Noch bis in die sechziger Jahre des vorigen Jahrhunderts wurden in der Grundschule und in der Volksschule, häufig sogar noch in der 5. und 6. Jahrgangsstufe des Gymnasiums, lediglich *Rechnen* und *Raumlehre* unterrichtet. Das ist mehr als eine Bezeichnungsfrage. Noch in den sechziger Jahren wurde z.B. für „die Eigenständigkeit des Volksschulrechnens" plädiert (Glatfeld 1967). Rechnen gehört neben Lesen und Schreiben zu den grundlegenden *Kulturtechniken*, über die alle Menschen verfügen sollten, um den Anforderungen des täglichen Lebens gewachsen zu sein.

In der höheren Bildung waren allerdings seit dem Mittelalter *Arithmetik* und *Geometrie* als zwei der sieben „freien Künste" (*septem artes liberales*) verbindlich. Dieser Fächerkanon lässt sich bis zu den Anfängen des abendländischen Bildungswesens bei den Griechen zurückverfolgen. Noch heute verweisen der Grad des Magisters und der im englischen Sprachraum übliche M.A. (Master of Arts) auf die Tradition des *magister artium*. Durch den *Bologna-Prozess* (1999) ist diese Tradition wiederbelebt worden, um einheitliche Bildungsabschlüsse für das europäische Hochschulwesen zu schaffen.

In der Realschule ist Mathematik im Fächerkanon fest verankert, allerdings mit unterschiedlichem Gewicht in den verschiedenen Zweigen. Grob betrachtet entsprechen die Inhalte weitgehend den in der Sekundarstufe I am Gymnasium behandelten Inhalten, allerdings mit stärkerem Praxisbezug, häufig eher anschaulich und weniger begrifflich orientiert. Dabei steht die Vermittlung prozeduralen Wissens und Könnens im Vordergrund.

In der Gesamtschule ist Mathematik eines der Fächer, in denen früh nach unterschiedlichen Leistungsgruppen differenziert wird. Im Grunde begegnen einem hier wieder die unterschiedlichen Ausprägungen des Mathematikunterrichts eines gegliederten Schulsystems.

Zwar ist Mathematik als Fach im Kanon fest etabliert. Welcher Umfang ihm allerdings im Fächerkanon zugesprochen wird, hängt einmal von der Einschätzung des Faches ab, aber auch von Strömungen, die auf Veränderung des Kanons zielen. Auch heute gibt es Bestrebungen, neue Fächer einzurichten. Man denke etwa an Pädagogik, Wirtschaftslehre oder Informatik. Da die gesamte Unterrichtszeit verplant ist, muss das zu Lasten etablierter Fächer gehen. Stundenkürzungen, das Zusammenlegen verschiedener Fächer oder gar der Wegfall eines Faches sind Mittel, um Spielraum zu gewinnen. Dabei sind allerdings in der Regel erhebliche Widerstände von Interessenverbänden zu überwinden. Wenn es um Kürzungen geht, steht auch Mathematik zur Disposition. Letztlich geht es bei derartigen Entscheidungen immer um die grundlegende Frage nach den Zielen der Schule und um die Bedeutung des einzelnen Faches für das Erreichen dieser Ziele.

1.2 Mathematik als allgemeinbildendes Fach

Schule soll Allgemeinbildung vermitteln. Es ist also zu fragen, welche Beiträge der Mathematikunterricht zu den einzelnen Aufgaben leisten kann, deren Erfüllung Allgemeinbildung gewährleisten soll. Dabei geht es um:

- Entfaltung der Persönlichkeit,

- Umwelterschließung,

- Teilhabe an der Gesellschaft,

- Vermittlung von Normen und Werten.

1.2.1 Beiträge zur Entfaltung der Persönlichkeit

In allen Kulturen haben Menschen Zahlen und Formen entdeckt. Sie sind Ausdrucksmöglichkeiten für Gedanken, Empfindungen, Probleme und Lösungen und entsprechen offensichtlich Bedürfnissen und Fähigkeiten, die im Menschen angelegt sind. Bereits vor der Schulzeit lernen Kinder Zählen und Zeichnen. Diese Fähigkeiten entwickeln sich; und diese Entwicklung folgt bestimmten Gesetzmäßigkeiten, auf die in Abschnitt 2.5.1 noch einzugehen ist. Zählen, Rechnen und Zeichnen gehören zu den Kulturtechniken, deren Wert für die Allgemeinbildung unterschätzt wird, wenn man lediglich ihre Nützlichkeit sieht. Ihren Wert sieht Hartmut von Hentig umfassender:

> ...; was die Kulturtechniken pädagogisch so wichtig macht: ihre Wirkungen auf die Person mehr als ihr Nutzen oder ihre Notwendigkeit in unserem Leben, das wissen meist auch die Lehrer nicht. Mit Rechnen, Schreiben, Lesen (wenn man sie richtig lehrt) erwirbt das Kind Selbstvertrauen, genießt es die Beherrschung und Ausübung vielseitiger Zauberkünste, übt es sich in elementaren Methoden des Verstehens, lernt es die Unterscheidung von Wichtigem und Unwichtigem, die Bemühung um Sinn, die Gestaltung von Eigenart, die Entmystifizierung von »Zeichen und Wundern«, ein Stück verläßlicher, nämlich gelingender Selbstdisziplin. (von Hentig 1993, S. 38)

Zahlen und Rechnen, Figuren und Konstruieren gehören zwar zur Mathematik, das eigentlich Mathematische an ihnen wird jedoch in der Regelhaftigkeit und in der Möglichkeit gesehen, diese Regeln zu begründen. Entsprechend beginnt Mathematik als Wissenschaft historisch bei den Griechen mit dem Entdecken von Zusammenhängen zwischen Zahlen und zwischen Figuren und mit dem Bedürfnis, beobachtete Zusammenhänge zu begründen (z.B. Artmann 1999). Euklid stellt in seinem Buch *Elemente* um 300 v. Chr. das mathematische Grundwissen seiner Zeit systematisch dar (Euklid 1962[2]). Hier werden Begriffe definiert und Sätze bewiesen. Die griechische Auffassung prägte die Mathematik der abendländischen Kultur. In anderer Weise entwickelte sich Mathematik z.B. in Indien oder in China. Dort waren Anschauung und Intuition entscheidend für das Gewinnen von Erkenntnis (Gericke 1984).

Beim Treiben von Mathematik erfahren die Menschen etwas von der Kraft ihres eigenen Denkens, denn sie können selbst mathematische Objekte schaffen und erforschen. Sie erleben dabei einerseits die Freiheit, andererseits aber auch die Grenzen des Denkens. Der Mathematikunterricht soll die Heranwachsenden in diese Gedankenwelt einführen. Sie sollen *lernen zu denken*. Zugleich werden sie angeleitet, ihr Denken kritisch zu reflektieren. Dabei sollen sie etwas *über* das Denken lernen. Wittenberg drückt das folgendermaßen aus:

> Die Mathematik trägt so zu unserem Erleben des eigenen Daseins die doppelte Erfahrung jener eigenartigen mathematischen Wirklichkeit und zugleich der inneren Notwendigkeiten unseres Denkens, welche uns zur Entdeckung und Durchforschung jener Wirklichkeit führen, bei. (Wittenberg 1990[2], S. 47)

Im Mathematikunterricht kann sich die im Menschen angelegte Fähigkeit, mathematisch zu denken, entfalten, so dass sich die jungen Menschen dieser Fähigkeit bewusst werden und aus ihrem mathematischen Können Selbstbewusstsein gewinnen können. Das klingt vielleicht etwas zu optimistisch, doch man bedenke, dass es manche berühmte „Matheniete" im täglichen Leben durchaus verstanden hat, durch einen geschickten Umgang mit Zahlen und Größen ihr Vermögen zu mehren und sich Einfluss zu sichern. Indem der Mathematikunterricht die mathematischen Fähigkeiten der jungen Menschen fördert, leistet er einen wichtigen Beitrag zur Entfaltung ihrer Persönlichkeit und damit zu ihrer Allgemeinbildung.

1.2.2   Beiträge zur Umwelterschließung

Mit den Zahlen können Menschen zählen und rechnen; in der Vielfalt der sie umgebenden Welt erkennen sie bestimmte Grundformen, die immer wieder auftreten, die sich als Bestandteile komplexerer Formen erkennen lassen und mit denen sie selbst gestalten können. Im Umgang mit Formen entsteht das Bedürfnis, Größen zu messen und von bestimmten Größen abhängige Größen zu berechnen. Der rationale Umgang mit Zahlen und Formen hilft den Menschen, praktische Probleme ihres Alltags zu lösen.

Beispiele: (1) In der „Einkaufswelt" wird bei Geldwerten mit Dezimalbrüchen gerechnet. Bei der Angabe der Warenmengen treten Anzahlen, Gewichte, Rauminhalte sowie Längen und Zeiten auf. Bei Kalkulationen wird Prozentrechnung benötigt.

(2) In der Welt der „Geldgeschäfte" verwendet man auch negative Zahlen. Außerdem werden Zins- und Zinseszinsrechnung gebraucht.

(3) Bei der Beschreibung von Formen in der Umwelt treten geometrische Grundformen wie Quadrat, Rechteck, Vieleck und Kreis sowie Würfel, Quader, Prisma, Pyramide, Zylinder, Kegel und Kugel auf. Dabei werden auch elementare Beziehungen wie senkrecht und parallel verwendet. Schließlich sind Flächen- und Rauminhalte zu berechnen.

(4) In den Printmedien sind Diagramme zu lesen und zu deuten.

(5) In technischen Berufen ist häufig das Verstehen, Umformen und Aufstellen von Formeln erforderlich.

Die Mathematik hat ihre historischen Wurzeln in der Lösung praktischer Probleme des täglichen Lebens: Es waren Preise und Löhne zu berechnen, Längen, Flächeninhalte und Rauminhalte zu bestimmen sowie Muster und Bauten zu planen.

Abbildung 1.1 Feldvermesser in Ägypten, Grabmalerei, Theben um 1400 v. Chr. (© bpk – Bildagentur für Kunst und Geschichte)

Wie Geometrie aus praktischen Problemen erwachsen ist, beschreibt Heron von Alexandrien (um 60 n. Chr.) in seiner *Geometrica:*

> Wie der alte Bericht uns lehrt, haben die meisten Menschen sich mit Vermessung und Verteilung von Land abgegeben, woraus der Name Geometrie (Landmessung) entstanden ist. Die Erfindung aber der Vermessung ist von den Ägyptern gemacht; denn wegen des Steigens des Nils wurden viele Grundstücke, die deutlich zu erkennen waren, unkenntlich durch das Steigen, viele auch noch nach dem Fallen, und es war dem einzelnen nicht mehr möglich sein Eigentum zu unterscheiden; daher haben die Ägypter diese Vermessung erfunden, bald mit dem sogenannten Meßband, bald mit der Rute, bald auch mit anderen Maßen. Da nun die Vermessung notwen-

dig war, verbreitete sich der Gebrauch zu allen lernbegierigen Menschen. (Heron 1976, S. 177)

Der Mensch benötigt also zu seiner Lebensbewältigung mathematische Kenntnisse und Fähigkeiten. Aber wie viel ist davon wirklich lebensnotwendig?

> Andererseits ist immer wieder ernüchternd festzustellen, wie wenig von dem, was seit vielen Jahrzehnten zum eisernen Bestand der Schulmathematik an allgemeinbildenden Schulen gehört, tatsächlich im privaten und beruflichen Alltag von einer Mehrheit der Erwachsenen verwendet wird. Unabhängig von Schulformen und Landesgrenzen (innerhalb wie außerhalb Deutschlands) scheint zu gelten: Fast alles, was über den Standardstoff der ersten sieben Schuljahre hinausgeht, darf, ohne daß sich die Betroffenen merkliche Nachteile einhandelten, vergessen werden. Ein Großteil der üblichen Schulmathematik, und zwar gerade der mathematisch anspruchsvolleren Gebiete, wäre demnach ... nicht lebensnotwendig. (Heymann 1996, S. 134)

Über die Anforderungen des täglichen Lebens hinaus hilft die Mathematik den Menschen, Erkenntnis über die sie umgebende Natur zu gewinnen und diese Erkenntnis zur Lösung praktischer Probleme zu nutzen.

Das Zusammenspiel zwischen Mathematik und Naturbeobachtung beginnt bereits im Altertum in der Astronomie und in der Physik. Als der Mensch im Abendland am Ende des Mittelalters anfing, sich von religiösen Dogmen zu lösen, begann die große Zeit der *mathematischen Wissenschaften*. Mathematik erwies sich als Hilfsmittel zum Gewinnen von Erkenntnis und zur Anwendung der Erkenntnis bei der Lösung praktischer Probleme durch die Technik.

Diese Entwicklung befruchtete auch die Mathematik selbst. Die Erfindung der Infinitesimalrechnung durch Gottfried Wilhelm Leibniz (1646–1716) und Isaac Newton (1643–1727) eröffnete eine Flut neuer mathematischer und physikalischer Erkenntnis. Im 19. Jahrhundert „explodierte" bereits das mathematische Wissen. Zugleich wurden die Grundlagen immer sorgfältiger gelegt. Als besonders fruchtbar erwies sich die Wechselbeziehung zwischen Mathematik und Physik. So entwickelte Newton über das Problem der „Momentangeschwindigkeit" die Grundgedanken der Differentialrechnung. Häufig können Physiker allerdings in der Forschung auf mathematische Werkzeuge zurückgreifen, die bereits in der Mathematik entwickelt worden sind.

Dass man mit der Mathematik die Natur beschreiben kann und dass sich die gefundenen Gesetze mit Hilfe der Mathematik in der Technik nutzbar machen lassen, soll und kann im Unterricht als Erkenntnis vermittelt werden. In welchem Maße die jungen Menschen zu dieser Erkenntnis gelangen, hängt von der Dauer und der Intensität ihrer Beschäftigung mit Mathematik ab. Auch das Maß der Fähigkeiten, aus der Mathematik Nutzen für das eigene Leben zu ziehen, ist davon abhängig. Und doch gilt unabhängig vom gewählten Schultyp und der Dauer der Schulzeit, dass der Mathematikunterricht für alle Heranwachsenden einen wesentlichen Beitrag zur Erschließung ihrer Umwelt und damit zur Allgemeinbildung leisten kann. Die seit der Diskussion um Heymanns Thesen berüchtigten sieben Jahre sind dafür allerdings zu knapp bemessen.

1.2.3 Beiträge zur Teilhabe an der Gesellschaft

Zahlen und Formen spielen im Zusammenleben der Menschen eine wichtige Rolle. Mit ihnen und über sie wird in unterschiedlicher Weise *kommuniziert:* in Worten, in Handzeichen, in Schriftzeichen, in Formeln, in Modellen, in Zeichnungen und in Bildern.

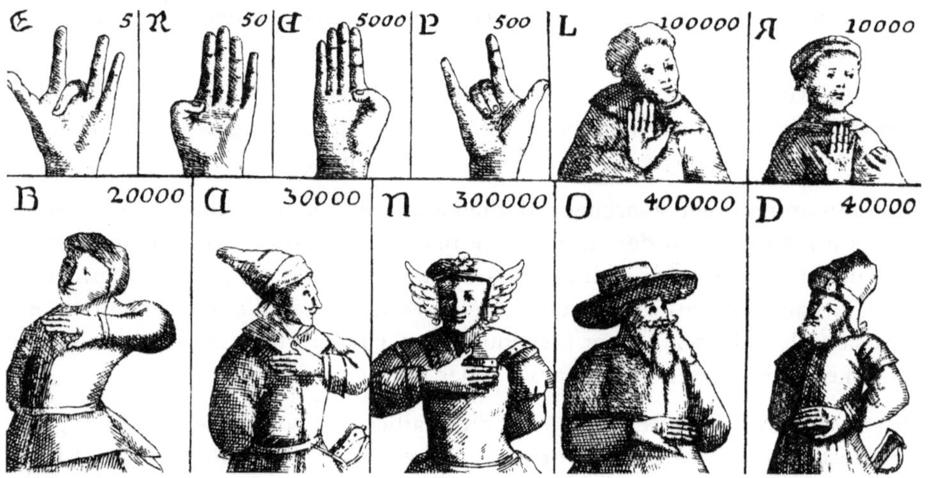

Abbildung 1.2 Zahlen in Zeichensprache (aus: Jacob Leupold, *Theatrum arithmetico-geometricum,* Leipzig (Gleditsch) 1727, Tab.I)

Dabei ist es erstaunlich, dass Zahlen und Formen offensichtlich gemeinsame Vorstellungen zugrunde liegen: Menschen können sich über Mathematik und mit Mathematik verständigen.

In der Geschichte lässt sich allerdings feststellen, dass in vielen Gruppen Geheimwissen vorhanden ist, das nur Eingeweihten zugänglich gemacht wird. Auch hierbei werden oft Zahlen und Figuren benötigt (Pickover 1999).

Beispiele: Die Daten bestimmter Feiertage, die Maßangaben für bestimmte Rezepte, die Positionen von Grenzmarken, Hinweise und Techniken zur Orientierung in unübersichtlichem Gelände, „Glückszahlen" oder „Unglückszahlen" wurden in Familien, Stämmen und Völkern oft geheim gehalten.

Auch in unserer Zeit unterliegen durchaus noch Zahlen, Formeln und Pläne, die einer Firma, einem Berufsstand, einem Volk oder einer bestimmten Gruppe Vorteile sichern sollen, der Geheimhaltung.

Derartiges Geheimwissen kann identitätsstiftend sein. Als „Herrschaftswissen" kann es jedoch auch Menschen, die davon ausgeschlossen sind, zum Nachteil gereichen. Allerdings ist heute leider immer noch für viele Menschen mathematisches Wissen „Geheimwissen", das ihnen verschlossen bleibt, weil sie die mathematische *Fachsprache* nicht verstehen, denn viele mathematische Sachverhalte werden mit Formeln ausgedrückt. Das Nichtverstehen der Formelsprache schließt bis heute die Mehrheit der Menschen von dieser Art von Erkenntnis aus. Die Heranwachsenden sollen im Mathematikunterricht die Grundlagen der mathematischen Sprache lernen, damit sie mit anderen *mathematisch kommunizieren* können.

Mathematische Entdeckungen sind Ausdruck und Bestandteil von *Kulturen*, die bewahrt und weiter entwickelt werden. Bei aller Verschiedenheit der Kulturen kann man doch gerade in der Mathematik Gemeinsamkeiten entdecken.

Beispiele: (1) In den meisten Kulturen finden sich die gleichen Zahlentypen: natürliche Zahlen zum Zählen, Messen und Rechnen, Brüche zum Messen und Rechnen.

(2) Früh sind in allen Kulturen Symmetrien entdeckt worden, Achsensymmetrie, Drehsymmetrie und Verschiebungssymmetrie.

(3) Ein besonders prominentes Beispiel eines in vielen Kulturen entdeckten geometrischen Sachverhalts ist der Satz des Pythagoras.

Mathematik ist ein wesentlicher Bestandteil unserer Kultur, auch wenn das heute im öffentlichen Bewusstsein vielleicht nicht besonders stark verankert ist (Snow 1967). Offensichtlich ist es den Mathematikern nicht gelungen, einen Eindruck davon zu vermitteln, dass heute ein immenses – ständig wachsendes – mathematisches Wissen vorhanden ist und dass Mathematik in immer mehr Bereiche der Wissenschaft und Technik als Werkzeug der Erkenntnis und der Gestaltung vordringt. Mathematik als blühende Wissenschaft und als leistungsfähiges Werkzeug ist eine Errungenschaft, an der möglichst viele Menschen teilhaben sollten. Die *Teilhabe an der Mathematik* den Heranwachsenden zu ermöglichen, ist eine wesentliche Aufgabe des Mathematikunterrichts.

Mathematisches Wissen und Können sind in unserer Gesellschaft nicht gleichmäßig ausgeprägt, so dass sich Könner Vorteile verschaffen können. Das wird bereits in der Schule deutlich, denn einigen fällt die Mathematik zu, während sich andere mit ihr quälen. Der Unterricht kann soziales Verhalten fördern, wenn er die Leistungsstärkeren ermuntert, den Schwächeren zu helfen. Wenn allerdings in Mitschülern Konkurrenten um Studienplätze oder Lehrstellen gesehen werden, fällt es eher schwer, Schwächeren zu helfen.

Das Kommunizieren über und mit Hilfe von Mathematik, das Lernen und Weitergeben von Gelerntem sind geeignet, *soziales Verhalten* zu fördern. Es ist von Anfang an mit den Schülerinnen und Schülern zu pflegen, wobei das allerdings nur gelingen kann, wenn der Mathematikunterricht den Heranwachsenden zugleich Handlungsnormen und Wertvorstellungen vermittelt.

1.2.4 Beiträge zur Vermittlung von Normen und Werten

Mathematik ist unter den Fächern dadurch ausgezeichnet, dass es hier im Grunde für „richtig" oder „falsch" keinen Ermessensspielraum gibt. Lehrende und Lernende sind den gleichen Regeln verpflichtet. Beide stehen in der Pflicht, Behauptungen zu begründen. Aber auch in der Mathematik stößt man dabei auf Grenzen. Beim Beweisen stützt man sich auf bereits Bewiesenes, das sind *Sätze*, oder als wahr Angenommenes, das sind *Axiome*. Unter Umständen lassen sich auch noch als Axiome gewählte Aussagen auf andere zurückführen. Aber prinzipiell ist mit dem Rückgriff auf Bewiesenes irgendwann einmal Schluss. Im Grunde genommen kommt man hinter Axiome nicht zurück. Für Blaise Pascal (1623–1662) lag das in der Natur des Menschen:

> Es hat den Anschein, dass die Natur der Menschen es ihnen für immer unmöglich macht, irgendeine Wissenschaft in einer ganz lückenlosen Beweisfolge durchzuführen. (zitiert nach: Bornhausen 1920, S. 106 f.)

Wenn man trotzdem Sicherheit aus dieser Methode bezog, dann deshalb, weil man nur „vollständig klare und selbstverständliche Dinge" voraussetzte. Den Verzicht auf Definition der Grundbegriffe forderte Pascal mit der Regel:

> Keine Definition einer Sache versuchen, die so selbstverständlich ist, dass es zu ihrer Erklärung keinen noch klareren Ausdruck gibt. (zitiert nach: Bornhausen 1920, S. 133)

Für die Wahl der Axiome gab er als Regel:

> Zu Axiomen nur Erfahrungen verwenden, die sich völlig von selbst verstehen. (zitiert nach: Bornhausen 1920, S. 133)

Dieses Bewusstsein von der Sicherheit der Mathematik auf der Grundlage der Evidenz ihrer Axiome trägt bis zum Ende des 19. Jahrhunderts. Erst unter dem Eindruck der *Grundlagen der Geometrie* (1899) von David Hilbert (1862–1943) wird dieser Anspruch aufgegeben. Er macht deutlich, dass „vollständige Klarheit" und „Selbstverständlichkeit" als Garanten der Wahrheit nicht geeignet sind, weil es sich bei ihnen um subjektive und letztlich nicht fassbare Maßstäbe handelt. Von den Axiomen wird nur noch ihre *Widerspruchsfreiheit* gefordert, d.h., es soll nicht möglich sein, aus den Axiomen eine Aussage und ihre Negation herzuleiten.

Der Verzicht auf die „Wahrheit" der Axiome relativiert nun auch die Wahrheit der aus ihnen hergeleiteten Sätze. Sie sind eben nur noch „relativ" zu den gewählten Axiomen wahr. Das hat deutlich gemacht, dass bei aller wissenschaftlichen Strenge in der Mathematik lediglich *relative* Wahrheit zu haben ist. Damit ist natürlich nicht ausgeschlossen, dass auch heute noch Mathematiker mit Axiomen bestimmte Vorstellungen verbinden. Herbert Meschkowski (1909–1990) hatte angesichts dieser Entwicklungen in den Grundlagen der Mathematik Schwierigkeiten, wenn in Fragen der Bildung unreflektiert von „Wahrheit" gesprochen wird (Meschkowski 1965, S. 1–3). Im Bewusstsein dieser Problematik können wir sagen: Der Mathematikunterricht hat die Aufgabe, den Lernenden eine Haltung der „Wahrheitssuche" zu vermitteln, in der sie über die Dinge nachdenken, sie in Frage stellen, selbstständig nach Gründen suchen und sich dabei auf das eigene Denken verlassen. Dabei sollen sie sich freilich auch der Grenzen dieses Denkens bewusst werden.

Bertrand Russell (1872–1970) wünschte sich in seinem Buch *Ewige Ziele der Erziehung* (1928) eine Schule, die sich der Wahrheitssuche verschrieben hat. Er schrieb:

> Wir wollen die Wahrheit wissen, wie sie auch immer beschaffen sein mag, damit wir vernunftgemäß handeln können. ... In meiner Schule sollte nicht ein einziges Hindernis den Weg zum Wissen versperren. Ich würde die Tugend nicht durch Lügen und Täuschungen, sondern durch die richtige Ausbildung der Leidenschaften und Instinkte erstreben. Ein grenzenloser Wissensdrang, der keine Furcht kennt, ist für mich untrennbar mit dem Begriff der Tugend verbunden, die ohne dieses Element wenig Wert hat.
>
> Die Anschauung, die ich hier vertrete, bedeutet nur, daß ich den *Forschergeist* pflegen würde. ... Ich würde ihn so zu verwurzeln suchen, daß er die ganze Betrachtungsweise durchdringt. Der Forschergeist setzt in erster Linie den Wunsch voraus, die Wahrheit zu finden; je glühender der Wunsch ist, um so besser. Außerdem bedingt er einige geistige Eigenschaften. Die unvoreingenommene Haltung darf nicht eher aufgegeben werden, bis das Beweismaterial eine Entscheidung zuläßt. Wir dürfen uns nicht im Voraus einbilden, daß wir das kommende Resultat schon wissen, noch dürfen wir uns mit einem trägen Skeptizismus zufrieden geben, der eine objektive Wahrheit für unerreichbar und unbeweisbar hält. Wir sollten zugeben, daß selbst unsere bestbegründeten Anschauungen wahrscheinlich irgendeiner Berichtigung bedürfen; aber der Wahrheit, die innerhalb des menschlichen Begriffsvermögens liegt, kommen wir nur schrittweise näher. (Russell 1928, S. 219 f.)

Traditionell wird in der Bildung Wahrheit als ein *Wert* (eine „Tugend") gesehen. Insofern leistet der Mathematikunterricht mit seiner Wahrheitssuche einen Beitrag zur Vermittlung von Normen und Werten.

Andererseits wird häufig betont, dass mathematische Erkenntnis *wertfrei* sei. Damit soll ausgedrückt werden, dass die Frage, ob ein mathematisches Ergebnis für den Menschen nützlich oder schädlich wird, nicht von der Mathematik her entschieden werden kann. Nun sind aber in konkreten Situationen durchaus verantwortungsbewusste Entscheidungen zu treffen. Selbst so harmlos anmutende Tätigkeiten wie das Zählen können tödlich sein. So werden Fälle berichtet, in denen Forscher eine Population töteten, um zählen zu können, aus wie vielen Tieren sie bestand (Gleich et al. 2000). Das liegt natürlich nicht an der Mathematik, sondern am Umgang der Menschen mit ihr. Aber bei der Vermittlung von Normen und Werten geht es ja gerade darum. Mit zwar harmloseren, aber doch im Prinzip ähnlichen Situationen können durchaus schon Grundschulkinder konfrontiert sein: Ein Kind entdeckt, dass eine Kirschblüte aus vielen kleinen Blütenblättern besteht. Es möchte wissen, wie viele es sind. Zum Zählen reißt es die einzelnen Blätter ab und weiß zum Schluss, wie viele Blütenblätter vorhanden waren. Aber die Blüte ist zerstört.

Im Zusammenhang mit der Vermittlung von Handlungsnormen und Werthaltungen wird häufig die Erziehung zu Sorgfalt, Genauigkeit, Gründlichkeit und Ordnung als Ziel genannt. Im Mathematikunterricht sollen diese „Tugenden" traditionell bei Rechnungen und Konstruktionen vermittelt werden, die nach bestimmten Regeln auszuführen sind. Russell gibt aber zu bedenken:

> Das gegebene Hilfsmittel für die Erziehung zum genauen Denken ist die Mathematik, aber man wird keinen großen Erfolg damit erzielen, wenn man sie als eine Reihe willkürlicher Regeln erscheinen läßt. Die Erlernung von Regeln ist unerläßlich, aber von einem bestimmten Zeitpunkt an müssen die Gründe für diese Regeln erläutert werden. Ohne entsprechende Erläuterung hat die Mathematik nur einen geringen erzieherischen Wert. (Russell 1928, S. 193)

1.3   Mathematik als qualifizierendes Fach

Im vorangegangenen Abschnitt wurde Mathematik als allgemeinbildendes Fach betrachtet. Entsprechend dem allgemein formulierten Ziel der Allgemeinbildung waren auch die von diesem Fach zu erwartenden Beiträge recht allgemein gehalten. In der Gesellschaft sieht sich jedoch die Schule konkreten Forderungen gegenüber, die in erster Linie die *Qualifikation* der Schulabgängerinnen und Schulabgänger betreffen. Die angestrebte Qualifikation spielt im Schulalltag als Ziel eine wichtige Rolle. Mathematik ist damit zugleich ein qualifizierendes Fach.

1.3.1   Qualifikation als Ziel

In einem dreigliedrigen Schulsystem qualifiziert das *Gymnasium* mit dem „Reifezeugnis" für ein Hochschulstudium. Die *Realschule* führt zur „Mittleren Reife", die für das Berufsleben und weiterführende Schulen qualifiziert, und die *Hauptschule* kann einen „qualifizierenden Hauptschulabschluss" erteilen, der den Berufsanfängern bessere Chancen bietet, zugleich aber auch für weiterführende Schulen qualifiziert. Die *Gesamtschule* ermöglicht unter einem Dach Abschlüsse, die für eine Berufsausbildung und für ein Hochschulstudium qualifizieren. Allerdings beginnen auch zahlreiche Abiturientinnen und Abiturienten nach ihrer Schulzeit eine Berufsausbildung. Heute hat also jede Schule sowohl Qualifikationen für das *Berufsleben* als auch für *weiterführende Bildungsgänge* zu ermöglichen. Im Grunde wird von unserem Schulsystem erwartet, dass alle Schulabgängerinnen und Schulabgänger *Berufsreife* erwerben.

Qualifikationen beziehen sich auf *Fähigkeiten* und *Kenntnisse,* die für den anschließenden Lebensabschnitt vorausgesetzt werden. Daraus ergeben sich Forderungen an die einzelnen Fächer. Im Folgenden sollen für das Fach Mathematik die Anforderungen betrachtet werden, die am Ende der Sekundarstufe I für das Berufsleben und am Ende der Sekundarstufe II für ein Hochschulstudium qualifizieren sollen.

1.3.2   Die Bedeutung der Mathematik für die Berufsreife

Das Ziel der Allgemeinbildung schließt ein, dass der Mathematikunterricht Kenntnisse und Fähigkeiten vermittelt, die den jungen Menschen helfen, Probleme ihrer Umwelt und ihres Lebens mit Hilfe von Mathematik zu lösen. Prinzipiell sollen dazu auch Qualifikationen für das Berufsleben gehören. Dass diese doch recht allgemeinen Zielangaben die erwartete Qualifikation gewährleisten, wird von den Abnehmern immer wieder in Frage gestellt.

Ein pragmatischer Ansatz wird versuchen herauszufinden, welche Kenntnisse und Fähigkeiten von Berufsanfängern benötigt werden. Einen solchen Ansatz vertrat Saul B. Robinsohn (1916–1972) in (1973[4]). Auch eine Reihe mathematikdidaktischer Forschungsarbeiten setzte ähnlich an. Man wird zunächst eine Bestandsaufnahme vornehmen, welche mathematischen Anforderungen die wichtigsten Berufszweige stellen und welche mathematischen Kenntnisse und Fähigkeiten bei den Berufsanfängern benötigt werden. Bei den Expertenbefragungen und den Arbeitsplatzanalysen lassen sich erhebliche Unterschiede zwischen den verschiedenen Berufen feststellen. Nach welchen Anforderungen soll sich die Schule richten? Für die verschiedenen Berufe, die z.B. von Hauptschülern gewählt werden, nehmen die mathematischen Anforderungen etwa in folgender Reihenfolge ab: Elektriker-, Metallerzeugungs- und Metallverarbeitungsberufe, Bauberufe, kaufmännische Berufe, Friseurberufe, Nahrungs- und Genussmittel herstellende Berufe und Hilfsberufe. Alle benötigen sie einen Grundstock, der aus einer Sicherheit im Rechnen mit Zahlen und Größen, Schlussrechnung, Prozent-, Zins- und Mischungsrechnung besteht. Die technischen Berufe erfordern außerdem Fähigkeiten im Umgang mit Formeln (Vollrath 1975).

Expertenbefragungen können einerseits die derzeit erforderlichen Anforderungen recht zuverlässig angeben, andererseits sind aber ihre Aussagen durch ihre eigenen Erfahrungen begrenzt. Das bedeutet, dass sie unter Umständen die in der Mathematik vorhandenen Möglichkeiten gar nicht kennen und auch die mathematischen Anforderungen der Zukunft nur schwer abschätzen können.

Unter dem Einfluss neuer Technologien zeichnen sich in vielen Berufen tief greifende Änderungen ab: Erworbenes und bewährtes Wissen veraltet. Für den beruflichen Erfolg wird daher die *Fähigkeit zu lernen* immer wichtiger. In vielen Berufen werden einfache Tätigkeiten von Maschinen übernommen. Den Menschen fallen damit zunehmend Aufgaben zu, die selbstständiges, verantwortungsbewusstes und *problemlösendes Handeln* an komplexen Systemen erfordern. Zunehmend wird Zusammenarbeit mit anderen nötig. Deshalb wird *Teamfähigkeit* gefordert. Derartige Fähigkeiten werden als *Schlüsselqualifikationen* (Mertens 1974) gesehen, bei denen es sich um *allgemeine* Fähigkeiten handelt. Diese Betrachtungen machen deutlich, dass es nicht Aufgabe einer allgemeinbildenden Schule sein kann, spezielle Kenntnisse und Fähigkeiten zu vermitteln, die im späteren Beruf benötigt werden. Auch das Problem der Berufsreife mündet also letztlich wieder in allgemeine Forderungen für den Mathematikunterricht:

- Die Schülerinnen und Schüler sollen *lernen, wie man Mathematik lernt*. Dazu ist im Unterricht das Lernen immer wieder zu reflektieren, es sind aber auch konkrete Hilfen zu geben, wie man sich mathematisches Wissen und Können selbstständig aneignen kann. Eine Chance ist hier vor allem mit den neuen Medien gegeben, durch die Fachinformation leicht zugänglich ist.

- Im Mathematikunterricht sollte das *Problemlösen* ein stärkeres Gewicht gegenüber dem algorithmischen Lösen von Aufgaben erhalten. Dabei sollten die Schülerinnen und Schüler erfahren, dass das Lösen eines Problems häufig neue Probleme erzeugt. Sie sollten also auch lernen, sich selbstständig Probleme zu stellen.

- Auch im Mathematikunterricht sollte *Teamarbeit* in offenen Unterrichtsformen ermöglicht und gefördert werden. Hier bietet sich die Arbeit an Projekten an, bei denen zwangsläufig verschiedene Aufgabenstellungen zur Bearbeitung des ganzen Projekts erforderlich sind und in Teamarbeit geleistet werden können. Man sollte aber auch an komplexere Aufgabenstellungen denken, die in Teilaufgaben aufgelöst und von den Einzelnen bearbeitet werden. Auch das kann durch das Arbeiten mit Computern gefördert werden.

1.3.3 Mathematik und Hochschulreife

Über Platons (427–347) Akademie soll gestanden haben:

Es trete kein der Geometrie Unkundiger ein.

Für das Studium der Philosophie setzten die alten Griechen die Geometrie voraus. Heute eröffnet das Zeugnis der Allgemeinen Hochschulreife den Zugang zum Studium an einer Universität. In der Reifeprüfung (Abitur) müssen auch Kenntnisse und Fähigkeiten in Mathematik nachgewiesen werden. Inhaltlich geht es um die drei Sachgebiete:

Analysis – Lineare Algebra – Stochastik.

Das gilt inzwischen für alle Zweige des Gymnasiums und auch für die Gesamtschule. Angesichts der wechselvollen Entwicklung der Sekundarstufe II seit dem Beginn der 1970er Jahre ist das bemerkenswert und aus der Sicht des Faches Mathematik auch erfreulich. Immerhin galt es für das Fach, sich bei den Wahlmöglichkeiten der Kollegstufe und bei den notwendigen Einschränkungen beim Übergang vom neunjährigen zum achtjährigen Gymnasium zu behaupten. Mit der Vereinheitlichung der Prüfungsanforderungen im Abitur (auf Bundesebene) und der allgemeinen Einführung des Zentralabiturs (auf Länderebene) sollen nun auch gleiche Anforderungen durchgesetzt werden (KMK 2006).

Bei der Begründung dieser Anforderungen geht es um das Erreichen der Allgemeinen Hochschulreife. Da sie die Möglichkeit eröffnet, jedes Fach zu studieren, geht es also um die *Studierfähigkeit*. Nun können die Studierenden an den Hochschulen zwischen einer großen Vielfalt von Fächern mit ganz unterschiedlichen mathematischen Anforderungen wählen. Zwar unterschätzen viele Studienanfänger die mathematischen Anforderungen des gewählten Studienfaches, doch wird sich Studierfähigkeit auf *grundlegende* mathematische Kenntnisse und Fähigkeiten beschränken müssen. Wichtiger sind *allgemeine* Fähigkeiten, die beim wissenschaftlichen Arbeiten erforderlich sind und die vom Mathematikunterricht gefördert werden können. Man denke etwa an Objektivität, präzises Sprechen, das Begründen von Aussagen, das selbstständige Aneignen von Information, Ausdauer, das Lösen von Problemen und Kreativität beim Entwickeln von Ideen. Der Unterricht in der gymnasialen Oberstufe soll auf wissenschaftliches Arbeiten vorbereiten, er soll *wissenschaftspropädeutisch* sein (KMK 2006). Was das konkret bedeutet, lässt sich nicht ein für alle Mal festlegen, denn die Wissenschaften entwickeln sich und damit auch die Anforderungen an die Studierenden. Das findet seinen Niederschlag in den Entwicklungen der Lehrpläne (Steiner 1978).

Das angestrebte Ziel der Hochschulreife hat natürlich auch Auswirkungen auf die Sekundarstufe I. Denn sie legt den Grund für den Unterricht in der gymnasialen Oberstufe. Zusätzlich fordert das achtjährige Gymnasium von der 10. Jahrgangsstufe, dass sie neben ihrer Rolle als letzter Jahrgangsstufe der Sekundarstufe I zugleich die Rolle als Einführungsphase für die gymnasiale Oberstufe übernimmt (KMK 2006).

Angesichts der Tatsache, dass viele Abiturientinnen und Abiturienten gar nicht studieren wollen (im Jahre 2006 immerhin etwa ein Drittel), wäre es natürlich problematisch, die gymnasiale Oberstufe und damit das Abitur ausschließlich an der Hochschulreife zu orientieren. Es ist daher sinnvoll, auch das Ziel der Hochschulreife dem der Allgemeinbildung unterzuordnen.

1.3.4 Die Qualifikationsproblematik der Primarstufe

Am Ende der Primarstufe werden in einem dreigliedrigen Schulsystem die Weichen für die weitere schulische Zukunft der Schülerinnen und Schüler, im Grunde sogar für das Leben gestellt. Entsprechend ihrer Begabung sind sie dem Gymnasium, der Realschule oder der Hauptschule zuzuweisen. In einigen Bundesländern wird diese Entscheidung durch die Orientierungsstufe um zwei Jahre hinausgeschoben. Begabung ist jedoch einer der schillerndsten Begriffe im Bereich der Bildung. Zunächst drückt er den Sachverhalt aus, dass es Menschen mit besonderen *geistigen* Fähigkeiten gibt, über die nicht alle anderen Menschen in gleicher Weise verfügen. Sie genießen in unserer Gesellschaft ein besonderes Ansehen. Dabei stellt sich ein Unbehagen ein, denn es gibt auch Menschen mit besonderen praktischen oder auch künstlerischen Fähigkeiten.

Ein weiteres grundlegendes Problem beim Begabungsbegriff wird in der Frage deutlich, ob Begabung erblich bedingt oder durch Umwelteinflüsse hervorgerufen ist. Praktisch gefragt: *Ist* der Mensch begabt oder *wird* er begabt? Darüber ist lange und verbissen gestritten und intensiv geforscht worden. Untersuchungen an eineiigen Zwillingen, die getrennt aufgewachsen sind, liefern deutliche Belege dafür „dass es eine starke angeborene Komponente beim Intelligenzquotienten gibt" (Anderson 2001[3], S. 443). Der Intelligenzquotient misst die „Fähigkeit zum schlussfolgernden Denken", die „verbale Fähigkeit" und die „räumliche Fähigkeit". Das sind zwar Fähigkeiten, die für den Schulerfolg wichtig sind, ihn jedoch nicht garantieren. Zudem stellen auch sie nur einen relativ engen Ausschnitt menschlicher Fähigkeiten dar.

Diesem Buch liegt die Überzeugung zugrunde: Was immer Begabung ist, sie ist auf jeden Fall entwicklungsfähig. Das schließt die „mathematische Begabung" mit ein. Der Schule bietet das eine Chance; ihr wird aber damit auch eine Verantwortung auferlegt.

Bei der Empfehlung für einen bestimmten weiterführenden Schultyp spielen die *Noten* in den Hauptfächern – also auch in Mathematik – die entscheidende Rolle. Damit ergibt sich natürlich die Frage nach dem prognostischen Wert von Noten. Das ist eins der schwierigsten Probleme in dieser Situation, mit dem allerdings die verschiedenen Schulsysteme in unterschiedlicher Weise konfrontiert sind.

Wenn z.B. am Ende der 4. Jahrgangsstufe in Bayern entsprechend der Begabung der Kinder eine Empfehlung für das Gymnasium, die Realschule oder die Hauptschule ausgesprochen werden soll, dann wird im Grunde eine Prognose darüber abgegeben, welchen Abschluss man der Schülerin oder dem Schüler zutraut. Diese Prognose stützt sich dabei wesentlich auf die Noten in Mathematik und Deutsch. Den prognostischen Wert der Mathematiknote am Ende der 4. Jahrgangsstufe kann man jedoch durchaus bezweifeln. Dem Mathematikunterricht wird damit eine Verantwortung zugewiesen, der er eigentlich gar nicht gerecht werden kann. Das Gewicht der Mathematiknote in dieser Situation kann deshalb durchaus Unbehagen auslösen.

Das Problem wird gemildert in Systemen mit einer Übergangsphase wie z.B. der Orientierungsstufe, in denen zwar in den Kernfächern eine Zuordnung zu unterschiedlichen Leistungsgruppen erfolgt, die jedoch im Prinzip revidierbar ist. Auch in Orientierungsstufen spielt Mathematik als Fach, das in verschiedenen Leistungsgruppen angeboten wird, eine besondere Rolle.

Für die Primarstufe führen die Qualifikationserwartungen zu erheblichen Spannungen mit dem spezifischen Bildungsauftrag dieser Schule. Sie belasten den Unterricht, können Ängste auslösen und zu Überforderungen führen, so dass auch das Verhältnis zwischen Schule und Eltern beeinträchtigt werden kann. Im Vordergrund des Unterrichts sollte deshalb der Bildungsauftrag der Grundschule stehen (z.B. Krauthausen und Scherer 2007[3]). Für den Mathematikunterricht bedeutet dies:

- Der Mathematikunterricht hat die *geistige* und *seelische* Entwicklung des Kindes zu fördern.

- Er soll bei den Kindern *angemessene Vorstellungen* über Zahlen, Größen und Formen wecken.

- Die Kinder sollen die mathematischen *Kulturtechniken* lernen, also mit Zahlen und Größen rechnen, Grundformen erkennen und gestalten lernen.

- Der Mathematikunterricht soll die Fähigkeiten der Kinder fördern, *Zusammenhänge zwischen Zahlen und Formen* zu erfassen, sachgerecht zu begründen und angemessen darzustellen.

- Die Kinder sollen im Mathematikunterricht lernen, mit Mathematik *Probleme zu lösen*.

- Der Mathematikunterricht soll die Kinder anregen, mit Zahlen und Formen *schöpferisch* umzugehen.

- Die Kinder sollen schließlich lernen, mit anderen mathematisch zu *kommunizieren* und zu *kooperieren*.

In einem solchen Unterricht werden die Lehrenden Stärken und Schwächen der ihnen anvertrauten Kinder erkennen. Im Vordergrund ihres pädagogischen Bemühens steht dabei das Bemühen, Hilfen für die Überwindung von Schwierigkeiten zu geben und besondere Begabungen zu fördern. Bei der Empfehlung für einen bestimmten Schultyp wird dann die Lehrkraft in erster Linie das Wohl des anvertrauten Kindes sehen.

1.4   Mathematik als authentisches Fach

Der Mathematikunterricht soll den Heranwachsenden angemessene Vorstellungen über Mathematik vermitteln.

1.4.1   Zuverlässige Erfahrung von Mathematik

Dazu ist es notwendig, dass sie im Unterricht Mathematik in ihren vielfältigen Aspekten erleben. Wittenberg hat das wie folgt formuliert:

> Im Unterricht muß sich für den Schüler eine *gültige Begegnung* mit der Mathematik, mit deren Tragweite, mit deren Beziehungsreichtum, vollziehen; es muß ihm am Elementaren ein echtes Erlebnis dieser Wissenschaft erschlossen werden. Der Unterricht muß dem gerecht werden, *was Mathematik wirklich ist.* (Wittenberg 1990², S. 50 f.)

Wenn Wittenberg eine *gültige Begegnung* mit der Mathematik fordert, dann liegt in diesem Zusammenhang die Betonung auf „gültig".

Diese Forderung erinnert an das von Heinrich Roth (1906–1983) formulierte methodische „Prinzip der originalen Begegnung". In beiden Formulierungen wirkt das Wort „Begegnung" etwas distanziert. Dass dies nicht so gemeint ist, wird bei Roth deutlich, wenn er schreibt:

> Nichtsdestoweniger verlangt die originale Begegnung immer die wirkliche Begegnung mit dem Gegenstand. Und hier sind wir ebenfalls an einem entscheidenden Punkt: die Kontaktaufnahme mit dem Gegenstand selbst muß vollzogen werden. Es darf nicht nur über den Gegenstand geredet werden, sondern der Gegenstand muß selbst da sein. Nicht nur da sein, sondern Ereignis werden, hereinleuchten, ergriffen werden. (Roth 1965⁸, S. 114)

Im Grunde geht es darum, die Schülerinnen und Schüler im Unterricht *zuverlässige Erfahrungen* mit Mathematik gewinnen zu lassen. Das bedeutet, dass es nicht ausreicht, wenn sie lediglich viel Zeit für Mathematik aufwenden.

Beispiele: (1) Das fortgesetzte Lösen formal anspruchsvoller Abituraufgaben birgt die Gefahr, Bemühungen um ein tieferes Eindringen in die grundlegenden Begriffe und ihre Eigenschaften und Beziehungen zu vernachlässigen. Der Unterricht betont dann zu stark die kalkülhafte Seite der Mathematik und vernachlässigt ihre begriffliche Seite. Andererseits kann natürlich Unterricht auch zu theorielastig werden.

(2) Würde im Geometrieunterricht darauf verzichtet, die Formeln für die Rauminhalte von Pyramide, Kegel und Kugel herzuleiten, und beschränkte man sich darauf, sie mitzuteilen und plausibel zu machen, so würden den Schülerinnen und Schülern wesentliche Einsichten vorenthalten.

Es kommt also entscheidend auf die Inhalte und auf die Art des Umgangs mit ihnen an. Ein Unterricht, der zuverlässige Erfahrungen mit Mathematik vermittelt, soll *authentisch* genannt werden. Mit der Forderung, dass Mathematikunterricht authentisch sein muss, ist die Verantwortung der Lehrenden der Mathematik gegenüber angesprochen. Der Unterricht hat dabei Antworten auf drei grundlegende Fragen zu geben:

- Was ist Mathematik?

- Wie entsteht Mathematik?

- Was kann man mit Mathematik anfangen?

Diese Fragen spielen in der didaktischen Diskussion eine wichtige Rolle, denn die Erfahrung zeigt, dass das Gewicht dieser Fragen unterschiedlich beurteilt wird. Das kann so weit gehen, dass man Fragen ausblendet. Die erste Frage zielt auf die Sache, die zweite auf den Weg. In Diskussionen wird z.B. gefragt: Soll der Mathematikunterricht den Weg betonen oder das Ziel? Soll er *prozessorientiert* oder *zielorientiert* sein? Im Hinblick auf die Forderung, authentisch zu sein, ist das eine falsche Alternative. Die dritte Frage zielt auf die *Anwendungen*. Diese Frage wird gerne ausgeblendet oder als Gegenreaktion überbewertet.

Authentischer Mathematikunterricht lässt die Heranwachsenden erleben, wie Mathematik entsteht, lässt ihnen die Aussagekraft und den Erkenntnisgewinn durch Mathematik bewusst werden und zeigt ihnen, wie man die gefundene Mathematik anwenden kann. Im Folgenden sollen diese drei Aspekte etwas näher betrachtet werden.

1.4.2 Mathematisches Wissen

Mathematik handelt von Zahlen und Formen im weitesten Sinne. Dabei geht es um *Begriffe*, ihre *Eigenschaften*, Beziehungen zwischen Eigenschaften und um Beziehungen zwischen Begriffen.

Beispiel: Betrachtet man die Begriffe „Parallelogramm" und „Rechteck", so kann man folgende Eigenschaften feststellen: Im Parallelogramm sind die Gegenseiten parallel; im Rechteck sind alle Winkel rechte. Nun findet man heraus: Sind in einem Viereck alle Winkel rechte, dann sind die Gegenseiten parallel. Man hat also eine Beziehung zwischen den Eigenschaften entdeckt. Diese hat zur Konsequenz, dass jedes Rechteck ein Parallelogramm ist, so dass also der Begriff „Rechteck" ein Unterbegriff des Begriffs „Parallelogramm" ist. Es wird deutlich, dass Sachverhalte von anderen logisch abhängen, so dass Mathematik ein reichhaltiges Beziehungsgefüge darstellt. Mathematik authentisch zu unterrichten, beschränkt sich also nicht darauf, Begriffe und Sachverhalte zu lehren, sondern der Unterricht muss auch das mathematische *Beziehungsgefüge* sichtbar machen.

Euklid ist es mit seinen *Elementen* gelungen, das geometrische Beziehungsgefüge zu nutzen, um daraus die Geometrie *axiomatisch* aufzubauen. Mit den von Hilbert durchgeführten Änderungen hat diese Darstellung mathematischer Theorien bis heute Bestand. Gehört zu einem authentischen Mathematikunterricht, dass die Lernenden eine axiomatisch aufgebaute Theorie kennen lernen? Diese Frage ist in den 1960er Jahren lebhaft und kontrovers diskutiert worden. Ein viel diskutierter Kompromissvorschlag wurde von Freudenthal gemacht, sich darauf zu beschränken, ein überschaubares Gebiet mit den Schülerinnen und Schülern *lokal* zu ordnen (Freudenthal 1973, S. 423–429, Griesel 1963, Wittmann 1974). Angesichts der großen Bedeutung der Axiomatik in der Mathematik und ihrer Entwicklungsgeschichte, aber auch in der Wissenschaftsgeschichte allgemein, ist es unbefriedigend, dass die Mehrzahl der Abiturientinnen und Abiturienten nie etwas von Axiomatik gehört hat.

1.4.3   Mathematik im Entstehen

Wurde im vorigen Abschnitt Mathematik als Beziehungsgefüge vorgestellt, so wurde sie als etwas Vorhandenes gesehen. Nach Platon ist Mathematik tatsächlich auch im „Ideenhimmel" vorhanden. Aristoteles (384?–322?) freilich sieht das anders. Für ihn „konstruieren" sich die Menschen die Mathematik. Nach Platon *entdeckt* also der Mensch die Mathematik, nach Aristoteles *erfindet* er sie.

Entdecken und Erfinden

Betrachtet man die Tätigkeit der Mathematiker genauer, dann lassen sich diese beiden Sichtweisen gar nicht trennen. Selbst wenn man annimmt, dass ein mathematischer Begriff erfunden wird, werden bei seiner Erforschung Eigenschaften und Beziehungen entdeckt.

Diese Grundsatzdiskussion hat auch einen didaktischen Aspekt. So kann man fragen, ob man sich beim Lernen vorhandenes Wissen „einprägt" oder selbst „konstruiert". Wie so häufig in der Pädagogik werden zeitweilig bestimmte Aspekte überbetont, andere dagegen vernachlässigt. Es ist aber anzustreben, auch beim Lernen beide Aspekte zu sehen.

Betrachtet man das Entstehen von Mathematik, dann sind im Denken des Menschen zunächst gewisse Grundvorstellungen vorhanden, die zu grundlegenden mathematischen Begriffen hinführen. Das beschränkt sich allerdings nicht nur auf die „Grundbegriffe" einer axiomatisch aufgebauten Theorie.

Andererseits kann man mit Hilfe von grundlegenden Begriffen neue Begriffe bilden. Das können *Unterbegriffe* sein, die sich durch eine einschränkende Bedingung ergeben, aber auch *neuartige* Begriffe, die etwa durch Paarbildung gewonnen werden.

Beispiele: (1) Beginnt man mit dem Begriff der natürlichen Zahl, so erhält man durch die einschränkende Bedingung „durch 2 teilbar" den Begriff „gerade Zahl".

(2) Bildet man Paare (m, n) natürlicher Zahlen, so kann man den Begriff „Bruch" erhalten. Darauf weist ja auch die Schreibweise $\frac{m}{n}$ hin.

Hat man einen Begriff durch Definition gebildet, dann untersucht man ihn auf Eigenschaften und auf Beziehungen zu anderen Begriffen hin. Die Ergebnisse werden in *Sätzen* formuliert.

Problemlösen

Von besonderem Interesse sind mathematische *Probleme*. In der Mathematikgeschichte ist der Begriff des Problems relativ offen. Bei Euklid sind z.B. die Konstruktionsaufgaben Probleme. Ihre Lösung ergibt sich meist unmittelbar aus Postulaten, Theoremen oder bereits gelösten Problemen. Mit seiner Theorie und der angegebenen und begründeten Lösung sorgt Euklid im Grunde dafür, dass aus Problemen Routineaufgaben werden. Allerdings fanden die Griechen auch einige Probleme, die sie nicht lösen konnten. Eines der berühmtesten Probleme des Altertums war die *Quadratur des Kreises*. Dabei ging es darum, nur mit Zirkel und Lineal zu einem Kreis ein Quadrat gleichen Flächeninhalts zu konstruieren. Zwar stellte sich im Licht der *Elemente* die Quadratur der Vielecke als Routineaufgabe dar, doch die Quadratur des Kreises widersetzte sich jahrhundertelang allen Lösungsversuchen, bis 1882 Ferdinand Lindemann (1852–1939) die Unlösbarkeit bewies (Abschnitt 2.4.4).

Doch dieses Problem wirkt relativ eng. Das wesentlich umfassendere Problem ist die Bestimmung des Flächeninhalts, das sich wie ein roter Faden als *grundlegendes* Problem durch die Mathematikgeschichte zieht und bei dem sich bis in unsere Tage immer neue Aspekte ergeben, wenn man etwa an die Geometrie der Fraktale denkt. In der Entwicklungsgeschichte der Mathematik erweisen sich sowohl relativ enge als auch weiter gestellte Probleme als *Quellen mathematischen Wissens*.

Unter einem Problem versteht man heute meist eine Aufgabe, deren Lösung nicht unmittelbar ersichtlich ist, bei der man sich jedoch darum bemüht, sie mit Hilfe von Sätzen oder bereits gelösten Problemen zu lösen. Hat man das Problem gelöst und handelt es sich bei dem Problem um einen immer wieder auftretenden Aufgabentyp, dann entwickelt man meist einen *Algorithmus*, der den Lösungsweg schematisiert.

Authentischer Mathematikunterricht lässt die Lernenden das Entstehen von Mathematik selbst erleben, und er vermittelt ihnen das Handwerkszeug, um selbstständig Mathematik zu treiben. Für den Mathematikunterricht ergeben sich aus diesen Betrachtungen *fachliche Ziele*, die sich auf das Lernen der mathematischen Methoden beziehen. Die Schülerinnen und Schüler sollen:

- definieren lernen,

- vermuten lernen,

- beweisen lernen,

- Probleme lösen lernen,

- Algorithmen entwickeln lernen,

- sich der mathematischen Methoden und ihrer Tragweite bewusst werden.

Diese fachlichen Ziele lassen sich dem Ziel der Allgemeinbildung unterordnen. Allerdings bereiten vor allem das Definieren und Beweisen selbst Gymnasiasten Schwierigkeiten. Sie werden deshalb zum Teil dadurch abgeschwächt, dass man nicht auf der mathematischen „Hochform" besteht. Statt vom „Definieren" wird vom „Erklären", statt vom „Beweisen" wird vom „Argumentieren" gesprochen. So ergeben sich etwas allgemeinere Zielformulierungen, wie sie etwa von Heinrich Winter formuliert worden sind. In seinem Katalog allgemeiner Ziele nennt er z.B. „Dialogfähigkeit und Dialogwilligkeit" und die Fähigkeit „inner- und außermathematische Situationen mit mathematischen Mitteln zu ordnen" (Winter 1972, S. 69). Das zuletzt genannte Ziel: „sich der mathematischen Methoden und ihrer Tragweite bewusst werden" fällt aus dem Rahmen. Dieses Ziel bezieht sich auf die in den vorangegangenen Zielen genannten Tätigkeiten. Es fordert also vom Unterricht, „Wissen über mathematisches Wissen" zu vermitteln.

1.4.4 Mathematik und Wirklichkeit

Mathematik vollzieht sich zwar im Denken des Menschen, der Mensch ist aber auch darum bemüht, eine Beziehung zwischen der Mathematik und der Wirklichkeit, die er mit seinen Sinnen wahrnimmt, herzustellen. Die Reize, die die Wirklichkeit auf die Sinne des Menschen ausüben, werden dabei in einer ganz bestimmten Weise verarbeitet. Der Mensch sieht die Wirklichkeit mit „mathematischen Augen" (Abb. 1.3).

Abbildung 1.3 Die Welt mit mathematischen Augen sehen, *Vladimir Renčin* (aus: *DIE ZEIT* 15/1980, S. 58)

Wenn man sich für die Höhe eines Berges interessiert, dann geht es darum, diesem Berg eine bestimmte Zahl zuzuordnen. Dabei wird von allen anderen Merkmalen des Berges abgesehen. Das mathematische Interesse verengt also den Blick auf einen bestimmten Aspekt des Berges. Betrachtet man das Profil des Berges, dann sieht man vielleicht an der Spitze einen stumpfen Winkel. Der „mathematische Blick" sieht etwas in den Berg hinein.

Mathematik öffnet dem Betrachter die Augen für interessante Beziehungen, engt seinen Blick aber auch ein. Die mathematische Sicht der Welt führt also zu einem ganz eigenen Weltbild. Diese beiden Sichtweisen kann man logisch analysieren (Schreiber 1980).

Das Absehen von bestimmten Merkmalen wird gemeinhin als *Abstraktion* bezeichnet und in der Mathematik häufig zur Bildung von Begriffen verwendet. Typische Beispiele sind die *Mächtigkeit* einer Menge, bei der man von der Natur ihrer Elemente absieht und sich nur auf ihre Anzahleigenschaft konzentriert oder die *Länge* einer Strecke, bei der man z.B. von ihrer Lage absieht. Begriffe können aber auch durch *Idealisierung* gebildet werden. Hier sieht man etwas in die Objekte hinein. So wird z.B. bei einer Bewegung angenommen, dass die Beziehung zwischen Weg und Zeit *proportional* ist. Oder als Verbindung zwischen zwei Punkten im Gelände wird eine *Strecke* angenommen. Diese Vorgänge sind den Lernenden im Mathematikunterricht bewusst zu machen.

Mathematik kann auf außermathematische Bereiche *angewendet* werden und dort zur Lösung von Problemen beitragen. Umgekehrt können außermathematische Probleme zur Entwicklung mathematischer *Modelle* führen, die dann eine Lösung des Problems ermöglichen. Authentischer Mathematikunterricht hat den Lernenden diese Beziehungen bewusst zu machen und ihnen zu helfen, sich der entsprechenden Techniken zu bedienen. Die Schülerinnen und Schüler sollen also:

- Mathematik anwenden lernen,

- mathematische Modelle bilden lernen.

Die Beziehung zwischen Mathematik und Welt wird von den Schülerinnen und Schülern aber durchaus kritisch gesehen. Die *Welt der Zahlen und Formen* ist eine Welt, die zwar manche Bezüge zum „täglichen Leben" hat, aber doch eigenen Regeln folgt, die dem „gesunden Menschenverstand" widersprechen können.

Sie gewinnen z.B. den Eindruck, dass man prinzipiell zunächst „alles" annehmen kann. Unrealistische Ergebnisse wie z.B. 0,75 Hunde oder 5 m große Menschen werden in der „Mathewelt" durchaus für möglich gehalten. Man kann zu richtigen Ergebnissen kommen, auch wenn zwischendurch mit irrealen Größen wie z.B. $3\frac{1}{2}$ Menschen gerechnet wird. Wenn ein Schüler bei einer Aufgabe eine „krumme Zahl" herausbekommt, erscheint das verdächtig und er beginnt mit der Fehlersuche. Ist die Aufgabe so gestellt, dass tatsächlich eine „krumme Zahl" herauskommt, fühlt er sich an der Nase herumgeführt.

Um derartige Fehlvorstellungen zu vermeiden, wird für den Mathematikunterricht zu Recht immer wieder die Forderung der *Lebensnähe* erhoben, d.h., er muss realistische Situationen und reale Daten bearbeiten lassen. Angesichts dieser Forderung an einen authentischen Mathematikunterricht stellt sich natürlich die Frage, ob die Lehrenden überhaupt selbst in ihrem Studium eine zuverlässige Begegnung mit der Mathematik hatten.

1.4.5 Mathematische Weltbilder

Über die Vorstellungen von der Mathematik, die der Unterricht vermittelt, weiß man recht gut Bescheid (z.B. Törner und Grigutsch 1994). In den meisten Menschen ist verankert:

- Mathematik ist die Lehre von den Zahlen und Figuren.

- Eigenschaften von Zahlen werden in Regeln, Eigenschaften von Figuren werden in Sätzen formuliert.

- Regeln und Sätze werden bewiesen.

- Auf der Grundlage von Regeln und Sätzen werden Lösungsverfahren für bestimmte Aufgaben gewonnen.

- Für jede Aufgabe gibt es ein Lösungsschema.

- Mathematik gibt es schon immer.

- In der Mathematik gibt es nichts Neues.

- Für Mathematik braucht man eine besondere Begabung.

- Mathematik ist eher etwas für Männer als für Frauen.

Neben zutreffenden Vorstellungen finden sich Fehlvorstellungen und krasse Vorurteile (Törner und Grigutsch 1994). Der Unterricht vermittelt vielen Menschen ein *mathematisches Weltbild*, das bei Mathematikern Unbehagen auslöst.

Entscheiden sich Abiturientinnen oder Abiturienten, Mathematik zu studieren, so erleben sie Mathematik völlig neu. Im Vordergrund steht nun die Theorie, in den Übungen sind in der Regel Beweise zu führen. Diese haben überwiegend den Charakter von Problemen. Vom Umfang der dargebotenen Mathematik fühlen sie sich regelrecht erschlagen und von den Anforderungen an Strenge zunächst überfordert. Im Laufe der Zeit gewöhnen sie sich jedoch daran, und ihr mathematisches Weltbild ändert sich. Es lässt sich wie folgt beschreiben:

- Mathematik ist die Wissenschaft von den Strukturen.

- Das Wissen über die verschiedenen Strukturen schlägt sich in Theorien nieder.

- Theorien werden axiomatisch aufgebaut.

- Mathematik wurzelt historisch in der Lehre von Zahlen und Figuren, wird aber ständig weiterentwickelt.

- Mathematik lässt sich anwenden.

- In Mathematik kann man zwar kreativ werden, wirklich wesentlich Neues zu entdecken, erfordert aber eine besondere Begabung, über die nur wenige Menschen verfügen.

- Mit Mathematik befassen sich mehr Studentinnen als erwartet. Die meisten wollen Lehrerinnen werden.

Auch dieses Weltbild ist einseitig. Dass eine solche Sicht der Mathematik eingeengt ist, machen Richard Courant (1888–1972) und Herbert Robbins (1915–2001) deutlich:

> Die Betonung des deduktiv-axiomatischen Charakters der Mathematik birgt eine große Gefahr. Allerdings entzieht sich das Element der konstruktiven Erfindung, der schöpferischen Intuition einer einfachen philosophischen Formulierung; dennoch bleibt es der Kern jeder mathematischen Leistung, selbst auf den abstraktesten Gebieten. Wenn die kristallisierte, deduktive Form das letzte Ziel ist, so sind Intuition und Konstruktion die treibenden Kräfte. Der Lebensnerv der mathematischen Wissenschaft ist bedroht durch die Behauptung, Mathematik sei nichts anderes als ein System von Schlüssen aus Definitionen und Annahmen, die zwar in sich widerspruchsfrei sein müssen, sonst aber von der Willkür des Mathematikers geschaffen werden. Wäre das wahr, dann würde die Mathematik keinen intelligenten Menschen anziehen. Sie wäre eine Spielerei mit Definitionen, Regeln und Syllogismen ohne Ziel und Sinn. Die Vorstellung, dass der Verstand sinnvolle Systeme von Postulaten frei erschaffen könnte, ist eine trügerische Halbwahrheit. Nur aus der Verantwortung gegen das organische Ganze, nur aus innerer Notwendigkeit heraus kann der freie Geist Ergebnisse von wissenschaftlichem Wert hervorbringen. (Courant und Robbins 1962, S. XV)

Vielen Lehrerinnen und Lehrern wurden im Laufe ihres Studiums diese Sichtweisen von Mathematik und diese Erfahrungen mit ihr vorenthalten. Bei den abgerundeten systematischen Darstellungen von Mathematik in den Vorlesungen kommt meist auch die *historische Entwicklung* zu kurz. Zwar weisen bei besonderen Sätzen die Namen ihrer Entdecker auf bedeutende Mathematiker der Vergangenheit hin, gelegentlich werden auch recht allgemein gehaltene historische Hinweise gegeben. Aber im Grunde vermitteln diese Bemerkungen am Rande keine wesentlichen Einsichten. Obgleich sich in den Prüfungsordnungen für die Lehrämter Hinweise auf die „Problemgeschichte" der Mathematik finden, werden nur an wenigen Hochschulen einschlägige Veranstaltungen angeboten.

Die axiomatische Darstellung mathematischer Theorien in den Vorlesungen lässt diese Systematik als etwas Selbstverständliches erscheinen. Wenn man an die *Grundlagenprobleme* denkt, die zu Beginn des vorigen Jahrhunderts durch Hilberts *Programm* des radikal axiomatischen Aufbaus aller mathematischen Theorien aufgeworfen wurden, dann ist der naive Umgang mit Axiomatik im Studium unbefriedigend. Mindestens gegen Ende des Studiums sollte diese Methode kritisch hinterfragt werden.

1.4.6 Einstellungen zur Mathematik

Mathematik begleitet die Heranwachsenden durch ihre ganze Schulzeit. Im Rückblick haben viele von ihnen überwiegend Freude an Mathematik gehabt, etliche haben allerdings auch an ihr gelitten. Mathematik kann ja durchaus faszinierende Züge haben. Viele Menschen haben eine besondere Liebe zu Zahlen, sie rechnen und knobeln gern, wie das Beispiel des Sudoku zeigt. Auch Geometrie fasziniert mit den anschaulichen Figuren, interessanten Mustern und mit ihren Knobelaufgaben, wie z.B. dem Zauberwürfel.

Was allerdings die Mathematiker aus diesen faszinierenden Gegenständen und Problemen machen, kann dann recht ernüchternd sein. Sie fordern beim Rechnen die Beachtung und die Angabe von Regeln, bei Vermutungen Beweise, bei Konstruktionen Beschreibungen, was häufig als lästig empfunden wird, weil einem selbst die Dinge klar sind und man von der Richtigkeit überzeugt ist.

Der Mathematikunterricht vermittelt Erfolgserlebnisse, doch sind auch Misserfolge zu bewältigen. Aber das kennt jeder, der sich mit Mathematik beschäftigt. Allerdings will sich das nicht jeder antun. Menschen, die „ihre" Mathematik lieben, fällt es schwer, das zu akzeptieren. Der Pädagoge Jürgen Diederich hat einmal „Vom Fluch der Liebe zur Mathematik" gesprochen (Diederich 1980). Für Lehrkräfte, die ihre Mathematik und ihre Schülerinnen und Schüler lieben, wird die Ablehnung ihres Faches eine Herausforderung zu besonderen pädagogischen Bemühungen sein.

Dass sich Einstellungen zum Fach Mathematik bei Schülerinnen und Schülern ändern können, ist bekannt. Ein neues Gebiet kann auf einmal Interesse an Mathematik wecken, auch ein Lehrerwechsel wirkt manchmal Wunder. Erleben sie einen „anderen" Mathematikunterricht, dann sind sie unter Umständen erstaunt, wie spannend Mathematik sein kann. Wagenschein zitiert aus dem Brief einer Schülerin, in dem sie beschreibt, welchen Eindruck die Entdeckung des Nichtabbrechens der Primzahlfolge bei ihr hinterließ:

> Sie ahnen nicht, wie aufregend es war. Wir dachten wirklich an nichts anderes ... Mathematik war für mich immer der Inbegriff der Langeweile gewesen, und ich konnte kaum verstehen, wie dieses herrliche Erlebnis auch Mathematik heißen konnte. ... Als wir nach mehreren Tagen die Aufgabe gelöst hatten, waren wir so stolz, als wenn das Primzahlenproblem uns unser ganzes Leben lang geplagt hätte

und wir die ersten Menschen seien, die den Beweis gefunden hatten. (Wagenschein 1970², S. 110)

Ereignet hat sich das an einer Schule in der Schweiz, in der den Schülerinnen 0und Schülern viel Spielraum zu eigener Arbeit gelassen wurde.

1.5   Inhalte des Mathematikunterrichts

In den vorangegangenen Abschnitten wurden unterschiedliche Aufgaben des Mathematikunterrichts herausgearbeitet. In jeder der Funktionen stellt sich die Frage nach den zu behandelnden Inhalten.

1.5.1   Das Curriculumproblem

Konkret ergeben sich damit die Fragen:

- An welchen Inhalten können und sollen die Schülerinnen und Schüler im Mathematikunterricht Allgemeinbildung erwerben?

- Über welche Inhalte müssen sie das erforderliche Wissen und Können erwerben, um sich damit zu qualifizieren?

- An welchen Inhalten können sie zuverlässige Erfahrungen mit Mathematik sammeln?

Dem Unterricht sind natürliche Grenzen gesetzt. Er muss sich der geistigen Entwicklung der Lernenden anpassen und er ist trotz seines Gewichts zeitlich begrenzt. Folglich werden damit dem Unterricht viele Inhalte verschlossen bleiben müssen. Die Schule muss also an *begrenzten* Inhalten bei den Schülerinnen und Schülern die angestrebten Ziele zu erreichen versuchen.

Die Auswahl der Inhalte ist ein grundlegendes didaktisches Problem, das auch als *Curriculumproblem* bezeichnet wird. Die Lösung des Problems erfordert das Finden von Kriterien für die Entscheidung, ob ein bestimmter Inhalt gewählt werden soll.

1.5.2   Das Zentrale

Das mathematische Wissen war über Jahrhunderte gut repräsentiert durch die *Elemente* des Euklid und durch die Bücher von Archimedes (287–212). Es hätte auch keine besonderen Schwierigkeiten bereitet, die wichtigsten Sätze zu nennen, obwohl weder Euklid noch Archimedes in ihren Büchern bestimmte Sätze gegenüber anderen Sätzen auszeichneten.

Wichtige geometrische Sätze sind ohne Frage: die Kongruenzsätze, der Satz vom Umfangswinkel, die Strahlensätze, der Satz des Pythagoras, die Sätze über

Umfang und Flächeninhalt des Kreises sowie über Oberflächeninhalt und Rauminhalt der Kugel. Im Laufe der Zeit bürgerten sich Namen für besondere Sätze ein. Sie wurden mit dem Namen eines Mathematikers verbunden (z.B. *Satz des Thales, Satz des Pythagoras*) oder man fasste den wesentlichen Inhalt zusammen (z.B. *Kongruenzsatz, Ähnlichkeitssatz*) und hob sie damit hervor. Mathematik war überschaubar.

Die Situation hat sich in der Neuzeit grundlegend geändert. Es entstanden neue Gebiete wie Algebra, analytische Geometrie, Analysis, Funktionentheorie, Differentialgeometrie, numerische Mathematik, Stochastik und viele mehr, jeweils mit herausragenden Sätzen. Das mathematische Wissen unserer Zeit ist unüberschaubar geworden. Auch der Wissenszuwachs lässt sich nur grob schätzen. Davis und Hersh nahmen 1981 eine Zahl von 2000 neu entdeckten Sätzen pro Jahr an (Davis und Hersh 1986, S. 17). Immer noch ragen einige Sätze heraus. Aber in vielen Teilgebieten der Mathematik gibt es bedeutende Sätze, die nur noch den Spezialisten bekannt und zugänglich sind.

Hinzu kommt, dass sich klassische Gebiete im Laufe der Zeit teilweise grundlegend gewandelt haben. So wurde die Algebra aus einer Theorie der Gleichungen zu einer Theorie der algebraischen Strukturen, die Differentialgeometrie wurde aus einer Theorie der Kurven und Flächen zu einer Theorie der Mannigfaltigkeiten. Trotz dieser Vielfalt lassen sich immer noch umfangreiche thematisch zusammenhängende Bereiche identifizieren. Die wichtigsten mathematischen Gebiete sind

Analysis, Algebra, Geometrie und *Stochastik.*

Hinzu kommt *Angewandte Mathematik* mit ihren unterschiedlichen Bereichen. Diese Gebiete können als mathematisch zentral angesehen werden. Allerdings sind sie inzwischen weit aufgefächert, so dass für die Lösung des Curriculumproblems noch weitere Kriterien nötig sind.

1.5.3   Fundamentale Ideen

Man kann angesichts der Fülle mathematisch wichtiger Einzelergebnisse versuchen, von den konkreten Inhalten abzusehen und stattdessen „Ideen" zu betrachten. Für Platon steckt hinter *jedem* mathematischen Begriff eine Idee. Dieser Ansatz hilft also zunächst auch nicht weiter. Immerhin kann man versuchen, unter den mathematischen Ideen einige auszuzeichnen.

Mit diesem Ansatz hat Jerome Bruner 1970 versucht, das Curriculumproblem zu lösen. Er schlug vor, „daß das Curriculum für ein Fach von dem fundamentalen Verständnis des Faches her aufgebaut werden soll, das sich aus den tragenden, seine Struktur ausmachenden Prinzipien gewinnen läßt." (Bruner 1980[5], S. 42). Dieser Vorschlag löste eine umfangreiche Diskussion über *fundamentale Ideen* der Mathematik aus (Schweiger 2010). Der Ansatz faszinierte offensichtlich viele Didaktiker. Dabei wurden Listen fundamentaler Ideen vorgeschlagen, in denen klar umrissene Begriffe wie Menge, Zahl, Funktion, aufgeführt wurden; überwiegend wurden jedoch weniger klar umrissene Begriffe genannt wie: *Linearisierung* (einen linearen Zusammenhang annehmen), *Approximation* (Näherungslösungen suchen), *Optimieren* (eine kleinste, größte, beste Lösung suchen), *Algorithmieren* (ein automatisch durchzuführendes Lösungsverfahren suchen). Schließlich wurden auch Verbindungen zu anderen didaktischen Begriffen, etwa zu dem der *Grundvorstellungen*, hergestellt (Vohns 2005).

Die „Vagheit" der fundamentalen Ideen ist gewollt. Sie ist ein Teil der Konzeption. Denn den Ideen sollten sich Begriffe und Sachverhalte zuordnen lassen. Bruner hatte die Vorstellung, von einer Gruppe der „besten Wissenschaftler" des jeweiligen Faches eine Liste fundamentaler Ideen zusammenstellen zu lassen. Das ist bis heute für die Mathematik nicht realisiert worden. Die Konzeption der „fundamentalen Ideen" spielt trotzdem in Curriculumdiskussionen eine wichtige Rolle als Kriterium. Es gibt auch Beispiele für Realisierungen. Dabei wird deutlich:

- Fundamentale Ideen können Akzente bei der Behandlung eines Gebietes setzen. In der Analysis kann das die Idee der Approximation sein (z.B. Wittmann 1973).

- Einzelne fundamentale Ideen können auch selbst Unterrichtsgegenstand sein. So konnte für das *Optimieren* gezeigt werden, dass sich daran im Mathematikunterricht eine Fülle fruchtbarer Betrachtungen anstellen lässt (Schupp 1992).

Sowohl die Frage nach den „zentralen Gebieten" als auch die Suche nach „fundamentalen Ideen" wird in erster Linie vom Fach her gesehen. Ob diese Inhalte den Heranwachsenden überhaupt zugänglich sind, ist damit natürlich noch nicht geklärt.

1.5.4   Das Elementare

Die nahe liegende Forderung ist, sich auf das „Elementare" zu beschränken. So hatte ja Wittenberg gefordert, dass den Lernenden „am Elementaren ein echtes Erlebnis dieser Wissenschaft erschlossen" werden muss (Wittenberg 1990[2], S. 51). Das „Elementare" ist ein etwas schillernder Begriff. Einige Bedeutungen sollen deshalb herausgearbeitet werden (Fischer 1996, S. 39 f.).

Das in der Mathematik Grundlegende

Das bedeutendste mathematisches Lehrbuch aller Zeiten trägt bekanntlich den Titel: *Elemente*. Was damit ausgedrückt werden soll, beschreibt Proklus Diadochus (410–485), der letzte Leiter der platonischen Akademie, in seinem Euklid-Kommentar:

> Wenn wir aber das Ziel für den Studierenden feststellen, so werden wir sagen, daß eben das, was der Titel besagt, also eine grundlegende Einführung, ihm geboten sei und eine vollendete Ausbildung des Geistes der Studierenden für den gesamten Betrieb der Geometrie. Denn davon ausgehend werden wir auch die übrigen Teile dieser Wissenschaft uns aneignen können; ohne sie aber ist es uns unmöglich, die in ihr beschlossene Mannigfaltigkeit der Probleme in vollem Umfang zu erfassen, und es entzieht sich uns die Erkenntnis der anderen Wahrheiten. Denn die grundlegendsten und einfachsten Lehrsätze, die aufs engste verwandt sind mit den ersten Voraussetzungen, sind hier zu einem vollkommenen System zusammengeschlossen, und die Beweise der anderen Sätze stützen sich auf diese als auf die einleuchtendsten und gehen von ihnen aus. (Proklus 1945, S. 215–216)

Das Werk ist als *grundlegende Einführung in die Mathematik* gedacht. Auf die Inhalte dieser Einführung baut die Mathematik auf. Das Studium dieser Einführung ist *notwendig*, weil ohne sie die übrigen Inhalte unverständlich bleiben müssen. Es ist aber auch *hinreichend*, denn auf dieser Grundlage können sich die Studierenden selbstständig die übrigen Teile dieser Wissenschaft aneignen. Das Grundlegende bestimmt sich hier vom Neuen her, das es in Zukunft zu bewältigen gilt. Dieser Aspekt des Elementaren zielt also in erster Linie auf die qualifizierende Funktion des Mathematikunterrichts.

Das in einem mathematischen Gebiet Grundlegende

Proklus kommentiert das *erste Buch* der Elemente. Dieses Buch ist eine grundlegende Einführung in die *Geometrie*. Eine grundlegende Einführung kann man zu jedem größeren mathematischen Gebiet entwickeln. Diese Tradition lebt bis heute fort. So gibt es z. B. Abhandlungen über *Elemente der Zahlentheorie* (Winogradow), *Elemente der Funktionentheorie* (Knopp) oder *Elemente der Funktionalanalysis* (Ljusternik und Sobolew). Ähnliches wird mit „Grundzügen" ausgedrückt, z. B. *Grundzüge der Mengenlehre* (Hausdorff) oder *Grundzüge der modernen Analysis* (Dieudonné). In diesen einführenden Darstellungen geht es darum, die grundlegenden Begriffe, Beziehungen, Probleme und Methoden darzustellen. Das steht auch im Vordergrund, wenn gefordert wird, der Mathematikunterricht solle zuverlässige Erfahrungen am *Elementaren* vermitteln. So formuliert Hans-Georg Steiner (1928–2004):

> Das Elementare soll einerseits eine Schlüsselstellung für das Verstehen und Erfassen der charakteristischen Züge etwa eines Wissensgebietes einnehmen, also in prägnanter Weise das Prinzipielle des Gebietes widerspiegeln; es soll andererseits den Schüler für das jeweilige Gebiet aufschließen, sein Interesse wecken, es zu seiner Angelegenheit werden lassen. (Steiner 1969, S. 49)

Dabei begreift er das Elementare als Herausforderung und Chance für den Unterricht, um ihn damit für neue Gebiete zu öffnen. Als zu Beginn des vorigen Jahrhunderts die Forderungen immer eindringlicher wurden, Analysis in das Curriculum des Gymnasiums aufzunehmen, ging es darum, das Elementare dieses Gebiets zu bestimmen, das den Schülerinnen und Schülern vermittelt werden konnte. In den 1960er Jahren bemühte man sich darum, algebraische

Strukturen in das Curriculum aufzunehmen. Aus diesem Kontext stammt das Zitat von Steiner. Dieser Aspekt des Elementaren zielt also darauf, im Mathematikunterricht angemessene Vorstellungen von Mathematik zu vermitteln.

Die Grundbausteine eines Gebiets

In vielen Wissenschaften ist es üblich nach Elementen zu suchen. Man denke an die Elemente in der Chemie, an die Elementarteile der Physik, an die Zelle oder die Gene in der Biologie. Gelegentlich wird auch in der Mathematik von Elementen als Grundbausteinen eines Gebietes gesprochen. So schreibt Hilbert in seinen *Grundlagen der Geometrie*:

> ... die Punkte heißen auch die *Elemente der linearen Geometrie*, die Punkte und Geraden heißen die Elemente der ebenen Geometrie, und die Punkte, Geraden und Ebenen heißen die *Elemente der räumlichen Geometrie* oder *des Raumes*. (Hilbert 1999[14], S. 2)

In axiomatisch aufgebauten Theorien sind diese „Elemente" undefinierte Grundbegriffe. Was man sich unter ihnen vorstellt, ist letztlich eine Privatangelegenheit. Hilbert selbst soll gelegentlich scherzhaft bemerkt haben: „Man muß jederzeit an Stelle von ‚Punkte', ‚Geraden', ‚Ebenen', ‚Tische', ‚Stühle', ‚Bierseidel' sagen können." (Blumenthal 1935, S. 403).

Für den Unterricht ist dies natürlich – zumindest für die Einführung in die Geometrie – eine unzulängliche Sicht. Hier geht es gerade darum, zu den Grundbegriffen angemessene Vorstellungen aufzubauen.

In der historischen Entwicklung sind die Grundbegriffe auf Erfahrungen und Vorstellungen des Menschen gegründet, die für ein angemessenes Verständnis dieser Begriffe unumgänglich sind. Es war das besondere Anliegen von Freudenthal, in einer *didaktischen Phänomenologie* die für das Lernen wesentlichen Vorstellungen und Erfahrungen, die mit den Grundbegriffen verbunden sind, zu erforschen und für den Unterricht nutzbar zu machen (Freudenthal 1983). Für den Begriff der Geraden z.B. untersucht er zunächst Objekte und Situationen, die auf Geraden führen. Er nennt: „Zeichnen mit dem Lineal, Schnitt von Ebenen, Schnittlinie, Faltlinie, gerade Linie, kürzeste Linie, gespannte Saite, Visierlinie, Symmetrieachse, Rotationsachse" (Freudenthal 1983, S. 303 f.). Besonders in einführenden Phasen bedürfen also die elementaren Begriffe im Mathematikunterricht besonderer Bemühungen zum Aufbau angemessener Vorstellungen.

Das unmittelbar Zugängliche in der Mathematik

Es gibt viele Begriffe, Fragestellungen und Verfahren der Mathematik, die unmittelbar zugänglich sind. So ist der Begriff der geraden Zahl ein unmittelbar zugänglicher Begriff. Die Frage, ob es eine letzte gerade Zahl gibt, lässt sich unmittelbar verstehen und auch beantworten. Ähnliches gilt für den Begriff der Primzahl. Die Frage, ob es eine letzte Primzahl gibt, ist leicht verständlich. Ihre Beantwortung ist nicht mehr ganz einfach, aber immer noch ohne größere

Hilfsmittel zu finden. Das machte übrigens für Wagenschein den besonderen Reiz dieser Problematik aus (Wagenschein 1970², S. 102–110). Unmittelbar zugänglich ist auch das Problem, ob jede gerade Zahl als Summe zweier Primzahlen darstellbar ist. Das ist die berühmte *Goldbach-Vermutung,* die sich bisher allen Lösungsversuchen widersetzt hat.

Es ist in der Mathematik üblich, „unmittelbar zugängliche" Gebiete, Begriffe, Fragestellungen und Methoden als *elementar* zu bezeichnen. Ein solches Gebiet ist z. B. die „Elementargeometrie". Sie beschränkt sich *inhaltlich* auf die unmittelbar zugänglichen Gebilde Punkt, Gerade, Strecke, Vieleck, Winkel, Kreis, Ebene und Grundkörper vom Würfel bis zur Kugel. Höhere Geometrie hat es dagegen z. B. mit komplizierteren Kurven und Körpern zu tun. Natürlich ist es schwer, eine klare Grenze zu ziehen. So lässt sich darüber streiten, ob z. B. die Kegelschnitte zur elementaren oder zur höheren Geometrie gehören.

Auch *methodisch* lässt sich Elementargeometrie gegen Höhere Geometrie abgrenzen, und zwar durch die Ausgrenzung analytischer, topologischer oder algebraischer Methoden. Es ergibt sich damit in etwa die früher so bezeichnete „Synthetische Geometrie". Auch hier sind natürlich die Grenzen schwer zu ziehen. Denn z. B. bei der Inhaltslehre lassen sich ja die reellen Zahlen mit ihrer Vollständigkeit kaum vermeiden.

Es ist übrigens keineswegs so, dass das in diesem Sinne Elementare das Einfache ist. Es ist ja gerade der besondere Vorzug der höheren Mathematik, wichtige elementare Sätze sehr einfach beweisen zu können. So erhält man in der *Trigonometrie* den Satz des Pythagoras als Sonderfall des Kosinussatzes. Mit Hilfe der *Vektorrechnung* ergibt er sich durch eine einfache Umformung. In beiden Fällen ist weniger Aufwand erforderlich als bei einem elementaren Beweis. Unter den zahlreichen Beweisen für den *Fundamentalsatz der Algebra* sind die „elementaren" die schwierigsten.

Für Wagenschein und Wittenberg hat das unmittelbar Zugängliche einen besonderen Reiz. Denn es gibt den Heranwachsenden immer wieder die Möglichkeit, in die Mathematik einzusteigen. Wittenberg ist auch prinzipiell offen für Neues. Er fordert jedoch, dass sich im Elementaren dieses Gebietes *das Wesentliche* erschließt. Vor dem Hintergrund einer lebhaften Diskussion, ob algebraische Strukturen im Mathematikunterricht behandelt werden sollen, macht er klar:

> Von „gültiger Erfahrung der Mathematik" kann denn auch nur in dem Maße die Rede sein, wie der Unterricht nicht nur die Ergebnisse, sondern das ganze Vorgehen in überzeugender Weise innerhalb des geistigen Erfahrungsbereichs des Schülers zustandekommen läßt. (Wittenberg 1990² , S. 59)

Es ist nicht verwunderlich, dass nach seiner Ansicht Gruppen, Ringe und Körper im Mathematikunterricht nichts zu suchen haben, da sich das Wesentliche dieser Begriffe erst auf der Universität erschließen kann. Damit verzichtet Wittenberg allerdings auf die Behandlung einer grundlegenden Idee, die heute für die Mathematik ganz wesentlich ist. Beschränkt man sich auf das in seinem Sinne Elementare, dann ist im Grunde genommen der Anspruch aufzugeben, zuverlässige Erfahrungen mit Mathematik zu vermitteln.

Das in der Schule Behandelte

In seiner *Elementarmathematik vom höheren Standpunkte* behandelt Felix Klein die wissenschaftlichen Hintergründe der am Gymnasium unterrichteten Mathematik. Für ihn ist Elementarmathematik also „Schulmathematik". Sie umfasst die Elementargeometrie, aber auch z. B. die analytische Geometrie und die Analysis, die normalerweise der höheren Mathematik zugerechnet werden.

Diese Auffassung des Elementaren ist zur Lösung des Curriculumproblems natürlich nicht tauglich, weil sie ein Curriculum bereits voraussetzt. In Diskussionen kann man aber durchaus von Lehrkräften hören: „Das haben wir schon immer so gemacht." Mit dieser Kritik soll nicht die Bedeutung von Traditionen verkannt werden, Schule würde sich aber mit einer Beschränkung auf das Tradierte notwendigen Entwicklungen verschließen.

Betrachtet man die verschiedenen Aspekte des Elementaren, so wird deutlich, dass sie einschränkenden Charakter haben. Während „das mathematisch Zentrale" und die „fundamentalen Ideen" in erster Linie das *Wünschenswerte* beschreiben, reduziert „das Elementare" die Inhalte auf das *Machbare*. Zusammen kann sich dabei das *Sinnvolle* ergeben. Sie stellen also Kriterien für die Auswahl von Inhalten dar und dienen als Argumente für Entscheidungen.

1.5.5   Das Curriculum

Tatsächlich ein Curriculum von Grund auf neu zu konzipieren, ist in Deutschland im Grunde nie möglich gewesen. Selbst 1945 nach dem Zusammenbruch des Dritten Reiches, als die Alliierten in ihren Zonen glaubten, in der „Stunde null" Schule von Grund auf neu gestalten zu können, wurde bald deutlich, wie mächtig die Tradition war. Es gelang nicht einmal – in der Bundesrepublik und in der DDR aus unterschiedlichen Gründen –, die Reformansätze etwa der Arbeitsschulbewegung aus der Weimarer Republik zu neuem Leben zu erwecken, obwohl sie prinzipiell durchaus positiv gesehen wurden.

Im Folgenden soll ein grober Überblick über das aus der deutschen Bildungstradition erwachsene *Curriculum* gegeben werden. Dabei sollen die drei Schulstufen betrachtet werden: Primarstufe, Sekundarstufe I und Sekundarstufe II. Selbst in einem dreigliedrigen Schulsystem sind heute die Curricula der einzelnen Schulzweige in der Sekundarstufe I aufeinander abgestimmt, so dass diese Sicht gerechtfertigt erscheint.

Primarstufe

Inhaltlich stehen im Mathematikunterricht der Primarstufe die drei Themenbereiche im Vordergrund:

Zahlen – Größen – Formen.

Hier geht es darum, den Kindern Grunderfahrungen mit den *Grundbausteinen* der Mathematik zu vermitteln. Bei *Zahlen* handelt es sich im Wesentlichen um natürliche Zahlen. Bei den *Größen* werden Längen, Flächeninhalte, Rauminhalte, Geldwerte, Zeiten und Gewichte mit natürlichen Zahlen als Maßzahlen behandelt. Im Zusammenhang mit Geldwerten treten als Maßzahlen auch schon Dezimalbrüche auf. Bei den *Formen* lernen die Schülerinnen und Schüler Punkte, Strecken, Geraden, Dreiecke, Quadrate, Rechtecke, Vierecke und Kreise sowie Würfel, Quader und Kugel kennen. Nicht in jedem Bundesland werden tatsächlich alle diese Inhalte behandelt.

Sekundarstufe I

Als neue „Grundbausteine" kommen in der Sekundarstufe I bei den *Zahlen* die Bruchzahlen, die rationalen Zahlen und die reellen Zahlen hinzu. Bei den *Formen* sind es im Wesentlichen die Vielecke und bei den Körpern die Prismen, die Zylinder, die Pyramiden und die Kegel. Als neuer Typ von „Grundbausteinen" sind die *Funktionen* sowie *Terme und Gleichungen* zu nennen. Sie liefern zugleich neue Lösungsstrategien für *Sachaufgaben.* Diese Grundbausteine treten in größeren inhaltlichen Zusammenhängen auf, so dass man hier bereits von *grundlegenden Bereichen* sprechen kann, etwa:

Arithmetik – Algebra – Elementargeometrie – Trigonometrie – Stochastik.

In den etablierten Bereichen wird darauf geachtet, möglichst *zentrale Inhalte*, die den Schülerinnen und Schülern zugänglich sind, hervorzuheben. Das sind z.B. die Irrationalzahlen, Intervallschachtelungen, die Lösungsformel für quadratische Gleichungen, der Vieta'sche Wurzelsatz, die Kongruenzabbildungen, die Symmetrien und die Satzgruppe des Pythagoras. Einige der genannten Begriffe lassen sich auch zu den *fundamentalen Ideen* rechnen. Es sind jedoch auch weitere im Unterricht herauszuarbeiten, etwa: „Verknüpfung", „Gleichung", „Algorithmus" und „Approximation".

Sekundarstufe II

Hier wird im Wesentlichen in drei *grundlegende mathematische Theorien* eingeführt:

Analysis – Lineare Algebra – Stochastik.

Die Analytische Geometrie – und mit ihr die Kegelschnitte – mit ihrer langen Unterrichtstradition ist weitgehend der Linearen Algebra zum Opfer gefallen, was immer wieder kritisiert und als änderungsbedürftig gesehen wird (z.B. Schupp 2000).

Diese Auswahl lässt sich vielfältig begründen: Es handelt sich um mathematisch zentrale und grundlegende Gebiete. Sie steuern wesentliche und für die Lernenden neue fundamentale Ideen bei, etwa die Idee des Grenzwerts, die Idee der algebraischen Struktur und die Idee des Zufalls. Schließlich sind sie auch zumindest für das Studium der Mathematik, der Informatik, der Physik und der Ingenieurwissenschaften grundlegend. Es konnten hier nur knapp die Grundzüge des Curriculums dargestellt werden. Detaillierte Darstellungen finden sich in der didaktischen Literatur zu den wichtigsten Schulstufen und Themenbereichen.

Aufgaben

1. Versuchen Sie eine Klärung der Begriffe Hauptfach, Nebenfach, Pflichtfach, Wahlfach, Wahlpflichtfach und Kernfach. Welche Gründe lassen sich für derartige Unterscheidungen angeben?

2. Notieren Sie typische mathematische Aufgaben, die sich Ihnen beim Einkaufen in einem Supermarkt stellen. Überlegen Sie, von welcher Jahrgangsstufe ab es möglich sein sollte, diese Aufgaben zu lösen.

3. Mit Mathematik haben die Menschen zunehmend nur noch implizit als Verfahren zu tun, die den von ihnen benutzten Geräten zugrunde liegen. Welche Konsequenzen muss der Mathematikunterricht daraus ziehen?

4. Stellen Sie aus dem Gedächtnis eine Liste von Namen bedeutender Mathematiker und Mathematikerinnen zusammen. Geben Sie an, welchen mathematischen Beitrag Sie mit dem jeweiligen Namen verbinden. Wie erklären Sie ihren relativ geringen Bekanntheitsgrad? Wie kann sich das durch den Mathematikunterricht ändern?

5. Beschreiben Sie, welche Eigenschaften Sie von einem „mathematisch gebildeten Menschen" erwarten.

6. Erläutern Sie für die Mathematik, was mit dem Begriff der Kulturtechnik gemeint ist. Geben Sie an, welche Forderungen für den Mathematikunterricht sich aus der Aufgabe ergeben, mathematische Kulturtechniken zu vermitteln.

7. In der Literatur finden sich Spuren der Mathematik (Radbruch 1997). Wie kann man das für den Mathematikunterricht fruchtbar machen? (Beckmann 1995).

8. Welche Beziehungen sehen Sie zwischen Mathematik und Kunst? Wie kann man sie im Mathematikunterricht nutzen? (Roth 2009b).

9. Beim Musizieren hat man es auch mit Zahlen zu tun. Welchen Beitrag zum Verständnis von Musik kann der Mathematikunterricht leisten? (Brüning 2003).

10. Geben Sie Beispiele für mögliche mathematische Entdeckungen, wenn man die eigene Umwelt mit „mathematischem Blick betrachtet" (Herget 2007).

11. Überlegen Sie, wovon die Verstehbarkeit eines mathematischen Sachverhaltes abhängt. Durch welche Maßnahmen lässt sich seine Verstehbarkeit fördern?

12. Wozu wird in der Sekundarstufe I der Begriff der dritten Wurzel benötigt? Überlegen Sie, wie er in unterschiedlicher Weise in der Hauptschule, der Realschule und dem Gymnasium jeweils angemessen behandelt werden kann (Vollrath und Weigand 2007[3]).

13. Schauen Sie sich bitte eine Elektrizitätsrechnung für ein Jahr an und erläutern Sie auf unterschiedliche Weise, wie der Endpreis zustande kommt. Geben Sie eine Formel zur Berechnung an und erläutern Sie daran Vor- und Nachteile dieser Schreibweise für den Verbraucher.

14. Viele mathematische Aufgaben werden nur näherungsweise gelöst. Wie lässt sich das mit dem Anspruch einer „exakten Wissenschaft" vereinbaren? Was kann eine angemessene Behandlung dieser Problematik zur Wertevermittlung beitragen?

15. Jemand wendet gegen die Anregung, Schülerinnen und Schüler auch einmal selbstständig einen mathematischen Begriff bilden zu lassen, ein: „Das sind doch Kinkerlitzchen! Sie sollten erst mal wichtige mathematische Begriffe lernen." Wie würden Sie reagieren?

16. Viele Eltern wünschen für ihre Kinder beim Eintritt in die Grundschule, dass diese das Abitur erreichen. Was hat das für Konsequenzen? Wie sollen die Lehrkräfte in den verschiedenen Schulstufen damit umgehen?

17. Überlegen Sie aus dem Blickwinkel Ihres Studiums, welche Defizite Ihrer Ausbildung am Gymnasium Ihnen Schwierigkeiten bereiteten. Wie hätte Ihnen die Universität den Start erleichtern können?

18. Erläutern Sie, welchen Einfluss das Studium auf Ihr mathematisches Weltbild hatte.

19. Mit dem Reifezeugnis soll man Mathematik, aber z.B. auch Germanistik studieren können. Welche Erfahrungen aus dem Mathematikunterricht könnten für das Germanistikstudium hilfreich sein?

20. Gelegentlich hört man im Mathematikstudium in der Anfangsvorlesung, in der Veranstaltung würden keine Vorkenntnisse vorausgesetzt, sondern die Vorlesung beginne „ganz von vorn". Was halten Sie von einer derartigen Behauptung?

2 Mathematik lernen

Im Mathematikunterricht sollen die Schülerinnen und Schüler *vielfältiges mathematisches Wissen* erwerben. Es ist daher notwendig, das Lernen von Mathematik unter *verschiedenen Aspekten* zu betrachten.

Mathematisches Wissen kann sich den Lernenden in unterschiedlicher Weise erschließen. *Systemorientiertes Lernen* von Mathematik vollzieht sich in der Begegnung mit systematisch dargestellter Mathematik. Erleben die Lernenden dagegen das Entstehen von Mathematik in der Auseinandersetzung mit Problemen, so kann sich *problemorientiertes Lernen* ereignen. Lernen von Mathematik tritt schließlich auch beim *Reflektieren* des mathematischen Tuns ein.

Lernen kann sich im Mathematikunterricht *in einem Augenblick* vollziehen, erstreckt sich aber unter Umständen über längere Zeiträume, so dass von *langfristigem Lernen* gesprochen wird. In diesem Kapitel geht es also um:

- Aspekte des Lernens von Mathematik,

- systemorientiertes Lernen von Mathematik,

- problemorientiertes Lernen von Mathematik,

- reflektierendes Lernen von Mathematik,

- langfristiges Lernen von Mathematik.

2.1 Aspekte des Lernens von Mathematik

Wissenschaft und Lehre sind in der Mathematik bereits in ihren Wurzeln eng miteinander verbunden. Das wird an einer etymologischen Betrachtung deutlich.

2.1.1 Mathematik: Wissen – Lehren – Lernen

Das Wort „Mathematik" stammt aus dem Griechischen. Mathesis (μάθησις) bedeutet *Wissenschaft*. Und in diesem Sinne haben es auch die alten Griechen verstanden (Lense 1949, S. 9). Wenn René Descartes (1596–1650) und Leibniz von der „mathesis universalis" sprachen, dann meinten sie das Gesamtgebiet der formalen Wissenschaften. Über die Erforschung der Natur urteilt Immanuel Kant (1724–1804): „Ich behaupte aber, daß in jeder besonderen Naturlehre nur so viel eigentliche Wissenschaft angetroffen werden könne, als darin Mathematik anzutreffen ist." (Kant 1786, S. 14). Hilbert schließlich stellte fest: „Alles, was Gegenstand des wissenschaftlichen Denkens überhaupt sein kann, verfällt, sobald es zur Bildung einer Theorie reif ist, der axiomatischen Methode und damit mittelbar der Mathematik." (Hilbert 1918). Wenn auch Hilberts Programm nicht in seinem umfassenden Sinne Realität wurde, so ist doch das moderne Wissenschaftsverständnis wesentlich von der Mathematik beeinflusst.

Mit dem Wort „Mathematik" ist im Griechischen das Wort „Mathema" (μάθημα) eng verbunden. Es bedeutet *Lehrsatz*. Wissenschaftliche Erkenntnis drückt sich in Lehrsätzen aus, die im Griechischen meist als *Theoreme* bezeichnet werden. Dieses Wort hat sich bis heute in der mathematischen Literatur erhalten. In der deutschen mathematischen Literatur wird allerdings meist *Satz* geschrieben. Mit dem Verlust der Vorsilbe „Lehr" geht ein Bezug der Mathematik zum Lehren verloren, der im Griechischen noch gegeben ist.

Auch das Lernen hängt mit dem Wort „Mathematik" zusammen. So heißt der „Schüler" Mathetes (μάθηθής) und manthano (μανθάνω) bedeutet „ich lerne" (Lense 1949, S. 9).

Diese etymologischen Betrachtungen machen deutlich, dass

Wissen, Lehren und *Lernen*

zu den Grundvorstellungen von Mathematik gehören, die eng miteinander verbunden sind. Betrachtet man unter diesem Aspekt die Axiomatik, so wird ihre doppelte Funktion deutlich: Sie dient der *Sicherung der Wahrheit* mathematischer Erkenntnis und sie ermöglicht das *Verstehen von Mathematik*.

Gelegentlich werden diese beiden Aspekte gegeneinander ausgespielt, indem der eine als *wissenschaftlich*, der andere als *didaktisch* bezeichnet wird. Das wird aber dieser Beziehung nicht gerecht (Vollrath 1996).

Im Folgenden wird diese enge Verbindung zwischen Wissen, Lehren und Lernen genutzt, um Erkenntnis über das Lernen und Lehren von Mathematik zu gewinnen. Dabei ist allerdings zu bedenken, dass sich Darstellungen dieser Wissenschaft – wie das auch bei den *Elementen* des Euklid der Fall war – an Erwachsene wenden. In diesem Buch geht es aber in erster Linie um das Lernen von Kindern und Jugendlichen in der Schule. Deshalb werden *Unterrichtserfahrungen*, *psychologische Befunde* und *pädagogische Argumente* in die Betrachtungen mit einbezogen.

2.1.2 Arten mathematischen Wissens

In Kapitel 1 wurde bereits deutlich, dass die Schülerinnen und Schüler vielfältiges mathematisches Wissen erwerben sollen. Im Hinblick auf das Lernen ist es notwendig, dieses Wissen differenziert zu betrachten.

Wissen über Begriffe

Im Mathematikunterricht ist zunächst Wissen über *Begriffe* zu erwerben. In systematischen Darstellungen der Mathematik ist das zum Verständnis des Begriffs erforderliche Wissen meist in einer *Definition* konzentriert. Werden *Beispiele* gegeben, dann erhält man damit Hinweise auf Objekte, die unter den Begriff fallen.

Für den systematischen Aufbau reicht eine Definition aus, denn in Sätzen und Beweisen wird ja nur die definierende Eigenschaft benötigt. In der Angabe einer Definition liegt aber auch das Angebot, sich durch das Lesen der Definition das notwendige Wissen über den Begriff anzueignen. Aus theoretischer Sicht stellen die Beispiele sicher, dass der Begriff nicht leer ist. Für das Lernen sollen sie Vorstellungen über den Begriff vermitteln. Ob das allerdings bei Kindern und Jugendlichen zum Verstehen eines Begriffs ausreicht, ist kritisch zu hinterfragen.

Wissen über Sachverhalte

Im Mathematikunterricht ist Wissen über die Eigenschaften von Begriffen und ihre Beziehungen zu erwerben. Dies wird im Folgenden als Wissen über *Sachverhalte* bezeichnet.

In systematischen Darstellungen der Mathematik findet sich Wissen über Sachverhalte in Sätzen und Folgerungen. Durch die Angabe von Beweisen handelt es sich dabei in der Regel um *begründetes* Wissen.

Sätze geben mathematische Erkenntnis wieder, sie stellen aber auch Angebote zum Lernen dar. Die Begründungen sollen dabei *Verstehen* ermöglichen. Dem liegt die Erfahrung zugrunde, dass man begründetes Wissen über Sachverhalte durch das Lesen von Sätzen und Beweisen erwerben kann. Ob das ein besonders günstiger und insbesondere für Kinder und Jugendliche geeigneter Weg ist, ist ebenfalls fraglich.

Wissen über Verfahren

Im Mathematikunterricht ist aber auch Wissen darüber zu erwerben, wie bestimmte Aufgaben gelöst werden. Im Folgenden wird dies als Wissen über *Verfahren* bezeichnet. In der Kognitionspsychologie wird es *prozedurales* Wissen genannt und schließt die Fertigkeiten zur Beherrschung der Verfahren mit ein; Wissen über Begriffe und Sachverhalte wird dagegen als *deklaratives* Wissen bezeichnet (Anderson 2001[3], S. 238).

In systematischen Darstellungen der Mathematik werden Verfahren meist in Sätzen, Regeln oder in Algorithmen angegeben. Häufig werden sie auch in Beispielen vorgeführt. Das ist ein etwas eingeschränktes Angebot zum Lernen, denn es informiert lediglich darüber, wie das Verfahren geht und überlässt es den Lernenden, sich selbst Sicherheit in der Anwendung des Verfahrens zu erwerben. Auch hier ergeben sich kritische Fragen im Hinblick auf den Mathematikunterricht.

Metamathematisches Wissen

Wie man Begriffe definiert, Sätze formuliert und beweist, wie man Probleme löst und Algorithmen entwickelt, wie Mathematik angewendet und wie eine mathematische Theorie entwickelt wird, all dies wird als *metamathematisches* Wissen („Wissen über mathematisches Wissen") bezeichnet.

Systematische Darstellungen der Mathematik äußern sich in der Regel nicht über metamathematische Fragen. Indem sie sich mehr oder weniger an bestimmte Regeln halten, enthalten sie zwar *implizit* metamathematisches Wissen, ohne es allerdings *explizit* zu formulieren. Sie setzen bei den Lernenden dieses Wissen als das notwendige Handwerkzeug voraus oder vertrauen darauf, dass sie es im Vollzug – also nebenbei – erwerben. Auch diese Annahme ist im Hinblick auf den Mathematikunterricht zweifelhaft.

2.1.3   Entstehen mathematischen Wissens

Die systematische Darstellung eines mathematischen Gebietes ist das Ergebnis eines längeren Forschens. Die ausgereiften Formulierungen der Axiome, Definitionen, Sätze und Beweise, der klare und folgerichtige Aufbau der Theorie und die Beschränkung auf das unbedingt Notwendige lassen nichts ahnen von Definitionsversuchen, die verworfen wurden, von Behauptungen, die sich nach vergeblichen Beweisversuchen widerlegen ließen, von Fehlschlüssen und von zunächst sehr umständlichen Beweisen, als über das Gebiet geforscht wurde. Für die Forscherinnen und Forscher ist die systematisch dargestellte Theorie der Höhepunkt einer faszinierenden, aber auch mühsamen Entwicklung, in deren Mittelpunkt *Probleme* stehen.

Mathematisches Wissen ergibt sich also aus dem Lösen von Problemen, aber bereits die Problemstellung setzt Wissen voraus und auch beim Lösen selbst wird auf Wissen zurückgegriffen. Mathematisches Wissen ist also in vielfältiger Weise mit Problemen verwoben. *Problem* und *System* sind deshalb in der Mathematik keine Gegensätze, sondern sie sind eng miteinander verbunden.

Da sich beim Lösen von Problemen neues Wissen ergibt, ist auch im Problemlösen ein Weg zum Erwerb mathematischen Wissens gegeben. Dieses Wissen wird durch den Kontext als bedeutsam erfahren; ist es das Ergebnis einer spannenden Suche, so wird es von den Lernenden als bedeutsam gesehen.

In dem Gewinnen einer positiven Einstellung mathematischem Wissen gegenüber liegt das große Versprechen des Problemlösens für den Unterricht. Die Wertschätzung des Problemlösens für den Wissenserwerb ist zugleich Ausdruck der Überzeugung, dass man Mathematik nur durch das Treiben von Mathematik lernen kann. Die Schwierigkeit beim Wissenserwerb durch Problemlösen liegt allerdings darin, dass unter Umständen benötigtes Wissen nicht vorhanden ist, und in dem Risiko, „den roten Faden" zu verlieren. Damit wird deutlich, dass sich im Unterricht „Problem" und „System" ergänzen müssen. Auch hier ist also wieder kein „Entweder-oder" angebracht.

2.1.4   Mathematik lernen als Wissenserwerb

Mathematik *lernen* lässt sich als Erwerb mathematischen Wissens sehen. Mit Lernen ist also eine Zustandsänderung im Denken der Lernenden gemeint, die sich dadurch zeigt, dass sie am Ende dieses Vorganges gewisse nachprüfbare Fähigkeiten besitzen, die sie zu Beginn des Vorganges nicht besaßen.

Derartige Fähigkeiten können von einem Beobachter durch entsprechende Aufgaben kontrolliert werden. Man kann damit objektiv feststellen, ob gelernt worden ist, und man kann die Qualität des Gelernten durch die erworbenen Fähigkeiten beschreiben.

Beispiel: Jemand hat den Begriff „Tetraeder" „kennen gelernt", den er vorher nicht kannte. Das kann den Erwerb unterschiedlicher Kenntnisse und Fähigkeiten bedeuten:

- Er kann sich an das Wort erinnern und es selbst sagen und schreiben.

- Er weiß, dass damit ein Körper bezeichnet wird.

- Er kann in einer Reihe von Körpern die Tetraeder erkennen.

- Er kann ein Tetraeder skizzieren.

- Er kann das Modell eines Tetraeders basteln.

- Er weiß, dass ein Tetraeder 4 Ecken und 6 Kanten hat.

- Er weiß, dass es Tetraeder gibt, die lauter gleich lange Kanten haben.

- Er weiß, dass ein Tetraeder eine spezielle Pyramide ist.

- Er kann ein Tetraeder definieren.

- Er kann begründen, weshalb ein bestimmter Körper ein Tetraeder ist und weshalb das bei einem anderen Körper nicht der Fall ist.

Wer das *alles* weiß und kann, dem wird man bescheinigen, dass er den Begriff „Tetraeder" *gelernt* hat. Aber auch jemand, der z.B. nur die ersten vier Leistungen erbringen kann, hat etwas über das Tetraeder gelernt. Das Lernen kann offensichtlich unterschiedliche Ausprägungen haben.

Welche Leistungen sind aber erforderlich, damit die Lehrenden feststellen können, dass der Gegenstand gelernt ist? Diese Frage ist nicht allgemein zu beantworten. Allerdings kann man sich Rechenschaft über diese Frage ablegen, indem man die zu erreichenden Kenntnisse und Fähigkeiten als *Lernziele* formuliert.

Wird beim Lernen eines Gegenstandes eine hohe Qualität erreicht, dann spricht man vom *Verstehen*. Was das für die wichtigsten Arten mathematischen Wissens bedeutet, soll im folgenden Abschnitt behandelt werden.

2.1.5   Mathematik verstehen

Das Verstehen eines mathematischen *Begriffs* lässt sich durch typische Kenntnisse und Fähigkeiten beschreiben.

Verstehen eines Begriffs

Lernende haben einen mathematischen *Begriff verstanden*, wenn sie

- die Bezeichnung des Begriffs kennen,
- Beispiele angeben und jeweils begründen können, weshalb es sich um ein Beispiel handelt,
- begründen können, weshalb etwas nicht unter den Begriff fällt,
- charakteristische Eigenschaften des Begriffs kennen,
- Oberbegriffe, Unterbegriffe und Nachbarbegriffe kennen,
- mit dem Begriff beim Argumentieren und Problemlösen arbeiten können.

Das ist die *kognitive* Seite des Begriffslernens.

Beim Lernen können Begriffe aber auch mit Erfahrungen verbunden werden, die freudige Gefühle auslösen. Das Basteln eines Modells, ein Zahlenrätsel, das Erkunden von Zahlen- oder Figurenmustern können mathematische Begriffe mit angenehmen Erlebnissen verbinden. Umgekehrt können negative Erfahrungen die Beziehung zu einem Begriff eher belasten. Im Unterricht wird man also nicht nur die kognitiven Aspekte im Auge haben, sondern auch die *affektive* Seite des Lernens.

Verstehen eines Sachverhalts

Zum Verstehen eines *Sachverhalts* gehört, dass man weiß, worauf er sich bezieht, was er aussagt, unter welchen Voraussetzungen er gilt und welche Konsequenzen er hat. Schließlich erwartet man, dass man weiß, weshalb er gilt.

Bei dem Verstehen eines *Satzes* geht es also um das Erfassen der Aussage des Satzes, um die Kenntnis eines Beweises, um die Fähigkeit, den Satz auf Sonderfälle anzuwenden und um das Wissen, welche Probleme sich mit ihm lösen lassen.

Als ein eigenes Problem erweist sich dabei das Verstehen eines *Beweises*. Einen Beweis wird man sicher nur dann vollständig verstanden haben, wenn man jeden Schritt verstanden hat. Und doch ist das nicht alles; so schreibt Hermann Weyl (1885–1955):

> Wir geben uns nicht gerne damit zufrieden, einer mathematischen Wahrheit überführt zu werden durch eine komplizierte Verkettung formeller Schlüsse und Rechnungen, an der wir uns sozusagen blind von Glied zu Glied entlang tasten müssen. Wir möchten vorher Ziel und Weg überblicken können, wir möchten den inneren Grund der Gedankenführung, die Idee des Beweises, den tieferen Zusammenhang *verstehen*. (Weyl 1932, S. 177)

Hat man aber die Idee des Beweises erfasst, dann hat man im Grunde auch den Satz richtig verstanden. Denn dann ist auch klar, wo z. B. die Voraussetzungen des Satzes eingehen und welche Konsequenzen Einschränkungen bei den Voraussetzungen hätten. Diese Überlegungen führen zu dem Ergebnis: Lernende haben einen *Sachverhalt verstanden*, wenn sie

- den Sachverhalt angemessen formulieren können,

- Beispiele für den Sachverhalt angeben können,

- wissen, unter welchen Voraussetzungen der Sachverhalt gilt,

- den Sachverhalt begründen können,

- Konsequenzen des Sachverhalts kennen,

- Anwendungen des Sachverhalts kennen.

Verstehen eines Verfahrens

Bei einem *Verfahren* steht in der Praxis meist das *Beherrschen* im Vordergrund. Das geht so lange gut, wie man es auf die gewohnten Fälle anwendet. Bei neuartigen Fällen oder gar in Grenzfällen kommen dann die Lernenden leicht in Verlegenheit. Aber auch die Aneignung des Verfahrens und das Behalten sind erschwert, wenn das Verfahren nicht verstanden ist. Leider beschränkt sich der Unterricht häufig auf die „Dressur des Unverstandenen". Das ist mit Wagenscheins didaktischem Credo vom Menschenrecht des Verstehens nicht vereinbar. Es ist deshalb das Verstehen der zu lernenden Verfahren zu fordern. Dabei haben die Lernenden ein mathematisches *Verfahren verstanden*, wenn sie

- wissen, was man damit erreicht,

- wissen, wie es geht,

- es auf Beispiele anwenden können,

- wissen, unter welchen Voraussetzungen es funktioniert,

- wissen, warum es funktioniert.

Verstehen von Mathematik und Verstehen durch Mathematik

In den vorangegangenen Abschnitten ging es um das Verstehen *von* Mathematik. Sie war damit *Gegenstand*, der verstanden werden soll. Mathematik ist aber auch ein *Werkzeug* zum Verstehen. So ist sie geeignet, Zusammenhänge und Vorgänge in der Natur zu verstehen. Dieses Verstehen hängt ab vom Verstehen der Mathematik und der Beherrschung ihrer Werkzeuge.

Verstehen *von* Mathematik und Verstehen *durch* Mathematik sind in einem Spannungsverhältnis miteinander verbunden, dem sich die Lehrenden und die Lernenden kaum entziehen können (Vollrath 1993c).

2.1.6   Mathematik lernen als Denkvorgang

Lernen spielt sich im Denken der Lernenden, also in ihrem Inneren ab. Dass Lernen stattgefunden hat, kann zwar überprüft werden, doch gibt einem dies nur einen Hinweis auf diesen Denkvorgang. Es lässt sich prüfen, ob bestimmte *Bedingungen* dem Lernen förderlich oder eher hinderlich sind. Daraus ergeben sich wichtige Hinweise für das Lehren von Mathematik.

Lokalisation des mathematischen Denkens

Beim Erforschen des Lernens von Mathematik führen derartige Befunde zu Modellen für das Lernen im Denken des Menschen. In der Kognitionspsychologie ist die *kognitive Struktur* der Lernenden ein solches Modell (Ausubel 1974). Mit ihr wird versucht, den Erwerb neuen mathematischen Wissens, das Behalten und das Vergessen mathematischen Wissens zu deuten. Sie ist zunächst ein gedankliches Konstrukt; ein derartiges Modell wird in Abschnitt 2.5.4 vorgestellt.

Physiologen und Psychologen bemühen sich allerdings darum, in der Erforschung des Gehirns herauszufinden, wie mathematisches Wissen dort tatsächlich gespeichert wird und aktiviert werden kann (Anderson 2001[3]). Dabei zeigte es sich, dass z.B. beim Kopfrechnen ein Abschnitt im linken, unteren Scheitellappen aktiviert wird. Wird in Gedanken auf einem Rechenbrett gerechnet, so wird eine Region in der rechten Gehirnhälfte aktiviert. Auf Modelle der kognitiven Struktur wird am Ende des Kapitels näher eingegangen.

Entwicklung des mathematischen Denkens

Die Fähigkeit, Mathematik zu lernen, entwickelt sich beim Menschen. Die Entwicklung des mathematischen Denkens beim Kind ist psychologisch recht gut erforscht. Das wird in den Abschnitten 2.5.1 bis 2.5.2 näher behandelt.

Man sollte das Denken der Kinder jedoch nicht von ihrem Unvermögen her sehen. Kinder haben durchaus Fähigkeiten, in denen sie Erwachsenen überlegen sind. Die kindliche Überlegenheit lässt sich z.B. sehr schön beim Spiel „Memory" erkennen. Verdeckt liegende Bildkarten dürfen kurz umgedreht werden und müssen dann wieder verdeckt hingelegt werden. Es kommt nun darauf an, sich zu merken, welches Bild die Karte hat. Kinder haben hier eine echte Gewinnchance gegenüber Erwachsenen.

Die Fähigkeit, Mathematik zu lernen, entwickelt sich aber auch mit dem Treiben und mit dem Lernen von Mathematik, denn die Lernenden können dabei ihre eigenen Erfahrungen nutzen.

Zeiträume des Lernens

Mathematiklernen kann eine Sache des Augenblicks sein, wenn man etwa an das berühmte „Aha-Erlebnis" denkt. Andererseits erstreckt es sich über viele Jahre, wenn das in der Schulzeit insgesamt zu erwerbende mathematische Wissen betrachtet wird. Auf beides richtet sich das Interesse der Lehrenden. So erstreckt sich z.B. das Lernen des Zahlbegriffs in der Schule über einen Zeitraum von mindestens neun Jahren. Der Begriff der Bruchzahl wird innerhalb mehrerer Wochen gelernt, die Begriffe Zähler und Nenner innerhalb einer Unterrichtsstunde, die Bezeichnung „Bruchstrich" in einem Augenblick.

Für die Lehrenden steht allerdings meist das kurz- und mittelfristige Lernen der Schülerinnen und Schüler im Vordergrund. Dabei sollten sie jedoch das langfristige Lernen nicht aus dem Auge verlieren. Denn darin besteht im Grunde das Ziel der Allgemeinbildung. In Abschnitt 2.5.3 werden Modelle des langfristigen Lernens von Mathematik behandelt.

Es lohnt sich allerdings durchaus, auch bei kurzfristigem Lernen im Mathematikunterricht einmal genauer hinzuschauen, was wirklich geschieht.

Beispiel: Die Frage: „Warum ist $4 < 9$?" kann ein „Hm?" auslösen. Ein Nachforschen zeigt, dass sich das Kind über die Frage wundert, weil doch beide Ziffern gleich groß sind (Hefendehl-Hebeker 1986).

Herauszufinden, was Kinder bei gängigen Fragen im Mathematikunterricht tatsächlich denken und wo Lehrende und Lernende „aneinander vorbei reden", ist das Ziel der *interpretativen* Unterrichtsforschung (Maier und Voigt 1991). Interessant sind vor allem solche Befunde, bei denen eine Aufgabe scheinbar richtig gelöst wird, das Kind aber anders als erwartet denkt.

2.2　Systemorientiertes Lernen von Mathematik

Die gesamte Mathematik baut auf einigen grundlegenden Begriffen und Sachverhalten auf. Dafür wird gern das Bild eines *Turmes* gebraucht, bei dessen Bau man mit dem Fundament beginnt und dann in immer größere Höhen vorstößt. In diesem Bild sind zwei Sachverhalte ausgedrückt: Da beim Bau des Turmes Neues stets auf Gesichertem aufbaut, ist der ganze Bau stabil. Will man den Turm besteigen, so fängt man unten an. Dieses Bild verspricht, dass der systematische Aufbau der Mathematik in der Erkenntnis *Sicherheit* bietet und beim Lernen *Verstehen* gewährleistet. Beide Annahmen sind nicht unproblematisch. Denn ein axiomatischer Aufbau kann eben nur relative Sicherheit bieten. Und auch das systematische Lernen garantiert keineswegs das Verstehen, wie noch zu zeigen ist.

2.2.1　Systemorientiert lernen

Mathematische Systeme stellen ein Angebot zum *systemorientierten Lernen* von Mathematik dar. Das sprachlich formulierte System gibt einen Gedankengang vor, den die Lernenden aufnehmen. In der Kognitionspsychologie spricht man in diesem Fall von *rezeptivem* Lernen (*reception learning;* Ausubel 1974, S. 24). Der Systematik liegen folgende Annahmen über das Lernen zugrunde:

- Neue *Begriffe* werden durch Definitionen gelernt, die sich auf bereits verstandene Begriffe stützen.

- In Sätzen formulierte Eigenschaften und Beziehungen werden als *Sachverhalte* über verstandene Begriffe gelernt und durch das Nachvollziehen einer Schlusskette verstanden, die sich auf verstandene Begriffe und Sachverhalte bezieht.

- *Verfahren* werden durch Regeln oder Algorithmen gelernt und durch Begründungen verstanden. Ihre Beherrschung wird durch Üben erreicht.

Als Vorzüge dieser Art des Lernens werden die *Ordnung* und die *Begründung* des Wissens gepriesen. Die Ordnung bewirkt bei den Lernenden einen Eindruck von *Klarheit;* die Begründung sorgt bei ihnen für einen Zustand des *Überzeugtseins* von der Sache.

In der Axiomatik zeigt sich die Systematik umfassend in sehr konzentrierter Form. Ein systemorientiertes Lernen in diesem strengen Sinne setzt ein hohes Abstraktionsvermögen und fundiertes Metawissen voraus. Es kommt deshalb für die Schule kaum in Frage. Andererseits ist es durchaus möglich und sinnvoll, Mathematik in der Schule in bestimmten Abschnitten systematisch geordnet und begründet zu behandeln.

Beispiele: (1) Bei der Behandlung der Bruchrechnung in der 6. Jahrgangsstufe zeigt sich eine Systematik z.B. in der Abfolge der Rechenoperationen: Addition gleichnamiger Brüche – Subtraktion gleichnamiger Brüche – Addition und Subtraktion ungleichnamiger Brüche – Multiplikation von Brüchen – Division von Brüchen.

(2) In der Geometrie werden z.B. die Kongruenzabbildungen der Ebene meist in einer bestimmten Reihenfolge behandelt, etwa: Achsenspiegelungen – Punktspiegelungen – Drehungen – Verschiebungen – Schubspiegelungen.

Im Folgenden sollen einige Bedingungen für systemorientiertes Lernen angesprochen werden.

2.2.2 Bedingungen systemorientierten Lernens

Damit systemorientiertes Lernen überhaupt eintreten kann, sind an die Darstellung einige Forderungen zu stellen, die sich aus Unterrichtserfahrungen ergeben, sich jedoch auch kognitionspsychologisch begründen lassen (Anderson 2001[3]).

Angemessene Vorstellungen

Im Mathematikunterricht geht es darum, in den Lernenden grundlegende mathematische Begriffe zu verankern. Zu diesen Begriffen sind angemessene Vorstellungen aufzubauen, die sich aus Erfahrungen mit ihnen ergeben.

Diese Erfahrungen erwachsen im Laufe der Schulzeit aus Handlungen und Operationen, aus Beobachtungen konkreter Vorgänge und den Ergebnissen von Vorgängen, die in Gedanken vollzogen werden. Je breiter die Erfahrungsgrundlage ist und je vielfältiger sie ausgeprägt ist, umso wirksamer ist sie beim systemorientierten Lernen.

Beispiel: Bei der Einführung der negativen Zahlen wird man an Phänomene wie Guthaben-Schulden, positive und negative Temperaturen, Höhen über und unter dem Meeresspiegel anknüpfen; der Übergang vom Zahlenstrahl zur Zahlengeraden wird bewusst vollzogen; das absteigende Weiterzählen und das unbeschränkte Subtrahieren führen zu formalen Betrachtungen. Rechenregeln werden zwar festgesetzt, die Festsetzungen werden aber z.B. von den Modellen her oder durch „Permanenzreihen" begründet. Das führt zu vielfältigen und unterschiedlich tragfähigen Vorstellungen (Weidig 1983).

Die Bedeutung von Grundvorstellungen und ihr Aufbau sind eingehend von Rudolf vom Hofe untersucht worden (vom Hofe 1995). In der Kognitionspsychologie ist von David P. Ausubel (1918–2008) die Bedeutung von „verankernden Ideen" (*anchoring ideas;* Ausubel 1974) hervorgehoben worden.

Kenntnis der Ziele

Im Menschen sträubt sich alles dagegen, wenn er etwas tun soll, bei dem ihm unklar ist, wozu das gut sein soll und worauf es hinausläuft. Deshalb ist den

Lernenden das Ziel von Begriffsbildungen und Problemstellungen sowie das Ziel von Überlegungen und Beweisen deutlich zu machen.

Beispiele: (1) Die Bildung des Begriffs der Primzahl kann man damit begründen, dass man nach den multiplikativen Grundbausteinen der natürlichen Zahlen sucht.

(2) Das Interesse an den Grundbausteinen kann man etwa mit der Bestimmung der Teiler einer Zahl deutlich machen.

(3) Mit einer Frage wie „Sind Primzahlen gerade oder ungerade?" kann man eine Beziehung zu bekannten Begriffen herstellen.

Häufig genügt eine Frage oder ein Hinweis auf das anzustrebende Ziel, um den Weg zu weisen. Die Orientierung wird auch erleichtert, wenn die Lernenden darauf hingewiesen werden, wo das zu Lernende an Gelerntes anknüpft, inwiefern es Bekanntem entspricht und was neu an ihm ist. Derartige Hinweise nennt Ausubel „Organisationshilfen" (*advance organizer;* Ausubel 1974).

Wie wichtig Zielangaben beim schrittweisen Durcharbeiten eines Beweises oder eines Algorithmus für das Verstehen sind, wurde bereits oben angesprochen.

Folgerichtigkeit

Zum Wesen eines Systems gehört ein *folgerichtiger* Aufbau: Definitionen und Sätze sind so angeordnet, dass in den Definitionen nur Grundbegriffe oder bereits definierte Begriffe vorkommen und dass sich die Beweise nur auf Axiome oder bereits bewiesene Sätze stützen. Nur so gewährt das System die gewünschte (relative) Sicherheit. Diese Forderung ist aber zugleich eine Bedingung für systematisches Lernen.

Auch wenn man im Mathematikunterricht nur lokal systematisch vorgeht, ist doch dafür zu sorgen, dass die benötigten Begriffe und Sachverhalte bereits behandelt worden sind. Ist ein verwendeter Begriff oder ein Sachverhalt, auf den man sich bezieht, Lernenden nicht bekannt, dann können sie nur raten, was wohl gemeint sein könnte. Kinder sind es zwar gewöhnt, beim Sprechen von Erwachsenen dem Gehörten durch Raten einen Sinn zuzuordnen. Für etwas anspruchsvollere mathematische Überlegungen kann das aber leicht in die Irre führen.

Die Lehrenden haben durch eine sorgfältige Planung des Unterrichts dafür zu sorgen, dass benötigte Inhalte auch bereits behandelt wurden. Damit ist natürlich noch nicht sichergestellt, dass bei den Lernenden benötigtes Wissen auch tatsächlich vorhanden ist.

Verfügbarkeit relevanten Wissens

Damit systematisches Lernen von Mathematik „reibungslos" möglich ist, muss das einmal Gelernte auch *verfügbar* sein. Die Bedeutung der Verfügbarkeit des

Vorwissens für das systematische Lernen ist durch psychologische Untersuchungen auch empirisch bestätigt worden (Gagné 1969).

Für die Lehrenden besteht die Schwierigkeit darin, dass sie nicht ohne weiteres erkennen, ob einzelne Lernende vielleicht Schwierigkeiten haben, sich an bestimmte Sachverhalte zu erinnern oder sie korrekt abzurufen. Das Denken der Lehrenden und der Lernenden kann dann in der Kommunikation – für die Lehrenden unbemerkt – auseinanderlaufen oder einzelne Lernende werden „abgehängt".

Es ist deshalb sinnvoll, sich im Unterricht nicht nur auf benötigtes Vorwissen zu beziehen, sondern die Verfügbarkeit dieses Vorwissens zu kontrollieren und diese notfalls durch eine Erläuterung wieder herzustellen.

2.2.3   Die Rolle des Gedächtnisses

Für die Verfügbarkeit gelernten Wissens ist das *Gedächtnis* des Menschen verantwortlich. Grunderfahrungen des Menschen mit seinem Gedächtnis bestehen darin, dass z.B. manche Wörter sofort haften bleiben, dass man andere Wörter wiederholen muss, bis sie haften bleiben, dass es aber auch bestimmte Wörter gibt, die man sich nicht merken kann. Die meisten eingeprägten Wörter werden nach einer gewissen Zeit wieder vergessen, während manche Wörter dauerhaft behalten werden.

Behalten

Das Behalten von Definitionen und Sätzen wird gefördert, wenn sie immer wieder verwendet werden. Nun schwankt allerdings die Nutzung mathematischer Begriffe und Sachverhalte innerhalb eines Systems zum Teil erheblich.

Beispiele: (1) Bei der Behandlung der Bruchrechnung werden auch Stammbrüche betrachtet. Das sind Brüche mit dem Zähler 1. Wenn man diesen Sachverhalt bald wieder vergisst, hat das im Unterricht keine größeren Folgen. Denn der Begriff wird praktisch nicht mehr benötigt.

(2) Erweitern und Kürzen sind dagegen Begriffe, die von der 6. bis zur 13. Jahrgangsstufe immer wieder auftreten und die als Umformungstechniken beherrscht werden müssen.

Das Einprägen von Definitionen und Sätzen wird erleichtert, wenn das entsprechende Wissen immer wieder aufgerufen wird. Das kann dadurch geschehen, dass nach Definitionen auftretender Begriffe und nach benötigten Sätzen konkret gefragt wird. Damit wird *immanent wiederholt* und zugleich gefestigt. Die Befunde sind im Einklang mit den Ergebnissen der Gedächtnisforschung, die auf Hermann Ebbinghaus (1850–1909) zurückgeht. Bei seinen Versuchen zum Einprägen sinnloser Silben, die er meist an sich selbst durchführte, fand er Folgendes heraus:

- Eine geringfügige Vermehrung des zu behaltenden Wissens erfordert eine wesentliche Erhöhung der Anzahl der Wiederholungen.

- Wissen wird mit der Zeit wieder vergessen. Die Vergessensrate ist am Anfang am höchsten und schließlich nur noch gering.

Berühmt wurde seine „Vergessenskurve", in der der Aufwand beim wieder erforderlichen Lernen in Abhängigkeit von der Zeit beschrieben wird. Bereits nach einer Stunde musste er etwa 55 % des Aufwandes beim ersten Lernen aufbringen, um die Silben wieder einwandfrei aufsagen zu können. Der von Ebbinghaus beobachtete Verlauf des Vergessens legte es nahe, ein *Kurzzeitgedächtnis* und ein *Langzeitgedächtnis* zu unterscheiden. Das Kurzzeitgedächtnis wird z.B. bei der Lösung von Aufgaben benutzt, um sich kurzzeitig Daten zu merken. Im Langzeitgedächtnis wird Wissen behalten, auf das immer wieder zugegriffen wird. Die Existenz eines Kurzzeitgedächtnisses ist heute allerdings in der Kognitionspsychologie umstritten (Anderson 2001[3], S. 174–178).

Bedeutungshaltigkeit

Ebbinghaus hat auch Folgendes herausgefunden:

- Für das Einprägen und Behalten von Zeichenreihen ist die Zuordnung von Bedeutung wesentlich.

Das „Auswendig-Lernen" spielt heute im Mathematikunterricht keine besondere Rolle. Das war früher anders. Die Zahlnamen wurden durch Vorsprechen und Wiederholen eingeprägt, die verschiedenen Einmaleins-Reihen waren auswendig zu lernen, und das galt auch für die Namen geometrischer Figuren.

Ein Beispiel, wie man sich Ziffernreihen durch Zuordnung von Sinn merken kann, sind Sprüche zum Behalten der Zahl π. Man merkt sich einen Spruch, in dem jedes Wort durch die Anzahl seiner Buchstaben eine Ziffer ergibt. Mit dem folgenden Spruch konnte man sich merken: 3,14159265358979323846264.

> Wie o dies π
> macht ernstlich so vielen viele Müh'!
> Lernt immerhin, Jünglinge, leichte Verselein,
> wie so zum Beispiel dies dürfte zu merken sein!
> (nach Lietzmann, 2. Teil, 1923[2], S. 145)

Beziehungsreichtum

Auch Texte werden umso besser behalten, je besser es gelingt, sinnstiftende Verbindungen mit bereits erworbenem Wissen herzustellen. Dazu nutzt man Beziehungen zwischen den Elementen des Wissens. Ein Begriff ist ein Unterbegriff eines anderen, zu verschiedenen Begriffen gibt es einen Oberbegriff, ein Satz ist Sonderfall eines allgemeineren Satzes, der Beweis eines Satzes stützt sich auf andere Sätze usw.

Das Erkennen derartiger Beziehungen fördert das Verstehen. Das wird auch von der Kognitionspsychologie bestätigt. Für die Einordnung neuer Sachverhalte in erworbenes Wissen werden von Ausubel (1974) folgende Möglichkeiten genannt:

- *Unterordnung:* Das neue Wissen ordnet sich als Beispiel, als Sonderfall oder als analoger Fall dem etablierten Wissen unter.

- *Überordnung:* Das neue Wissen dient dazu, bereits erworbenes Wissen zusammenzufassen.

- *Kombination:* Das neue Wissen stellt eine Verbindung zwischen bereits erworbenen Wissenselementen als Folgerung, Gesetz oder Regel her.

Beispiele: (1) Die Lernenden wissen, dass die Winkelsumme im Dreieck $180°$ beträgt. Sie lernen, dass in einem gleichseitigen Dreieck jeder Winkel $60°$ beträgt (*Unterordnung*).

(2) Die Lernenden wissen, dass die Winkelsumme im Rechteck $360°$ beträgt. Sie lernen dann, dass dies auch allgemein im Viereck gilt (*Überordnung*).

(3) Die Lernenden wissen, dass die Winkelsumme im Dreieck $180°$ und im Viereck $360°$ beträgt und lernen, dass dies so sein muss, weil man ja das Viereck in 2 Dreiecke zerlegen kann (*Kombination*).

Reichhaltigkeit

Bei einem systematischen Aufbau der Mathematik wird mit der Definition eines Begriffs die wesentliche Information über den Begriff in sehr konzentrierter Form geboten. In Sätzen werden dann Aussagen über den Begriff gemacht, so dass der Begriff mit weiterer Information verbunden wird. In der Kognitionspsychologie spricht man davon, dass das Wissen *elaboriert* wird. Es wurde festgestellt, dass Wissen umso besser behalten wird, je stärker es elaboriert wird. Dabei muss sich das Elaborieren nicht unbedingt auf die Bedeutung der Inhalte beziehen. Auch „künstliche" Verbindungen wie z.B. das Schaffen von „Eselsbrücken" führen zu besserem Behalten (Anderson 2001[3], S. 192 f).

Im Unterricht sollte man also dafür sorgen, dass wichtige Begriffe reichhaltig werden. Aus dem Blickwinkel des Elaborierens kommt dem Fragen und Antworten im Unterricht eine wichtige Rolle zu. Denn es hat sich gezeigt, dass Lerntechniken, die das Generieren und das Beantworten von Fragen einschließen, zu besserem Behalten führen (Anderson 2001[3], S. 193–196).

Interferenzeffekte

Das Anreichern von Wissen kann auch nachteilig für das Behalten sein. Wenn eine Lehrkraft im Unterricht „vom Hundertsten zum Tausendsten kommt", ist das erfahrungsgemäß dem Behalten eher hinderlich.

Wird immer mehr Information zu vorhandenem Wissen zugefügt, dann kann dies zum Vergessen gelernter Sachverhalte führen. Man muss auch damit rechnen, dass der Abruf von Wissen umso länger dauert, ja mehr Sachverhalte mit einem Begriff verbunden sind. Andererseits führt das Lernen von redundantem Material nicht zu einer Interferenz mit gelerntem Wissen, sondern kann dessen Abruf sogar erleichtern (Anderson 2001[3], S. 215–222).

Schließen

Mathematik ist gegenüber anderen Wissenschaften dadurch ausgezeichnet, dass man nur relativ wenig Faktenwissen benötigt und sich Wissen selbst durch *Schließen* beschaffen kann. Das Vergessen ist also für Lehrende und Lernende im Grunde keine Katastrophe, weil das vergessene Wissen wieder rekonstruiert werden kann. Man braucht z.B. nicht alle Eigenschaften eines Rechtecks zu behalten. Man kann vergessene Sachverhalte durch Schließen wieder „ins Gedächtnis zurückrufen" oder gar Sachverhalte, die man noch nie wusste, neu entdecken.

Die Kognitionspsychologie bestätigt diese Erfahrungen. Zugleich sieht sie das Elaborieren im Lichte des Schließens etwas kritischer: Zwar kann man bei elaboriertem Wissen mehr reproduzieren, allerdings werden auch Sachverhalte wiedergegeben, die ursprünglich gar nicht gelernt waren (Anderson 2001[3], S. 219–221).

2.2.4   Die Problematik der Systematik für das Lernen

Jahrhundertelang wurde Mathematik nach dem Muster der *Elemente* systematisch gelehrt. Christian Wolff (1679–1754) nennt das die „Lehrart der Mathematicorum". Er beschreibt sie wie folgt:

> Die Lehrart der Mathematicorum, das ist, die Ordnung, deren sie sich in ihrem Vortrage bedienen, fänget an von den Erklärungen, gehet fort zu den Grundsätzen, und hiervon weiter zu den Lehrsätzen und Aufgaben: überall aber werden Zusätze und Anmerkungen nach Gelegenheit angehänget ... Und darum, weil in der Mathematik diese Lehrart auf das allergenaueste in Acht genommen wird, ruehmet man von ihr, daß sie den Verstand des Menschen schärfe, das ist, geschickt mache, in alle Dinge, die er erkennen lernet, tiefer und richtiger einzusehen, als ein anderer, der sich so genau und ordentlich zu denken nicht angewöhnet. (Wolff 1797, S. 1, 7 f.)

Diese Lobeshymne verschweigt, dass das Studium einer solchen Darstellung den Lernenden einiges abverlangte. Die größte Belastung für die Lernenden war sicher die Gängelung durch das System. So schreibt z.B. Kuno Fladt (1889–1977):

> Was das Studium der Euklidischen Elemente wie überhaupt der mathematischen Schriften der Griechen jedem Neuling immer wieder so erschwert, ist ihr Stil. Nach der trockenen Aufzählung der Definitionen, Postulate und Axiome folgt im ersten Buch – und ebenso in allen anderen – scheinbar zusammenhanglos Satz auf Satz.

Die einzige Abwechslung ist dabei, daß die Sätze (Propositionen) entweder *Probleme* sind, d.h. Aufgaben, die zur Erzeugung eines Gebildes führen, oder *Theoreme*, d.h. Lehrsätze, welche die Eigenschaften eines Gebildes erweisen. Aber, ob Problem oder Theorem, jeder Satz wird – von wenigen Ausnahmen abgesehen – in derselben Art und Weise abgehandelt ... (Fladt 1927, S. 10 f.)

Zudem kann systematisches Lernen nur eintreten, wenn sich der Lernende aktiv mit dem System auseinandersetzt. Das bedeutet, dass er sich z.B. selbst Beispiele vorlegt, Beweise zunächst selbstständig zu führen versucht, Voraussetzungen bei Sätzen ändert und den Einfluss dieser Änderungen studiert. Es ist klar, dass dies nur Erfahrene können.

Als Pädagogen gegen Ende des 18. Jahrhunderts entdeckten, dass Kinder anders lernen als Erwachsene, wurde diese Lehrart in Frage gestellt. Johann Heinrich Pestalozzi (1746–1827) forderte, dass im Unterricht Kinder mit „Kopf, Herz und Hand" lernen sollen.

Es ist allerdings eine Tragik, dass z.B. sein *ABC der Anschauung* (1803) Geometrie anschaulich lehrt, dabei aber einer starren Systematik folgt, die leider für viele Lehrergenerationen zum Vorbild wurde. An einer Schautafel zeigt Pestalozzi gerade waagerechte Linien unterschiedlicher Länge.

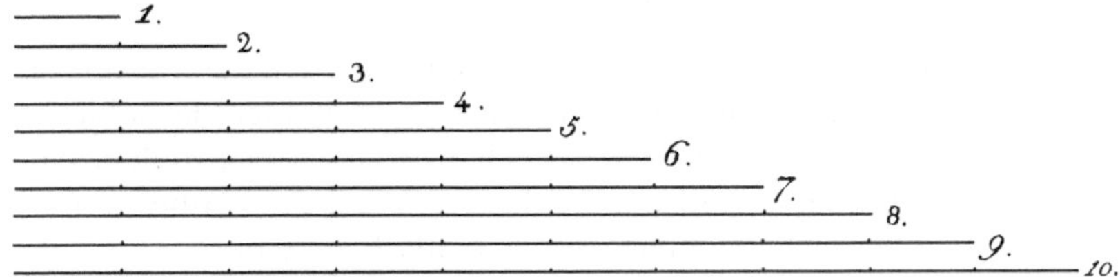

Abbildung 2.1 Pestalozzis Linientafel (aus: Pestalozzi 1803, Tab.1)

Er spricht vor und lässt die Kinder im Chor nachsprechen:

Die 1ste wagrechte Linie.
Die 2te wagrechte Linie.
Die 3te wagrechte Linie.
Die 1ste wagrechte Linie ist kürzer als die 2te.
Die 2te wagrechte Linie ist länger als die 1ste, aber kürzer als die 3te.
(Pestalozzi 1803, S. 1)

So geht das endlos weiter!

Erst seit Beginn des 20. Jahrhunderts löst man sich auch im Mathematikunterricht des Gymnasiums unter dem Einfluss von Klein endgültig von dem Vorbild der *Elemente*. Das bedeutet jedoch nicht, dass systematisches Lernen nun im Mathematikunterricht überhaupt keine Rolle mehr spielt. Darauf wird später noch näher einzugehen sein.

Angehende Lehrerinnen und Lehrer werden in ihrem Studium durch die Systematik der Vorlesungen und Lehrbücher stark geprägt. Im Hinblick auf ihren späteren Unterricht ist es jedoch notwendig, das Systemdenken zu relativieren. Dafür gibt es auch von der Mathematik her gute Ansätze.

Systematik steht ja bei mathematischer Forschung immer am Ende einer Entwicklung. Erst wenn genügend mathematische Substanz gefunden worden ist, entsteht das Bedürfnis, das Gebiet systematisch zu ordnen. Mathematisches Arbeiten ist also zunächst meist Problemlösen. Ein authentischer Mathematikunterricht kann deshalb nicht mit einer systematischen Darstellung von Mathematik beginnen. Im Vordergrund müssen vielmehr Probleme stehen.

2.3   Problemorientiertes Lernen von Mathematik

Mathematik entsteht beim Lösen von Problemen, die sich damit als Quellen mathematischer Erkenntnis erweisen. Wenn hier von Problemen gesprochen wird, dann sind damit Fragestellungen gemeint, die mathematisches Denken auslösen. Entstehen sie in der Auseinandersetzung des Menschen mit Mathematik, dann handelt es sich um innermathematische Probleme; häufig entstehen mathematische Probleme aber auch in der Auseinandersetzung mit der Umwelt.

Wenn von neuer mathematischer Erkenntnis die Rede ist, dann kann damit die objektiv neue Erkenntnis eines Forschers gemeint sein, aber auch die subjektiv neue Erkenntnis von Lernenden. In beiden Fällen erzeugt das Problem eine Spannung, die auf das Bemühen um neue Erkenntnis drängt. Mathematische Probleme *motivieren* den Menschen, intensiv mathematisch zu denken.

Beim Lösen eines Problems besteht der entscheidende Schritt meist darin, dass eine *Beziehung* zu einem bereits gelösten Problem oder zu bekannten Sachverhalten erkannt wird. Ist ein Problem gelöst, dann werden durch die Lösung meist neue Probleme aufgeworfen: *Probleme generieren Probleme.*

Den Problemlösern erschließt sich Mathematik als ein *Beziehungsgefüge.* Dafür wird das Bild eines *Netzes* gebraucht. Knoten stehen dabei für Begriffe, Sachverhalte und Verfahren, die Maschen für Beziehungen zwischen ihnen. Auch dies lässt sich unter dem Aspekt der Wissenschaft und des Lernens sehen: Beim Entstehen von Mathematik bildet sich zunächst ein Netz von Erkenntnissen aus, die erst in einer fortgeschrittenen Phase systematisch geordnet werden. Entsprechendes gilt auch für die Lernenden. Im Folgenden soll näher untersucht werden, welche Rolle Probleme für das Lernen von Mathematik im Unterricht spielen können.

2.3.1   Problemorientiertes Lernen

Lernen, das durch ein Problem in Gang gesetzt wird, wird als *problemorientiertes Lernen* bezeichnet. Wenn dabei die Lernenden neues Wissen durch eigene Auseinandersetzung mit dem Problem finden, so spricht man in der Kognitionspsychologie von „*entdeckendem* Lernen" (Ausubel 1974, S. 24).

Problemorientiertes Lernen von Mathematik umfasst das Lernen von Begriffen, das Lernen von Sachverhalten und das Lernen von Verfahren. Dieses Lernen kann sich wie folgt vollziehen:

- *Begriffe* können im Kontext von Problemen unterschiedliche Funktionen haben. Sie dienen etwa zur Präzisierung einer zunächst verschwommenen Problemstellung, als Lösungshilfe, als Lösung oder als ein Mittel zur Sicherung der Lösung. Indem die Lernenden das im Kontext eines Problems erfahren, können sie den Begriff lernen.

- *Sachverhalte* werden im Rahmen von Problemen meist zunächst vermutet. Die Suche nach einem Beweis stellt dann in der Regel ein Problem dar. Ist dieses Problem gelöst, dann wird aus der Vermutung ein Satz. Damit ist der Sachverhalt begründet und hat sich dem Lernenden erschlossen, so dass Lernen stattfinden kann.

- *Verfahren* sind Lösungswege zum Lösen eines Problems für verschiedene Daten. Sie werden bei der Analyse der Lösungswege und der Entwicklung des Lösungsschemas gefunden. Stellt man höhere Anforderungen an die Darstellung eines solchen Verfahrens, dann kann sich ein *Algorithmus* ergeben. Die Suche nach einem solchen Algorithmus stellt dann selbst wieder ein Problem dar. Bei diesem Vorgehen kann das Verfahren bzw. der Algorithmus gelernt werden.

Durch die Einbindung des Begriffsbildens, der Klärung und Begründung von Sachverhalten sowie der Entwicklung von Verfahren in Problemkontexte erwartet man eine *Motivation* und eine Zuordnung von *Sinn*.

Vorausgesetzt wird auch bei dieser Art des Lernens, dass die Lernenden über die erforderlichen metamathematischen Fähigkeiten des Definierens, Beweisens und Algorithmisierens verfügen. Überdies geht man davon aus, dass die Lernenden weitgehend selbstständig arbeiten und dass im Umgang mit dem Problem etwas gelernt wird.

Diese Voraussetzungen sind bei erfahrenen Mathematikern gegeben, bei Kindern und Jugendlichen kann man sie sicher nicht selbstverständlich voraussetzen, sondern man wird sich darum bemühen, nach und nach die erforderlichen Voraussetzungen zu schaffen. Die Schwierigkeiten beim Finden einer Lösung können auch für das Lernen hinderlich sein. Im Allgemeinen wird deshalb im Unterricht lediglich *gelenktes* entdeckendes Lernen angestrebt (Winter 1989).

Hilfen können auf das Entdecken der charakteristischen Eigenschaften eines Begriffs gerichtet sein, auf das Vermuten eines wichtigen Sachverhalts oder auf das Erfassen wesentlicher Schritte eines Verfahrens. Dabei ist außerdem zu bedenken, dass viele dieser Inhalte ja im Schulbuch bereits vorgegeben sind, so dass sie dort ohne Mühe „entdeckt" werden können. Wie man damit sinnvoll umgehen kann, zeigen Meyer und Voigt (2008).

Eben diese Hilfen, aber auch der hohe Zeitaufwand, werden immer wieder gegen diese Art des Lernens ins Feld geführt (z.B. Zech 1996[8], S. 356–358). Das ist sicher berechtigt, wenn man nur Probleme im engeren Sinn zulässt, bei denen das Finden der Lösung schwierig ist. Die Schwierigkeiten lassen sich bei einem etwas weiteren Problemverständnis, das diesem Buch zugrunde liegt, weitgehend vermeiden. Damit problemorientiertes Lernen stattfinden kann, sind einige Bedingungen erforderlich.

2.3.2   Bedingungen problemorientierten Lernens

Problemorientiertes Lernen vollzieht sich an Fragestellungen, die zu neuen mathematischen Einsichten führen. Das hängt von einer Reihe von Bedingungen ab.

Verstehbarkeit des Problems

Ein mathematisches Problem wird in der Regel sprachlich formuliert. Dabei werden Begriffe und Zeichen verwendet, die von den Lernenden verstanden sein müssen, damit sie überhaupt das Problem verstehen können. Zwar gibt es eine Reihe von Fragestellungen, die leicht zugänglich sind. Bei anderen Fragestellungen kann man sich das zum Verständnis des Problems benötigte Wissen ohne allzu großen Aufwand beschaffen. Aber letztlich setzt das Verstehen einer mathematischen Frage Fachwissen voraus.

Beispiel: Die Frage „Wie verhalten sich die Mittelsenkrechten eines Dreiecks?" kann man nur verstehen, wenn man weiß, was ein Dreieck ist, was eine Mittelsenkrechte eines Dreiecks ist, dass es drei davon gibt und dass „verhalten" sich auf die Lage dieser Geraden zueinander bezieht.

Bei der Wahl eines Problems ist deshalb dafür Sorge zu tragen, dass das benötigte Wissen vorhanden ist oder dass es bereitgestellt wird.

Verfügbarkeit von Wissen für das Finden einer Lösung

Das Finden einer Lösung erfordert Wissen über Eigenschaften der auftretenden Begriffe, Beziehungen zwischen Begriffen, Erfahrungen beim Lösen ähnlicher Probleme und Wissen über das erfolgreiche Lösen von Problemen. Hinsichtlich der Lösung müssen die Lernenden eine Chance haben, mit ihrem bisher erworbenen Wissen und Können das Problem zu lösen. Das muss nicht unbedingt unmittelbar verfügbar sein. Es sollte aber von den Lernenden wieder aktiviert werden können. Nur dann besteht eine Chance, das Problem zu lösen. Bei der Wahl eines Problems ist dafür Sorge zu tragen, dass das einschlägige Wissen bei den Lernenden vorhanden ist. Dabei kann man durchaus auch ein Problem stellen, bei dem Wissen aktiviert werden muss, das einmal vorhanden war.

Beispiel: Bei dem Problem der Mittelsenkrechten eines Dreiecks ist das für das Finden einer Lösung entscheidende Wissen, dass die Punkte der Mittelsenkrechten einer Strecke – hier einer Seite – gleich weit von den Endpunkten entfernt sind.

Erkenntniswert

Nicht alle Probleme sind für problemorientiertes Lernen gleich gut geeignet. Insbesondere ist die *Schwierigkeit* des Problems kein Maßstab dafür. Es gibt Knobelaufgaben, die nur schwer zu lösen sind und mit denen man viel Zeit zubringen kann, ohne dass sie einen besonderen mathematischen *Erkenntniswert* hätten. Und es gibt andererseits relativ offene Fragestellungen, die tiefgehende mathematische Betrachtungen auslösen.

Der Erkenntniswert eines Problems hängt auch nicht allein von dem Ergebnis ab, häufig resultiert er aus dem Lösungsweg. So ist für uns heute die Erkenntnis, dass es nicht möglich ist, einen beliebigen Winkel allein mit Zirkel und Lineal in drei gleich große Winkel zu zerlegen, nicht sehr beeindruckend. Als klassisches Problem der „Winkeldreiteilung" hat es über Jahrhunderte Mathematiker und Laien beschäftigt. Dabei wurden bedeutende mathematische Entdeckungen gemacht, bis schließlich algebraisch gezeigt wurde, dass eine solche Konstruktion nicht möglich ist. Auch bei problemorientiertem Lernen ist es notwendig, die gewonnene Erkenntnis in Sätzen oder Algorithmen *explizit* zu machen.

Zusammenhang

Probleme erzeugen Probleme. So kann der Unterricht eine Folge von Problemen werden, bei denen bald der „rote Faden" verloren geht. Das ist vor allem dann der Fall, wenn es sich um verhältnismäßig enge Fragestellungen handelt. Im Mathematikunterricht sind es eher die offeneren Fragestellungen, die für problemorientiertes Lernen geeignet sind. Das gilt vor allem für langfristiges Lernen.

Beispiele: Das „Flächeninhaltsproblem", das „Tangentenproblem", das „Problem des Messens", das „Problem des Unendlichen" sind relative offene – vielleicht sogar zunächst verschwommene – Fragestellungen, die im Unterricht immer wieder aufgegriffen werden und ihm einen „roten Faden" geben können.

Selbstständigkeit

Auch problemorientiertes Lernen soll gültige Erfahrungen mit Mathematik vermitteln. Das erfordert, dass Probleme von den Lernenden immer wieder selbstständig gelöst werden. Lösungshinweise sind dabei weitgehend zu vermeiden. Dass gelöste Probleme neue Probleme erzeugen, sollte von den Lernenden erfahren und genutzt werden. Sie sollten also die Chance haben, den aufgetauchten neuen Fragen nachzugehen.

Diese können durchaus in unterschiedliche Richtungen gehen. Das ist eine grundlegende Erfahrung jedes Mathematikers. Vergleichbare Erfahrungen können im Unterricht nur vermittelt werden, wenn Schülerinnen und Schüler selbst entscheiden können, welchen Fragen sie nachgehen wollen. Unterricht, der solche Möglichkeiten bietet, wird als *offener* Unterricht bezeichnet. Diese Unterrichtsform wird in Abschnitt 3.2.6 noch ausführlicher zu betrachten sein.

2.3.3　Die Rolle der Wahrnehmung

Problemstellungen beziehen sich in der Mathematik häufig auf Zeichen, Zeichenmuster, Zeichnungen und Bilder. Beim problemorientierten Lernen geometrischer *Begriffe* kommt es z.B. darauf an, bestimmte charakteristische *Merkmale* zu erfassen. Das Erkennen von *Zusammenhängen* zwischen den Merkmalen oder zwischen Figuren führt zur Entdeckung von *Sachverhalten*. Ob das gelingt, hängt wesentlich von der *Wahrnehmung* ab.

Wahrnehmung beschränkt sich nicht auf geometrische Sachverhalte. Auch an Zahlenmustern können Regelmäßigkeiten entdeckt werden. Schließlich spielt auch bei Funktionen die Wahrnehmung durch die enge Verbindung zwischen Funktion und Graph eine wichtige Rolle für das entdeckende Lernen.

Bei der Wahrnehmung wird visuelle Information vom Menschen gegliedert. Das kann in unterschiedlicher Weise geschehen. Zeichnet man z.B. in ein Rechteck die beiden Diagonalen ein, dann sieht man nicht nur das Rechteck mit den sich kreuzenden Linien, sondern man nimmt 4 Dreiecke wahr, von denen man entdeckt, dass sie gleichschenklig sind. Sie „fallen ins Auge".

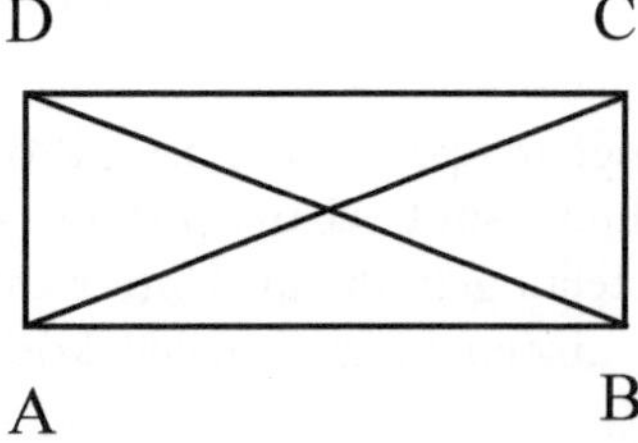

Abbildung 2.2 Dreiecke im Rechteck

Dabei fällt ins Auge, dass jeweils einander gegenüberliegende Dreiecke kongruent sind.

Fragt man nach, ob in der Figur noch mehr Dreiecke vorhanden sind, dann kann man vier weitere „verborgene" Dreiecke entdecken, nämlich ΔABC, ΔABD, ΔACD und ΔBCD. Erst bei genauerem Hinsehen erkennt man, dass diese vier Dreiecke zueinander kongruent sind. Offensichtlich gliedert der Mensch bei der Wahrnehmung. Für dieses Phänomen interessierten sich vor allem die *Gestaltpsychologen*, die dabei bestimmte Gesetzmäßigkeiten beobachten (Anderson 2001[3]).

Gestaltgesetze

Die grundlegende Beobachtung, die dieser Richtung der Psychologie ihren Namen gab, geht auf Max Wertheimer (1880–1943) zurück. Er legte Kindern vier Körper mit folgender Draufsicht vor:

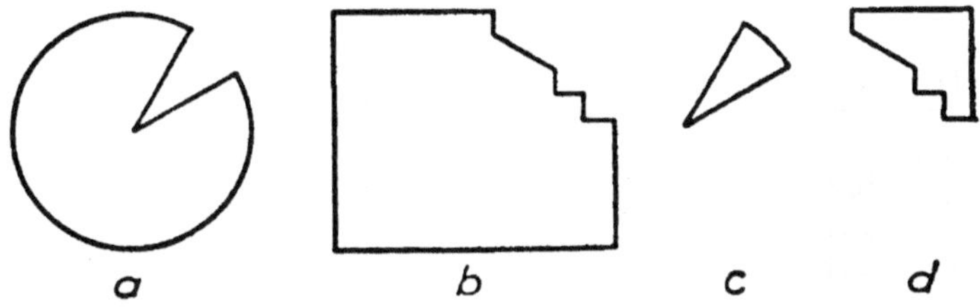

Abbildung 2.3 Sich ergänzende Figuren (aus: Wertheimer 1957, S. 66)

Dabei beobachtete er, dass die Kinder einen starken Drang verspürten, die Körper ordentlich zusammenzufügen, und zwar *a* und *c* sowie *b* und *d* (Wertheimer 1957, S. 66). Sie stellten damit „gute Gestalten", nämlich Kreis und Rechteck, her.

Was eine „gute Gestalt" ist, lässt sich schwer definieren. Typisch für sie sind Gesetzmäßigkeiten, Einfachheit, Geschlossenheit, Symmetrie usw. (Metzger 1975[3]). Entsprechend lässt sich von Figuren „schlechter Gestalt" sprechen. Aus seinen Beobachtungen gewann Wertheimer das

- *Gesetz von der guten Gestalt:* Im Menschen besteht ein starker Drang, eine Figur schlechter Gestalt in eine Figur guter Gestalt überzuführen.

Dieses Gesetz wird auch als *Prägnanzgesetz* bezeichnet. Mit seiner Hilfe gelang es Wertheimer, bestimmte Erfolge beim Problemlösen zu deuten. Darauf wird in Abschnitt 2.4.4 beim Lernen des Problemlösens noch näher eingegangen.

Betrachtet man das Linienmuster in Abbildung 2.4, so treten Paare von Linien hervor:

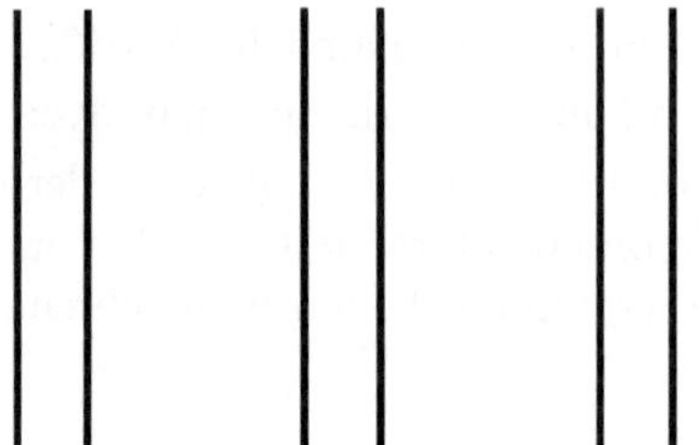

Abbildung 2.4 Linien zum „Gesetz der Nähe" (nach: Anderson 2001[3], S. 47)

Dieses Phänomen führt auf das

- *Gesetz der Nähe:* Nahe beieinander liegende Objekte haben die Tendenz, sich beim Betrachter zu Einheiten zusammenzufügen.

Bei dem folgenden Muster sieht man Reihen:

Abbildung 2.5 Muster zum „Gesetz der Ähnlichkeit" (nach: Anderson 2001[3], S. 47)

Das beruht auf dem

- *Gesetz der Ähnlichkeit:* Ähnliche Objekte werden vom Betrachter häufig zu Klassen zusammengefasst.

Betrachtet man die Linien in der folgenden Figur, so hat man den Eindruck zweier sich kreuzender Linien:

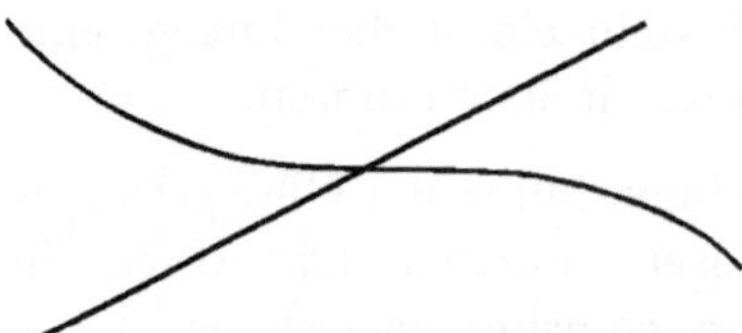

Abbildung 2.6 Linien zum „Gesetz des glatten Verlaufs" (nach: Anderson 2001[3], S. 47)

Dieser Eindruck ergibt sich aus dem

- *Gesetz des glatten Verlaufs:* In einem Gewirr von Linien besteht ein Drang, möglichst glatte Linien hervorzuheben.

Optische Täuschungen

Es gibt eine Reihe von Phänomenen, die zeigen, dass die Wahrnehmung des Menschen unzuverlässig ist. Das zeigt sich z.B. bei *optischen Täuschungen,* die früh das Interesse von Psychologen fanden. Aus didaktischer Sicht haben sie vor allem beim Problem des Beweisens eine gewisse Bedeutung für das Wecken des Beweisbedürfnisses. Sie können den Lernenden bewusst machen, dass unseren Sinnen nicht zu trauen ist und man deshalb nach zuverlässigen Begründungen suchen muss. Darauf wird beim Lehren des Beweisens noch näher einzugehen sein.

Beispiele:

Abbildung 2.7 Müller–Lyersche Täuschung (aus: Metzger 1975[3], S. 176)

Die beiden Strecken sind gleich lang, die linke wirkt jedoch länger.

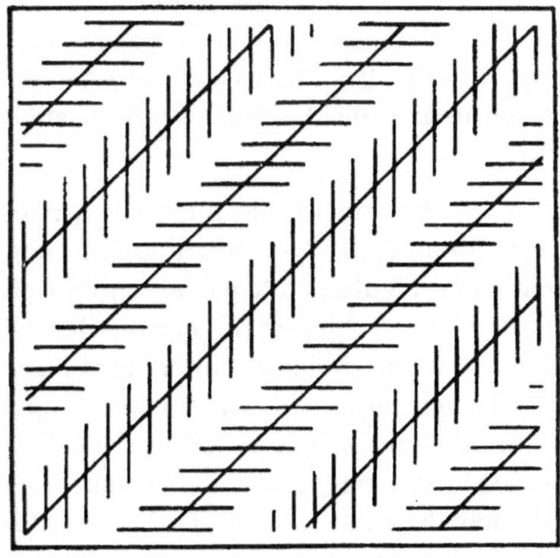

Abbildung 2.8 Zöllnersche Täuschung (aus: Metzger 1975[3], S. 177)

Die Geraden sind parallel, sie scheinen sich jedoch zu schneiden.

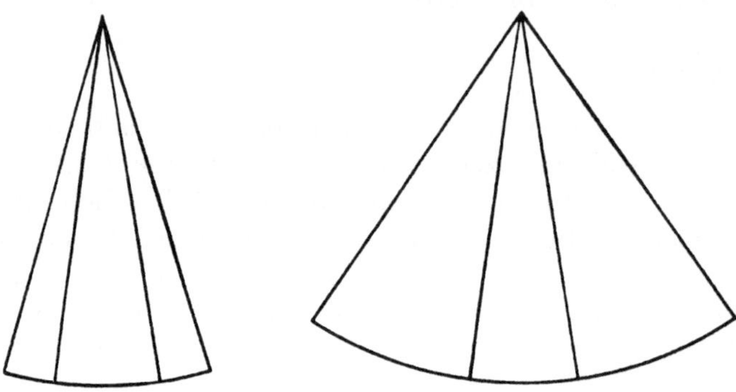

Abbildung 2.9 Größenkontrast nach Ebbinghaus (aus: Metzger 1975[3], S. 177)

Die mittleren Winkel sind gleich groß. Der Winkel zwischen den beiden kleinen erscheint jedoch größer als zwischen den beiden großen Winkeln.

Diese Beispiele machen deutlich: Die Wahrnehmung bildet nicht einfach das ab, was dem Menschen vor Augen steht, sondern sie ist ein aktiver Prozess, der dem Wahrgenommenen eine Bedeutung zuordnet.

Erfassen von Merkmalen

Beim entdeckenden Lernen geht es oft darum, Merkmale von Figuren zu erkennen. In der Regel haben Objekte eine Fülle von Merkmalen. Es kann sein, dass für den Betrachter eine Eigenschaft dominiert. In einer Reihe psychologischer Untersuchungen wurde nachgewiesen, dass Merkmale unterschiedlich auffällig sind. So ist z. B. das Merkmal Farbe auffälliger als das Merkmal Form, Form ist auffälliger als Anzahl. Die Auffälligkeit von Merkmalen einer Figur hängt allerdings nicht nur von dem vorgelegten Objekt selbst, sondern auch von seiner Umgebung ab (Vollrath 1978a).

Das zeigt sich z. B. bei einigen Merkmalen des Rechtecks wie folgt: Lässt man eine Versuchsperson Rechtecke wie in Abbildung 2.10 A sortieren, indem man sie auffordert, ähnliche Figuren jeweils auf einen Haufen zu legen, so ergibt sich meist die Lösung von B. Offensichtlich ist hier das Merkmal „gleiche Breite" dominierend, während das Merkmal „gleiches Seitenverhältnis" überhaupt nicht wahrgenommen wird, obwohl man auch danach hätte sinnvoll sortieren können (1:2; 1:3; 1:4). Die Rechtecke in C werden meist wie in D sortiert. Das Merkmal scheint hier etwas so Verschwommenes wie „Größe" zu sein. Die Gleichheit von Seitenverhältnissen wird nicht bemerkt. Offensichtlich ist das Merkmal „Seitenverhältnis" bei Rechtecken sehr unauffällig.

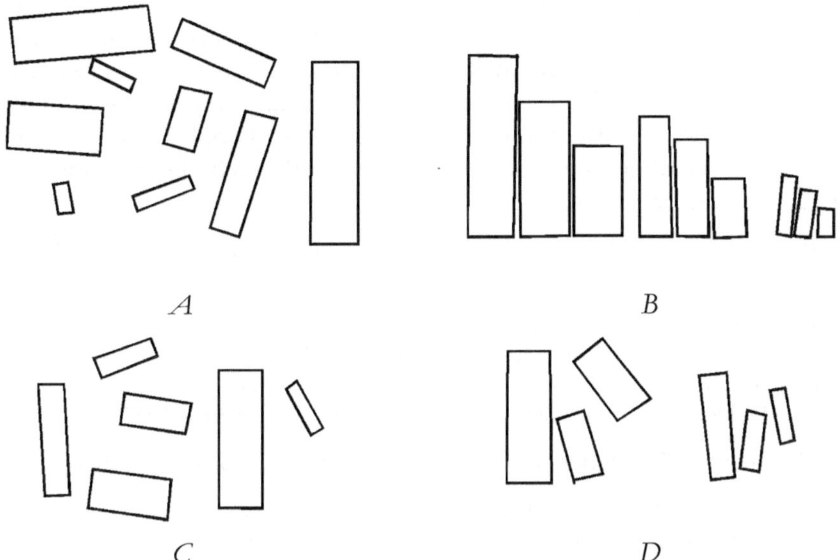

Abbildung 2.10 Sortieren von Rechtecken nach Ähnlichkeit (aus: Vollrath 1978a)

2.3.4   Die Problematik der Aufgabensammlungen

Fragestellungen, die problemorientiertes Lernen anstoßen sollen, finden sich in Schulbüchern meist als *hinführende* Aufgaben. Auch *vertiefende* Aufgaben geben häufig Impulse zum Lernen.

Beispiele: (1) Auf den Begriff des Abstandes soll folgende Aufgabe hinführen: „Bei welchen Verkehrsmitteln kann man sich vorstellen, dass sie sich den kürzesten Weg zwischen zwei Orten wählen?"

(2) Folgende Aufgabe soll die Aufmerksamkeit auf Parallelen im Raum lenken: „Überlege, ob Geraden, die keinen Punkt gemeinsam haben, immer parallel sein müssen."

Überwiegend bieten Schulbücher aber Aufgaben zur *Sicherung* des Gelernten an. Sie dominieren dort, was auch dem Wunsch der Lehrenden entspricht (Hayen 1987).

Als reine Aufgabensammlung berühmt geworden ist „der Bardey" (Bardey 1904). Ein solches Buch hätte heute keine Chance als Schulbuch zugelassen zu werden, denn Schulbücher müssen auch informierenden Text zum Nachschlagen, zum Wiederholen oder zum Nacharbeiten enthalten. Diese Tradition des Bardey hat allerdings bis zu einem gewissen Grad in den „Übungsheften" überlebt.

Die *Aufgabensammlungen* gehören zu einer alten Tradition mathematischer Lehrbücher. Bereits die ältesten mathematischen Lehrbücher waren Aufgabensammlungen. Mit ihnen sollten meist praktische Bedürfnisse von Landvermessern, Baumeistern, Kaufleuten und Beamten befriedigt werden (Gericke 1984). Für Mathematiker war dagegen die „Arithmetik" des Diophantos aus Alexandria (um 250 n. Chr.) gedacht, die eine reine zahlentheoretische Aufgabensammlung darstellt. Sie beginnt mit der Aufgabe und ihrer Lösung:

> 1. Eine gegebene Zahl ist in 2 Summanden zu zerlegen, die eine gegebene Differenz haben.

> Die gegebene Zahl sei 100, die Differenz 40. Die kleinere Zahl werde x genannt, dann ist die größere $x + 40$, also die Summe $2x + 40$. Es ist also $100 = 2x + 40$. Ich subtrahiere beiderseits die gleiche Zahl, nämlich 40, erhalte $60 = 2x$. Demnach ist $x = 30$. Die kleinere Zahl ist also 30, die größere 70. (Diophantos 1952, S. 7)

Und so geht es weiter. Über sein *Gliederungsprinzip* schreibt Diophantos:

> Nun wollen wir aber den Weg zu den Problemen, deren wir eine große Fülle haben, beschreiten. Da es sich um viele und umfangreiche Probleme handelt und da es deswegen lange dauert, bis sie von denjenigen, die sie studieren, im Gedächtnis behalten und beherrscht werden, so habe ich mich entschlossen, so weit wie möglich eine Teilung der Probleme vorzunehmen, mit den elementaren Problemen anzufangen und allmählich zu den schwierigeren vorzuschreiten. So nämlich wird der Weg für den Anfänger leichter sein, und so wird der Stoff auch leichter im Gedächtnis bleiben. (Diophantos 1952, S. 7)

Die Probleme sind also nach folgenden Prinzipien angeordnet:

Zerlegung des Stoffes in kleinere Portionen und Lösungen und

Reihung der Probleme vom Einfacheren zum Schwierigeren.

Bei den Problemen handelt es sich um Aufgaben, in denen bestimmte Zerlegungen natürlicher Zahlen gefunden werden sollen. Tiefere zahlentheoretische Sachverhalte werden zumindest nicht explizit gemacht. Immerhin hat das Buch Pierre de Fermat (1601–1665) zu seiner berühmten Vermutung angeregt, die erst rund 350 Jahre später durch Andrew Wiles zu einem Satz geworden ist (Singh 2000[4]). Er besagt, dass es nicht möglich ist, die Gleichung

$$x^n + y^n = z^n$$

für $n > 2$ mit natürlichen Zahlen x, y, z zu lösen.

Das Buch von Diophantos zeigt die ganze Problematik von reinen Aufgabensammlungen: Die Lernenden werden gegängelt, sie müssen dem Aufbau folgen und sind ständig versucht, vor eigenen Lösungsversuchen die Lösungen anzusehen. Die Probleme sehen zudem alle sehr ähnlich aus. Der mathematische Erkenntnisgewinn ist gering, vor allem wird das theoretische Beziehungsgefüge der zugrunde liegenden Mathematik nicht sichtbar. Deshalb ist bei den Lernenden allenfalls ein *Übungseffekt* zu erwarten.

Diese Schwächen hat natürlich auch ein Mathematikunterricht, in dem es nur um das Lösen von Aufgaben geht. Ein solcher Unterricht ist deshalb auch nicht dadurch zu heilen, dass lediglich der Anteil der *Problemaufgaben* erhöht wird. Er wäre dann immer noch einseitig und würde ein verzerrtes Bild von Mathematik geben.

2.4 Reflektierendes Lernen von Mathematik

Bei einer systematischen Darstellung von Mathematik, aber auch beim Lösen mathematischer Probleme, stehen Fragen über die mathematischen Inhalte im Vordergrund, um die sich die Betrachtungen drehen. Wie dabei mit den Inhalten umzugehen ist, wird im Allgemeinen nicht näher erläutert.

2.4.1 Erwerb von mathematischem Metawissen

Dabei ist es durchaus von wissenschaftlichem Interesse, über die verwendeten *Methoden* nachzudenken und zu klären, wann z.B. eine Definition, ein Beweis, ein Algorithmus oder eine Problemlösung *korrekt* sind. Es werden auch Begründungen für derartige Urteile benötigt.

Darüber hinaus besteht bei den Lernenden ein Interesse an Ratschlägen, wie man *erfolgreich* Mathematik treiben kann, also wie man sinnvoll einen neuen Begriff bildet, einen Beweis findet, einen leistungsfähigen Algorithmus entwickelt und mathematische Probleme löst.

Schließlich werden mathematische Inhalte und Methoden von Mathematikern auch *bewertet*. Ein Satz kann zentral, ein Beweis elegant und ein Algorithmus kann nützlich sein.

Zu diesen Fragen gibt es zum Teil entwickelte Theorien, etwa die Logik zu Fragen der Korrektheit, Theorien zu Algorithmen oder die Heuristik zum Problemlösen. All das kann man als *metamathematisches* Wissen bezeichnen. Die Erfahrung zeigt, dass beim Treiben von Mathematik „beiläufig" ein gewisses metamathematisches Wissen und mathematische Fähigkeiten erworben werden. Schaut man genauer hin, dann machen einen die Befunde jedoch skeptisch hinsichtlich der Qualität des so erworbenen Metawissens, denn selbst die von Mathematikern nebenher erworbenen logischen Fähigkeiten werden zuweilen von Logikern skeptisch gesehen.

So schreibt z.B. Gottlob Frege (1848–1925) in einem Brief, in dem er zu Hilberts *Grundlagen der Geometrie* Stellung nimmt:

> Bei H. scheint mir wie bei vielen Mathematikern ein klares Bewusstsein dafür zu fehlen, was eine Definition leisten kann, und dass das nicht dasselbe sein kann, was ein Lehrsatz leistet, dass also eine Definition nicht für einen Lehrsatz eintreten kann. (Steck 1940)

Es erscheint Erfolg versprechender, Metawissen, das in Form systematisch aufgebauter Theorien vorliegt, systematisch zu lernen. Doch auch das ist problematisch. Denn auch für die Logik benötigt man Metawissen und eine Erfahrungsgrundlage, die Beispiele und Gegenbeispiele bereitstellt. Selbst systematische Lehrbücher der Logik greifen für die Beispiele auf alltägliche oder auf mathematische Sachverhalte zurück. So werden als Beispiele für Aussagen genannt: „Paris ist die Hauptstadt von Frankreich" oder „2 ist eine Primzahl" (Hermes 1969²).

Wenn man bedenkt, dass diese metamathematischen Theorien aus der Erfahrung mit Mathematik erwachsen sind, ist es sinnvoll, auch bei den Lernenden metamathematisches Wissen durch *Reflexion* zu vermitteln. Man wird also im Mathematikunterricht immer wieder innehalten und z. B. nach dem Erreichen eines Zieles darüber nachdenken, *wie* dieses Ziel erreicht wurde. Damit wird metamathematisches Wissen und Können durch *Reflexion* erworben.

2.4.2   Logisches Denken lernen

Ist ein Begriff im Unterricht *definiert* worden, dann kann ein solcher Vorgang Anlass sein, etwas über das Definieren zu lernen.

Definieren lernen

In einer Reflexionsphase können die Lernenden z. B. erkennen, dass der neue Begriff dadurch gebildet worden ist, dass man einen bekannten Begriff einer einschränkenden Bedingung unterworfen hat.

Beispiel: Eine Definition für den Begriff „Raute" kann lauten: „Eine Raute ist ein Viereck, bei dem alle Seiten gleich lang sind." Hier wurde der Oberbegriff „Viereck" durch die Bedingung eingeschränkt: „bei dem alle Seiten gleich lang sind."

Diese Begriffsbildung schlägt sich in der Definition nieder. Hinsichtlich der Formulierung einer Definition sollte den Lernenden deutlich werden: Definitionen bestehen in der Mathematik aus dem zu Definierenden (Definiendum) und dem Definierenden (Definiens), die deutlich voneinander getrennt werden. Das Definiens ist eine charakterisierende Eigenschaft, die nur bekannte Begriffe enthalten darf.

Beispiel: Bei der vorangegangenen Definition ist „Raute" das Definiendum, „ein Viereck, bei dem alle Seiten gleich lang sind" das Definiens. Dabei wird vorausgesetzt, dass den Lernenden die Begriffe „Viereck", „Seite" und „gleich lang" vertraut sind.

Im Unterricht sollten insbesondere neuartige Definitionsweisen Anlass zu Reflexionen und damit zum Lernen sein.

Beispiel: Bei der Definition von $n!$ durch

$$1! = 1$$

und

$$(n + 1)! = n! \cdot (n + 1) \text{ für alle natürlichen Zahlen } n$$

begegnen die Lernenden einer *rekursiven Definition*.

Derartige Reflexionen können sowohl bei einer systematischen Behandlung eines Themas als auch beim Problemlösen ansetzen. Bei einer systematischen Behandlung wird damit zugleich das Verstehen des Begriffs erleichtert. Beim Problemlösen stößt man auf neue Begriffe in der Regel über die Entdeckung einer interessanten Eigenschaft, die dann in einer Reflexionsphase zur definierenden Eigenschaft eines neu zu lernenden Begriffs wird.

Bei diesen Betrachtungen wurde bisher davon ausgegangen, dass die Definition von der Lehrkraft angestoßen wird. Die Lernenden sollten aber auch zu eigenen Definitionsversuchen angeregt werden, so dass sie selbst Begriffe bilden und damit kreativ werden. Wie das geschehen kann, wird in Abschnitt 2.4.5 gezeigt.

Beweisen lernen

Bei einem axiomatischen Aufbau einer mathematischen Theorie wird die relative Wahrheit der Sätze durch die *Beweise* gesichert. Ein Beweis ist eine Schlusskette, bei der sich die Aussage des Satzes mit Hilfe von *Schlüssen* aus Axiomen oder bereits bewiesenen Sätzen ergibt. Diesen Schlüssen liegen bestimmte *Schlussregeln* zugrunde, von denen die meisten bereits im Altertum entdeckt wurden.

Die in der Mathematik am häufigsten gebrauchte Schlussregel ist die „Abtrennungsregel" („modus ponens"). Sie besagt:

Von einer Aussage A und einer Aussage „Wenn A, dann B" darf man zur Aussage B übergehen.

Die Möglichkeit des indirekten Beweises beruht auf dem „Satz vom Widerspruch":

Es kann nicht zugleich A und „nicht A" sein.

Bei systemorientiertem Lernen führt das Verstehen eines vorgeführten Beweises zum Verstehen des Satzes. In einer Reflexionsphase wird man den Aufbau des Beweises analysieren, den Einfluss der Voraussetzung herausarbeiten, nochmals deutlich auf die verwendeten Definitionen und Sätze hinweisen und deutlich machen, weshalb eigentlich am Ende der Satz bewiesen ist.

Bei problemorientiertem Lernen ist ja das Finden eines Beweises selbst die Lösung eines Problems. Auch dort wird man darüber nachdenken, inwieweit mit dem Beweis das Problem gelöst ist. In beiden Fällen können die Lernenden durch Reflexion z.B. die obigen *Schlussregeln* erkennen und lernen. Im Unterricht sind natürlich insbesondere neu auftretende Beweistypen Anlass zur Reflexion.

Beispiel: Beim Nachweis, dass $\sqrt{2}$ irrational ist, lernen die Schülerinnen und Schüler wohl erstmals einen *indirekten Beweis* kennen. Man kann ihnen deutlich machen, dass er auf dem „Satz vom Widerspruch" beruht.

Erfahrungsgemäß haben allerdings die Lernenden erhebliche Schwierigkeiten mit dem Definieren und Beweisen. Wie im Mathematikunterricht das Definieren und das Beweisen gelehrt werden können, wird im Folgenden noch zu untersuchen sein.

Elemente der Logik lernen

Eine Theorie der Schlussregeln wurde zuerst von Aristoteles entwickelt. Er sprach von „Analytik"; seit der Stoa hat sich dafür die Bezeichnung *Logik* eingebürgert. Auch an eine Darstellung der Logik als Theorie werden heute hohe Ansprüche gestellt. Den Anstoß dazu gaben gegen Ende des 19. Jahrhunderts die Arbeiten von George Boole (1815–1864), Gottlob Frege, Giuseppe Peano (1858–1932) und Bertrand Russell. Inzwischen gibt es unterschiedliche Methoden, die Logik, die der Mathematik zugrunde liegt, systematisch darzustellen.

Das Interesse an der Logik erwachte vor allem im Zusammenhang mit der *Mengenlehre*. Die enge Beziehung zwischen Aussagenlogik und Mengenalgebra wird z.B. sichtbar, wenn man sich die folgenden Beziehungen vergegenwärtigt:

Seien A und B Mengen, dann gilt:

$$x \in A \cup B \quad \text{genau dann, wenn} \quad x \in A \ \textit{oder} \ x \in B;$$

$$x \in A \cap B \quad \text{genau dann, wenn} \quad x \in A \ \textit{und} \ x \in B.$$

Als in den 1960er Jahren die Mengensprache in den Mathematikunterricht Eingang fand, interessierte man sich deshalb auch für Fragen der Logik im Mathematikunterricht (z.B. Jung 1967).

Unabhängig davon hat der Mathematikunterricht immer den Anspruch erhoben, das *logische Denken* zu schulen. Um welche logischen Kenntnisse und Fähigkeiten es dabei geht, soll im Folgenden skizziert werden.

Zunächst kann man im Unterricht durchaus davon ausgehen, dass die Schülerinnen und Schüler über gewisse logische Fähigkeiten verfügen.

Beispiel: Es lässt sich zeigen, dass Kinder bereits sehr früh logisch richtig argumentieren können.

> Kind (6 Jahre): „Ich möchte bitte ein Eis."
> Mutter: „Wenn du Eis isst, bekommst du Bauchschmerzen."

Das Kind versucht es beim Vater, der von der Antwort der Mutter nichts weiß, und hat Erfolg. Es bekommt sein Eis und erzählt der Mutter:
Kind: „Ich habe Eis gegessen *und keine* Bauchschmerzen bekommen."

Hier hat das Kind eine „Wenn-dann-Aussage" richtig negiert.

Beim Treiben von Mathematik werden im Mathematikunterricht beiläufig weitere logische Fähigkeiten vermittelt. Durch Reflexion des mathematischen Arbeitens lässt sich darüber hinaus eine Reihe grundlegender logischer Sachverhalte erschließen:

- Man muss zwischen *Objekten* und *Namen* unterscheiden.

  Beispiel: 1; $0{,}2$; $\frac{3}{4}$; $\sqrt{2}$; $-\pi$ sind Namen von Zahlen; die Zahlen, die sie bezeichnen, sind die mathematischen Objekte.

- *Aussagen* sind Formulierungen, die entweder wahr oder falsch sind.

  Beispiele: „2 ist eine Primzahl", „$2 + 3 = 5$", sind wahre Aussagen.

  „3 ist eine gerade Zahl", „$2 + 3 = 4$" sind falsche Aussagen.

  „$1 + 2 =$" und „$1 + x = 2$" sind dagegen keine Aussagen.

- Aussagen lassen sich *negieren*.

  Beispiele: Die Negation von „$2 + 3 = 5$" ist „$2 + 3 \neq 5$";

  die Negation von „3 ist eine gerade Zahl" ist „3 ist eine ungerade Zahl".

- Aussagen können durch „und", „oder", „entweder … oder", „wenn, dann" und „genau dann, wenn" *verknüpft* werden.

  Beispiel: Die Aussage „Das Dreieck ist rechtwinklig." sowie die Aussage „Das Dreieck ist gleichschenklig." kann man verbinden zur Aussage „Das Dreieck ist rechtwinklig und das Dreieck ist gleichschenklig." Dafür sagt man kurz: „Das Dreieck ist gleichschenklig und rechtwinklig."

- *Variable* sind Bezeichnungen für Leerstellen.

  Beispiele: Typische Formulierungen mit Variablen sind: x sei eine gerade Zahl; $x + 3 = 7$; P sei ein Punkt der Geraden g.

- *Aussageformen* sind Formulierungen mit Variablen, die durch Ersetzen der Variablen durch Objektnamen in Aussagen übergehen.

  Beispiele: $2 + x = 3$; $2x$ ist eine gerade Zahl; g und h schneiden sich in S.

- In Aussageformen können die Variablen durch die *Quantoren* „für alle" und „es gibt" gebunden werden.

  Beispiele: Es gibt ein x, so dass $2 + x = 3$; für alle x ist $2x$ eine gerade Zahl.

■ Mit Hilfe von *Schlussregeln* ergeben sich aus wahren Aussagen wiederum wahre Aussagen.

Beispiel: Eine Anwendung der *Abtrennungsregel:*

$$\text{Es sei } p < q \text{ und wenn } p < q, \text{ dann } p + r < q + r, \text{ also } p + r < q + r.$$

In der *formalen* Logik wird mit Zeichen gearbeitet. Viele Mathematiker benutzen derartige Zeichen für logische Partikel.

Beispiele: $\neg$ für „nicht", $\wedge$ für „und", $\vee$ für „oder", $\rightarrow$ für „wenn, dann", $\leftrightarrow$ f für „genau dann, wenn", $\exists$ für „es existiert" und $\forall$ für „für alle".

Auch im Unterricht werden gelegentlich derartige Zeichen verwendet. Es ist fraglich, ob sie das Lernen des logischen Denkens fördern oder hemmen. Einerseits lassen sie die logische Struktur deutlich hervortreten, andererseits verführen sie zu einem bloßen Hantieren mit Zeichen und erschweren das Erfassen des Sinns. Erfahrungsgemäß werden durch sie die mathematischen Formulierungen der Lernenden eher fehleranfälliger. Die logische Struktur kann durchaus umgangssprachlich hervorgehoben werden. Für das Lernen des Beweisens ist es förderlich, es sich zur Gewohnheit zu machen, Sätze in „Wenn-dann-Form" zu formulieren (Walsch 1972, S. 144–146).

Beispiel: Statt den Satz des Pythagoras in der Form zu notieren „Im rechtwinkligen Dreieck ist die Summe der Inhalte der Kathetenquadrate gleich dem Inhalt des Hypotenusenquadrats.", ist es für das Verständnis des Satzes und für die Formulierung seiner Umkehrung günstiger zu schreiben: „Wenn ein Dreieck rechtwinklig ist, dann ist die Summe der Inhalte der Kathetenquadrate gleich dem Inhalt des Hypotenusenquadrats.". Diese Formulierung ist allerdings schwerfälliger.

2.4.3   Algorithmisches Denken lernen

Bei wiederkehrenden Aufgaben eines bestimmten Typs wird versucht, ein Lösungsschema zu entwickeln, nach dem man die Aufgaben für konkrete Angaben ohne Nachdenken lösen kann. Auch dieses Vorgehen ist seit den Anfängen der Mathematik zu beobachten: Zählen, Rechnen und Konstruieren folgen in allen Kulturen jeweils einem bestimmten Schema. Ein derartiges Handlungsschema, das in einer Folge von endlich vielen Handlungsanweisungen zur Lösung eines Problems führt, wird *Algorithmus* genannt. Diese Bezeichnung geht auf den arabischen Mathematiker Abu Abdallah Muhhammad ibn Musa Al-Hwarizmi (780–850) zurück.

Probleme, die sich durch einen Algorithmus lösen lassen, können im Prinzip mit Hilfe eines Computers gelöst werden. Dazu ist es allerdings erforderlich, Algorithmen maschinengerecht zu notieren.

Beispiele: (1) Der Betrag einer Zahl a ist definiert durch:

$$|a| = \begin{cases} a & \text{für } a \geq 0, \\ -a & \text{für } a < 0. \end{cases}$$

Um den Betrag einer Zahl a zu bestimmen, prüft man zunächst, ob sie größer oder gleich 0 ist. Ist das der Fall, so ist a auch ihr Betrag. Sonst setzt man $-a$ und erhält damit ihren Betrag. Ein Algorithmus zur Berechnung von $|a|$ lässt sich wie folgt schreiben:

>**Beginn**
>
>**Eingabe** a ;
>
>**wenn** $a \geq 0$,
>
>>**dann** $b := a$;
>>
>>**sonst** $b := -a$;
>
>**Ausgabe** b ;
>
>**Ende**

Nach diesem Programm kann eine Maschine $|a|$ berechnen.

(2) Die Idee des Heron-Algorithmus zur näherungsweisen Bestimmung von $\sqrt{p}$ lässt sich durch die folgende Rekursionsformel ausdrücken:

$$x_{n+1} = \frac{1}{2}\left(x_n + \frac{p}{x_n} \right)$$

Daraus erhält man folgenden Algorithmus:

>**Beginn**
>
>**Eingabe** p, x_1;
>
>**Wiederhole**
>
>>$$x_2 := \tfrac{1}{2}\left(x_1 + \frac{p}{x_1} \right);$$
>>
>>$$d := |x_2 - x_1|;$$
>>
>>$$x_1 := x_2 ;$$
>
>**solange, bis** $d \leq 0,001$;
>
>**Ausgabe** x_1 ;
>
>**Ende**

Das ist ein Programm, nach dem eine Maschine arbeiten kann. Sie wird $\sqrt{p}$ bis auf 0,001 genau ausgeben.

Bis zu Beginn der 1970er Jahre beschränkte sich der Mathematikunterricht darauf, die Schülerinnen und Schüler die Algorithmen unmittelbar auf der Grundlage der mathematischen Idee nach einem Muster ausführen zu lassen. Seit Mitte der 1970er Jahre sind in den Schulen Computer verfügbar. Seither werden verstärkt Algorithmen als *Programme* dargestellt. Das hat den Vorteil, dass die Lernenden sich der einzelnen Schritte bewusst werden und den Algorithmus vollständig hinschreiben müssen. An den Programmen lernen sie durch Reflexion auch wichtige *Kontrollstrukturen* kennen: neben der *Anweisungsfolge* z. B. bei obigem Programm zur Bestimmung des Betrages die *Fallunterscheidung* („Verzweigung") und beim Heron-Algorithmus die *Wiederholung* („Schleife").

Algorithmen lassen sich mit *Flussdiagrammen* oder *Struktogrammen* anschaulich darstellen (Ziegenbalg 1996, S. 259–261). Damit kann man das Verstehen eines Algorithmus unterstützen. Diese Darstellungen werden aber immer wieder auch als Hilfsmittel zur Entwicklung eines Programms empfohlen. Allerdings scheint das Modeströmungen zu unterliegen.

Beim Lernen von Algorithmen ist das Lernen bestimmter Algorithmen vom Lernen des Begriffs „Algorithmus" zu unterscheiden. Die Schülerinnen und Schüler lernen im Mathematikunterricht von der Grundschule an eine Fülle von Algorithmen kennen und eignen sich diese an (Ziegenbalg 1996). Entscheidend für den Erfolg sind das *Verstehen* und das *Beherrschen*. Im Allgemeinen lernen sie dagegen den Begriff des Algorithmus erst gegen Ende der Sekundarstufe I kennen. Das ist dann meist auch ein Anlass, über Algorithmen zu reflektieren. Dies wird gefördert durch die Suche nach Computerprogrammen zur Lösung mathematischer Probleme.

Die Fähigkeit, zur Lösung von Problemen Algorithmen zu entwickeln, soll hier als *algorithmisches Denken* bezeichnet werden. Algorithmisches Denken wird unter folgenden Bedingungen gefördert:

- Nach der Lösung eines mathematischen Problems wird danach gefragt, ob sich dafür ein Algorithmus angeben lässt.

- Ist die Idee eines Algorithmus als Lösung des Problems erfasst, so wird er als Programm dargestellt.

- Zur Kontrolle wird das Programm mit einem Tabellenkalkulationsprogramm in einen Computer eingegeben und mit diesem erprobt.

- Nach der Entwicklung eines Algorithmus wird seine Struktur bewusst gemacht, und es wird gefragt, ob sich der Algorithmus verbessern (z. B. abkürzen) lässt.

Erfahrungen mit der Entwicklung von Algorithmen können also durch Reflexion zu tieferen Einsichten in den Begriff des Algorithmus führen.

Theorien über Algorithmen sind vor allem in der *Informatik* entstanden. Im Informatikunterricht ist die Förderung des algorithmischen Denkens ein zentrales Anliegen. Bis zu einem gewissen Grade ist hier eine Konkurrenzsituation zum Mathematikunterricht gegeben, die zumindest eine Abstimmung zwischen den beiden Fächern erfordert.

2.4.4 Problemlösen lernen

Das Lösen schwierigerer mathematischer Probleme vollzog sich historisch zum Teil in langwierigen, zuweilen auch dramatischen Prozessen, aus denen sich Erkenntnisse über das Problemlösen gewinnen lassen. Das soll im Folgenden an einem berühmten Beispiel gezeigt werden.

Problemlösen

So berichtet z.B. Lindemann, wie er in Freiburg den Beweis für die Unmöglichkeit der Quadratur des Kreises gefunden hat:

> Auf den Nachmittagsspaziergängen mit Thomae und Du Bois wurden alle möglichen mathematischen Probleme besprochen und so auch das Rätsel betreffend die Zahl π. Während Thomae und Du Bois meinten, man würde durch Kettenbruchentwicklungen der Sache näher kommen können, wies ich auf die Arbeit von Hermite über die Zahl e hin, auf der man weiterbauen müsse, ohne allerdings damals eine Idee zu haben, wie das geschehen könne.
>
> Später beschäftigte ich mich mit der Auflösung algebraischer Gleichungen mittels transzendenter Funktionen und wollte in der Abhandlung von Hermite über Gleichungen 5. Grades etwas nachsehen. Zufällig bekam ich stattdessen seine Abhandlung über die Zahl e in die Hand und vertiefte mich in deren Studium, was ich schon beabsichtigt hatte, da Hermite mir seinerzeit diese Abhandlung überreichte mit der Bemerkung, er halte sie für die wichtigste Arbeit seines Lebens.
>
> Seitdem beschäftigten mich diese Gedanken öfter und als ich am 12. April 1882 einen längeren Spaziergang nach Günthersthal und zurück über die Lorettohöhe machte, kam mir dort plötzlich der richtige Gedanke. Ich lief nach Hause und setzte mich an den Schreibtisch, um diese Idee sofort zu Papier zu bringen, und es schien mir alles zu stimmen. Abends spät ging ich zum Essen ins Museum, wo mich Oberstleutnant v. dem Busche mit den Worten empfing: „Was haben Sie denn gemacht? Sie sehen ja aus, als hätten Sie die Quadratur des Kreises gelöst!"
>
> Das Manuskript der Ausarbeitung sandte ich an Klein nach Leipzig zur Veröffentlichung in den Mathematischen Annalen. Klein getraute sich nicht auf eigene Verantwortung hin die Aufnahme in die Zeitschrift zu veranlassen und sandte das Manuskript an Georg Cantor in Halle zur Begutachtung. Dieser wieder war sehr befreundet mit Weierstrass und so entspann sich eine Korrespondenz zwischen mir, Cantor und Weierstrass, als deren Folge letzterer mich bat, die Veröffentlichung ei-

nes Auszuges in den Sitzungsberichten der Berliner Akademie zu gestatten. (Lindemann, o. J.)

In diesem Bericht lassen sich sehr schön einige typische Phasen des Problemlösens erkennen.

- Aus einer mathematischen Fragestellung wird ein Problem, das einen packt.

- Man sieht zunächst keine Lösung, versucht aber, Lösungshinweise bei ähnlichen gelösten Problemen zu finden.

- Das Problem lässt einen nicht los. Zwar nicht unentwegt, aber immer wieder, wendet man sich ihm zu.

- In entspannter Atmosphäre kommt einem die entscheidende Idee. Ein tiefes Glücksgefühl durchströmt den Problemlöser.

- Die Lösung des Problems wird notiert und notfalls korrigiert.

Problemlösen in gestaltpsychologischer Sicht

Die zentrale Frage ist natürlich, wie die entscheidende Lösungsidee zustande kommt. Darauf versuchte die *Gestaltpsychologie* eine Antwort zu geben. Die Gestaltpsychologen fanden heraus, dass die „gute Gestalt" eine besondere Rolle spielt. Mit Hilfe des „Gesetzes der guten Gestalt" (Abschnitt 2.3.3) ist es möglich, für bestimmte Typen von Problemen das Finden der Lösungsidee zu deuten. In seinem berühmten Buch *Produktives Denken* (1957) berichtet Wertheimer über einige Beobachtungen an Schülerinnen und Schülern beim Lösen mathematischer Probleme.

Ein Problem war die Bestimmung des Flächeninhalts eines Parallelogramms. Dabei war den Kindern bekannt, wie man den Flächeninhalt des Rechtecks bei gegebenen Seitenlängen bestimmt. Er berichtet z. B. von einem Mädchen, das beim Parallelogramm auf die Gegend am linken Ende zeigte und sagte: „Das ist nicht gut hier". Danach zeigte es auf das rechte Ende und setzte fort „und nicht gut hier". Wertheimer stellt die Situation mit folgender Figur dar:

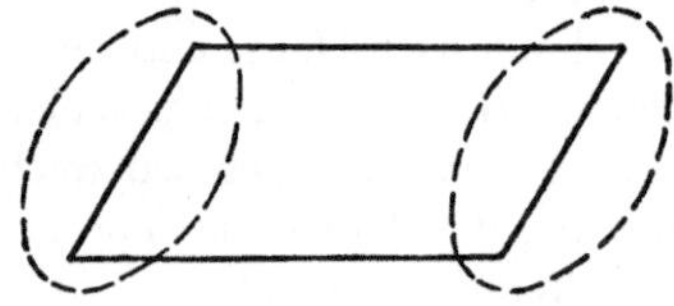

Abbildung 2.11 „Mangel" und „Überschuss" am Parallelogramm (aus: Wertheimer 1957, S. 56)

Die Lösung ist gefunden, als das Mädchen bemerkt, dass der „Überschuss" auf der einen Seite den „Mangel" auf der anderen Seite ausgleichen kann. Aus der „schlechten Gestalt" eines Parallelogramms wird durch *Umstrukturierung* die

„gute Gestalt" eines Rechtecks mit der Grundseite des Parallelogramms und der Höhe des Parallelogramms als Seitenlängen. Das Mädchen folgt dem Drang, der nach dem „Gesetz der guten Gestalt" zu erwarten ist.

Wertheimers Interpretation stellt das Problemlösen als einen zielgerichteten Denkvorgang dar, bei dem nicht einfach nur Verbindungen im kognitiven Netzwerk ausprobiert werden, sondern eine zielgerichtete Umstrukturierung erfolgt.

Man kann übrigens unter Umständen einer gefundenen Formel die Lösungsidee ansehen. Aus der folgenden Figur kann man jeweils die Formel und die zugrunde liegende Idee erkennen.

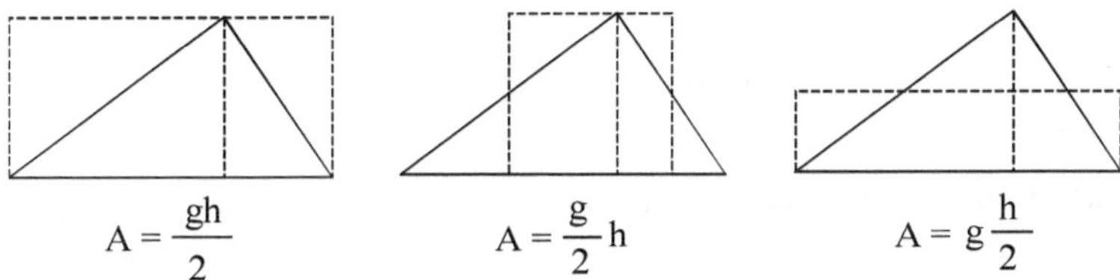

Abbildung 2.12 Formeln als Trägerinnen von Ideen

Algebraisch sind die drei Formeln natürlich äquivalent. In gestaltpsychologischer Sicht sind sie Trägerinnen unterschiedlicher Ideen zur Umstrukturierung des Problems.

Bei Kindern ist in der Regel das „Gesetz der guten Gestalt" sehr deutlich zu beobachten, weil sie sehr intensiv auf „schlechte Gestalten" reagieren. Kinder nehmen aber manche Figuren auch anders wahr als Erwachsene.

Heuristik

Wesentliche Einsichten zum Problemlösen sind George Pólya (1887–1985) zu verdanken. Sie führten zu deutlichen Fortschritten in der *Heuristik* (Erfindungskunst), zu der es zum Teil bereits formalisierte Theorien gibt (Fischer 1996).

Als ein wichtiges Prinzip („Induktives Grundschema") hat sich dabei ergeben:

Wenn man weiß, „Wenn A, dann B" und B ist wahr, dann ist A wahrscheinlicher.

Diese Regel erinnert an die „Abtrennungsregel" der Logik. In der üblichen Logik wäre der Übergang von „Wenn A, dann B" und B zu A nicht zulässig. An derartigen Betrachtungen werden Gemeinsamkeiten und Unterschiede zwischen Heuristik und Logik sichtbar (Fischer 1996, S. 181–203).

Pólya empfiehlt als Handlungsschema (1967^2, S. 18–33):

 1. Phase: *Verstehen der Aufgabe.*

 2. Phase: *Bewusstmachen von Zusammenhängen und einen Plan entwickeln.*

3. Phase: *Den Plan ausführen.*

4. Phase: *Rückschau halten, um die Lösung und den Lösungsweg zu durchdenken.*

Er rät, sich für die einzelnen Phasen bestimmte Fragestellungen einzuprägen, etwa:

Was ist gegeben? Was ist gesucht? (1. Phase).

Kannst du das Problem anders formulieren? Kennst du ähnliche Probleme? (2. Phase)

Was willst du erreichen? Was weißt du? (3. Phase).

Stimmt deine Überlegung? Kannst du das Ergebnis auch anders finden?

(4. Phase).

Diese heuristischen Einsichten erwachsen aus erfolgreichem Problemlösen in einem *Lernen durch Reflexion.*

Das Entscheidende beim Problemlösen ist freilich das Finden einer Lösungsidee, was sich weitestgehend heuristischen Regeln entzieht. Vielmehr handelt es sich dabei um einen *schöpferischen* Akt (Hadamard 1949).

Mathematische Kreativität beschränkt sich allerdings nicht auf das Problemlösen, sondern sie bezieht das Bilden von Begriffen, das Suchen von Eigenschaften, das Herausarbeiten von Zusammenhängen und das Entwickeln von Algorithmen mit ein. In diesem weiteren Sinne wird im folgenden Abschnitt mathematische Kreativität betrachtet.

2.4.5   Kreativität lernen

Das Lernen von Mathematik bedeutet für die meisten Schülerinnen und Schüler – und wohl auch für die meisten Studierenden – die Aneignung mathematischer Begriffe, Sätze, Theorien und Verfahren, die als kanonisiertes Wissen vorgegeben sind.

Begriffe bilden Bausteine der Mathematik. Sie sind Gegenstände, über die nachgedacht, und Werkzeuge, mit denen gearbeitet wird. Begriffsbildung ist also schöpferisches Tun des Mathematikers. Begriffe verstehen, heißt Eigenschaften zu kennen, Beziehungen zu sehen und mit Begriffen arbeiten zu können. Beim Lernen von Begriffen können die Schülerinnen und Schüler in Reflexionsphasen auch etwas über Begriffsbildung lernen.

Werden nach einer derartigen Reflexionsphase die Lernenden ermutigt, auch selbstständig Begriffe nach eigenen Vorstellungen zu bilden und zu untersuchen, so schafft man damit einen Ansatzpunkt für kreatives Handeln der Schülerinnen und Schüler, bei dem die gewonnenen Einsichten über Begriffsbildung umgesetzt und durch Erfahrung vertieft werden können. Ein sinnvolles Handlungsmuster zur Bildung und Erforschung eines Begriffs ist z.B.:

- die Betrachtung einer Eigenschaft zur Charakterisierung des Begriffs,

- die Wahl einer Begriffsbezeichnung,

- die Angabe einer Definition,

- die Angabe von Beispielen und Gegenbeispielen,

- das Suchen von Eigenschaften und

- die Erforschung der Beziehungen zu Nachbarbegriffen (Vollrath 1984).

Ein Ansatzpunkt für kreative Begriffsbildung kann z.B. die *Modifikation* der Definition durch *Änderung der definierenden Bedingung* eines Begriffs sein. Dies ist der erste entscheidende Schritt. Haben Schülerinnen oder Schüler ihren Begriff „erfunden", so geht es darum, seine weiteren Eigenschaften zu „entdecken". Erfinden und Entdecken sind hier also keine sich ausschließenden Methoden, sondern sich ergänzende Handlungen. Mit dem Erforschen der selbst gebildeten Begriffe erschließt sich den Lernenden eine kleine mathematische Welt oder ihre Begriffsbildung geht ins Leere. Das *Schaffen* und das *Verwerfen* gehören zum schöpferischen Prozess.

Beispiel: Nach dem Muster des Begriffs „Primzahl" kann man die Schülerinnen und Schüler anregen, eine neue Sorte von Zahlen zu definieren, indem man eine andere Forderung an die Teiler stellt. Ein möglicher Vorschlag lautet:

Eine natürliche Zahl heißt „teilerarm", wenn sie höchstens 3 Teiler besitzt.

Fragestellungen: Gibt es teilerarme Zahlen? Gibt es Primzahlen, die teilerarm sind? Sind Summe oder Produkt teilerarmer Zahlen teilerarm? Gibt es gerade teilerarme Zahlen? Gibt es unendlich viele teilerarme Zahlen?

Bei der Reflexion von Begriffsbildungen können die Schülerinnen und Schüler viele weitere *Techniken* zur Bildung und *Frageroutinen* zur Erforschung neuer Begriffe lernen (Weth 1999, S. 67–79). Wichtige Techniken sind:

- *Spezialisieren* durch Verschärfen einer Bedingung,

- *Generalisieren* durch Abschwächen einer Bedingung,

- *Analogisieren* durch Änderung des Oberbegriffs und Übertragung der Bedingung auf diesen.

Beispiele: Ein Viereck mit 4 gleich langen Seiten heißt „Raute".

Daraus ergibt sich durch *Spezialisierung:* Ein Viereck mit 4 gleich langen Seiten, bei dem die eine Diagonale kürzer als die andere ist, heißt „echte Raute".

Durch *Generalisierung* kann man z.B. erhalten: Ein Viereck mit 3 gleich langen Seiten heißt „Fastraute".

Analogisierung ergibt z.B.: Ein Fünfeck mit 5 gleich langen Seiten heißt „gleichseitiges Fünfeck".

Die Wahrscheinlichkeit, dass die Schülerinnen und Schüler dabei auf völlig neue Begriffe stoßen, die sich später als sehr fruchtbar erweisen, mag nicht sehr groß sein. Doch kann sich eine Freude an der eigenen Leistung einstellen, die beim bloßen Nach-Erfinden und Nach-Entdecken nicht aufkommen würde.

Dass es dabei weniger auf die Ergebnisse als auf den Prozess ankommt, lässt sich mit einem Wort von Carl Friedrich Gauß (1777–1855) rechtfertigen:

> Wahrlich es ist nicht das Wissen, sondern das Lernen, nicht das Besitzen, sondern das Erwerben, nicht das Da-Seyn, sondern das Hinkommen, was den größten Genuß gewährt. (zitiert nach Schmidt und Stäckel 1899, S. 94)

2.4.6   Bewerten lernen

Mathematik wird gern als wertfreie Wissenschaft betrachtet. „Wahr" und „falsch" scheinen wenig Spielraum für Wertungen zu lassen. Beim Lesen eines mathematischen Aufsatzes in einer Zeitschrift oder beim Studium eines sehr formal geschriebenen Lehrbuchs finden sich dort in der Tat kaum Wertungen. Allerdings enthält eine ausführlich geschriebene Einführung in ein mathematisches Gebiet in der Regel auch Wertungen.

Werturteile über Mathematik können sich auf unterschiedliche Aspekte der Mathematik beziehen. Es sind dies vor allem:

- Der Wert der vermittelten *Erkenntnis*,

- der *Nutzen* im Hinblick auf Anwendungen,

- eine gewisse *Ästhetik*.

Das *ästhetische* Moment mag überraschen, doch es gibt so etwas wie einen mathematischen „Schönheitssinn". In der Zeitschrift *The Mathematical Intelligencer* war z.B. 1988 von den Lesern unter 24 berühmten Sätzen der „schönste Satz" auszuwählen.

Gewinnerin wurde die *Eulersche Formel*

$$e^{i\pi} + 1 = 0,$$

die zeigt, welche einfache Beziehung zwischen den grundlegenden Zahlen 0, 1, e, i und π besteht (Wells 1988, 1990).

Auch wenn Mathematiker beim Werten um Objektivität bemüht sind, ist ihr Urteil doch subjektiv geprägt. Selbst wenn in einer Gruppe von Mathematikern Konsens über den Wert eines mathematischen Gegenstandes besteht, kann dafür kein „Beweis" angegeben werden, sondern es lassen sich lediglich Gründe für das Urteil angeben. Ob sie einen Zweifler überzeugen, ist nicht sicher.

Wenn also Mathematiker Mathematik bewerten, dann verlassen sie den sicheren Boden ihrer Wissenschaft.

Authentischer Mathematikunterricht hat zu werten und Maßstäbe zu vermitteln, damit die Schülerinnen und Schüler Mathematik *bewerten lernen*. Auch dieses Lernen vollzieht sich durch Reflexion. Die Lernenden erfahren im Unterricht Bewertungen von Mathematik in unterschiedlicher Weise und lernen aus ihnen (Vollrath 1993a).

Explizite und implizite Wertungen

Wenn ein Satz als „besonders wichtig", „grundlegend", „interessant", „verallgemeinerungsfähig", als „Hauptsatz", „Fundamentalsatz" o.ä. bezeichnet wird, dann liegt eine *explizite* Wertung vor. Dagegen wird *implizit* gewertet, wenn der Satz ausführlich erläutert, mit Beispielen belegt oder geometrisch veranschaulicht wird. Auch die Namensgebung eines Satzes kann als implizite Wertung verstanden werden.

Allgemeine und spezifische Wertungen

Wertungen, wie „wichtig", „grundlegend", „interessant", wirken sehr *allgemein* und nutzen sich leicht ab. Treffender sind *spezifische* Wertungen wie „verallgemeinerungsfähig" oder ausführlichere Formulierungen wie: „Der Satz liefert ein Verfahren zur Berechnung des Konvergenzradius", oder: „Der Satz stellt eine Beziehung zwischen Differential und Integral her."

Deklarative und funktionale Wertungen

Wird ein Satz nach einem Mathematiker benannt, so wirkt diese Wertung *deklarativ*. Auch die Hervorhebung von Sätzen als Hauptsätze, Fundamentalsätze usw. stellt eine deklarative Wertung dar.

Weist dagegen der Name des Satzes auf die zentrale Aussage hin, dann ist die Wertung eher *funktional*, wie das beim „Satz vom Umfangswinkel", einem „Additionstheorem" oder dem „Zwischenwertsatz" der Fall ist.

Autoritäre und argumentative Wertungen

Wertungen, in denen den Lernenden Urteile einfach mitgeteilt werden, wirken *autoritär*, während der Versuch einer Begründung für die Wertung eher *argumentativ* ist. Im Hinblick auf das Bewerten von Mathematik sollte den Schülerinnen und Schülern bewusst werden:

- Bewertungen von Mathematik sind nicht „wahr" oder „falsch", sondern es geht darum, dass sie angemessen sind.

- Werden Bewertungen begründet, dann können sie überzeugen.

- Bewertungen sind relativ, indem sie vergleichen.

■ Bewertungen sind immer subjektiv geprägt. Auch Schülerinnen und Schüler haben ein Recht auf eigene Bewertungen von Mathematik.

Zum Bewerten gehören allerdings Maßstäbe. Wichtig ist deshalb, dass die Schülerinnen und Schüler im Unterricht mathematische Qualität kennen lernen. Livingstone gibt deshalb zu bedenken:

> Welch wichtigeren Dienst kann die Schule oder die Universität ihren Schülern erweisen, als ihnen das Beste zu zeigen, was in der Welt getan, gedacht und geschrieben worden ist, und es ihrem Geiste unauslöschlich, als Maßstab und Prüfstein, um sie ihr Leben hindurch zu leiten, einzuprägen? (zitiert nach Wittenberg 1990[2], S. 1).

2.5   Langfristiges Lernen von Mathematik

Die bisherigen Betrachtungen über das Lernen von Mathematik haben sich auf *Erfahrungen* gestützt, die beim Lernen von Mathematik immer wieder neu zu beobachten sind. Zu diesen Erfahrungen gehört, dass unter bestimmten Bedingungen Lernen erleichtert oder erschwert sein kann. Vieles lässt sich von der Sache her erklären, anderes stützt sich auf psychologische Befunde. Bei diesen Betrachtungen hat das Alter der Lernenden bisher kaum eine Rolle gespielt.

Als im 19. Jahrhundert psychologische Forschung begann, interessierten sich Psychologen zunächst für Erwachsene, bei denen die geistigen Fähigkeiten voll ausgebildet sind. Eine wissenschaftliche Erforschung der geistigen *Entwicklung* des Kindes setzte in der Psychologie erst gegen Ende des 19. Jahrhunderts ein. Für den Mathematikunterricht sind die Befunde über die Entwicklung des mathematischen Denkens beim Kind von besonderem Interesse.

2.5.1   Zur Entwicklung mathematischen Lernens

Das psychologische Interesse an der geistigen Entwicklung der Kinder wurde durch das 1882 erschienene Buch *Die Seele des Kindes* des Arztes Wilhelm Preyer (1841–1897) geweckt. Er berichtet dort ausführlich über seine Beobachtungen an seinem Sohn Axel während der ersten drei Lebensjahre. Beim 26 Monate alten Kind stellte er z. B. fest,

> daß es nicht die entfernteste Vorstellung von Zahlen hat. Es wiederholt vielfach mechanisch die vorgesagten Wörter eins, zwei, drei, vier, fünf, verwechselt aber beim gruppenweisen Vorlegen gleichartiger Objekte alle Zahlen miteinander ... (Preyer 1908[7], S. 310)

Einen deutlichen Fortschritt beobachtete er im 29. Monat:

> Sehr bemerkenswert ist ferner die nun beginnende Zähltätigkeit. Obgleich die Zahlwörter dem Kinde bereits wohl bekannt sind, verwechselt es sie noch immer bei jeder Gelegenheit, und man wird, in Anbetracht der vielen Versuche, die Bedeu-

tung der Zahlen 1, 2, 3, 4, 5 dem Kinde beizubringen, weil sie völlig erfolglos blieben, schließen dürfen, daß es den Unterschied von 3 und 4 Zündhölzchen nicht erkannt hat. Und doch beginnt das Zählen schon, freilich in sehr unerwarteter Weise. Das Kind fängt nämlich (am 878. Lebenstage) plötzlich an, seine neun Kegel zu zählen, indem es, sie einzeln ergreifend und nacheinander zusammenstellend, bei jedem sagt eins! eins! eins! eins! hierauf eins! noch eins! noch eins! noch eins! noch eins! (Preyer 1908[7], S. 315 f.)

Auch die Aufzeichnungen der Ehepaare E. und G. Scupin (1907) und C. und W. Stern (1987[5]) aus Beobachtungen der eigenen Kinder wurden wichtige Quellen der frühen *Entwicklungspsychologie*. In diese Tradition gehören auch Piagets Beobachtungen, der sich bereits für bestimmte Entwicklungsbereiche interessierte.

Vergleicht man alle diese Schilderungen, so wird deutlich, dass ihre Aussagekraft im Wesentlichen vom wissenschaftlichen Interesse der Beobachter bestimmt ist. Aus der Flut möglicher Eindrücke über das Verhalten des Kindes gerade das herauszufiltern, was für eine Theorie bedeutsam ist, setzt das Gespür des Theoretikers für ergiebige Situationen und eine ausgeprägte Sensibilität für die Äußerungen des Kindes voraus.

Den größten Einfluss der Entwicklungspsychologie auf die Mathematikdidaktik hatte Jean Piaget (1896–1980). Er geht davon aus, dass sich in der Denkentwicklung der Kinder bestimmte *Stadien* kennzeichnen lassen. Im Laufe seiner Forschungsarbeiten sind diese immer weiter verfeinert worden.

Die Stadien konnte Piaget z.B. bei seinem berühmten *Zuordnungsversuch* nachweisen (Piaget und Szeminska 1969[2], S. 61–70).

Er stellte 6 kleine Flaschen von 2 bis 3 cm Höhe (aus dem Puppengeschirr) in einer Reihe nebeneinander auf den Tisch und zeigte auf ein Tablett mit einigen Gläsern. Dann fragte er das Kind: „Siehst du, das sind kleine Flaschen. Was braucht man, um daraus zu trinken? – Gläser. – Gut. Da stehen die Gläser. Du stellst auf dieses Tablett genug, ebensoviel Gläser, wie Flaschen da sind, ein Glas für jede Flasche." Das Kind stellte selbst die Gläser vor die Flaschen hin. Wenn es zu viele oder zu wenige Gläser waren, fragte er: „Glaubst du, daß das gleich viel ist?" Das Kind konnte dann die Anzahl der Gläser verändern, bis es zufrieden war.

Sobald die eineindeutige Zuordnung erreicht war, rückte er die sechs Gläser dicht zusammen und fragte von neuem: „Sind das gleich viel Gläser und Flaschen?" Wenn das Kind „nein" sagte, fuhr er fort: „Wo ist mehr?" und: „Warum ist da mehr?" Dann stellte er die Gläser wieder in eine Reihe und rückte die Flaschen auf einen Haufen zusammen usw., während er jedes Mal die Fragen wiederholte.

Piaget beobachtete im Wesentlichen folgende Verhaltensweisen:

Keine Äquivalenz

Es werden so viele Gläser hingestellt, dass die beiden Reihen in etwa gleich lang sind. Es können mehr oder weniger Gläser als Flaschen sein. Am Ergebnis ändert das Nachfragen nichts.

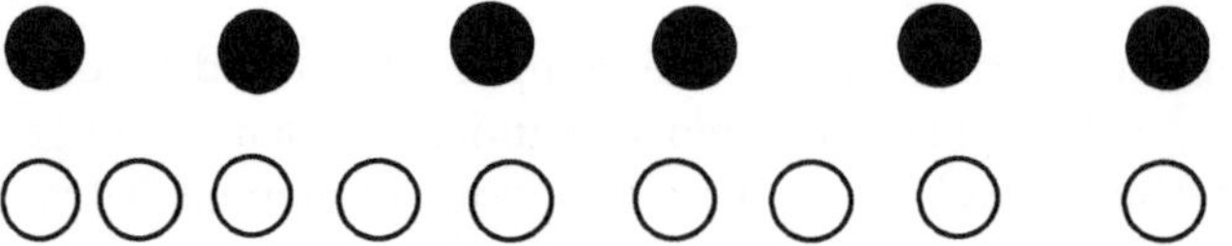

Abbildung 2.13 „Gleich viele Gläser wie Flaschen" (Zeichnung: Vollrath)

Instabile Äquivalenz

Zunächst werden gleich viele Gläser wie Flaschen hingestellt.

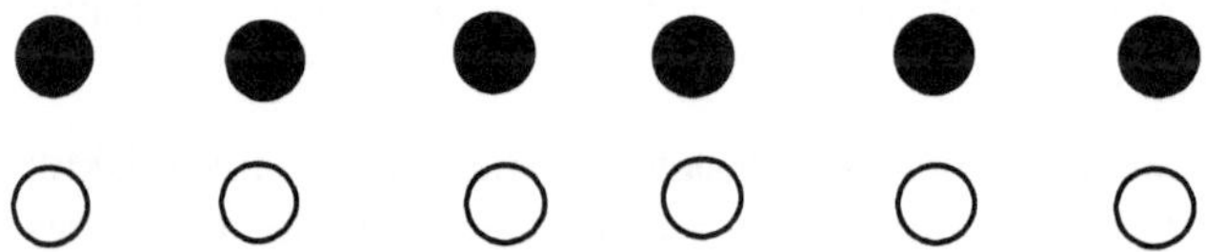

Abbildung 2.14 „Gleich viele Gläser wie Flaschen" (Zeichnung: Vollrath)

Ein Zusammendrängen der Flaschen bzw. der Gläser lässt die Kinder glauben, dass nun nicht mehr gleich viele Flaschen und Gläser vorhanden seien.

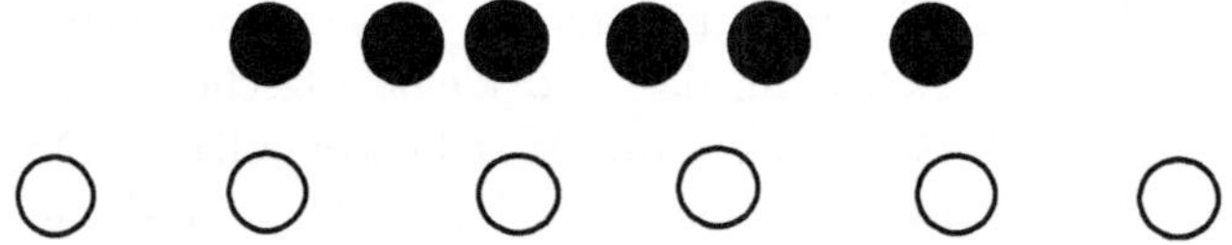

Abbildung 2.15 „Mehr Gläser als Flaschen" (Zeichnung: Vollrath)

Stabile Äquivalenz

Es werden gleich viele Gläser wie Flaschen hingestellt. Auch Lageänderungen ändern nichts an der Auffassung, dass gleich viele Gläser und Flaschen da sind.

Dieser Versuch und ähnliche führten zur groben Unterscheidung von vier Stadien (Piaget und Inhelder 1973[2]):

1. Das sensomotorische Stadium

Das Kind ist der Situation zugewandt und verfolgt konkrete Ziele, die sich aber schnell ändern. Es ist im Zuordnungsversuch nicht in der Lage, Äquivalenz zu erreichen. Dieses Stadium erstreckt sich bis zum Alter von etwa 2 Jahren.

2. Das präoperative Stadium

Das Stadium ist dadurch gekennzeichnet, dass das Denken des Kindes an konkrete Handlungen gebunden ist, dass es diese Handlungen aber noch nicht in Gedanken ausführen kann. Dieses Stadium erstreckt sich auf die Vorschulzeit (2. bis 7. Lebensjahr). Im Zuordnungsversuch zeigt es instabile Äquivalenz.

3. Das konkret-operative Stadium

Das Denken des Kindes ist zwar immer noch an konkrete Vorstellungen gebunden, aber es ist jetzt durch eine größere Beweglichkeit gekennzeichnet. Die Denkhandlungen werden nun „kompositionsfähig" (zusammensetzbar) und „reversibel" (umkehrbar). Dieses Stadium erstreckt sich auf die Grundschulzeit (7. bis 11. Lebensjahr). Im Zuordnungsversuch zeigt es stabile Äquivalenz.

4. Das formal-operative Stadium

Dieses Stadium ist erreicht, wenn die Kinder Operationen ohne Bezug auf konkrete Handlungen in Gedanken durchführen können. Es beginnt im Alter von 11 bis 12 Jahren.

Piaget erhob seine Befunde in zahlreichen Einzeluntersuchungen. Viele seiner berühmten Versuche sind wiederholt worden. Zwar wurden seine Altersangaben immer wieder in Frage gestellt. Die Aufeinanderfolge von Stadien, die durch bestimmte Fähigkeiten, andererseits aber auch bestimmte Defizite gekennzeichnet sind, ist weitgehend bestätigt worden. Seine Versuche lassen sich allerdings wegen ihrer suggestiven Fragestellungen kritisieren (Freudenthal 1983, S. 21–24).

Von besonderem Interesse für die Schule ist der Übergang von den Handlungen zu den konkreten Operationen, der sich in der Grundschulzeit vollzieht, und derjenige von den konkreten Operationen zu den formalen Operationen, der zu Beginn der Sekundarstufe I eintritt. Für Piaget sind das spontane Übergänge, die durch Instruktion nicht beeinflusst werden können.

Die größte Schwierigkeit der Entwicklungspsychologie besteht darin, dass sie sich in erster Linie für die selbstständige kognitive Entwicklung interessiert, dass eine kognitive Entwicklung ohne äußere Einflüsse aber praktisch nicht beobachtbar ist. Es ist also Raum für unterschiedliche Grundpositionen. Die „Milieutheorie" behauptet, der Mensch komme als „unbeschriebenes Blatt" auf die Welt und alles, was aus ihm wird, ist von der Umwelt bestimmt. Dagegen sucht die „Vererbungstheorie" alle Entwicklungsunterschiede in den unterschiedlichen Anlagen der Menschen. Im Grunde hat sich heute weitgehend die „Konvergenztheorie" durchgesetzt, die von William Stern (1871–1938) wie folgt formuliert wurde:

> Seelische Entwicklung ist nicht ein bloßes Hervortreten-Lassen angeborener Eigenschaften, aber auch nicht ein bloßes Empfangen äußerer Einwirkungen, sondern das Ergebnis einer Konvergenz innerer Angelegtheiten mit äußeren Entwicklungs-

bedingungen. Diese „Konvergenz" gilt für die großen Züge, wie für die Einzelerscheinungen der Entwicklung. Bei keiner Funktion oder Eigenschaft dürfte man fragen: „Stammt sie von außen oder von innen?" sondern: „Was an ihr stammt von außen und was von innen?"; denn stets wirkt beides an ihrem Zustandekommen mit, nur jeweils mit verschiedenen Anteilen. (Stern 1952[7], S. 26 f.)

Man kann aber auch fragen, was sich eigentlich entwickelt (Anderson 2001[3], S. 430 f.). Auch hier gibt es im Wesentlichen zwei Deutungsansätze: Der eine Ansatz besagt, dass Kinder mit zunehmender Entwicklung „besser denken", d.h., dass sich bei ihnen die grundlegenden kognitiven Prozesse verbessern; der andere Ansatz vermutet, dass sie „besser wissen", d.h., dass sich der Umfang und die Organisation des Wissens verbessern. Auch hier sind sicher beide Faktoren am Fortschritt beteiligt.

Bei Piaget spielen Handlungen und *Operationen* als verinnerlichte Handlungen eine zentrale Rolle in der kognitiven Entwicklung. Für Jerome S. Bruner ist die kognitive Entwicklung durch *Handlungen*, *Bilder* und *Symbole* bestimmt. Für ihn sind das „Mittel, mit denen der im Wachstum begriffene Mensch sich seine Erfahrungen der Umwelt vergegenwärtigt, und auf die Weise, wie er für den zukünftigen Gebrauch organisiert, was ihm begegnet ist." (Bruner et al. 1971, S. 21).

> Auffällige Akzentverschiebungen ereignen sich im Verlaufe der Entwicklung der Darstellungsfunktion (*representation*). Zuerst kennt das Kind seine Umwelt hauptsächlich durch die gewohnheitsmäßigen Handlungen, die es braucht, um sich mit ihr auseinanderzusetzen. Mit der Zeit kommt dazu eine Methode der Darstellung in Bildern, die relativ unabhängig vom Handeln ist. Allmählich kommt dann eine neue und wirksame Methode hinzu, die sowohl Handlung wie Bild in die Sprache übersetzt, woraus sich ein drittes Darstellungssystem ergibt. Jede dieser drei Darstellungsmethoden, die handlungsmäßige, die bildhafte und die symbolische, hat ihre eigene Art, Vorgänge zu repräsentieren. Jede prägt das geistige Leben des Menschen in verschiedenen Altersstufen, und die Wechselwirkung ihrer Anwendungen bleibt ein Hauptmerkmal des intellektuellen Lebens des Erwachsenen. (Bruner et al. 1971, S. 21)

Zwar betrachtet Bruner zunächst äußerliche Darstellungen, seine Betrachtungen zielen aber darauf, diese Darstellungen innerlich zu verstehen (Bruner et al. 1971, S. 27). Diese drei Darstellungssysteme bestehen im Menschen nebeneinander. Sie können zum Teil ineinander übersetzt werden, und Bruner sieht darin eine wichtige Triebkraft für die geistige Entwicklung. Besonders fruchtbar sind dabei Situationen, in denen unterschiedliche Darstellungssysteme in Konflikt miteinander geraten.

Aus seinen kognitionspsychologischen Betrachtungen zieht Bruner auch didaktische Folgerungen, auf die in Abschnitt 3.1.3 eingegangen wird.

2.5.2   Das langfristige Lernen von Operationen

Für viele grundlegende mathematische Bereiche hat Piaget genauer untersucht, wie sich ihr Verständnis im Laufe der kognitiven Entwicklung entfaltet.

Es geht ihm dabei darum zu beschreiben, wie sich jeweils grundlegende Operationen in den einzelnen Bereichen entwickeln. Dieser Prozess wird von ihm als spontaner Reifungsprozess gesehen. Ob der Mathematikunterricht diesen Reifungsprozess beeinflussen kann, ist umstritten. Unbestritten dagegen ist, dass im Mathematikunterricht neue Operationen ausgebildet werden. Zur Deutung dieses Vorganges werden im Folgenden zwei klassische psychologische Ansätze vorgestellt, die didaktische Bedeutung erlangt haben.

Aufbau neuer Operationen

Das Lernen einer neuen Operation wird von Hans Aebli (1923–1990) als *Aufbau* einer Operation bezeichnet (Aebli 2001[11]). Er sieht den Aufbau einer Operation nicht isoliert, sondern in Verbindung mit bereits gelernten Operationen, die *auf neuartige Weise* verbunden werden. Es handelt sich also um eine *Synthese*. Die neu entstandene Operation enthält zwar die Teiloperationen. Sie ist aber „mehr als die Summe der Teile". (Das ist eine Redewendung, die auch bei Piaget und Bruner immer wieder verwendet wird.)

Ob eine neue Operation erfolgreich aufgebaut worden ist, lässt sich daran erkennen, dass sie reversibel ist. Aebli ist es dabei wichtig, dass die Umkehrung beim Aufbau der Operation keine Rolle zu spielen braucht, sondern lediglich eine Folge des gelungenen Aufbaus ist. Der Lernende erkennt nun in einer *Analyse*, in welcher Beziehung die bekannten Operationen zur neuen Operation stehen.

Aebli gibt als ein Beispiel aus dem Bereich der Sekundarstufe I die *Berechnung* des Flächeninhalts eines Rechtecks (Aebli 2001[11], S. 212 f.). Gegeben ist ein Rechteck mit Seitenlängen von 4 cm und 6 cm. Der Flächeninhalt dieses Rechtecks soll *berechnet* werden.

Den Lernenden ist klar, dass man den Flächeninhalt bestimmen kann, indem man fragt, wie oft ein Einheitsquadrat mit dem Flächeninhalt 1 cm^2 in dieses Rechteck passt. Die *bekannte Operation* ist also das Bestimmen des Flächeninhalts durch Auslegen. Die Berechnung des Flächeninhalts ist die *neu aufzubauende Operation*.

Die Lösungsidee besteht darin, dass man das Rechteck mit Einheitsquadraten – und zwar in 4 Streifen zu je 6 Einheitsquadraten – auslegen kann, so dass man $4 \cdot 6 = 24$ Einheitsquadrate erhält. Der Flächeninhalt des Rechtecks beträgt also 24 cm^2.

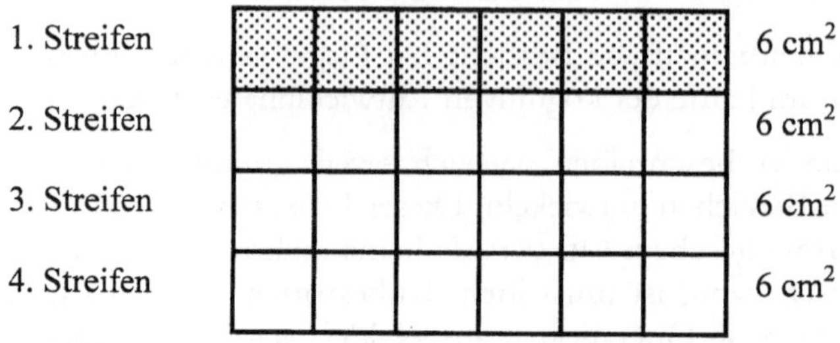

1. Streifen	6 cm²
2. Streifen	6 cm²
3. Streifen	6 cm²
4. Streifen	6 cm²

Abbildung 2.16 Flächeninhalt des Rechtecks (nach: Aebli 2001[11], S. 213)

Dieses Ergebnis lässt sich durch eine konkrete Handlung gewinnen. Die Operation wird *verinnerlicht*, wenn sie sich auf eine gedachte Handlung bezieht. Darauf wird sprachlich Bezug genommen, wenn man formuliert:

„In das Rechteck passen 4-mal 6 Einheitsquadrate, also 24 Einheitsquadrate. Der Flächeninhalt beträgt also viermal sechs Quadratzentimeter."

Man löst sich von dieser gedachten Handlung und bezieht sich lediglich auf die Multiplikation, indem man schreibt:

Den Flächeninhalt eines Rechtecks mit den Seitenlängen 4 cm und 6 cm findet man, indem man berechnet:

$$4 \cdot 6 \text{ cm}^2.$$

Schließlich wird das Vorgehen mit Hilfe einer Gleichung formuliert:

$$A = 4 \text{ cm} \cdot 6 \text{ cm} = 24 \text{ cm}^2.$$

Die Operation ist *symbolisiert* worden. Wird diese Schrittfolge durchlaufen, dann ist die neue Operation *verstanden* und kann nun *automatisiert* werden. Im weiteren Verlauf des Unterrichts werden auf dieser Grundlage langfristig weitere Operationen zur Bestimmung von Flächeninhalten aufgebaut.

Das System der geistigen Operationen

Die in der kognitiven Struktur verfügbaren Operationen bilden ein hierarchisches System. Joachim Lompscher (1932–2005) betrachtet die folgenden „geistigen Operationen" in zunehmender Allgemeinheit (Lompscher 1972, S. 34 f.):

- Das Zergliedern eines Gegenstandes (Erfassen der Beziehungen von Teil und Ganzem),

- das Ausgliedern von Eigenschaften (Erfassen der Beziehung von Ding und Eigenschaft),

- das Erfassen von Unterschieden und Gemeinsamkeiten (Differenzieren, Generalisieren),

- das Erfassen oder Erzeugen einer Reihenfolge (Ordnen),

- das Erfassen wesentlicher Merkmale (Abstrahieren),

- das Erfassen gemeinsamer Merkmale (Generalisieren),

- das Sortieren nach Merkmalen (Klassifizieren),

- das Übertragen des Allgemeinen auf das Besondere (Konkretisieren).

Die geistigen Operationen sind grundlegende Komponenten jeder geistigen Tätigkeit. Sie können in unterschiedlicher Qualität verfügbar sein. Qualitätsmerkmale sind:

Beweglichkeit – Planmäßigkeit – Exaktheit – Selbstständigkeit – Aktivität.

Die Ausprägung dieser Qualitäten bei einem Menschen bestimmen seine geistigen Fähigkeiten. Wichtig ist dabei, dass die gleiche Operation bei einem Menschen in verschiedenen Bereichen unterschiedliche Qualitätsstufen erreichen kann.

Diese Befunde machen deutlich, dass es im Mathematikunterricht darauf ankommt, die Qualität der geistigen Operationen zu fördern. In der DDR wurde es zu einem Programm, den Blick der Lehrer zunächst einmal auf diese geistigen Operationen zu lenken und in ihrem Unterricht darauf zu achten, dass die Schülerinnen und Schüler ausreichende Gelegenheit zur Nutzung aller dieser Fähigkeiten erhielten.

Während der Aufbau neuer Operationen im Unterricht jeweils *kurz-* oder *mittelfristig* erfolgt, ist die Ausbildung eines umfassenden Systems geistiger Operationen nur *langfristig* zu erreichen.

2.5.3   Modelle langfristigen Lernens von Mathematik

Grundlegende mathematische Begriffe wie der Zahlbegriff, der Funktionsbegriff, der Begriff der Figur oder der Abbildungsbegriff, wichtige Methoden wie das Entwickeln von Algorithmen, das Problemlösen oder das Beweisen, typische mathematische Denkweisen wie das logische Denken, das funktionale oder das algorithmische Denken und schließlich Einstellungen zur Mathematik sollen im Mathematikunterricht langfristig – in der Regel über mehrere Jahre – gelernt werden.

In der Psychologie wird man es in diesem Fall vermeiden, von „Lernen" zu sprechen. Stattdessen bevorzugt man es, vom langfristigen Aufbau einer kognitiven Struktur zu sprechen. *Lernen* wird eher auf kurz- oder mittelfristige Prozesse bezogen.

Aber lässt sich langfristiges Lernen überhaupt sinnvoll eingrenzen? Ist es nicht sinnlos, derartige Prozesse über längere Zeiträume festlegen zu wollen, da sich ja bekanntlich beim Lernen das Entscheidende häufig in einem Augenblick vollzieht?

Andererseits erscheint es vom schulischen Lernen her möglich und auch notwendig zu sein, beim Lehren von Begriffen unterschiedliche Zeiträume zu betrachten. Wenn im Folgenden von langfristigen Lernprozessen gesprochen wird, dann ist damit Lernen in Zeiträumen von mehreren Jahren gemeint.

Beispiel: Beim Lehren des Zahlbegriffs werden von der 1. bis zur 5. Jahrgangsstufe die natürlichen Zahlen behandelt. In der 6. Jahrgangsstufe lernen die Schülerinnen und Schüler die Bruchzahlen (die positiven rationalen Zahlen) und in der 7. und 8. Jahrgangsstufe die rationalen Zahlen kennen. In der 9. und 10. Jahrgangsstufe stehen die reellen Zahlen im Vordergrund. Im Laufe der Jahre ändern sich die Vorstellungen der Lernenden über die Zahlen. Sie lernen immer mehr Zahlenarten kennen, ihr Wissen wird umfangreicher, aber auch tiefer.

Im langfristigen Lernen lassen sich *mittelfristige* Lernprozesse feststellen, in denen ein wesentlicher Lernfortschritt zum Ganzen erzielt wird.

Beispiel: Beim langfristigen Lehren des Zahlbegriffs werden z.B. die Bruchzahlen mittelfristig – über mehrere Wochen – gelernt. Auch Kenntnisse über die rationalen und schließlich über die reellen Zahlen werden jeweils mittelfristig erworben.

Bei den mittelfristigen Lernprozessen ereignen sich die entscheidenden Lernfortschritte in *kurzfristigem* Lernen.

Beispiele: Man denke etwa an den Begriff der Primzahl innerhalb des Lernens der natürlichen Zahlen oder den Begriff der Quadratwurzel innerhalb des Lernens der reellen Zahlen. Hierbei handelt es sich um kurzfristiges Lernen.

Die Suche nach „Elementen", die ja in vielen Wissenschaften üblich ist, ist häufig mit der Erwartung verbunden, das Ganze von den Elementen her erklären zu können. Für das Lernen erscheint dies illusorisch. Zwar vollziehen sich langfristige Lernprozesse in der Regel in mittel- und kurzfristigen Lernprozessen; andererseits wirken sie auch auf die bei ihnen erworbenen Kenntnisse und Fähigkeiten ein. Es ist also eine *Wechselbeziehung* zwischen untergeordneten und übergeordneten Lernprozessen anzunehmen.

Lernen ist in der Schule mit Erwartungen verbunden. Vielfach werden *Lernziele* angegeben, die erreicht werden sollen.

Beispiele: Am Ende der Sekundarstufe I sollen die Schülerinnen und Schüler wissen, dass die Menge der reellen Zahlen die rationalen und die irrationalen Zahlen enthält. Sie sollen einige irrationale Zahlen kennen und diese näherungsweise berechnen können. Sie sollen wichtige Rechenregeln kennen und diese zum Lösen von Gleichungen nutzen können usw.

Werden die tatsächlich erreichten Fähigkeiten kontrolliert, so zeigt sich, dass diese häufig deutlich hinter den Erwartungen zurückbleiben. Dabei stellt sich heraus, dass nicht nur „weniger" gelernt wurde, sondern dass die Qualität des erworbenen Wissens nicht den Zielen entspricht.

Sowohl die Lernziele als auch die erzielten Resultate legen es nahe, unterschiedliche Qualitäten langfristigen Lernens zu betrachten. Im Folgenden sollen einige Modelle für langfristiges Lernen vorgestellt und diskutiert werden, die aus unterschiedlichen Vorstellungen und Erfahrungen erwachsen sind (Vollrath 1995).

Lernen durch Ansammeln

Das Kind lernt im Laufe der Jahre viele Sachverhalte kennen, von denen diejenigen behalten werden, die einen besonderen Eindruck hinterlassen. In manchen Fällen findet sich Wichtiges, das die Lehrenden erwarten würden, häufig wird mathematisch Unwichtiges behalten und Wesentliches vergessen.

Die Sachverhalte werden weitgehend isoliert voneinander gemerkt, Beziehungen werden nicht gesehen. In diesem Fall wurde Wissen lediglich *angesammelt*.

Beispiele: (1) Jemand weiß, dass es Dezimalbrüche und gewöhnliche Brüche gibt, hält sie aber für verschiedene Arten von Zahlen.

(2) Lernende kennen zwar die Kongruenzsätze und können auch Dreiecke aus drei sinnvollen Stücken konstruieren, sie wissen aber nicht, was das miteinander zu tun hat.

Lernen als Zusammenfügen von Teilen

Im Unterricht kommt es darauf an, Beziehungen zwischen den Teilen zu sehen und gleichzeitig zu versuchen, auf das Ganze zu schauen, um bei den einzelnen Teilen zu erkennen, welchen Beitrag sie zum Ganzen leisten. Das Wissen wird langfristig wie in einem *Puzzle* erworben. Diese Metapher betont also beim Lernen den Aufbau von Bereichen des Wissens und Könnens, die miteinander verbunden sind und ein sinnvolles Ganzes ergeben.

Beispiele: (1) Die Lernenden wissen, dass Dezimalbrüche und gewöhnliche Brüche verschiedene Darstellungen von Bruchzahlen sind.

(2) Sie wissen, dass die Eindeutigkeit (bis auf Kongruenz) einer Dreieckskonstruktion durch den entsprechenden Kongruenzsatz gewährleistet ist.

Lernen als Ersteigen von Stufen

Pierre van Hiele (1909–2010) geht davon aus, dass beim langfristigen Lernen durch *Reflexion* erworbenen Wissens ein Wissen anderer Qualität entsteht (van

Hiele 1967³). Die Lernenden ersteigen dabei eine höhere *Stufe*. Im Laufe der Jahre sind unter Umständen mehrere Stufen nacheinander zu ersteigen. Bei diesem Lernen spielt die *Analyse* die entscheidende Rolle.

Beispiele: (1) Beim Lernen des Zahlbegriffs werden beim Übergang von der 4. zur 5. Jahrgangsstufe die bekannten natürlichen Zahlen auf Eigenschaften untersucht. Es wird also über Bekanntes reflektiert. Dabei werden Assoziativität und Kommutativität der Addition, Assoziativität und Kommutativität der Multiplikation und Distributivität erkannt. Als Ergebnis dieser Reflexion werden nun die Zahlen als *Trägerinnen bestimmter Eigenschaften* gesehen. Sie sind auf einer höheren Stufe im Lernenden verankert.

(2) In der Grundschule haben die Kinder Quadrate und Rechtecke jeweils als einprägsames Ganzes sehen gelernt. Sie können mit Sicherheit die Figuren erkennen, sind jedoch nicht in der Lage, das zu begründen („Das sieht man doch!"). In der Sekundarstufe I reflektieren sie nun darüber, woran man das feststellen kann, und erkennen diese Figuren als Trägerinnen bestimmter Eigenschaften. Auch hier ist nun eine höhere Stufe des Verstehens erreicht.

Lernen durch Erweiterung

Beim Treiben von Mathematik bieten sich zahlreiche Möglichkeiten des Operierens. Eine Fülle ganz unterschiedlicher Probleme kann gelöst werden. Aber man stößt doch auch immer wieder an Grenzen.

Beispiele: (1) Im Bereich der natürlichen Zahlen lässt sich nicht uneingeschränkt subtrahieren und dividieren.

(2) Nicht jedes Rechteck lässt sich mit Zentimeterquadraten auslegen. Das Dreieck und den Kreis kann man überhaupt nicht vollständig mit noch so kleinen Quadraten auslegen.

In der Mathematik werden solche Grenzen überwunden, indem man z.B. neue Objekte bildet. Dies führt zu der Metapher des Lernens durch *Erweiterung*.

Beispiele: (1) Beim Übergang von einem Zahlbereich zum nächsten ändert sich im Mathematikunterricht nicht notwendig das Niveau der Betrachtungen. Vielmehr werden dabei Grenzen überschritten; man lernt neue Zahlen kennen, die alten Zahlen und ihre Eigenschaften erscheinen nun als Sonderfälle in neuem Licht. Es ist eine *Erweiterung des Horizonts* eingetreten.

(2) Die Kreisfläche kann zwar nicht mit Quadraten ausgelegt werden, aber man kann sie doch mit immer kleineren Quadraten einschachteln und kann mit dieser Intervallschachtelung den Flächeninhalt mit einer irrationalen Maßzahl bestimmen, indem man jetzt auch irrationale Maßzahlen zulässt. Wiederum ist eine Erweiterung eingetreten.

Auch diese Metapher bringt Vorstellungen über das Lernen zum Ausdruck. Hier spielt die *Synthese* die entscheidende Rolle: Neues wird erkannt, indem

Begrenzungen bewusst überschritten werden, und Altes wird im Licht des Neuen neu gesehen.

Metaphern können eine wichtige Vorstufe zu *Modellen* sein (Steiner 1988). Das wird im vorliegenden Zusammenhang sehr deutlich. Sie heben das Entscheidende bildhaft hervor und bleiben im Allgemeinen.

Modelle dagegen beziehen sich auf bestimmte Objekte des Lernens. Sie ergeben sich aus den Metaphern durch Konkretisierung und Beschreibung des jeweils intendierten Endzustandes und der entscheidenden Übergänge.

Derartige Modelle werden bei der langfristigen Unterrichtsplanung in Abschnitt 4.1 vorgestellt. Zusammengefasst:

- Beim *Lernen durch Anhäufen* fehlen mathematisch relevante Verbindungen. Es können natürlich Verbindungen zu Sachverhalten der konkreten Unterrichtssituation bestehen.

- Beim *Lernen durch Zusammenfügen* werden mathematisch relevante Verbindungen aufgebaut. Es fehlen aber weitgehend übergeordnete Verbindungen.

- Beim *Stufenlernen* werden größere strukturierte Bereiche durch Überordnung neu eingliedert. Es kommt dabei zu einer Umstrukturierung, weil nun Vertrautes „von einer höheren Warte aus" gesehen wird.

- Beim *Erweiterungslernen* werden größere strukturierte Bereiche durch Kombination neu in das Netz eingegliedert. Auch hier kommt es zu einer Umstrukturierung, weil nun Vertrautes „in neuem Licht" gesehen wird.

2.5.4 Langfristiges Lernen als Aufbau einer kognitiven Struktur

Die Kognitionspsychologen gehen davon aus, dass *Wissen über Sachverhalte* nicht nur einfach angehäuft wird, sondern dass Wissen verbunden und hierarchisch geordnet wird. Das Resultat ist die *kognitive Struktur* der Lernenden.

Sie wird mit unterschiedlichen Bildern beschrieben. Für die Verbindung des Wissens wird häufig das Bild eines *Netzwerks* gebraucht (z.B. Anderson 2001[3]). Die „Knoten" stehen für Begriffe, Sachverhalte usw., die „Maschen" stellen Beziehungen zwischen den Begriffen und Sachverhalten dar. Ein Netzwerk ist also ein benannter, gerichteter Graph (Hasemann 1988). Netzwerke stellen Modelle für kognitive Strukturen dar.

Neues Wissen wird angeeignet, indem es mit dem Netzwerk verknüpft wird. Dieses Verknüpfen wird als ein aktiver Vorgang der Lernenden gedeutet. Im Folgenden soll das an einem Beispiel konkretisiert werden.

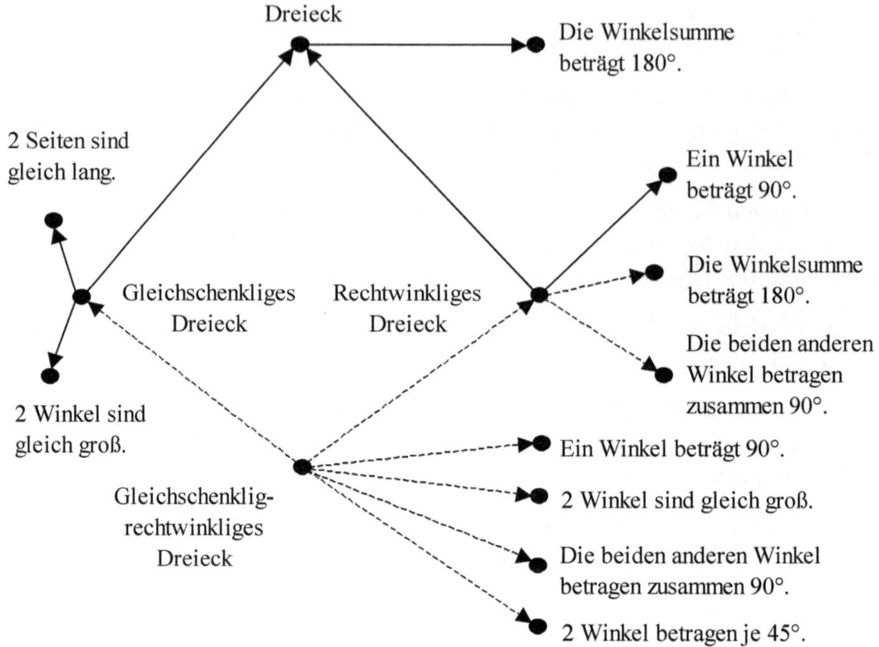

Abbildung 2.17 Semantisches Netzwerk für den Begriff des *gleichschenklig-rechtwinkligen Dreiecks*

Die Schülerinnen und Schüler kennen den Begriff des Dreiecks und den Winkelsummensatz sowie die Begriffe des rechtwinkligen und des gleichschenkligen Dreiecks. Den Schülerinnen und Schülern wird mitgeteilt, dass man Dreiecke, die zugleich rechtwinklig und gleichschenklig sind, als „gleichschenklig-rechtwinklige Dreiecke" bezeichnet. Das Lernen dieses Begriffs kann man nun folgendermaßen beschreiben:

Es geht zunächst um rechtwinklige Dreiecke. Über rechtwinklige Dreiecke ist der Sachverhalt im Netzwerk gegeben: „Im rechtwinkligen Dreieck ist ein Winkel 90°."

Die Verknüpfung des neuen Wissens mit diesem Sachverhalt führt zu dem neuen Sachverhalt: „Im gleichschenklig-rechtwinkligen Dreieck ist ein Winkel 90°."

Nun wird eine Verbindung zum Netzwerk der gleichschenkligen Dreiecke hergestellt: „Im gleichschenkligen Dreieck sind zwei Winkel gleich groß."

Die Verknüpfung führt zur Aussage: „Im gleichschenklig-rechtwinkligen Dreieck sind zwei Winkel gleich groß."

Wenn die Lernenden nun noch eine Verbindung zum Begriff „Dreieck" herstellen, dann können sie dort auf die Aussage stoßen: „Im Dreieck beträgt die Winkelsumme 180°."

Wird das nun mit der Aussage verbunden: „Im gleichschenklig-rechtwinkligen Dreieck sind zwei Winkel gleich groß.", so ergibt sich: „Im gleichschenklig-rechtwinkligen Dreieck sind zwei Winkel von je 45° vorhanden.".

Die Verbindung mit der Aussage über den rechten Winkel führt dann zu dem Sachverhalt: „Im gleichschenklig-rechtwinkligen Dreieck sind ein Winkel von 90° und zwei Winkel von je 45° vorhanden."

Diesen Lernprozess kann man in Anlehnung an John Anderson mit einem *semantischen Netzwerk* beschreiben (Anderson 2001³, S. 153–156). Die durchgezogenen Pfeile in Abbildung 2.17 stellen bestehende Verbindungen, die punktierten Pfeile stellen beim Lernen neu aufgebaute Beziehungen dar.

Lernen bedeutet den Ausbau des Netzwerkes. Dabei wird nicht nur erworbenes Wissen *erinnert*, sondern es wird aus behaltenem Wissen auch neues Wissen *erzeugt*.

Vergessen lässt sich als Erlöschen von Knoten und Maschen deuten. Dass dies einfach im Laufe der Zeit geschieht, wird von der *Zerfallstheorie* angenommen (Anderson 2001³, S. 204–208). Mit ihr konkurriert die *Interferenztheorie* des Vergessens (Anderson 2001³, S. 208–215). Danach lässt sich das Vergessen auch durch Interferenzen deuten, bei denen neue Wissenselemente vorhandene Wissenselemente stören. Allerdings lässt sich zeigen, dass das Lernen von redundantem Wissen, bei dem neu erworbene Wissenselemente im Wesentlichen das Gleiche aussagen wie vorhandenes Wissen, nicht zu einer Interferenz führt (Anderson 2001³, S. 213–215). Für das Lernen und Behalten eines mathematischen Begriffs ist es demnach günstiger, wesentliche Sachverhalte unter verschiedenen Aspekten kennen zu lernen, als möglichst viele verschiedene Sachverhalte über ihn zu erfahren.

Im Allgemeinen sind einzelne Sachverhalte in mehreren Teilen des Netzwerks repräsentiert. In bestimmten Situationen können deshalb erloschene Bestandteile des Netzwerks durch *Folgerungen* wieder rekonstruiert werden, so dass ein *Erinnern* an Sachverhalte möglich ist (Anderson 2001³, S. 215–217). Es ist deshalb nicht schlimm, wenn man sich z.B. nicht alle Eigenschaften des Rechtecks merkt, die im Unterricht behandelt wurden, sondern nur charakteristische Eigenschaften. Denn dann kann man ja vergessene Eigenschaften aus behaltenen Eigenschaften folgern.

Aufgaben

1. Nachdem im Unterricht die Vierecke behandelt wurden, beschließt die Klasse, gemeinsam ein „Lexikon der Vierecke" zu erstellen.
    a) Beschreiben Sie, wie ein solches Lexikon aufgebaut sein soll.
    b) Notieren Sie die Begriffe, die als Stichwörter in Frage kommen und ordnen Sie diese alphabetisch.
    c) Überlegen Sie, welche Begriffe als bekannt vorausgesetzt werden sollen.

d) Geben Sie Beispiele für mögliche Einträge bei den Begriffen: Viereck, Quadrat, Diagonale, Umfang.

2. Im 17. Jahrhundert kam ein Mathematiker in Frankreich auf die Idee, in einem mathematischen Lehrbuch viele Sachverhalte, die normalerweise als Theoreme formuliert werden und dann zu beweisen sind, einfach als Axiome zu bezeichnen, um damit seinen Lesern Beweise zu ersparen. Was halten Sie von dieser Idee?

3. Natürliche Zahlen, die gleich der Summe ihrer echten Teiler sind, heißen „vollkommene" Zahlen.
    a) Wie können Sie überprüfen, ob dieser Begriff verstanden ist?
    b) Über welche Kenntnisse und Fähigkeiten muss jemand verfügen, um diesen Begriff verstehen zu können?

4. Die Differenz zweier aufeinander folgender Quadratzahlen ist eine ungerade Zahl.
    a) Wie können Sie überprüfen, ob dieser Sachverhalt verstanden ist?
    b) Wie lässt sich dieser Sachverhalt begründen?

5. Eine natürliche Zahl in Dezimaldarstellung ist genau dann durch 3 teilbar, wenn ihre Quersumme durch 3 teilbar ist.
    a) Wie kann man die Kenntnis dieses Sachverhaltes prüfen?
    b) Dieser Sachverhalt liefert ein Prüfverfahren für Teilbarkeit. Worin besteht sein Nutzen? Wie kann seine Beherrschung überprüft werden?
    c) Wann ist dieses Verfahren verstanden?

6. Im Unterricht sollen die Schülerinnen und Schüler lernen, wie man den Flächeninhalt eines Trapezes bestimmt, nachdem die Formel für den Flächeninhalt des Parallelogramms im Sinne des produktiven Lernens nach Wertheimer erarbeitet wurde. Welche Hilfen sind akzeptabel? Was sollte dabei vermieden werden?

7. Wie kann man das Vorgehen beim indirekten Beweis mit der Argumentation eines Kriminalkommissars in einem Krimi erläutern?

8. In einem Dreieck ist die Summe zweier Seitenlängen stets größer als die dritte Seitenlänge („Dreiecksungleichung"). Erläutern Sie, inwiefern dieser Sachverhalt „Handlungsspielräume" eröffnet und zugleich „Sachzwänge" deutlich macht. Wie lässt sich diese Einsicht den Schülerinnen und Schülern vermitteln?

9. Formulieren Sie einen Algorithmus für die Entscheidung, ob eine Zahl p eine Primzahl ist.

10. Entwickeln Sie ein semantisches Netzwerk für den Satz des Pythagoras.

3 Mathematik lehren

Das Lehren von Mathematik in der Schule ist eine *umfassende Aufgabe*, zu der die einzelnen Lehrerinnen und Lehrer jeweils zeitlich begrenzte Beiträge leisten, die aber doch in ihrem Bezug auf das Ganze gesehen werden müssen.

Lehren ist zielgerichtetes und begründungsbedürftiges Handeln. Als Grundlage dieses Handelns sind *didaktische Prinzipien* geeignet, die auf Überzeugungen, Erfahrungen und didaktischen Theorien gründen.

Aus diesen Prinzipien erwächst zunächst eine *Gesamtkonzeption* des Mathematikunterrichts. Darüber hinaus sind sie geeignet, das Lehren zu akzentuieren und damit dem Unterricht in einzelnen Phasen eine bestimmte Prägung zu geben.

Schülerinnen und Schüler sollen im Mathematikunterricht in unterschiedlichen Situationen verschiedene Arten mathematischen Wissens erwerben. Das erfordert entsprechende Lehrmethoden. Diese weisen wichtige *Grundmuster* auf, die den Lehrenden vertraut sein sollten.

Das Lehren von Mathematik vollzieht sich in unterschiedlichen *Medien* mit bestimmten Funktionen. Sie reichen von dem natürlichen Medium „Sprache" bis zu dem leistungsfähigen, künstlichen Medium „Computer". Diese Medien sprechen die Lernenden in unterschiedlicher Weise an und unterstützen ihr Lernen.

Lehren ist ein vielschichtiges Handeln, das Fähigkeiten und Einstellungen erfordert, die in der *Lehrkompetenz* zusammengefasst werden.

Im Folgenden werden behandelt:

- Mathematik lehren als Aufgabe,

- Konzeptionen des Mathematikunterrichts,

- Grundmuster des Lehrens,

- Kommunikation im Mathematikunterricht,

- Werkzeuge im Mathematikunterricht.

3.1 Mathematik lehren als Aufgabe

Mathematik soll im Laufe der Schulzeit zum geistigen Besitz der jungen Menschen werden, und sie sollen lernen, mathematisch zu denken. Jede Unterrichtsstunde soll und kann einen Beitrag zu dieser umfassenden Aufgabe leisten.

3.1.1 Mathematik lehren als umfassende Aufgabe

Die Schule erlegt den Lehrenden die Verantwortung für das Lernen der ihnen anvertrauten Schülerinnen und Schüler auf. Ihnen wird damit eine *führende* Rolle im Unterricht zugewiesen (Klingberg 1974[2], Jank und Meyer 1994[3]). Doch Lernen können die Schülerinnen und Schüler nur selbst, indem sie sich mit der Mathematik auseinandersetzen. Auch sie tragen deshalb Verantwortung für ihr Lernen.

Lehren bedeutet Verantwortung

Zwischen den Lehrenden und den Lernenden besteht demnach ein wechselseitiges Verhältnis, dem *implizit* ein „Vertrag" zugrunde liegt. Dieser Gedanke geht auf Jean Jacques Rousseau (1712–1778) zurück. In Fällen, in denen sich Schülerinnen oder Schüler dem Unterricht verweigern, kann allerdings durchaus ein *explizit* abgeschlossener Vertrag aus der Sackgasse führen.

Lehrende und Lernende sind also aufeinander angewiesen. Beide müssen sich gegenseitig respektieren und den anderen Entfaltungsmöglichkeiten bieten. Das schließt demnach die „Gängelung" durch die Lehrkraft, aber auch das „Durcheinander" aus, bei dem die Schülerinnen und Schüler machen, was sie wollen. Es fällt manchen Lehrkräften schwer, ihre Führungsrolle zu akzeptieren. Sie machen es damit jedoch ihren Schülerinnen und Schülern schwerer, weil diese im Grunde von ihren Lehrkräften „klare Verhältnisse" erwarten.

Eine Klasse wird von einer Lehrkraft im Allgemeinen nur begrenzte Zeit unterrichtet. Doch sollten sich die Lehrenden dessen bewusst sein, dass sie damit zugleich eine Mitverantwortung für den *ganzen* Mathematikunterricht haben.

Beispiele: (1) Die Fähigkeit, Neues zu lernen, die bei den Kindern in der Grundschulzeit vorhanden ist, wird später nicht mehr in diesem Maße verfügbar sein. Wenn diese Zeit nicht zum Aufbau von Grundfertigkeiten in der Mathematik genutzt wird, werden die Kinder später Nachteile gegenüber anderen haben, bei denen diese Fähigkeiten ausgebildet wurden.

(2) Erfahrungsgemäß ist die Bruchrechnung ein Gebiet, bei dem mangelhafte Fähigkeiten dauerhaft zu erheblichen Schwierigkeiten führen.

(3) Wird Geometrie gegenüber Arithmetik und Algebra vernachlässigt, so wird eine Gehirnhälfte (die rechte) nicht ausreichend trainiert.

Lehren bedeutet Entwicklung

Beim Lehren wird Mathematik *entwickelt*. Dass es möglich ist, Mathematik immer wieder neu entstehen zu lassen, ist das Faszinierende dieses Faches. Es ist für die Lehrenden schon beruhigend, dass sie sich z.B. darauf verlassen können, dass ihnen die Herleitung einer Formel gelingt, dass sie den Beweis eines Satzes wiederfinden. Es ist ja nicht so, dass man das zu Hause „auswendig gelernt" hat. Man erinnert sich an die *entscheidende Idee* und kann sicher sein, dass das eigene Denken funktioniert und man das Ziel erreichen wird (Vollrath 1978b).

Lernen kann nur stattfinden, wenn sich die Lernenden im Unterricht an der Entwicklung der Mathematik beteiligen. Mathematikunterricht lädt deshalb zur Mitarbeit ein. Meist beginnt er mit einer Darbietung durch die Lehrkraft, die bei den Schülerinnen und Schülern mathematisches Denken in Gang setzen soll.

Beispiele: (1) An verschiedenen Blüten sollen Symmetrien gefunden werden.

(2) An einem Zahlenmuster sind Gesetzmäßigkeiten zu entdecken.

(3) Es wird eine kurze Einführung in einen Sachverhalt gegeben, dann wird ein Problem gestellt.

(4) Den Schülerinnen und Schülern wird ein mathematischer Text zum Lesen gegeben. Dann wird über den Text gesprochen.

(5) Aus dem Schulbuch wird eine Aufgabe gestellt.

(6) Eine Aufgabe wird als „Musteraufgabe" gelöst.

Nach den Ausführungen der ersten beiden Kapitel ergibt sich, dass die dargebotene Mathematik fachlich *authentisch* und dem Denken der Lernenden *adäquat* sein muss. Wie das im Einzelnen zu realisieren ist, wird in Kapitel 5 an wichtigen Lehraufgaben zu zeigen sein.

Die Aufbereitung von Mathematik für die Lehre ist eine schöpferische Tätigkeit, die gründliche fachliche und didaktische Kenntnisse voraussetzt. Da sie sich auf jeweils eine bestimmte Situation bezieht, erfordert sie eine Lösung dieser Aufgabe, die auf diese Situation bezogen ist.

Das schließt natürlich nicht aus, dass man auf bestimmte, erprobte Lösungsmuster zurückgreift. Man sollte sich aber dessen bewusst sein, dass eine neue Situation auch immer eine neue Antwort erfordert.

Im Schulalltag bleibt allerdings von diesem hohen Anspruch häufig nicht viel übrig. Vielfach dient das eingeführte Schulbuch als Vorlage, an die man sich mehr oder weniger anlehnt, auch wenn das Schulbuch angeblich nur als Aufgabensammlung benutzt wird (Schmidt 1984, Rezat 2008).

Das Entwickeln von Mathematik im Unterricht zielt darauf, einen möglichst engen Kontakt zwischen der Mathematik und den Lernenden herzustellen. Der

Unterricht beschränkt sich also nicht einfach auf eine gut aufbereitete Darstellung, bei der sich die Lernenden entspannt zurücklehnen können, sondern seine Qualität zeigt sich gerade darin, wie stark der „Sog" des Dargebotenen auf sie ist und wie intensiv sie sich selbst in die gedankliche Entwicklung der Mathematik einbringen. Das schließt auch Handlungen bei den Lernenden mit ein, die zu einer intensiven Beschäftigung mit einem mathematischen Problem führen.

Lehren bedeutet Zuwendung

Der Unterricht wendet sich an die Klasse, also an eine *Gruppe* von jungen Menschen unterschiedlicher Begabungen und Neigungen. Und doch benötigen auch die *Einzelnen* individuelle Zuwendung. Diese Spannung, im Unterricht sowohl den einzelnen Lernenden als auch der gesamten Lerngruppe gerecht werden zu müssen, bezeichnet Hans Schupp als „Paradoxie der Zuwendung" (Schupp 1993, S. 334). Dass man mit derartigen Paradoxien in der Erziehung leben muss, wurde wohl zuerst von Friedrich Ernst Daniel Schleiermacher (1768–1834) betont (Reble 1999[19], S. 210–220).

Persönliche Zuwendung benötigen Lernende, wenn sie Schwierigkeiten mit der Mathematik haben. Sie erwarten dann *Hilfen*. Doch auch die besonders Begabten brauchen immer wieder *Anregungen*, sich intensiver mit schwierigeren mathematischen Problemen auseinanderzusetzen. Die Zuwendung sollte sich jedoch nicht nur auf diese beiden Situationen beschränken. Bestätigung der Lösung, Lob und Anerkennung für einen eigenwilligen Lösungsweg wirken ermutigend für die Lernenden.

Im Unterrichtsverlauf müssen Lehren und Lernen immer aufeinander bezogen sein. Das bedeutet, dass Lehren Lernen anregen soll, dass aber auch umgekehrt das Lehren auf das Lernen reagiert. Nur wenn diese Abstimmung sensibel erfolgt, kann vermieden werden, dass Lehren und Lernen auseinanderfallen. Dabei sind zwei Extreme möglich: Das Lehren verselbstständigt sich, es geht „über die Köpfe hinweg", oder das Lernen verselbstständigt sich, die Lernenden „klinken sich aus" und gehen ihren eigenen Interessen nach.

3.1.2   Lehraufgaben in einzelnen Unterrichtsphasen

Im Unterricht wiederholen sich immer wieder bestimmte Unterrichtsphasen, die durch gewisse Lehraufgaben gekennzeichnet sind. Es sind dies:

- Einführen,

- Herausarbeiten,

- Verbinden,

- Sichern,

- Vertiefen,

- Kontrollieren,

- Korrigieren.

Einführen

Die Schülerinnen und Schüler werden in ein neues mathematisches Gebiet oder innerhalb eines vertrauten Gebietes in ein neues Thema oder eine neue Fragestellung *eingeführt*. Hierbei bemüht man sich zunächst darum, bei grundlegenden Phänomenen, typischen Situationen und unter Umständen auch bei historischen Sachverhalten anzusetzen.

Beispiel: Zu Beginn der Bruchrechnung in der 6. Jahrgangsstufe kann man die Schülerinnen und Schüler bitten, typische Situationen des Alltags zu beschreiben, in denen sie Brüchen wie $\frac{1}{2}$, $\frac{3}{4}$, $2\frac{3}{8}$ begegnen.

Die Bedeutung von Angaben wie $\frac{3}{4}$h, $\frac{3}{4}$l, $\frac{3}{4}$kg ist zu klären und anhand von geeigneten Repräsentanten (z. B. Uhr, Messbecher, Waage) darzustellen.

Auch Redewendungen wie „3 Viertel von 12 kg", „3 kg von 12 kg" sind zu interpretieren.

Es wird sicher auch die Schreibweise $\frac{3}{4}$ auftauchen, die früher gebräuchlich war. Diese Schreibweise ist also zu klären. Torte und Schokoladentafel werden als Modelle herangezogen.

Diese Einführung bietet den Schülerinnen und Schülern Spielraum, sich *sprachlich*, anhand von Darstellungen *anschaulich* oder an konkreten Gegenständen *handelnd*, schließlich *symbolisch* mit den Brüchen vertraut zu machen.

Herausarbeiten

An Situationen werden Probleme aufgeworfen, die dann einer Lösung zugeführt werden. Dabei werden Begriffe eingeführt, Vermutungen geäußert und überprüft sowie Regeln formuliert. Es werden also Sachverhalte *herausgearbeitet*, die von den Schülerinnen und Schülern gelernt werden sollen. Das Ziel ist es, Sachverhalte oder Verfahren lernen zu lassen. Wichtige Ergebnisse werden meist an der Tafel oder am Tageslichtprojektor hervorgehoben. Man kann auch auf Formulierungen im Schulbuch verweisen oder selbst das Wesentliche zur Niederschrift im Heft diktieren.

Beispiel: Eine nahe liegende Aufforderung ist etwa, Brüche zu vergleichen. Als Beispiel kann man nacheinander wählen: $\frac{1}{2}$ und $\frac{1}{4}$, $\frac{1}{4}$ und $\frac{3}{4}$, $\frac{3}{5}$ und $\frac{3}{4}$. Es werden Vermutungen geäußert, diese können z. B. am Tortenmodell geprüft werden, und man wird versuchen, Regeln zu formulieren.

Verbinden

Das neu erworbene Wissen ist in vorhandenes Wissen einzubinden. Man wird deshalb versuchen, Beziehungen zu Bekanntem herzustellen.

Beispiele: (1) Man wird etwa natürliche Zahlen und Bruchzahlen miteinander in Beziehung setzen. Das kann dadurch geschehen, dass natürliche Zahlen wie 1, 2, 3 als Brüche wie $\frac{4}{4}$, $\frac{8}{4}$, $\frac{12}{4}$ dargestellt werden.

(2) Durch eine Aufgabe der Art: „3 Tafeln Schokolade sollen unter 4 Schülerinnen und Schüler gerecht verteilt werden. Wie viel erhält jeder?" lässt sich herausarbeiten, dass man $\frac{3}{4}$ als Ergebnis der Division 3:4 ansehen kann.

Sichern

Regeln und Verfahren werden bei der Erarbeitung nicht beiläufig gelernt, sondern sie bedürfen der *Wiederholung* und der *Übung*. Selbst Wissen, das gelernt wurde, geht wieder verloren, wenn man nicht immer wieder darauf zurückgreift.

Die Notwendigkeit der Wiederholung und des Übens hat sich in vielen Sprichwörtern niedergeschlagen. Schon die Römer wussten: *„Repetitio est mater studiorum."* – „Wiederholung ist die Mutter des Lernens." Ein deutsches Sprichwort besagt: „Übung macht den Meister."

In der Unterrichtspraxis wird meist bis zur nächsten Klassenarbeit intensiv geübt. Danach wird das Wissen häufig lange nicht wieder benötigt. Dass selbst gründlich geübtes und beherrschtes Wissen nach kurzer Zeit vergessen wird, wird mit der Vergessenskurve von Ebbinghaus deutlich beschrieben.

Eine Verantwortung für das Ganze zu übernehmen bedeutet also, dafür zu sorgen, dass das später Benötigte immer wieder angesprochen wird.

Vertiefen

Vor allem begabte Schülerinnen und Schüler benötigen Angebote zum Vertiefen ihres Wissens. Das kann etwa dadurch geschehen, dass an Begründungen höhere Ansprüche gestellt werden.

Beispiel: Man gibt sich z. B. nicht damit zufrieden, sich am Tortenmodell zeigen zu lassen, dass $\frac{1}{2} < \frac{3}{4}$ gilt, sondern fragt nach einer Begründung. Es können ganz unterschiedliche Argumente kommen, etwa:

„Weil die Hälfte aus 2 Vierteln besteht", oder formal:

„Weil $\frac{1}{2} = \frac{2}{4}$ und $\frac{2}{4} < \frac{3}{4}$. "

Noch etwas anspruchsvoller: „Weil $\frac{3}{4} = \frac{1}{2} + \frac{1}{4}$ " oder: „Weil $\frac{3}{4} - \frac{1}{2} = \frac{1}{4}$ ".

Oder es können sogar Dezimalbrüche herangezogen werden:

„Weil $\frac{1}{2} = 0{,}5$; $\frac{3}{4} = 0{,}75$ und $0{,}5 < 0{,}75$ ist, gilt $\frac{1}{2} < \frac{3}{4}$.“

Auch etwas tiefer gehende Fragestellungen kann man aufwerfen, wie z.B.: Wie viele Bruchzahlen liegen zwischen $\frac{3}{8}$ und $\frac{5}{8}$ bzw. zwischen $\frac{5}{8}$ und $\frac{6}{8}$?

Kontrollieren

Ziel des Lehrens ist das Lernen. Ob das angestrebte Lernen stattgefunden hat, ist zu *prüfen*. Diese Kontrolle bezieht sich zwar zunächst auf die Lernenden, sie gibt aber zugleich der Lehrkraft eine Rückmeldung über die *Effektivität* des Lehrens.

Man muss sich allerdings dessen bewusst sein, dass der Erfolg zum Teil auch abhängig ist von den Ansprüchen, die man stellt. Auch hier wird neben der Verantwortung für die Lernenden die Verantwortung für das Ganze sichtbar. Es ist ziemlich aussichtslos, Sympathien der Schülerinnen oder Schüler damit erkaufen zu wollen, dass man nichts mehr von ihnen verlangt. Selbst wenn das im Augenblick von einigen begrüßt würde, nähmen sie einen solchen Unterricht und eine solche Lehrkraft nicht ernst. Lehrende und Lernende müssten dafür langfristig einen recht hohen Preis zahlen.

Die Kontrolle erfolgt durch Fragen und durch Beurteilen der Antwort, durch Stellen einer Aufgabe und Beurteilung des Ergebnisses, durch Beobachten beim selbstständigen Bearbeiten einer Aufgabe, durch Kontrolle der Hausaufgabe oder durch Korrektur einer Klassenarbeit. Diese Kontrollen sollen das Erreichen von Lernzielen überprüfen, Hinweise auf weiteren Übungsbedarf geben, aber natürlich auch Grundlage zur Beurteilung von Leistungen sein. Manche Kontrollen – wie z.B. einfache Fragen – sind weitgehend unauffällig, andere – wie z.B. Klassenarbeiten – stellen deutliche Einschnitte ins Schulleben dar.

Korrigieren

Im Allgemeinen belasten Fehler Schülerinnen und Schüler erheblich. Man sollte sich dessen bewusst sein, dass natürlich auch Lehrerinnen und Lehrer Fehler machen. Sie beanspruchen übrigens, dass die Schülerinnen und Schüler ihnen diese nachsehen. Umgekehrt sind Fehler von Schülerinnen oder Schülern häufig Anlass zum Tadel. Wie Lehrkräfte im Unterrichtsgespräch auf Fehler reagieren, hängt im Wesentlichen davon ab, ob diese als dem Gespräch eher förderlich oder hinderlich angesehen werden (Heinze 2004).

Gespräche mit Erwachsenen zeigen immer wieder, wie sehr sie unter ihren eigenen Fehlern im Mathematikunterricht, aber vor allem unter den zum Teil verletzenden Bemerkungen und Kommentaren der Lehrenden gelitten haben. Schülerinnen und Schüler erleben es immer noch, dass sie am Heftrand Bemerkungen wie „Aua!“, „Schauerlich!“, „Mist!“, „Unglaublich!“ finden. Erschütternde Beispiele gibt Stella Baruk, die ein Umdenken der Lehrenden fordert. Sie müssen lernen, dass Fehler selbstverständlich zum Treiben von Mathematik gehören und dass sie ihren Schülerinnen und Schülern helfen müssen, zu einem fruchtbaren Umgang mit den eigenen Fehlern zu kommen (Baruk 1989).

Es bleibt in diesem Zusammenhang nur Artikel 1., Absatz (1) des Grundgesetzes zu zitieren: „Die Würde des Menschen ist unantastbar. Sie zu achten und zu schützen ist Verpflichtung aller staatlichen Gewalt."

3.1.3 Das Lehren von Inhalten und Methoden

Im Mathematikunterricht sollen mathematische Inhalte und Methoden gelehrt werden. Bereits beim Lernen wurden verschiedene Typen von Inhalten und Methoden behandelt. Diese werden hier wiederum aufgegriffen, wobei es jetzt darauf ankommt, die unterschiedlichen Lehraufgaben deutlich zu machen.

Begriffe lehren

Das Lehren eines mathematischen Begriffs kann sich im Unterricht nicht auf das Mitteilen einer Definition beschränken (Vollrath 1984). Zwar enthält eine Definition das mathematisch Wesentliche, das den Lernenden bewusst werden muss, doch erfordert Verstehen wesentlich mehr.

Bei Begriffen unterscheidet man ihren *Inhalt* und ihren *Umfang*. Der Inhalt ist eine charakterisierende Eigenschaft, wie sie in einer Definition angegeben wird. Der Umfang ist die Menge der Objekte, die unter den Begriff fallen. So ist z.B. der Inhalt des Begriffs „gerade Zahl" die Eigenschaft einer natürlichen Zahl, durch 2 teilbar zu sein. Der Umfang des Begriffs ist die Menge $\{2n \mid n \in \mathbb{N}\}$.

Neben dem Inhalt ist den Schülerinnen und Schülern der Umfang des Begriffs bewusst zu machen.

Begriffe haben *Namen*, die meist auch der Muttersprache angehören. Mit diesen Bezeichnungen sind bestimmte Vorstellungen verbunden, die dem Verständnis förderlich oder hinderlich sein können.

Beispiel: Der Begriff „ähnlich" ist in der Umgangssprache fest verankert: Vater und Sohn sehen sich ähnlich, Gegenstand und Foto sind sich ähnlich. Der Begriff ist in der Umgangssprache jedoch relativ offen. Er beschreibt in etwa das Übereinstimmen in bestimmten Merkmalen (Vollrath 1978a). Mathematisch ist eine ebene Figur einer anderen ähnlich, wenn es eine Ähnlichkeitsabbildung gibt, die die eine Figur in die andere abbildet. Mit dem Begriff der Ähnlichkeitsabbildung ist der Begriff „ähnlich" eindeutig festgelegt.

Beim Lehren eines Begriffs ist es zum Verständnis notwendig, auf Unterschiede zwischen der *umgangssprachlichen* und der *fachsprachlichen* Bedeutung hinzuweisen.

Mathematische Begriffe haben zwar eine wohlbestimmte Bedeutung, ihnen liegen häufig aber doch unterschiedliche Vorstellungen zugrunde. Für das Verstehen können sie förderlich oder hinderlich sein. Auf jeden Fall sollten sie den Lernenden bewusst gemacht werden. Das Erforschen derartiger Vorstellungen ist Ziel der von Freudenthal begründeten *didaktischen Phänomenologie* (Freudenthal 1983).

Da mathematische Begriffe in Problemkontexten entstanden sind, sollten sie beim Lehren auch in angemessene *Problemkontexte* eingebunden werden.

Als reine Objekte unseres Denkens entziehen sich mathematische Begriffe der sinnlichen *Wahrnehmung*. Andererseits kann man sie jedoch auch z.B. als Zeichen, in einer bildlichen Darstellung oder als Merkmale eines konkreten Objekts sinnlich wahrnehmen und mit ihnen handeln. Das klingt ja auch noch in dem Wort „begreifen" an. Ein Dreieck kann z.B. mit $\triangle ABC$ *lesbar*, mit einer gezeichneten Figur *sichtbar* oder als ausgeschnittenes Papierdreieck *greifbar* dargestellt werden. Das Lehren von Begriffen zielt deshalb auch darauf ab, mathematische Begriffe vielfältig in der Vorstellung zu verankern.

Begriffe stehen in Beziehung zu anderen Begriffen. Beim Lehren eines neuen Begriffs sind *Beziehungen* zu anderen Begriffen herauszuarbeiten. So ist z.B. der Begriff des Rechtecks ein *Unterbegriff* des Begriffs Parallelogramm. Der Begriff des Rechtecks ist andererseits ein *Oberbegriff* des Begriffs „Quadrat". Und der Begriff Rechteck ist schließlich ein *Nachbarbegriff* des Begriffs „Raute". Diese Beziehungen sind allerdings abhängig vom gewählten Ordnungsprinzip (Fischer 1994).

Das Definieren lehren

Definitionen von Begriffen stehen beim Lehren häufig nicht am Anfang der Darbietung, sondern die vielfältigen Betrachtungen münden schließlich in die Definition als Ergebnis. Die Definition wird also erarbeitet. Dabei lernen die Schülerinnen und Schüler zugleich etwas darüber, wie man definiert.

In Abschnitt 2.4.2 wurde gezeigt, wie das Definieren durch Reflexion gelernt werden kann. Reflektiert man Definitionen immer wieder, so erfassen die Lernenden das Wesen mathematischer Definitionen. Man kann dann das Definieren im Unterricht thematisieren und die Schülerinnen und Schüler selbst definieren lassen, so dass sie das Definieren lernen (Fuhrmann 1973, Weth 1999).

Lehren von Sachverhalten

Eng verbunden mit dem Lehren von Begriffen ist das Lehren von Sachverhalten, die als Sätze oder Regeln ausgewiesen werden und zu begründen sind. Häufig handelt es sich dabei um Eigenschaften von Begriffen oder um Beziehungen zwischen Begriffen. Sätze und Regeln ergeben sich im Unterricht meist als Ergebnis längerer Überlegungen. Sie werden *hergeleitet*, so dass sich meist ein formeller Beweis erübrigt, denn die Herleitung liefert zugleich die Begründung.

Das Betrachten von Zahlenmustern und Figuren führt allerdings auch häufig zu *Vermutungen*, die zu beweisen sind. Eine Schwierigkeit besteht dann oft darin, dass die Schülerinnen und Schüler so überzeugt von dem Sachverhalt sind, dass sie ein *Beweisbedürfnis* gar nicht verspüren. Man kann daraus die Konsequenzen ziehen, dass man auf einen Beweis verzichtet, wenn die Behauptung unmittelbar klar ist und nur dann beweist, wenn das nicht der Fall ist. Andererseits ist das Beweisen für die Mathematik charakteristisch, so dass ein Verzicht auf einen Beweis gegen die Forderung verstoßen würde, dass Mathematikunterricht authentisch sein soll.

Deshalb bemüht man sich darum, das Beweisbedürfnis der Schülerinnen und Schüler zu *wecken*. Ein in der Geometrie oft empfohlenes Mittel sind optische Täuschungen, mit denen das Vertrauen in die Anschauung erschüttert werden soll. Das wird jedoch von Didaktikern kritisch gesehen, weil es das Wesentliche des Beweisens nicht trifft (Walsch 1972, S. 130; Holland 1996[2], S. 51).

Beweise sollen Allgemeingültigkeit sichern. Man kann das deutlich machen, indem man die Schülerinnen und Schüler durch die Wahl suggestiver Beispiele zu unzulässigen Verallgemeinerungen „verführt".

Beispiel: Lässt man in den Term $n^2 + n + 41$ für die Variable n nacheinander die Zahlen 1, 2, 3, ... einsetzen, dann ergeben sich bis zur Zahl 39 immer Primzahlen, für 40 aber z.B. nicht.

Überzeugender ist aber wohl langfristig der Ansatz, den Lernenden deutlich zu machen, dass Beweise ein Mittel zum *Gewinnen von Einsicht* in den Sachverhalt sind (Winter 1983).

Beispiel: Ein Zerlegungsbeweis für den Satz des Pythagoras kann zeigen, dass die Kathetenquadrate bei passender Zerlegung tatsächlich das Hypotenusenquadrat ausfüllen können.

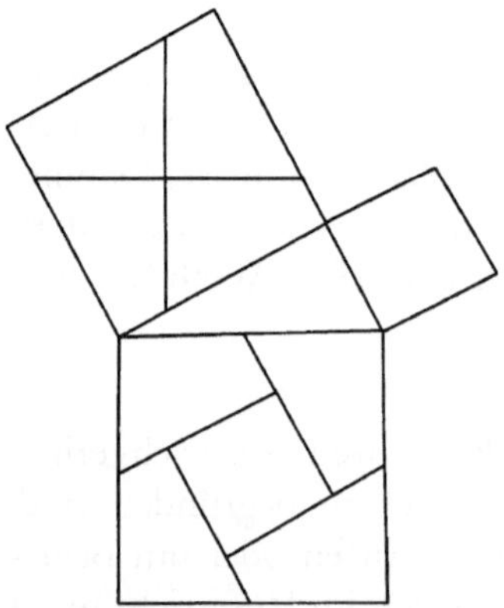

Abbildung 3.1 Zerlegungsbeweis für den Satz des Pythagoras

Das Beweisen lehren

Beweise werden im Unterricht erarbeitet, so dass die Schülerinnen und Schüler am Finden eines Beweises beteiligt sind. Auch hier erwartet man, dass sich dabei Fähigkeiten im Beweisen ausbilden. Wie Werner Walsch (1930–2011) überzeugend klar gemacht hat, muss das Beweisen auch selbst zum Gegenstand des Unterrichts werden (Walsch 1972; auch Stein 1986). Grundlage muss dabei das Beweisbedürfnis der Lernenden sein. Darüber hinaus sind jedoch logische Fähigkeiten erforderlich, die nach Abschnitt 2.4.2 durch Reflexion erworben werden können. Das gilt auch für die Fähigkeiten zum Problemlösen, die zum Finden eines Beweises erforderlich sind, denn das Finden eines Beweises stellt in der Regel ein Problem dar.

Lehren von Verfahren

Verfahren sind schematische Lösungen bestimmter Aufgabentypen. In strenger Form handelt es sich dabei um Algorithmen. Im Unterricht ist eine Fülle von Algorithmen zu lehren. Sie werden als Lösungsverfahren für Aufgabentypen erarbeitet (Engel 1977, Ziegenbalg 1996). Später wird über Algorithmen reflektiert, so dass die Schülerinnen und Schüler selbst lernen, Algorithmen zu entwickeln. Algorithmen begegnen den Lernenden häufig als Rechenschemata. Die Begründung ergibt sich meist unmittelbar aus der Herleitung.

Eine Aufgabe streng nach einem Algorithmus „Schrittchen für Schrittchen" zur lösen, fällt den Schülerinnen und Schülern nicht leicht, denn sie neigen dazu, im Kopf Schritte zusammenzufassen. Aus der Sicht der Lehrenden ist das etwas problematisch: Einerseits beschleunigt dieses Abkürzen das Lösen der Aufgabe, andererseits erhöht sich die Anfälligkeit für Fehler. Man sucht daher einen Kompromiss, indem man z.B. beim Lösen von Gleichungen zunächst auf einem kleinschrittigen Umformen besteht und dann mit zunehmender Sicherheit zulässt, dass Schritte zusammengefasst werden.

Lehren des Problemlösens

Widersetzt sich eine Aufgabe einer unmittelbaren Lösung und lässt sich eine Lösung erst nach einigem Überlegen finden, dann handelt es sich um ein Problem im engeren Sinne. Auch Probleme werden häufig im Unterrichtsgespräch gemeinsam erarbeitet. Im günstigsten Fall liefert eine Schülerin oder ein Schüler die Lösungsidee. Wenn sie nicht sogleich kommt, ist die Versuchung groß, dass sie von der Lehrkraft genannt wird oder dass ein Lösungshinweis gegeben wird.

Nun liegt aber der Wert des Problemlösens vor allem darin, dass die Schülerinnen und Schüler *selbstständig* eine Lösungsidee finden. Dazu sollten sie die Gelegenheit erhalten, indem sich die Lehrkraft zurücknimmt und ihnen Zeit lässt. Für die Lehrkraft kann es dann durchaus überraschend sein, welche unterschiedlichen Lösungen gefunden werden. Wertheimer hat dafür ja schöne Beispiele gegeben (Abschnitt 2.4.4).

Man kann den Lernenden sinnvoll beim Problemlösen helfen, indem man ihnen in Reflexionsphasen heuristisches Wissen vermittelt. Hier geben die in Abschnitt 2.4.4 behandelten Ratschläge von Pólya brauchbare Hinweise (Pólya 1967[2]). In den USA wird z.B. Heuristik in Anlehnung an Pólya explizit im Unterricht behandelt, während man es in Deutschland bevorzugt, in Reflexionsphasen heuristisches Wissen zu vermitteln.

Das Lösen von Problemen zu lehren, findet sich im Ansatz schon bei Euklid. So schreibt Proklus:

> Jedes Problem aber und jeder Lehrsatz, die aus ihren vollständigen Teilen sich zusammensetzen, müssen alle folgenden Stücke in sich schließen: Die *Aufgabe*, die *Angabe*, die *Thesis*, die *Konstruktion*, den *Beweis*, die *Schlußfolgerung*. (Proklus 1945, S. 308)

Wenn man vielleicht auch Schwierigkeiten hat, in jedem einzelnen Fall diese Struktur zu erkennen, so fällt doch ein gewisses schematisches Vorgehen auf, das man als Hilfe für die Lernenden sehen kann, weil es ihnen ein *Handlungsmuster* liefert. Generationen von Schülerinnen und Schülern wurden bei Konstruktionsaufgaben mit dem „euklidischen Schema" aus *Analysis, Beweis, Konstruktion* und *Determination* traktiert, das so zu einer Aufgabe in der Aufgabe wurde. Erkennt man jedoch in diesem Schema ein *heuristisches* oder – noch weitergehend – ein *methodologisches* Prinzip (Fischer 1996, S. 197–202), so kann es dazu dienen, den Schülerinnen und Schülern Einsichten in das Problemlösen und in die mathematische Methode zu vermitteln.

Lehren des Modellbildens und Anwendens

Da Mathematik ursprünglich aus praktischen Problemen erwachsen ist, bemüht man sich darum, auch im Mathematikunterricht so vorzugehen. In der Regel werden praktische Probleme als *Textaufgaben* dargeboten. Da diese Darstellung in diesem Zusammenhang natürlich wirkt, besteht hier eine Chance, die unter Schülerinnen und Schülern so weit verbreitete Abneigung gegen Textaufgaben gar nicht erst aufkommen zu lassen. Überdies verspricht man sich davon eine *Motivation* für die Lernenden, weil sie so unmittelbar den Nutzen der Mathematik erkennen.

Trotzdem ist nicht zu übersehen, dass der entscheidende Schritt von der Textaufgabe zum formalen mathematischen *Ansatz* Schülerinnen und Schülern erhebliche Schwierigkeiten bereitet. Es wird sich in Abschnitt 3.4.1 herausstellen, dass es sich hierbei im Kern um ein *Übersetzungsproblem* zwischen zwei „Sprachen" handelt (Vollrath und Weigand 2007[3], S. 229–233).

Praktische Probleme sind in *Sachsituationen* eingebettet. Derartige Sachsituationen sollten folgende Anforderungen erfüllen (z.B. Winter 1989, S. 220):

- Die Situation und das Datenmaterial sollten *lebensecht* sein.

- Die Situation sollte für die Schülerinnen und Schüler *verstehbar* sein.

- Die Situation sollte *reichhaltig* sein und möglichst unterschiedliche Fragestellungen aufwerfen und unterschiedliche Antworten finden lassen.

- Die Situation sollte mit einem vertretbaren Aufwand zu erarbeiten sein.

Mit dem Modellbilden und Anwenden von Mathematik stellt man im Mathematikunterricht eine Brücke zu unterschiedlichen Lebensbereichen und zu anderen Wissenschaften und Fächern her. In diesem Sinne kann Mathematikunterricht auch *fächerverbindend* wirken.

3.2 Unterrichtskonzeptionen

Wie die unterschiedlichen Lehraufgaben im Mathematikunterricht angegangen werden, wird zum einen von der allgemeinen Konzeption der Schule und zum anderen von der Konzeption des Fachunterrichts her bestimmt. Die Konzeption des „offenen Unterrichts" betrifft z. B. alle Fächer und damit auch den Mathematikunterricht. Die „Förderung des funktionalen Denkens" ist dagegen ein spezifisches Anliegen des Mathematikunterrichts.

3.2.1 Bestand und Wandel im Mathematikunterricht

Sowohl die Schule als Ganze als auch der Fachunterricht werden einerseits wesentlich durch Traditionen geprägt. Andererseits erhalten beide immer wieder Impulse, die darauf zielen, auf klassische Aufgaben neue Antworten zu finden oder sich neuen Aufgaben zu stellen. „Offener Unterricht" ist z. B. eine neue Antwort auf die klassische Aufgabe, den Schülerinnen und Schülern Möglichkeiten zur Selbsttätigkeit zu bieten. „Computer im Mathematikunterricht" ist eine neue Aufgabe, die sich durch die Verfügbarkeit dieses Mediums stellt.

Besteht ein größerer Veränderungsbedarf, so wird gern von „Reformen" gesprochen. Die Notwendigkeit einer Schulreform ergibt sich bei einschneidenden gesellschaftlichen Veränderungen. Das war etwa das Ende der Monarchie in Deutschland 1918 oder das Ende der Herrschaft des Nationalsozialismus 1945, in der Bundesrepublik bis zu einem gewissen Grad auch die Protestbewegung Ende der 1960er Jahre.

In den Wirren des dreißigjährigen Krieges konzipierte Johann Amos Comenius (1592–1670) eine Schule zur „Erziehung der Jugend" als einen Weg zur Heilung für „das verderbte Menschengeschlecht". Für Pestalozzi wurde Schule zu einer Institution der „Volksbildung". In den USA begründete John Dewey (1859–1952) eine „demokratische Schule" (1964³), in der DDR ging es in der „sozialistischen Schule" um „allseitige sozialistische Persönlichkeitsentwicklung" und in der Bundesrepublik forderte Hartmut von Hentig eine „humane Schule" (1976).

Doch auch Verengungen oder Missstände an öffentlichen Schulen führen zu neuen Unterrichtskonzeptionen, in denen Pädagogen für neue Unterrichtsmethoden plädieren oder Akzente anders setzen. Man denke etwa an die „Montessori-Schulen", die von Maria Montessori (1870–1952) „vom Kinde aus" konzipiert wurden, oder an die von Hugo Gaudig (1860–1923) propagierte „Arbeitsschule", in der die „Selbsttätigkeit der Kinder" im Vordergrund stand (Reble 1999[19], S. 308–310).

Für den Mathematikunterricht gab es im vorigen Jahrhundert zwei größere Unterrichtsreformen: die Reform im Gefolge der „Meraner Vorschläge" von 1905 (Gutzmer 1908, Fladt o.J., S. 116–131) und die durch die „OECD-Synopse" 1961 angestoßene Reform, die bald als „Neue Mathematik" (New Math) bezeichnet wurde (OEEC 1961). Beide Reformvorhaben wurden mit dem Auseinanderklaffen zwischen wissenschaftlicher Mathematik und Schulmathematik begründet, ihnen lagen aber tiefere gesellschaftliche Ursachen zugrunde, wie Katja Krüger (2000) am Beispiel des „funktionalen Denkens" für die erste und Peter Damerow (1977) am Beispiel der Sekundarstufe I für die zweite Reform zeigte.

Andererseits ändert sich der Mathematikunterricht unter dem Einfluss organisatorischer Veränderungen, pädagogischer Entwicklungen und mathematikdidaktischer Strömungen auch durch *Anpassung*.

Beispiele: (1) Die Oberstufenreform in den 1970er Jahren erforderte für die neu entstandenen Grund- und Leistungskurse neue Unterrichtskonzeptionen. Eine besondere Herausforderung stellten dabei die Grundkurse dar (z.B. Blum und Kirsch 1979).

(2) In den 1980er Jahren wurden zunächst in der Grundschule mit „Wochenplänen", „Lernzirkeln" und „Projekten" offene Unterrichtsformen eingeführt. In den 1990er Jahren folgten auch die anderen Schularten.

(3) Seitdem für den Computer leistungsfähige Algebra- und Geometrieprogramme verfügbar sind, beginnt sich der Mathematikunterricht für den Computer als Medium zu öffnen.

(4) In internationalen Leistungsvergleichen haben die Ergebnisse des Mathematikunterrichts in Deutschland enttäuscht. Es herrschte bald Einigkeit, dass man bessere Ergebnisse nur durch eine veränderte „Unterrichtskultur" erreichen kann (z.B. Baumert et al. 1997, Baptist 2000).

Zur Durchsetzung einer neuen Konzeption hat es sich als wirksam erwiesen, ihr Anliegen in plakativen Schlagworten möglichst griffig zu bündeln. Häufig geschieht das durch die Formulierung *didaktischer Prinzipien*, an denen sich das Lehren orientieren soll.

Einige Pädagogen gaben umfangreiche Systeme solcher Prinzipien an, wie z.B. Comenius in seiner *Didactica Magna* (1657). Andere konzentrierten sich auf ein bestimmtes Prinzip, z.B. war für Pestalozzi das *Prinzip der Anschauung* wesentlich, für Gaudig das *Prinzip der Selbsttätigkeit* (Reble 1999[19], S. 308–310). Für die Meraner Unterrichtsreform des Mathematikunterrichts hob Walter Lietzmann (1880–1959) ein „psychologisches", ein „utilitaristisches" und ein „didaktisches" Prinzip hervor (Lietzmann, 1. Teil, 1926[2], S. 235 f.).

3.2.2   Didaktische Prinzipien des Mathematikunterrichts

Lehren erfordert als zielgerichtetes Handeln vielfältige Entscheidungen unterschiedlicher Tragweite. Da Unterricht sehr komplex ist, müsste man an sich bei jeder anstehenden Entscheidung eine Vielzahl möglicher Konsequenzen überdenken. Das ist nicht praktikabel. Eine Entscheidungshilfe können Prinzipien sein, an denen man sich orientiert. Sie beziehen sich auf verschiedene Lehraufgaben und entsprechend unterschiedlich ist auch ihre Reichweite.

Beispiele: (1) Alles didaktische Handeln muss *das Wohl des Kindes* im Auge haben. Das ist das wohl umfassendste didaktische Prinzip.

(2) Das *Prinzip der Selbsttätigkeit* setzt einen Akzent, denn es fordert, die Schülerinnen und Schüler im Unterricht möglichst viel selbst tun zu lassen. Das schließt ein Handeln der Lehrkraft nicht aus.

(3) Für die Wahl des Zugangs zu einem mathematischen Thema gibt einem das *Prinzip der Problemorientierung* eine Hilfe.

(4) Bei der Festlegung der Reihenfolge für die Behandlung der Inhalte kann einen das *Prinzip vom Leichteren zum Schwereren* (Comenius) leiten.

(5) Das *Prinzip der Anschauung* bestimmt die Entscheidung über die Art der Darstellung eines Sachverhaltes.

Die *Bezeichnungen* der Prinzipien sprechen meist für sich selbst. Sie liefern Schlagworte, die in eine Richtung weisen. In der Regel verzichtet man darauf, das Prinzip ausführlich zu formulieren. Das hat gute Gründe. Ein Prinzip soll ja gerade ein sorgfältiges Abwägen aller Möglichkeiten und Konsequenzen in einer bestimmten Situation unnötig machen, indem es eine *allgemeine* Orientierung gibt. Man kann z.B. das *Prinzip der Anschauung* wie folgt formulieren:

„*Jeder Sachverhalt soll, soweit dies möglich ist, auch anschaulich dargestellt werden.*"

Mit den Formulierungen „soweit dies möglich ist" und „auch" wird die Forderung eingeschränkt. Im Grunde sind dies Einschränkungen, die bei jedem Prinzip gemacht werden müssen.

Didaktische Prinzipien gründen in Normen, Zielen, Erfahrungen oder empirischen Befunden. Insofern sind sie auch begründbar.

Beispiel: Comenius formuliert den Grundsatz „Die Natur bringt ihre Tätigkeiten nicht durcheinander, sondern nimmt deutlich eins nach dem anderen vor" (Comenius 1993[8], S. 89). Das kann man als das *Prinzip der Ordnung* bezeichnen.

Interessant ist hier der Rückgriff auf Naturvorgänge. Sie liefern Comenius die Begründungen für seine Grundsätze. Dieses Prinzip entspricht noch immer der Unterrichtserfahrung. Es lässt sich heute auch kognitionstheoretisch begründen und durch empirische Befunde stützen.

Konkret können Unterrichtsprinzipien die Lehrenden in Schwierigkeiten bringen, denn es ist durchaus möglich, entgegengesetzte Entscheidungen mit didaktischen Prinzipien zu begründen. Soll man z.B. die Behandlung der Vielecke mit den Dreiecken beginnen und dann zum Begriff des Vielecks vorstoßen oder soll man umgekehrt vorgehen? Die Entscheidung für das erste Vorgehen könnte man mit dem *Prinzip vom Leichteren zum Schwereren* (Comenius) begründen, das zweite Vorgehen mit dem *Prinzip vom Allgemeinen zum Besonderen* (Comenius).

In der schulpädagogischen Literatur findet sich eine unüberschaubare Zahl von Prinzipien (z.B. Meyer 1972, Klingberg 1974[2], Drews 1976, Jank und Meyer 1994[3]). Auch in Theorien des Mathematikunterrichts finden sich ganze *Systeme von Unterrichtsprinzipien*. Sie dienen dort der Grundlegung der Theorie, beschreiben didaktische Konzeptionen, werden als Argumentationsgrundlage für die Konstruktion von Lehrgängen gesehen und erleichtern die Hypothesenbildung in empirischer didaktischer Forschung (Wittmann 1975).

Ein ausgefeiltes System mit 18 Prinzipien für den „ganzheitlichen Rechenunterricht" bot 1966 Horst Karaschewski (1912–2003). Erich Christian Wittmann führt in seinen *Grundfragen des Mathematikunterrichts* (1995[6]) etwa ebenso viele auf, die dort auf Curriculumprobleme bezogen werden. Didaktische Prinzipien sorgen als Ausdruck von Unterrichtserfahrung für den *Bestand* von Unterrichtstraditionen und sind andererseits als Träger didaktischer Ideen geeignet, einen *Wandel* im Unterricht anzustoßen.

Im Folgenden sollen einige wichtige Konzeptionen des Mathematikunterrichts behandelt werden, die sich durch einzelne Unterrichtsprinzipien bestimmen lassen. Dabei setzt das jeweilige Prinzip, das der Konzeption ihren Namen gibt, in erster Linie einen besonderen Akzent, ohne die Unterrichtskonzeption vollständig zu beschreiben (Jank und Meyer 1994[3]).

3.2.3 Genetischer Mathematikunterricht

Mathematikunterricht soll im Hinblick auf die Mathematik *authentisch* und auf die kognitive Entwicklung der Lernenden *adäquat* sein. Das bedeutet, dass sich der Mathematikunterricht nicht an der mathematischen Lehrtradition der Axiomatik orientieren darf, denn diese ist ja erst das Endstadium einer langwierigen Entwicklung und richtet sich an reife Menschen. Mathematikunterricht muss vielmehr die Mathematik kindgemäß *entwickeln*. Bereits im 19. Jahrhundert formulierte Friedrich Adolph Wilhelm Diesterweg (1790–1866) das *Prinzip der Stufengemäßheit* (Wittmann 1995[6]):

Richte dich bei dem Unterricht nach den natürlichen Entwicklungsstufen des heranwachsenden Menschen ... (Diesterweg 1962, S. 123)

Diese Einsicht begann sich auch im Mathematikunterricht des Gymnasiums zu Beginn des 20. Jahrhunderts unter dem Einfluss von Felix Klein durchzusetzen. Er benutzt die Metapher des wachsenden Baumes, um das Werden der Mathematik zu beschreiben:

> Tatsächlich hat sich die Mathematik entwickelt wie ein Baum, der nicht von den feinsten Verästelungen der Wurzeln beginnend lediglich nach oben wächst, der vielmehr erst in dem Maße, wie er nach oben hin seine Zweige und Blätter immer mehr ausbreitet, auch nach unten zu seine Wurzeln tiefer und tiefer treibt. Genau so hat die Mathematik – um wieder ohne Bild zu sprechen – auf einem gewissen, etwa dem gesunden Menschenverstande entsprechenden Standpunkte ihre Entwicklung begonnen, und von da aus ist man je nach den Forderungen der Wissenschaft selbst und nach den gerade vorherrschenden Interessen bald nach der einen Seite zu neuen Erkenntnissen fortgeschritten, bald nach der andern in der Untersuchung der Prinzipien immer weiter gegangen. (Klein 1933⁴, S. 16 f.)

Die Psychologie begann, Einsichten in die geistige Entwicklung der Kinder zu liefern, die es Klein notwendig erscheinen ließen, im Mathematikunterricht „auf die seelischen Vorgänge" der Kinder Rücksicht zu nehmen. So kam er zu dem Ergebnis: „Die *Darstellung auf der Schule* muß nämlich, um ein Schlagwort zu gebrauchen, *psychologisch, nicht systematisch* sein." (Klein 1933⁴, S. 4).

Die Forderung der „Meraner Vorschläge", den Unterricht „mehr als bisher dem natürlichen Gange der geistigen Entwicklung anzupassen", wird von Lietzmann als „psychologisches Prinzip" bezeichnet (Lietzmann, 1. Teil, 1926², S. 235). Für Klein ist ein solcher Mathematikunterricht Realität, wenn er schreibt:

> Die *Art des Unterrichtsbetriebes*, wie er auf diesem Gebiete heute überall bei uns gehandhabt wird, kann ich vielleicht am besten durch die Stichworte *anschaulich* und *genetisch* kennzeichnen, d. h., das ganze Lehrgebäude wird auf Grund bekannter anschaulicher Dinge ganz allmählich von unten an aufgebaut; hierin liegt ein scharf ausgeprägter Gegensatz gegen den meist auf Hochschulen üblichen *logischen* und *systematischen* Unterrichtsbetrieb. (Klein 1933⁴, S. 6)

Trotzdem bestand – und besteht wohl immer noch – bei den Lehrenden eine gewisse Faszination der Systematik. Der Widerstand gegen diese Lehrweise bündelte sich in dem Begriff *genetischer* (= entwickelnder) Unterricht (Schubring 1978). Über diese Unterrichtskonzeption schreibt Wittenberg:

> Dieser Grundsatz diktiert einen genetischen Unterricht; einen Unterricht, der darin besteht, die Schüler gleichsam die Mathematik von Anfang an wieder entdecken zu lassen. Das bedeutet nicht unbedingt, daß dieser Unterricht der historischen Entwicklung, mit ihren Zufällen und Umwegen, folgen muß. Aber in sachlicher Hinsicht muß er gleichsam ein Neuentstehen und Neudurchdenken der Mathematik in jeder Klasse sein, ein frisches und unmittelbares Wiedererleben der Mathematik durch die Schüler. (Wittenberg 1990², S. 59)

Es besteht heute weitgehend Konsens darüber, dass der Mathematikunterricht genetisch sein muss. Diese Forderung wird als *genetisches Prinzip* bezeichnet. In der Unterrichtstheorie von Wittmann ist es „oberstes Unterrichtsprinzip" (Wittmann 1995[6], S. 144). In ihm bündeln sich erkenntnistheoretische, mathematische, pädagogische und psychologische Einsichten, durch die der Mathematikunterricht eine breit fundierte Orientierung erhält.

In der Diskussion um genetisches Lehren wurde auch die Frage diskutiert, inwieweit sich der Unterricht an der historischen Entwicklung zu orientieren habe (Wittmann 1995[6], S. 131–134; Führer 1997, S. 52–54). Dass man die historischen Umwege oder gar Irrwege vermeiden müsste, war klar. Aber selbst dort, wo man Umwege vermeidet, wird es häufig notwendig sein, den historischen Weg abzukürzen. Ein historisch orientiertes Vorgehen wird allerdings in Frage gestellt, wenn es „inzwischen leichtere, kürzere, einleuchtendere oder übertragbarere Wege zum jeweils angestrebten Wissen gibt." (Führer 1997, S. 54).

3.2.4   Problemorientierter Mathematikunterricht

Mathematik hat in ihrer Entwicklung wesentliche Impulse von Problemen erhalten. Da in einem genetischen Unterricht Mathematik entwickelt werden soll, müssen in ihm Probleme eine wichtige Rolle spielen. Unter den verschiedenen Problemtypen gibt es solche, die dem Unterricht eine bestimmte Richtung geben können. Bei den *richtungweisenden Problemen* ist es zweckmäßig, ihre unterschiedliche Reichweite hervorzuheben.

Richtungweisende Probleme für den Lehrgang

Es gibt zentrale Probleme, die sich durch den ganzen Lehrgang ziehen, etwa: der Vergleich und die Berechnung von Anzahlen, von Längen, von Flächen- und von Rauminhalten; das Erzeugen, Beschreiben und Darstellen von Funktionen; das Erzeugen, Beschreiben und Darstellen von Linien, Flächen und Körpern; das Erzeugen, Beschreiben und Darstellen von Abbildungen.

Richtungweisende Probleme für bestimmte Themen

Probleme können den Zugang zu einem Thema eröffnen, das mittel- oder kurzfristig behandelt werden soll. Man denke etwa an die Einführung der negativen Zahlen, für die das leitende Problem sein kann: Lässt sich ein die natürlichen Zahlen umfassender Zahlbereich finden, in dem man uneingeschränkt subtrahieren kann und die „alten Regeln" weitgehend weiter gelten? Dieses Problem trägt für mehrere Unterrichtswochen. Das Problem, wie man sinnvoll eine Multiplikation negativer Zahlen festsetzt, ist dagegen in einer Unterrichtsstunde zu lösen.

Typische Problemstellungen als Arbeitsprogramme

Bei vielen mathematischen Themen tauchen immer wieder die gleichen Problemstellungen auf. Sie stellen die Schritte eines Arbeitsprogramms dar, das den Schülerinnen und Schülern bald vertraut wird. Typisch sind: Die Erzeugung neuer Objekte aus gegebenen; das Finden, das Begründen und das Nutzen von Regeln; das Klassifizieren; die Entwicklung von Algorithmen; das Optimieren, oder spezieller: die Frage nach Rechenregeln bei den Zahlen und die Lösbarkeit von Gleichungen; bei geometrischen Abbildungen das Finden von Konstruktionsvorschriften für Bilder und die Suche nach Invarianten.

Problemorientiertes Lernen von Inhalten und Methoden

Beim Lehren von mathematischen Inhalten und Methoden wird *problemorientiertes* Lernen angestrebt, wie es in Abschnitt 2.3 beschrieben wurde. Das Lehren von Begriffen und das Bilden von Begriffen, das Lehren von Sätzen und Beweisen sowie das Beweisen selbst, das Lehren von Algorithmen und das Entwickeln von Algorithmen, das Modellbilden und das Anwenden können und sollen in enger Verbindung mit Problemen erfolgen.

Die Forderung, Mathematikunterricht an Problemen zu orientieren, wird als *Prinzip der Problemorientierung* bezeichnet. Mit Problemorientierung ist in erster Linie die richtungweisende Funktion von Problemen gemeint (Vollrath 2000a). Führer spricht von *paradigmatischen* Problemen, die eine „neue Sicht-, Frage- oder Denkweise von einiger Reichweite" anregen (Führer 1997, S. 64). In der DDR wurde seit Mitte der 1970er Jahre ein *problemhafter* Unterricht propagiert. Damit war gemeint, die Lernenden zu Beginn der einzelnen Unterrichtsphasen „in eine Problemsituation zu versetzen" (Pietzsch o. J., S. 16).

Wenn im Folgenden von einem *problemorientierten Mathematikunterricht* gesprochen wird, dann ist damit ein Unterricht gemeint, der seine wesentlichen Impulse aus *richtungweisenden* Problemstellungen erhält, die geeignet sind, *mathematisches Denken* in Gang zu setzen und zu neuer *mathematischer Erkenntnis* zu führen. Ein Problem in diesem Sinn kann eine offene Frage sein, aber natürlich auch ein Problem im engeren Sinne. Ein Unterricht, der ohne erkennbare Linien einfach nur Probleme aneinanderreiht, ist mit Problemorientierung nicht gemeint. Auch der Schwierigkeitsgrad der behandelten Probleme ist hier kein entscheidendes Kriterium für Problemorientierung.

3.2.5   Zielorientierter Mathematikunterricht

Im Mathematikunterricht sollen bestimmte Ziele erreicht werden. Denkt man an das Ziel der *Allgemeinbildung*, so ist es recht allgemein gehalten. In den 1970er Jahren empfanden Pädagogen ein Unbehagen angesichts bloßer Inhaltsangaben oder allgemeiner Zielangaben in den Lehrplänen.

Beispiele: (1) „Quadrieren und Wurzelziehen; $(ab)^2 = a^2b^2$; $\sqrt{ab} = \sqrt{a}\sqrt{b}$; Heron-Algorithmus" beschreiben zwar die Inhalte eines in der 9. Jahrgangsstufe zu behandelnden Themas, sagen aber nichts aus über die am Ende bei den Schülerinnen und Schülern erwarteten Kenntnisse und Fähigkeiten.

(2) „Die Schülerinnen und Schüler sollen im Unterricht folgerichtig denken lernen." Hier werden zwar Angaben über erwartete Fähigkeiten gemacht; sie bleiben aber vage, denn es ist unklar, wie derartige Fähigkeiten nachgewiesen werden können.

Unter dem Einfluss amerikanischer Pädagogen, die sich in den Lehrplänen präzisere Angaben über Lernziele wünschten, wurde die Forderung nach *operationalisierten Lernzielen* erhoben. Lernziele sollten durch nachprüfbare Fähigkeiten bestimmt werden.

Beispiele: (1) „Die Schülerinnen und Schüler sollen die Regeln $(ab)^2 = a^2b^2$ und $\sqrt{ab} = \sqrt{a}\sqrt{b}$ angeben und bei Berechnungen sowie Termumformungen anwenden können."

(2) „Die Schülerinnen und Schüler sollen mit Hilfe des Taschenrechners, aber ohne Benutzung der Wurzeltaste nach dem Heron-Verfahren Wurzeln mit größtmöglicher Genauigkeit bestimmen können."

(3) „Die Schülerinnen und Schüler sollen die Herleitung der Regeln $(ab)^2 = a^2b^2$ und $\sqrt{ab} = \sqrt{a}\sqrt{b}$ in eigenen Worten folgerichtig darstellen können."

Viele Lehrpläne wurden nach diesen Erfordernissen umgestaltet. Der daraus resultierende Unterricht wurde *lernzielorientierter* Unterricht genannt. Die Lehrpläne wurden immer umfangreicher und detaillierter, so dass sich die Lehrkräfte gegängelt fühlten.

Aber die Lernzielorientierung wurde von einigen Didaktikern auch *prinzipiell* abgelehnt, weil durch sie wesentliche Dimensionen des Mathematiklernens ignoriert wurden (z.B. Freudenthal 1978, S. 104–115). Den Lernzielen wurde – zumindest in der Unterrichtspraxis – bald der Garaus gemacht. Damit ist auch der „lernzielorientierte Unterricht" überholt.

Andererseits ist Mathematikunterricht auch darauf gerichtet, dass Schülerinnen und Schüler eine Qualifikation erwerben. Mathematikunterricht muss also auch *effizient* sein. Qualifikationen werden durch Abschlussprüfungen erworben, in denen Leistungen erbracht werden müssen, über die trotz der Kulturhoheit der Länder ein gewisser Konsens besteht. Auffällig ist jedoch, dass die geprüften Fähigkeiten überall nach dem Abschluss rasch verloren gehen und dass selbst grundlegende Fähigkeiten, die nicht direkt in den Abschlussaufgaben angesprochen werden, häufig nicht vorhanden sind.

Wenn auch der „lernzielorientierte Unterricht" eine Modeerscheinung war, so bleibt doch die Forderung bestehen, dass die Lehrenden im Mathematikunter-

richt zielgerichtet arbeiten. Sie müssen sich Rechenschaft darüber ablegen, inwieweit die angestrebten Ziele erreicht worden sind, und bereit sein, ihr Lehren
fortwährend zu verbessern. Ein solcher Mathematikunterricht soll *zielorientiert*
genannt werden. Ihm liegt das *Prinzip der Zielorientierung* zugrunde. Während in
der Bundesrepublik von „Lernzielorientierung" gesprochen wurde, betonte
man im Mathematikunterricht der DDR „Zielorientierung" (Walsch und Weber
1975, S. 159–163). Leistungen wurden zentral erhoben und kontrolliert.

Unter dem Einfluss der internationalen Leistungsvergleiche sind inzwischen
auch in der Bundesrepublik *Bildungsstandards* (KMK 2003) eingeführt worden, in
denen Ziele für den Mathematikunterricht der Sekundarstufe I länderübergreifend festgelegt sind und deren Erreichen überprüft wird. Wenn in diesem Buch
von Zielorientierung gesprochen wird, so soll sich das allerdings nicht auf diese
Standards und die zugehörigen Leistungskontrollen beschränken.

3.2.6   Offener Mathematikunterricht

Da Lernen nur von den Lernenden selbst vollzogen werden kann, kann der
Unterricht lediglich *Angebote* zum Lernen machen. Andererseits orientiert sich
Unterricht an Zielen, die von den Lehrenden vorgegeben werden. Das ist ein
innerer Widerspruch, der nur dadurch überwunden werden kann, dass man
Schülerinnen und Schüler an der Bestimmung der Ziele und an der Entscheidung, welche Wege zum Erreichen der Ziele gewählt werden und welche Zeiten dafür aufgewendet werden sollen, beteiligt. Geschieht dies, so wird heute
von *offenem* Unterricht gesprochen (z. B. Wallrabenstein 1991). Im Wesentlichen
handelt es sich dabei um vier Komponenten:

- Wochenplan,

- Projekt,

- Freiarbeit,

- Lernzirkel.

Wochenplan

Beim *Wochenplan* wird – derzeit noch überwiegend in Grundschulen – eine Idee
von Peter Petersen (1884–1952) aus seinem „Jena-Plan" aufgegriffen (Reble
1999[19], S. 317). Den Schülerinnen und Schülern werden bestimmte *Pflichtaufgaben* zugewiesen und *Wahlaufgaben* angeboten. Sie können selbst bestimmen,
wann sie sich innerhalb der Woche mit den einzelnen Aufgaben befassen wollen. Die Aufgaben werden auf vielfältige Weise angeboten, z. B. als Arbeitsblätter, als Lernkartei, als Aufgabe aus dem Schulbuch, als Aufgabe aus einem
Übungsheft, als Lernmaterial, als Spiel usw. Jedes Kind hat seinen schriftlichen
Plan. Die Schülerinnen und Schüler bearbeiten die Aufgaben einzeln, in Partnerarbeit oder in Gruppen. Die starre Aufteilung in Unterrichtsfächer ist aufge-

brochen durch Lernbereiche. Sie arbeiten selbstständig und können sich von der Lehrkraft beraten lassen, die auch die Erledigung der Pflichtaufgaben kontrolliert.

Projekte

In *Projekten* können die Schülerinnen und Schüler selbstständig umfangreichere Themen bearbeiten. Sie wählen das Thema, entscheiden über die zu bearbeitenden Fragen und über die Aufgabenverteilung; sie besorgen sich selbst die benötigten Informationen und sorgen schließlich für eine geeignete Präsentation des Projekts. Die Idee der „Projektmethode" geht auf die amerikanischen Pädagogen John Dewey und seinen Schüler William H. Kilpatrick (1871–1965) zurück. Sie ist in den 1970er Jahren zunächst von Gesamtschulen aufgegriffen worden. Inzwischen beginnt sie auch an Gymnasien heimisch zu werden (Reichel 1991, Ludwig 1998). Projekte können in den normalen Unterricht integriert sein oder im Rahmen von Projektwochen durchgeführt werden. Als Informationsquellen erweisen sich Lebens- und Arbeitsbereiche aus der Umwelt, Experten, Bibliotheken, zunehmend auch das Internet.

Themen für Projekte sollen vielfältige Bezüge zu unterschiedlichen Lebensbereichen herstellen und möglichst fächerübergreifend sein. Ein Projekt, das im Rahmen des Mathematikunterrichts bearbeitet wird, kann dabei auf andere Fächer „ausstrahlen" oder Wissen von anderen Fächern „anziehen" (Ludwig 1998).

Freiarbeit

Schule beginnt mehr und mehr Lebensraum zu werden. Es ist deshalb wichtig, dass die Schülerinnen und Schüler auch Möglichkeiten zur *Freiarbeit* erhalten. Sie können in selbst gewählten Büchern lesen, knobeln, spielen, Tiere und Pflanzen versorgen, Temperaturen registrieren, experimentieren usw. Zunehmend gibt es Angebote, in denen mathematische Themen für Freiarbeit aufbereitet werden.

Auch dieser Ansatz hat seine Wurzeln in der Reformpädagogik (Reble 1999[19], S. 297–299). Man denke etwa an den „freien Gesamtunterricht" von Berthold Otto (1859–1933). Diese Konzeption scheint manchem mit Schule nicht vereinbar, doch sollte man daran erinnern, dass sich Schule aus dem Griechischen „scholé" herleitet, was so viel wie *Muße* bedeutet.

Lernzirkel

Dem Zirkeltraining der Sportler abgeschaut ist das „Stationenlernen" in den *Lernzirkeln*. Die Schülerinnen und Schüler haben eine Reihe von „Stationen" zu durchlaufen, in denen ihnen Aufgaben gestellt werden, die sie selbstständig bearbeiten sollen. Nach Möglichkeit soll ein äußerer Zusammenhang zwischen den Aufgaben bestehen, so dass unterschiedliche mathematische Aufgaben in einen Zusammenhang gebracht werden. Die Stationen können sich im Klassenraum, aber auch auf dem Schulgelände oder außerhalb befinden. In diesem Fall lässt sich das Stationenlernen mit einem *Unterrichtsgang* verbinden.

Offener Unterricht orientiert sich am *Prinzip der Selbsttätigkeit*. Er reagiert auf grundlegende Veränderungen in unserer Gesellschaft: Kinder leben heute in veränderten „sozialen Strukturen", in einer „Medienwelt" und in zunehmend unterschiedlichen „Kindheitsmustern" (Wallrabenstein 1991, S. 45). Er soll dem Kind im Sinne der italienischen Ärztin Maria Montessori zur Entfaltung der Persönlichkeit verhelfen und kooperatives und solidarisches Verhalten im Sinne des französischen Pädagogen Céletin Freinet (1896–1966) durch „freie Arbeit" fördern (Reble 1999[19], S. 312).

Offener Unterricht verändert das Klassenzimmer: Es finden sich Sammlungen von Arbeitsmaterialien, Ergebnisse von Projekten, aber auch „Ecken", in die sich einzelne Schülerinnen und Schüler zurückziehen können. Kritik von außen hängt sich gern an Schlagworten und Äußerlichkeiten auf. So kritisierte z.B. Roman Herzog als Bundespräsident in einer Rede 1997 die „Kuschelecken". Doch offener Unterricht schafft ein neues Klima in den Schulen und erleichtert es Schülerinnen und Schülern, sich in der Schule wohl zu fühlen.

3.2.7 Selbstständiges Üben am Computer

Lernen findet zunehmend auch am Computer statt. Hier wird die Mathematik auf vielfältige Weise in Worten, Texten, statischen und dynamischen Bildern sowie Simulationen präsentiert und über interaktive Lernumgebungen erarbeitet. Der entscheidende Schritt beim Lernen am Computer besteht darin, dass eine Interaktion zwischen Lernenden und der computergestützten Lernumgebung möglich ist. Das sollen *intelligente tutorielle Systeme* leisten, die Unterrichtsaufgaben übernehmen können.

Man kann sie als eine Weiterentwicklung der *Lehrprogramme* sehen, die seit Mitte der 1960er Jahre unter dem Einfluss der Lerntheorie des Psychologen Burrhus Frederic Skinner (1904–1990) propagiert wurden. Für den Mathematikunterricht wurden Lernprogramme entwickelt, mit denen die Lernenden sich selbstständig bestimmte Gebiete erarbeiten konnten. Es gab z.B. recht erfolgreiche Programme für die Einführung in die Mengenlehre, für die Bruchrechnung und für die Trigonometrie. Die Programme wurden vor allem für das *selbstständige Üben* propagiert. Sie waren allerdings aufwändig und als Bücher ziemlich umständlich zu handhaben. Die zunächst vorhandene Begeisterung wich bald einer Ernüchterung, so dass die Lernprogramme langfristig kaum Bedeutung erlangten.

Mit dem Computer steht nun allerdings ein wesentlich komfortableres Medium zur Verfügung. An ein *intelligentes tutorielles System* zum Üben von bestimmten Aufgabentypen stellt man folgende Anforderungen:

- Das System kann bei einem bestimmten Aufgabentyp den angemessenen Schwierigkeitsgrad der Aufgaben finden.

- Das System kann den Schwierigkeitsgrad der Aufgaben so lange steigern, bis das erforderliche Niveau erreicht ist.

- Das System kann aus den Fehlern der Lernenden Defizite erkennen und Hilfen zu ihrer Überwindung anbieten.

- Die Lernenden erhalten eine Rückmeldung, ob die gefundene Lösung korrekt ist, und werden gelobt, wenn das der Fall ist.

- Bei Fehlern erhalten die Lernenden Hinweise, bei welchem Schritt sie gemacht wurden und worin sie bestanden.

- Ein gutes Programm wird die Lernenden auf Diskrepanzen zwischen ihren Zielen und den Schritten, die sie zur Erreichung dieser Ziele unternehmen, hinweisen.

- Schließlich können die Lernenden am Ende einer Übungseinheit ihr Leistungsvermögen einschätzen.

Da derartige Systeme sehr komplex sind, stellt ihre Entwicklung hohe Anforderungen an die didaktische, informatische und medienpädagogische Expertise der an der Entwicklung beteiligten Personen und beansprucht deshalb sehr viel Zeit sowie finanzielle Mittel. Trotzdem können solche Systeme die Kommunikation mit einer Lehrkraft nicht ersetzen. Die genannten Aspekte erklären bis zu einem gewissen Grad, dass echte intelligente tutorielle Systeme fast gar nicht auf dem Markt zu finden sind. Und wenn es sie gibt, dann decken sie in aller Regel nur einen sehr spezifischen Ausschnitt des Curriculums ab.

Legt man die Messlatte nicht ganz so hoch wie in obiger Aufzählung, dann gibt es auch im Internet eine Reihe von sinnvollen computerbasierten Übungsangeboten, die zumindest einzelne der oben angegebenen Kriterien erfüllen. In der Link-Datenbank „Mathematik digital" für Internetressourcen zum Mathematikunterricht finden sich Übungsangebote zu nahezu allen Lehrplanthemen der Sekundarstufen. Darunter befinden sich auch Links zu Übungsmaterialien die von Meier (2009) erstellt wurden. Er hat u. a. folgende Aspekte bei der Gestaltung des Übungsmaterials berücksichtigt:

- Die Übungsaufgaben verfügen in der Regel über eine dynamische Visualisierung als Verständnisgrundlage.

- Ein Zufallsgenerator erzeugt eine ganze Reihe von ähnlichen Aufgaben zum gewählten Thema.

- Die Schülerinnen und Schüler erhalten eine Rückmeldung bezüglich der Korrektheit ihrer Lösung.

- Als Anreiz zum Üben werden Punkte für richtige Lösungen vergeben, mit denen man sich wie bei einigen Computerspielen in eine Highscore-Liste eintragen kann.

- Es gibt eine Möglichkeit, sich das Ergebnis anzeigen zu lassen. In diesem Fall gibt es natürlich keine Punkte für die Lösung der Aufgabe.

Für individuelle Übungsphasen, auch und gerade zu Hause, kann dieses Angebot punktuell eingesetzt sicher sinnvoll sein. Links zu den genannten Angeboten zum selbstständigen Üben finden sich auf der Internetseite zu diesem Buch unter *mathematikunterricht.net*.

3.3   Grundmuster des Lehrens

Es ist eine alte Streitfrage, ob Lehren eine Kunst oder ein Handwerk ist. Damit ist gemeint, ob Lehren von der Intuition geleitet oder ob es ein methodisches Handeln ist. Beim Lehren in der Schule hat man es mit jungen Menschen zu tun, die einen vor immer neue Situationen stellen, auf die rasch angemessen zu reagieren ist. Dafür kann ein Vorrat an theoretisch fundierten Handlungsmustern nützlich sein, häufig ist aber intuitiv richtiges Handeln erforderlich. Im Übrigen hat ja „Kunst" auch mit Können zu tun und damit ist „handwerkliches" Können gemeint. Umgekehrt ist auch im Handwerk in neuartigen Situationen Intuition erforderlich.

In diesem Abschnitt geht es darum, Lehren als geplantes, rational begründbares Handeln zu sehen. Jede Schulkasse ist anders. An jedem Tag ist etwas Neues zu unterrichten. Das Neue ist einzuführen, zu sichern und zu vertiefen. Einmal findet Mathematikunterricht in der ersten Stunde, dann wieder in der sechsten Stunde statt. Die letzte Klassenarbeit steht bevor oder sie ist geschafft. Diese Vielzahl von unterschiedlichen Unterrichtssituationen erfordert ein angemessenes Handeln.

Beobachtet man Unterricht, dann kann man auch tatsächlich ein lebendiges, vielseitiges Geschehen erleben. Und doch schälen sich für den Beobachter nach einiger Zeit einige Grundmuster des Lehrens heraus, die in Variationen immer wieder auftreten. Im Folgenden werden drei Grundmuster herausgearbeitet:

- Darbieten,

- Handeln lassen,

- Erarbeiten.

Sie unterscheiden sich in erster Linie darin, wer „das Sagen" hat. Beim *Darbieten* steht die Darstellung der Lehrkraft im Vordergrund. Beim *Handeln lassen* arbeiten die Schülerinnen und Schüler selbstständig. Beim *Erarbeiten* setzen sich Lehrende und Lernende gemeinsam mit Problemen auseinander.

Diese Grundmuster können variiert und kombiniert werden. So ergibt sich eine größere Vielfalt, als diese wenigen Muster vermuten lassen. Andererseits variiert aber das konkrete Handeln häufig weniger, als man erwarten würde (Hopf 1980, Maier und Schweiger 1999).

Nicht für jede Unterrichtsaufgabe sind alle Unterrichtsformen gleich gut geeignet, deshalb erfordert jede Unterrichtssituation eine Entscheidung über die Lehrweise. Die Grundmuster können einen Orientierungsrahmen für diese Entscheidungen darstellen.

3.3.1 Mathematik darbieten

Im wissenschaftlichen Leben gibt es eine mathematische Vortragskultur (Krantz 1994). In den Vorlesungen wird „doziert". Im Mathematikunterricht ist das Dozieren an sich verpönt. Trotzdem wird auch dort vorgetragen.

Vortrag

Dem *Vortrag* kommt hier in erster Linie die Aufgabe zu, *Sachinformation* zu vermitteln. Sie bezieht sich auf Tatsachen, die beobachtet, geschaffen, festgesetzt oder verabredet worden sind. Dabei handelt es sich um:

- historische Tatsachen, Namen, Orte und Zeitpunkte,

- Namen und Definitionen von Begriffen,

- Bezeichnungen, Redewendungen und Symbole,

- Problemstellungen.

Über derartige Sachverhalte muss nicht unbedingt vorgetragen werden. Doch ist der Vortrag eine günstige Form zur Übermittlung solchen Wissens.

Den Schülerinnen und Schülern wird das Verstehen erleichtert durch:

- deutliche Sprache,

- Zielangaben,

- klare Gliederung,

- vorwegnehmendes Fragen und Antworten,

- Darstellung wichtiger Angaben (Tafel, Tageslichtprojektor, Beamer, interaktives Whiteboard),

- Zusammenfassung des Wesentlichen und Diskussion des Ergebnisses.

Texte anbieten

Sachverhalte können auch in Form von *Texten* zum Lesen angeboten werden. Die traditionellen Schulbücher bieten hier wenig. Es gibt jedoch Schriftenreihen mit informierenden Texten zu mathematischen Themenbereichen für Jugendliche wie z.B. die *Mathematische Schülerbücherei* (Teubner) oder die *Lesehefte Mathematik* (Klett).

Computerdarstellungen zeigen

Für die Darbietung von Sachinformationen bietet sich zunehmend der Computer an. Bereits heute gibt es eine Fülle von mathematischer Sachinformation in *Text* (optisch und akustisch) und *Bild* (statisch und dynamisch), die über das Internet und über CD-Rom zugänglich ist. Der Unterricht gewinnt damit an Vielfalt. Zugleich werden den Lernenden Wege gewiesen, wie sie sich mathematisches Wissen selbst erschließen können. Darauf werden wir später noch näher eingehen.

Vormachen

Das Lösen von Aufgabentypen nimmt im Mathematikunterricht einen großen Raum ein. Es zieht sich über die gesamte Schulzeit hin bis zu den Abschlussprüfungen. Für die wichtigsten Aufgaben werden *Musterlösungen* gegeben. Sie bieten:

- Hilfe zum Verstehen der Aufgabe und der Lösungsschritte,

- Erfassen des Handlungsschemas als Schrittfolge,

- Anweisung zum Handeln nach dem Muster,

- Sicherheit für die Bewältigung der Anforderungen.

„Vormachen – Nachmachen" wird gelegentlich als Ausdruck einer „Steinzeitdidaktik" bezeichnet und lächerlich gemacht. Das ist unberechtigt, wenn es didaktisch vernünftig durchgeführt wird. Zudem ist es durchaus ein Zug der Mathematik, für immer wiederkehrende Aufgabenstellungen Lösungsschemata zu entwickeln. Im Übrigen werden Musterlösungen von den meisten Schülerinnen und Schülern als Hilfe gesehen und dankbar angenommen.

Mathematische Tätigkeiten wie Definieren, Beweisen, Problemlösen, Entwickeln eines Algorithmus und Modellbilden lernen die Schülerinnen und Schüler zunächst durch *Vorführen* kennen. Dabei geht es nicht lediglich darum, einen neuen Begriff zu bilden, einen vermuteten Satz zu begründen, ein konkretes Problem zu lösen, einen Algorithmus zur Lösung eines Aufgabentyps zu entwickeln und zur Lösung eines Problems in einer konkreten Sachsituation ein mathematisches Modell zu bilden. Vielmehr sollte nach einer Vorführung das Vorgeführte *reflektiert* werden. Dazu können Fragen der Art dienen:

- Was war das Ziel?

- Durch welche Schritte wurde es erreicht?

- Warum leisten die Schritte das Erforderliche?

- Wie geht man in einer ähnlichen Situation vor?

Erzählen

Gibt es im Mathematikunterricht auch etwas zum Erzählen? In der Grundschule lassen sich viele schöne Geschichten über Zahlen erfinden und erzählen (z.B. Fraedrich 2001). Es gibt auch sehr anregende mathematische Geschichten in der Literatur. Man denke etwa an: Karl Menninger, *Ali Baba und die 39 Kamele*, an Fynn, *Höhere Mathematik und Sahnebonbons* in *Hallo, Mister Gott, hier spricht Anna* (1978) oder an Hans Magnus Enzensberger, *Der Zahlenteufel* (1997).

Geschichten eignen sich als Einstieg in ein Thema, aber auch zur „Erholung" nach anstrengender Denkarbeit. Und sie können helfen, das Image der „trockenen" Mathematik zu verbessern. Zur Einführung in das Koordinatensystem kann die schöne Geschichte dienen: *Als die Schildbürger ihre Glocke versenkten.* Oder man kann sich eine Geschichte über das Verbergen eines Schatzes ausdenken. Vielleicht erinnert man sich auch an persönliche Erlebnisse mit Mathematik. Besonders *historische* Sachverhalte eignen sich zum Erzählen. Gute Beispiele findet man in den klassischen Büchern von Lietzmann (z.B. Lietzmann 1965, 1982) und Menninger (z.B. Menninger 1992a, 1992b) sowie in der von Peter Baptist herausgegebenen Schriftenreihe *Lesehefte Mathematik* (z.B. Baptist 1997, Heitzer 1998).

Mit dem Darbieten soll neben der Vermittlung der Sachverhalte auch erreicht werden, dass die Schülerinnen und Schüler lernen zuzuhören, einem Gedankengang und längeren Ausführungen mit gespannter Aufmerksamkeit zu folgen und sich auf diesem Wege Wissen anzueignen. Es handelt sich dabei um *sinnvolles rezeptives* Lernen, das heute besonders mit der Lerntheorie von Ausubel in Verbindung gebracht wird (Ausubel 1974).

Didaktische Prinzipien

Für den darbietenden Unterricht sind als didaktische Prinzipien vor allem das *Prinzip der Deutlichkeit* (Wittmann 1995[6]), womit akustische, optische und inhaltliche Deutlichkeit der Darbietung gemeint ist, sowie das *Prinzip der Anschaulichkeit* zu nennen. Bereits im 19. Jahrhundert hatte Diesterweg gefordert:

> *Unterrichte anschaulich!* (Diesterweg 1962, S. 134)

Dieses Prinzip wird auf Rousseau und Pestalozzi zurückgeführt. Diesterweg stützt es mit der Aussage von Immanuel Kant:

> *Begriffe ohne Anschauung sind hohl.*

Diesem Wort stellt er aber sogleich das andere Wort von Kant zur Seite:

Anschauungen ohne Begriffe sind blind.

Damit begründet Diesterweg das Prinzip:

Gehe vom Anschaulichen aus und schreite von da aus zum Begrifflichen fort. (Diesterweg 1962, S. 135)

Die angeführten Worte von Kant lauten jedoch in der *Kritik der reinen Vernunft* etwas anders: „Gedanken ohne Inhalt sind leer, Anschauungen ohne Begriffe sind blind." (Kant 1995, S. 101). Und er fährt fort: „Daher ist es eben so nothwendig, seine Begriffe sinnlich zu machen (d.i. ihnen den Gegenstand in der Anschauung beizufügen), als seine Anschauungen sich verständlich zu machen (d.i. sie unter Begriffe zu bringen)." Für Kant sind Begriff und Anschauung komplementär zueinander (Otte 1994, S. 276).

Bei einer sprachlichen Darbietung von Mathematik drückt die Lehrkraft Gedanken und Vorstellungen sprachlich aus und hofft, dass die akustischen und optischen Reize bei den Zuhörern die entsprechenden Gedanken und Vorstellungen auslösen. Nur wenn das gelingt, findet *Kommunikation* statt (Aebli 2001[11], S. 34–47).

In der verbalen Kommunikation zwischen Lehrenden und Lernenden ist immer wieder zu kontrollieren, dass der „Faden nicht abreißt". Das begründet Aebli wie folgt:

> Die Bedeutungsgehalte, welche der Sprechende übermitteln möchte, werden von diesem spontan aktiviert. Er schreitet voran. Der Zuhörer folgt ihm nach. Er gestaltet die Bedeutungsstruktur nach, denkt und fühlt mit. Aus dieser Tatsache ergibt sich immer auch eine gewisse Verschiedenheit der Bedeutungen im Erzähler und im Zuhörer. (Aebli 2001[11], S. 46)

3.3.2   Mathematisch handeln lassen

Im Mathematikunterricht handeln Schülerinnen und Schüler in unterschiedlicher Weise: Sie schreiben Ziffern, Zahlen, Terme und Gleichungen, Zeichen und Zeichenketten; sie zeichnen mit Lineal, mit Geodreieck, Schablone und Zirkel; sie arbeiten mit didaktischen Materialien; sie messen Größen; sie benutzen einen Taschenrechner und bedienen einen Computer. All dies sind *praktische* Handlungen, die allerdings im Unterricht mit Mathematik verbunden sind.

Das eigentliche *mathematische* Handeln ist das Rechnen mit Zahlen und Größen, das Konstruieren von geometrischen Figuren, das Lösen von Problemen. Das Entscheidende dieser Handlungen vollzieht sich im Denken der Lernenden, es handelt sich also um geistige *Operationen.* Die Schülerinnen und Schüler werden im Unterricht zum Handeln veranlasst, um ihnen zu helfen, Operationen aufzubauen (Abschnitt 2.5.2). Sie werden aufgefordert, selbstständig Aufgaben zu lösen, um Gelerntes zu sichern und zu vertiefen. Sie befassen sich in Projekten mit umfassenderen Fragestellungen, um durch sie Verbindungen zwischen unterschiedlichen mathematischen Inhalten, aber auch verschiedenen Schulfächern herzustellen.

Das *Prinzip der Selbsttätigkeit* der Schülerinnen und Schüler, das ja bereits bei den Unterrichtskonzeptionen angesprochen wurde, gilt heute als eines der zentralen Unterrichtsprinzipien. Es ist eng verbunden mit dem *Arbeitsprinzip*, das in unserer „lustbetonten" Gesellschaft nicht vergessen werden sollte. Diesterweg drückt dies in der Forderung aus:

> *Gewöhne den Schüler ans Arbeiten, mache es ihm nicht nur lieb, sondern zur anderen Natur!* (Diesterweg 1962, S. 155)

Arbeiten die Schülerinnen und Schüler selbstständig im Unterricht, so müssen sie sich intensiv mit der Sache auseinandersetzen. Bei Übungsaufgaben besteht z.B. ein deutlicher Unterschied zwischen dem dargebotenen Inhalt und der selbstständig zu bearbeitenden Aufgabe. Das beginnt mit der Unsicherheit, wie man beginnen soll. Auch bei der Bearbeitung selbst können manche Schwierigkeiten auftauchen. Am Ende wüsste man gern, ob das Ergebnis stimmt.

Wissen und Können sind eng miteinander verbunden. Die Lehrenden neigen aber dazu, das Wissen zu überschätzen und die Anforderungen an das Können zu unterschätzen. Die Lehrenden haben beim Üben in „Stillarbeit" die Möglichkeit, sich den Schülerinnen und Schülern individuell zuzuwenden. Sie können bei Schwierigkeiten helfen, sie können ermutigen und loben. Als Arbeitsmittel kommen in Frage:

- Aufgaben aus dem Schulbuch,

- Seiten aus einem Übungsheft,

- Arbeitskarten mit Handlungsanweisungen,

- Übungsblätter,

- Spiele mit Anleitungen,

- Material zum Handeln und die zugehörigen Aufgaben und Sachinformationen,

- Aufgaben am Computer.

Für die Arbeitsmaterialien sollte gelten:

- Sie passen zur Unterrichtssituation,

- sie sind selbst erklärend,

- sie sind motivierend in Form und Inhalt,

- sie lassen erkennen, ob die Aufgabe korrekt gelöst wurde.

Selbstständiges Arbeiten lässt Begabungsunterschiede sehr deutlich hervortreten. Es ist immer wieder erstaunlich, wie schnell einige Schülerinnen oder Schüler bereits fertig sind, während andere noch gar nicht richtig angefangen haben. Im Grunde erfordert das ein differenziertes Angebot, das die Unterschiede im Arbeitstempo und in der Auffassung berücksichtigt.

Schließlich sollte man sich dessen bewusst sein, dass es zwar für die Lehrenden eine Entlastung darstellt, wenn die Schülerinnen und Schüler selbstständig arbeiten, dass es für diese jedoch häufig eine Anstrengung bedeutet, so dass sie nach derartigen Phasen eine Erholungspause benötigen.

3.3.3 Mathematik erarbeiten

In der Unterrichtspraxis werden neue Sachverhalte überwiegend mit einem fragend-entwickelnden Unterrichtsgespräch eingeführt (z.B. Hopf 1980, Maier und Schweiger 1992). Bei dieser Lehrform steht am Anfang eine Frage, die ein Problem aufwirft. Der Unterricht ist also *problemorientiert*. Mit Fragen wird die Lösung des Problems zusammen mit den Schülerinnen und Schülern entwickelt. Das bedeutet, sie machen Vorschläge, die aufgegriffen, unter Umständen etwas verändert oder abgewiesen werden. Der Unterricht ist *genetisch*.

Über den *Einstieg* schreibt Wagenschein:

> Es muß eine die Spontaneität des Lernenden herausfordernde Staunensfrage sein, die dem „Leben" möglichst nahestehen sollte. Der „Einstieg" ist also nicht als Fenster, sondern als „Gang" zu denken. Er hat einen „lebensnahen" Zugang und einen schon fachlich bestimmten Ausgang; ist aber im ganzen jedenfalls Frage, Problem. (Wagenschein 1970^2, S. 401)

Die Fragen der Lehrenden sollten den Lernenden Spielraum lassen, so dass sie Denken auslösen und Spielraum zur Entwicklung eigener Ideen lassen. Neben der Frage ist der *Impuls* ein wichtiges Mittel zur Anregung des Denkens und zur Förderung des Unterrichtsgesprächs. Es gibt unterschiedliche *sprachliche* Impulse („Erkläre das bitte! Gib bitte mal ein Beispiel!") und *mimisch-gestische* (nicken, Kopf schütteln, Stirn runzeln, eine Handbewegung machen). Fragend-entwickelnder Unterricht ist also kein bloßer Frage-Antwort-Unterricht. Seine Qualität zeigt sich daran, wie es ihm gelingt, möglichst viele Schülerinnen und Schüler in das Gespräch mit einzubeziehen, und welcher Spielraum ihnen zum Denken gelassen wird.

Unterrichtsbeobachtungen haben gezeigt, dass im Verlauf des Unterrichtsgesprächs die Fragen immer enger werden und schließlich nur noch bestimmte Antworten aufgegriffen werden, so dass die Schülerinnen und Schüler immer enger zum angestrebten Ziel geführt werden. Heinrich Bauersfeld spricht bei diesem Kommunikationsmuster vom „Trichtermuster" (Bauersfeld 1978). Fragend-entwickelnder Unterricht bietet aber immerhin die Chance zu *entdeckendem* Lernen.

Historisch wurzelt diese Unterrichtsmethode in den sokratischen Dialogen. Das berühmteste mathematische Unterrichtsgespräch ist der von Platon aufgezeichnete Dialog des Sokrates (469–399 v. Chr.) mit einem Sklaven, in dem es um das Problem geht, zu einem Quadrat ein doppelt so großes zu finden. Dieser Dialog beginnt wie folgt (Platon 1994, S. 39–41):

Sokrates: Sklave, sag mir, du weißt, dass ein Quadrat solch eine Figur ist?

Sklave: Ja.

Sokrates: Ein Quadrat hat also alle vier Seiten gleich lang.

Sklave: Ja.

Sokrates: Sind es nicht genauso lange Linien wie diese in der Mitte?

Sklave: Ja.

Sokrates: Könnte ein solches Quadrat nicht größer oder kleiner sein?

Sklave: Sicher.

Sokrates: Wenn diese Seite zwei Fuß lang und diese ein Fuß lang wäre, wie groß wäre dann die ganze Fläche? Überleg es so: Wenn diese zwei Fuß, diese aber nur ein Fuß lang wäre, wäre die Fläche insgesamt zwei Fuß groß.

Sklave: Ja.

Sokrates: Da aber diese auch zwei Fuß lang ist, wird die Fläche doch zweimal zwei (Quadratfuß) groß sein?

Sklave: Das wird sie.

Sokrates: Die Fläche ist also zweimal zwei Fuß groß.

Sklave: Ja.

Sokrates: Wie viel ist also der Inhalt von zweimal zwei Füßen? Rechne mal!

Sklave: Vier.

Sokrates: Könnte man nicht auch eine doppelt so große Fläche dieser Art machen, also wie dieses mit gleichlangen Seiten?

Sklave: Ja.

Sokrates: Wie groß wird das dann sein?

Sklave: Acht Fuß.

Sokrates: Nun denn, versuch mal zu sagen, wie lang jede Seite des Quadrats sein wird. Die Seite dieses Quadrats hier ist zwei Fuß lang. Wie lang ist die des doppelt so großen?

Sklave: Offensichtlich doppelt so lang.

Als sie so weit gekommen sind, sagt Sokrates zu dem beobachtenden Menon: „Siehst du, Menon, dass ich ihn überhaupt nicht belehre, sondern alles frage?" Menon stimmt zwar zu, aber einem didaktisch sensiblen Leser wird doch unbehaglich bei dieser Behauptung. Denn der Dialog folgt ja nicht einmal einem Trichtermuster, sondern lässt dem Sklaven wie bei einer „Schmalspurbahn" praktisch keinen Spielraum. Zudem hat Sokrates den Sklaven zunächst auf eine falsche Fährte gelockt, denn wenn sich bei einem Quadrat die Seitenlänge verdoppelt, dann vervierfacht sich der Flächeninhalt. Das macht Sokrates dem Sklaven im Folgenden klar und führt ihn dann zur richtigen Lösung. Er behauptet allerdings, dass sich der Sklave dabei „schrittweise erinnert, wie man sich erinnern muss."

Man kann sich vorstellen, dass Sokrates während des Dialogs Figuren in den Sand zeichnete. Mit Figur A könnte er dem Sklaven klargemacht haben, dass sich beim Verdoppeln der Seitenlänge der Flächeninhalt vervierfacht, Figur B zeigt die Lösung. Die Lehrweise des Sokrates wird als *sokratische Methode* bezeichnet. Seine Dialoge werden bis heute didaktisch analysiert (z. B. Winter 1989) und überwiegend als Vorbild für den Unterricht abgelehnt.

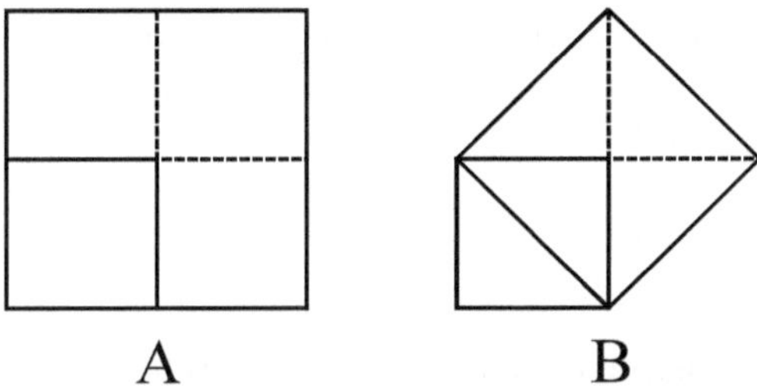

Abbildung 3.2 Verdopplung eines Quadrats

Die starke Führung durch den Lehrenden wurde durch Leonard Nelson (1882–1927) überwunden. Seine Methode wird heute als „neosokratische Methode der Gesprächsführung" bezeichnet und von ihren Anhängern auch für den Mathematikunterricht empfohlen (Loska 1995). Die Lehrenden nehmen sich dabei völlig zurück. Nach der Präsentation der Problemstellung geben sie keine Erklärungen, Lösungshinweise, Hilfen oder Kommentare. Sie vertrauen darauf, dass die Schülerinnen und Schüler selbst die Lösung des Problems finden werden.

Die sokratischen Dialoge sind auch immer wieder literarisches Vorbild gewesen, z. B. für Galileo Galilei (1564–1642), Johann Andreas Christian Michelsen (1749–1797) und Imre Lakatos (1922–1974).

Eine zweite Wurzel des fragend-entwickelnden Unterrichts ist die *Katechese* (gr. katechein = lehren) des Religionsunterrichts. Grundlage des Religionsunterrichts waren die Bibel und der „Katechismus". Da der Religionsunterricht in der Regel in Frage und Antwort abgehalten wurde, wurde Katechese zur Bezeichnung des Frage-Antwort-Unterrichts. Er wurde im 18. und 19. Jahrhundert zur vorherrschenden Unterrichtsform.

Im 19. Jahrhundert wurden dann die engen Fragen als „Scheinfragen" abgelehnt. Man war vielmehr bestrebt, „die Schüler durch erweckende Fragen zum Nachdenken, zum Untersuchen, Prüfen" hinzuleiten (Diesterweg 1962, S. 144). Der „dogmatische" Unterricht sollte durch den „heuristischen" Unterricht abgelöst werden.

Heute finden Jugendliche Verhaltensmuster häufig im Fernsehen. Die Talkshows stellen leider ein krasses Gegenmuster zu dem dar, was in einem fragend-entwickelnden Unterricht angestrebt wird. Ihr Problem sind die „Scheinantworten". Jeder Teilnehmer ist bestrebt, möglichst viel Redezeit für sich „herauszuschinden". Fragen werden nicht beantwortet, sondern dienen lediglich als Aufforderung, ausführlich und lautstark den Standpunkt der Interessengruppe darzustellen. Dem Redenden wird von Kontrahenten ins Wort gefallen; das Gegenüber wird durch Hinweise auf die Vergangenheit in Misskredit gebracht und durch Unterstellungen lächerlich gemacht. Immerhin können derartige Veranstaltungen als Negativbeispiele wirken und auf einige Regeln hinweisen: auf die Frage hören, jedem – auch den „Schüchternen" – die Chance zum Antworten geben, auf die Antworten hören, dem Redenden nicht ins Wort fallen, nicht durch Lautstärke, sondern durch die Kraft der Argumente überzeugen wollen, sich mit der Bewertung von Antworten zurückhalten.

3.3.4   Sozialformen

Der fragend-entwickelnde Unterricht bezieht alle Schülerinnen und Schüler der Klasse ein; sollen sie dagegen selbstständig arbeiten, dann arbeiten sie für sich allein oder mit anderen zusammen. Die Form der Kooperation wird als *Sozialform* bezeichnet. Die Sozialformen haben unterschiedliche Funktionen.

Klassenunterricht

Die Lehrkraft wendet sich an die ganze Klasse und moderiert. Diese Sozialform wird häufig bei der Erarbeitung neuer Sachverhalte, bei der Erstellung von Musterlösungen, bei der Diskussion von Ergebnissen, bei der Klärung von allgemein auftretenden Verständnisschwierigkeiten und bei der Besprechung von Hausaufgaben und Klassenarbeiten eingesetzt.

Gruppenunterricht

Die Klasse ist in Gruppen aufgeteilt, die sich gemeinsam mit der Lösung von Problemen befassen. Diese Form wird häufig in Phasen der Hinführung zu einem Thema, vor allem aber im offenen Unterricht z. B. bei der Bearbeitung eines Projekts verwendet. In Gruppenarbeit erzielte Ergebnisse werden in der Klasse berichtet.

Partnerarbeit

Arbeiten zwei Lernende miteinander, so spricht man von Partnerarbeit. Sie wird vor allem beim Problemlösen, beim Üben, beim Arbeiten am Computer und im offenen Unterricht, z.B. bei Freiarbeit, benutzt.

Einzelarbeit

Beim Problemlösen, beim Üben, beim Vertiefen, bei der Arbeit am Computer und im offenen Unterricht bei der Freiarbeit ist es häufig notwendig und sinnvoll, die Schülerinnen und Schüler allein arbeiten zu lassen.

Rahmenbedingungen

Heute sind Klassenzimmer in der Regel so eingerichtet, dass Tische und Stühle den Wechsel von Sozialformen ohne größere Schwierigkeiten ermöglichen. Im Mathematikunterricht spielen allerdings die Tafel und die Projektionsfläche eine wichtige Rolle, weil die Schülerinnen und Schüler dort Texte und Zeichnungen finden, die sie meist in ihr Heft übertragen sollen. Nicht jede Sitzordnung ist dazu gleichermaßen geeignet.

Ein Besuch in einem Schulmuseum kann einem deutlich machen, welchen Fortschritt bewegliche Tische und Stühle in den Klassenräumen darstellen. Noch bis in die 1950er Jahre gab es Tische und Bänke, in denen bis zu acht Schülerinnen bzw. Schüler nebeneinander saßen. (Die Klassen waren damals übrigens meist nach Geschlechtern getrennt.)

Es mag verwundern, dass bei der Partnerarbeit auch Arbeiten am Computer erwähnt wurden. Der Computer steht ja im Allgemeinen in dem Ruf, die Vereinzelung des Menschen zu verstärken. Alle Beobachtungen haben bisher gezeigt, dass diese Befürchtung bei der Verwendung von Computern im Unterricht unbegründet ist. Schülerinnen und Schüler arbeiten gern in Partnerarbeit an einem Computer zusammen, wenn es um das Lösen von Problemen geht. Aber auch bei der Erarbeitung von Begriffen kann Partnerarbeit am Computer zum Aufbau angemessener und zum Abbau verfehlter Vorstellungen helfen (z.B. vom Hofe 1999).

Sozialformen und Unterrichtskonzeptionen

Die Qualität von Unterricht wird nicht durch eine bestimmte Sozialform gewährleistet oder verhindert. Auch der Wechsel der Sozialformen innerhalb einer Unterrichtsstunde ist für sich genommen kein Qualitätsmerkmal. Aber Qualität äußert sich auch in der Wahl der *angemessenen* Sozialform.

Bei einigen Unterrichtskonzeptionen folgt der Wechsel der Sozialformen einem bestimmten Prinzip. Im *dialogischen Lernen* nach Urs Ruf und Peter Gallin (Ruf und Gallin 1998) folgt der Unterricht dem „Ich-Du-Wir-Prinzip". Ich bedeutet: In Einzelarbeit machen sich die Schülerinnen und Schüler mit einer Problemstellung vertraut. Du: In Partnerarbeit tauschen sich jeweils zwei von ihnen über ihre Ideen und Lösungsvorschläge aus. Wir: Die Schülerinnen und Schüler können ihre Ideen und Lösungen in der Klasse vorführen und im Klassenunterricht diskutieren.

Beim *kooperativen Lernen* nach Norm und Katy Green (Green und Green 2005) erfolgt der Wechsel nach dem „Think-Pair-Share-Prinzip", wobei hier von Einzelarbeit über Partnerarbeit zur Gruppenarbeit gewechselt wird.

In beiden Fällen ist den Lehrenden die Entscheidung über den Wechsel der Sozialformen durch die Theorie abgenommen.

3.4   Kommunikation im Mathematikunterricht

Mathematik vollzieht sich im Denken des Menschen. Diese Gedanken werden *sprachlich* ausgedrückt. Grundlage ist dabei die Umgangssprache, die mit Fachwörtern, die wohl definiert sind, angereichert wird, so dass daraus Fachsprache wird. Zur Fachsprache gehört auch die formale Sprache mathematischer Symbole. Mathematik wird in *Texten* dargestellt. Im Unterricht können das vorgefertigte Texte im Schulbuch, in Übungsheften, auf Folien für den Tageslichtprojektor oder Projektionsseiten des Computers sein. Mathematische Texte werden von der Lehrkraft an die Tafel geschrieben, auch die Schülerinnen und Schüler verfassen eigene mathematische Texte.

Neben Texten dienen häufig *Zeichnungen* oder *Bilder* als Darstellungen mathematischer Objekte und Sachverhalte. Wiederum werden den Schülerinnen und Schülern derartige Darstellungen an der Tafel, im Heft, am Tageslichtprojektor, am Computer vorgestellt oder sie sind von ihnen anzufertigen.

Im Mathematikunterricht werden schließlich von jeher auch *konkrete Objekte* verwendet, um daran mathematische Einsichten zu vermitteln. Das können einfache Steine sein, aber auch Modelle von Körpern oder Versuchsanordnungen zum Beobachten von Zusammenhängen.

Mathematik stellt sich damit dem Menschen auf vielfältige Weise dar. Diese Darstellungsweisen werden als *Medien* bezeichnet. Damit ist der Begriff des Mediums recht weit gefasst. Häufig wird er eingeengt auf technische Hilfsmittel. Es gibt inzwischen sogar eine eigene „Mediendidaktik" (z.B. Otto und Schulz 1993[2]). Medien drücken Mathematik in bestimmter Weise aus. Sie sind aber – auch als Texte – nicht selbst Mathematik. Menschen drücken damit mathematische Gedanken aus und erwarten, dass beim Adressaten über das Medium entsprechende Gedanken ausgelöst werden.

Im Folgenden sollen Möglichkeiten und Grenzen der Medien gezeigt sowie Hinweise über einen sinnvollen Umgang mit ihnen gegeben werden. Dabei geht es um folgende Medien:

- Sprache,

- Texte,

- Bilder,

- didaktische Materialien.

3.4.1   Sprache im Mathematikunterricht

Unter *natürlicher Umgangssprache* wird im Folgenden die im täglichen Leben allgemein verwendete Sprache verstanden (Fischer 1996, S. 295–325). Sie enthält einige mathematische Begriffe wie „Zahl", die Zahlnamen, Bezeichnungen geometrischer Figuren wie „Quadrat", „Rechteck", „Kreis" und Relationsnamen wie „parallel" und „senkrecht".

Im Mathematikunterricht dominiert im Unterrichtsgespräch eine Sprache, die aus der natürlichen Umgangssprache entstanden ist, indem sie durch mathematische Fachwörter und mathematische Redewendungen angereichert worden ist. Man kann sie als *mathematische Umgangssprache* bezeichnen. Zusammen mit der symbolischen mathematischen Sprache wird sie zur *mathematischen Fachsprache*.

Zwischen der natürlichen und der mathematischen Umgangssprache gibt es wechselseitige Beziehungen. Der Aspektreichtum der mathematischen Fachsprache ist von Hermann Maier und Fritz Schweiger mit Blick auf den Mathematikunterricht sehr ausführlich und gründlich dargestellt worden (Maier und Schweiger 1999). Im Folgenden soll nur etwas näher auf Beziehungen zwischen Begriffen der Umgangssprache und der Fachsprache eingegangen werden, weil das für das *Verstehen* von mathematischen Begriffen wichtig ist.

Von der Umgangssprache assimilierte mathematische Begriffe

Mathematische Begriffe wie „Summe", „Differenz", „Quadrat", „Kreis", „Winkel", „parallel", „Kurve" usw. gehören inzwischen so selbstverständlich zur Umgangssprache, dass ihre sprachliche Bedeutung nicht mehr hinterfragt wird, selbst wenn das möglich wäre. Die Kinder „schnappen" viele dieser Wörter auf, ohne damit eine klare Vorstellung zu verbinden. Dies leistet erst der Mathematikunterricht, indem er eine breite Erfahrungsgrundlage vermittelt. Definitionen spielen bei diesen grundlegenden Begriffen kaum eine Rolle, denn Vorstellungen werden überwiegend aus Handlungen und Beobachtungen gewonnen.

Andererseits wird es notwendig sein, Verengungen abzubauen. So wird unter „Winkel" in der Umgangssprache häufig „rechter Winkel" verstanden. „Quader" werden in der Umgangssprache als „viereckige Körper" bezeichnet (z.B. die berühmte „rechteckige" Wahlurne). Es können auch Missverständnisse auftreten, wenn in der Mathematik gebräuchliche Begriffe in der Umgangssprache in verschiedenen Bedeutungen auftreten (z.B. Kreis: Kreis Würzburg). Dabei handelt es sich jedoch um kein spezifisch mathematisches Problem.

Aus der Umgangssprache verstehbare Fachtermini

Bei einer Reihe von Begriffsbezeichnungen ergibt sich die Bedeutung unmittelbar aus der sprachlichen Formulierung, die auf die entscheidenden Eigenschaften des Begriffs hinweist. So sind Begriffe wie Viereck, Teiler, fünfstellige Zahl, Winkelhalbierende, Mittelsenkrechte, gleichseitiges Dreieck unmittelbar aus dem Kontext verständlich. Bei Begriffen wie Tangente oder Sekante erschließt sich der Sinn durch eine Übersetzung ins Deutsche. Bei den *Fremdwörtern* kann es sinnvoll sein, die Übersetzung anzugeben und auf die ursprüngliche Bedeutung des Wortes einzugehen. In der Grund- und Hauptschule werden die Fremdwörter häufig eingedeutscht (z.B. „deckungsgleich" statt „kongruent"), weil man erfahren hat, dass den Schülerinnen und Schülern sowohl Aussprache wie Aneignung Schwierigkeiten bereiten. Andererseits vermeidet man heute in der Grundschule das missverständliche „und" für + und sagt stattdessen „plus".

Bei diesem Begriffstyp besteht die Gefahr, dass die Schülerinnen oder Schüler nur diejenigen Merkmale beachten, die in der Bezeichnung anklingen. So denken manche von ihnen z.B. bei „Nebenwinkeln" häufig nur an das Vorhandensein eines gemeinsamen Schenkels. Sie übersehen z.B. die Forderung, dass die beiden anderen Schenkel zusammen eine Gerade bilden müssen. Solchen Fehlleistungen kann man zu begegnen versuchen, indem man eine Definition gibt und durch eine Betrachtung von Beispielen und Gegenbeispielen auf die Bedeutung der definierenden Eigenschaft hinweist.

An umgangssprachliche Begriffe angelehnte Fachtermini

Eine große Zahl von mathematischen Begriffen trägt Bezeichnungen, die an umgangssprachliche Vorstellungen anknüpfen. Hierunter fallen Begriffe wie „ähnlich", „stetig", „Schneckenkurve", „Randpunkt", „Verkettung". Ihnen liegt in der Regel ein sehr anschauliches Phänomen zugrunde, das man im Unterricht durch Mathematisierung zu erfassen sucht.

Lernschwierigkeiten ergeben sich, wenn den Schülerinnen und Schülern nicht bewusst ist, dass der mathematische Begriff gegenüber dem umgangssprachlichen Verständnis eingeengt ist.

Aus der Umgangssprache entlehnte Termini mit anderer Bedeutung

Es erscheint allgemein eine Scheu zu bestehen, Kunstwörter für mathematische Begriffe zu wählen. Man unterlegt stattdessen Wörtern der Umgangssprache eine neue Bedeutung. So entstanden Bezeichnungen wie „Gruppe", „Ableitung", „Körper", „Ring" usw., bei denen sich allenfalls Assoziationen einstellen, etwa zu den Worten „Reisegruppe", „Körperschaft" oder „Versicherungsring". Man bezweckt damit, dass man sich die Wörter besser merkt. Es ist klar, dass man diese Begriffe nur verstehen kann, wenn man eine Definition kennt. Durch einen Vorrat an Beispielen versucht man, Vorstellungen zu vermitteln. Durch Gegenbeispiele versucht man, den Einfluss von definierenden Bedingungen zu zeigen.

Lernschwierigkeiten entstehen, wenn die Schülerinnen oder Schüler andere Vorstellungen haben und meinen, sie könnten sie zum Verständnis heranziehen, obwohl das nicht möglich ist. Das könnte z.B. beim Begriff „stumpfer Winkel" oder bei „Mächtigkeit" eintreten.

Kunstwörter in der Fachsprache

Wenn auch nur in Gefilden der höheren Mathematik Kunstwörter für mathematische Begriffe gebildet werden (z.B. Ringoid), so stellen für die Lernenden insbesondere im Bereich der Hauptschule Fremdwörter solche Kunstwörter dar. Der wichtigste Nachteil dieser Bezeichnungen ist darin zu sehen, dass es den Lernenden schwerfällt, diese Wörter auszusprechen und zu merken.

Symbole in der Fachsprache

Die betrachteten Fälle bezogen sich auf die mathematische Umgangssprache. Bezieht man auch noch Symbole und Zeichen in die Betrachtungen mit ein, so wachsen die Anforderungen. Einige Probleme ergeben sich bereits im Umgang mit Zahlnamen, Rechenzeichen und dem Gleichheitszeichen. In der Mathematik wird eine Zeichenreihe wie

$$2 + 3 = 5$$

als *Gleichung* betrachtet. Sie stellt eine *Aussage* dar, die feststellt, dass die auf der linken Seite dargestellte Zahl gleich der auf der rechten Seite dargestellten Zahl ist. Für Kinder in der Grundschule ist das eine „ausgerechnete Aufgabe", bei der festgestellt wird, dass die Addition der Zahlen 2 und 3 die Zahl 5 ergibt. Eben wurde ganz selbstverständlich von der „Zahl 2" gesprochen. Das ist zwar üblich, ist aber nicht ganz korrekt, denn eigentlich ist ja die „mit 2 bezeichnete Zahl" gemeint. Diese umständliche Sprechweise soll jetzt nicht empfohlen werden, aber es sollte damit doch deutlich gemacht werden, dass prinzipiell ein Unterschied zwischen dem mathematischen Objekt und seinem Namen besteht.

Den Schülerinnen und Schülern sollte aber spätestens in der Bruchrechnung bewusst werden, dass es in der Mathematik für das gleiche Objekt viele Namen gibt. Es wird dort empfohlen, den Begriff „Bruch" für den Namen einer „Bruchzahl" zu verwenden und zwischen „Bruch" und „Bruchzahl" zu unterscheiden. Das ist aber kaum durchzuhalten, denn damit werden z.B. die Bruchrechenregeln sehr schwerfällig. Wenn man zu wählen hat zwischen Genauigkeit und Verständlichkeit, dann wird heute im Allgemeinen der Verständlichkeit der Vorzug gegeben (z. B. Padberg 1995[2], S. 63).

Deutlich höhere Anforderungen stellt die Fachsprache an die Lernenden, sobald Variable auftreten. Viele der Schwierigkeiten bei Termumformungen in der Algebra lassen sich als typisch sprachliche Probleme im Umgang mit der „Formelsprache" der Algebra deuten und auch überwinden (Vollrath und Weigand 2007[3]). Dies setzt allerdings voraus, dass man z. B. das Rechnen und das Termumformen unter dem Gesichtspunkt von Sprache betrachtet (Fischer 1996, S. 295–327; Pimm 1987).

Übersetzungen

Schwierigkeiten mit Textaufgaben lassen sich auf unterschiedliche Weise betrachten (Prediger 2010). Das hängt mit ihrer Komplexität zusammen. Eine Reihe von Schwierigkeiten lassen sich als *Übersetzungsprobleme* deuten. Ein Problem aus der Umwelt wird in Umgangssprache formuliert. Um es mathematisch zu lösen, ist es in Formelsprache zu übersetzen. In der Formelsprache wird es dann gelöst. Die formale Lösung wird zurückübersetzt in die Umgangssprache und damit wiederum in die Sachsituation eingebettet.

Beispiel: „Eine Mutter erschrak, als sie bemerkte, dass sie schon dreimal so alt war wie ihre Tochter. Doch sie beruhigte sich, als sie errechnete, dass sie in 20 Jahren nur noch doppelt so alt sein würde. Wie alt waren Mutter und Tochter?"

Diese uralte Textaufgabe soll mit einer Gleichung gelöst werden. Dazu ist zunächst eine Übersetzung nötig. Man geht schrittweise vor:

Die Tochter ist heute x Jahre alt.

Die Mutter ist dreimal so alt, also $3x$ Jahre.

In 20 Jahren ist die Tochter $x + 20$ Jahre alt.

Die Mutter ist dann $3x + 20$ Jahre alt.

In 20 Jahren ist die Mutter doppelt so alt wie ihre Tochter, also:

$$3x + 20 = 2(x + 20)$$

Das ist die Übersetzung der Sachaufgabe in die Formelsprache.

In der Formelsprache wird die Gleichung umgeformt, bis man die Lösung erkennt:

$$3x + 20 = 2x + 40$$

$$x = 20$$

Jetzt wird zurückübersetzt:

Die Tochter ist heute 20 Jahre alt. Ihre Mutter ist dreimal so alt, also 60 Jahre.

In 20 Jahren wird die Tochter 40 Jahre und die Mutter 80 Jahre, also nur noch doppelt so alt wie ihre Tochter sein.

Die Übersetzung hat ihre Tücken. Für viele Schülerinnen und Schüler scheint es verlockend zu sein, die Gleichung

$$2(3x + 20) = 2x + 20$$

anzusetzen. Die Ursache liegt darin, dass der Text „Wort für Wort" und nicht dem Sinn nach übersetzt wird. Diese Problematik ist an der „Professorenaufgabe" international sehr gründlich analysiert worden (Malle 1993, S. 93–101). Dabei geht es darum, wie die Angabe übersetzt wird: „Auf einen Professor kommen 6 Studenten." Wird mit S die Anzahl der Studenten und mit P die Anzahl der Professoren bezeichnet, so wird die Beziehung zwischen S und P überwiegend durch die Gleichung $P = 6S$ statt richtig durch $6P = S$ ausgedrückt.

3.4.2   Mathematische Texte

Mathematische Texte begegnen den Schülerinnen und Schülern in erster Linie im *Schulbuch* und dort im Wesentlichen in zwei Funktionen:

- Texte informieren über Sachverhalte,

- Texte dienen zum Formulieren von Problemen.

Fragt man Lehrkräfte, welche Funktion für sie das Schulbuch hat, so wird in erster Linie die *Aufgabensammlung* genannt. Informierende Texte werden in ihrer Bedeutung relativiert. Häufig wird angegeben, dass sie eigene Texte zur Information über Sachverhalte z. B. an die Tafel anschreiben und ins Heft übertragen lassen, Texte diktieren oder selbst verfasste, abgezogene Texte liefern (Schmidt 1984). Entsprechend sind in den Schulbüchern die informierenden Texte immer stärker reduziert worden. Im Wesentlichen werden die wichtigsten Sachverhalte knapp in „Kästen" formuliert. Wichtige Aufgabentypen werden in Form von „Musterlösungen" dargestellt.

Beispiele:

Eine Zahl mit genau 2 Teilern heißt **Primzahl**.
Diese Teiler sind 1 und die Zahl selbst.

Die ersten Primzahlen sind 2, 3, 5, 7, 11, 13, 17, 19.
1 ist keine Primzahl, denn sie besitzt nur den einen Teiler 1.

Abbildung 3.3 Zusammenfassender Kasten

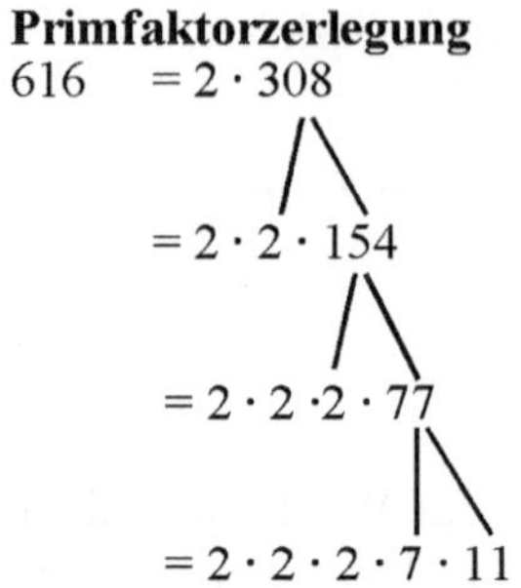

Primfaktorzerlegung

$616 \quad = 2 \cdot 308$

$= 2 \cdot 2 \cdot 154$

$= 2 \cdot 2 \cdot 2 \cdot 77$

$= 2 \cdot 2 \cdot 2 \cdot 7 \cdot 11$

Abbildung 3.4 Musterlösung

Längere mathematische Texte finden sich praktisch nicht mehr in Schulbüchern. Die Mehrzahl der Schülerinnen und Schüler lernt es daher nicht, umfangreichere oder gar anspruchsvollere mathematische Texte zu lesen. Dabei erfordern mathematische Texte ein ganz anderes Lesen als die üblichen Texte des Alltags. So weisen Maier und Schweiger darauf hin, dass die Lesegewohnheiten des Alltags das Verstehen mathematischer Texte erschweren.

Eine dieser Gewohnheiten besteht darin, dass man nicht Wort für Wort liest, sondern bald Hypothesen über den nachfolgenden Text bildet, die man nur noch stichprobenartig überprüft. Außerdem kann man Wissen aus der Alltagserfahrung einbringen, das einem behilflich dabei ist, rasch den Sinn des Textes zu erfassen. Beides ist in der Regel bei mathematischen Texten eher gefährlich (Maier und Schweiger 1999, S. 65).

Weil mathematische Texte durch eine *geringe Redundanz* und eine *hohe Informationsdichte* gekennzeichnet sind, ist es notwendig, sich intensiv mit ihnen auseinanderzusetzen (Keitel et al. 1980). Das Verstehen des Textes kann man zwar unter Beachtung bestimmter Kriterien erleichtern, grundsätzlich kommt man aber nicht daran vorbei, dass sich Mathematik erst im *Durcharbeiten* des Textes entfaltet und damit durchaus eine individuelle Prägung durch die Lernenden erfährt.

So wird man versuchen, die Informationsdichte mit Hilfe von Beispielen, Modelldarstellungen und Anwendungen aufzulösen. Die fehlende Redundanz erfordert ein reflektierendes Lesen, bei dem man häufig auf frühere Textstellen zurückgreift, Pausen zum Nachdenken und Überdenken von Konsequenzen des Gelesenen einlegt. Auch wiederholtes Lesen eines Abschnitts ist häufig für ein volles Verstehen unverzichtbar (Maier und Schweiger 1999, S. 66).

Selbst angehende Mathematikstudierende haben nur in ganz seltenen Fällen vor dem Studium einmal selbstständig ein echtes Mathematikbuch gelesen und wissen nicht, wie man damit umgeht. Diese weitgehende Vernachlässigung mathematischer Texte im Mathematikunterricht stellt im Hinblick auf die angestrebte Allgemeinbildung ein nicht entschuldbares Versäumnis dar.

Die Abiturientinnen und Abiturienten haben meist auch nicht gelernt, selbst längere mathematische Texte zu verfassen. Zwar werden im Abitur zu den Aufgaben erläuternde Ausführungen verlangt, die auch in die Bewertung eingehen. Die meisten Schülerinnen und Schüler wären aber verwundert, wenn sie einen *mathematischen Aufsatz* schreiben sollten. Dies wurde von Wagenschein mit guten Gründen immer wieder gefordert (Wagenschein 1970², S. 170–172). Leider ist der Aufsatz bis heute im Mathematikunterricht nicht heimisch geworden.

Andererseits gibt es immer wieder Bemühungen, die Schülerinnen und Schüler dazu zu bringen, über Mathematik zu schreiben. Wer wie Peter Gallin und Urs Ruf einen Weg findet, dass sie z.B. nach einem interessanten Themenkreis aufschreiben, welche Fragen sie besonders berührt, welche Ergebnisse sie beeindruckt haben, welche Erfahrungen für sie aber vielleicht auch schmerzhaft waren, kann ihnen helfen, eine persönliche Beziehung zur Mathematik zu gewinnen, und wird dabei selbst eine neue Dimension des Mathematikunterrichts kennen lernen (Gallin und Ruf 1993).

Schließlich werden im Rahmen der Bemühungen, den Schülerinnen und Schülern Kompetenzen im *Kommunizieren* zu vermitteln, zunehmend auch Texte bei der Bearbeitung von Aufgaben – auch in Klassenarbeiten – erwartet, die dann auch zu bewerten sind (Drüke-Noe 2009).

3.4.3 Bilder im Mathematikunterricht

Schulbücher enthalten viele bunte Bilder. Diese haben unterschiedliche Funktionen:

- Einstimmung in bestimmte Situationen,
- Bereitstellung von Daten zum Stellen von Aufgaben,
- Ansätze zur Modellbildung,
- Veranschaulichung mathematischer Sachverhalte durch Modelle,
- Darstellung geometrischer Gebilde,
- Darstellung von Funktionen,
- Darstellung von Daten.

Diese Darstellungen dienen also im Wesentlichen der Darbietung von Mathematik. Die mathematischen Darstellungen im engeren Sinne sollen aber auch als Muster zur eigenen Darstellung mathematischer Objekte dienen. Die Schülerinnen und Schüler sollen also lernen, geometrische Konstruktionen durchzuführen, Körper darzustellen, Funktionsgraphen zu zeichnen und Diagramme zur Darstellung von Daten anzulegen.

Neben den Bildern im Buch werden Bilder mit dem Tageslichtprojektor, mit einem graphikfähigen Taschenrechner und mit dem Computer angefertigt und im Unterricht präsentiert.

Von besonderem didaktischen Interesse sind Bilder, die zu mathematischer Erkenntnis führen. Man kann das sehr schön am „Königsberger Brückenproblem" zeigen. Leonhard Euler (1707–1783) schreibt darüber:

> Zu Königsberg in Preussen ist eine Insel A, genannt der „Kneiphof", und der Fluss, der sie umfliesst, teilt sich in zwei Arme, wie dies aus der Fig. 1 ersichtlich ist. Über die Arme dieses Flusses führen sieben Brücken a, b, c, d, e, f und g. Nun wurde gefragt, ob jemand seinen Spazierweg so einrichten könne, dass er jede dieser Brücken einmal und nicht mehr als einmal überschreite. Es wurde mir gesagt, dass einige diese Möglichkeit verneinen, andere daran zweifeln, dass aber niemand sie erhärte. (Übersetzung: Speiser 1925, S. 128)

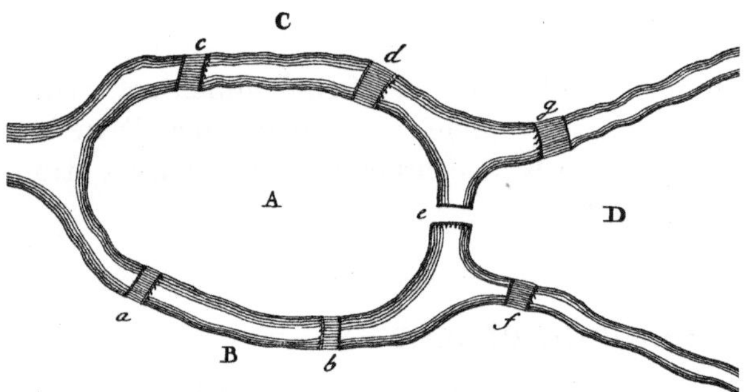

Abbildung 3.5 Königsberger Brückenproblem (aus: Leonhard Euler, *Opera Omnia 7.1,* Leipzig (Teubner) 1923, S.1)

Die Situation ist durch ein Bild repräsentiert, das zwar schon eine gewisse Struktur, aber offensichtlich noch keine Lösung erkennen lässt. Stellt man die Situation allerdings mit Hilfe eines Graphen dar, dann ist alles eindeutig festgelegt. A, B, C, D sind „Knoten", a, b, c, d, e, f, g sind „Kanten":

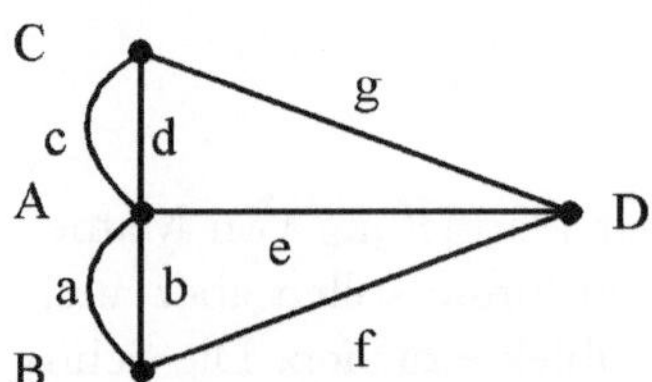

Abbildung 3.6 Graph zum Königsberger Brückenproblem

Euler erkannte, dass es keinen solchen Weg geben kann, denn er müsste an jeder Ecke so oft ankommen, wie er von ihr wegführt. An jeder Ecke müsste also die Anzahl der Kanten gerade sein.

Durch den Übergang von der *Situationsskizze*, in der noch nicht alles festgelegt ist, zum *Graphen* mit festgelegter Bedeutung wird das Problem einer Lösung zugeführt. Allgemein konnte Gert Kadunz in seiner *Theorie der Visualisierung* zeigen, wie durch ein Wechselspiel zwischen „offenen" Bildern („analoge Repräsentation") und „festgelegten" Bildern („propositionale Repräsentation") Probleme gelöst und mathematische Erkenntnis gewonnen werden kann (Kadunz 2000).

3.4.4   Tafel und Tageslichtprojektor

Im Verlauf einer Unterrichtsstunde werden wichtige Texte und Zeichnungen immer noch an der *Wandtafel* festgehalten. Zwar wirkte sie eine Zeit lang altmodisch gegenüber dem Tageslichtprojektor, doch waren es vor allem zwei Vorzüge der Wandtafel, die ihr Überleben sicherten:

- Gedankengänge, Herleitungen, Beweise, Problemlösungen, Rechnungen und Konstruktionen können an der Tafel *entwickelt* werden.

- Die Wandtafel erlaubt es, den ganzen Stundenverlauf auf einer Fläche abzubilden. Wesentliche Angaben, wichtige Ergebnisse und informative Zeichnungen sind für die Schülerinnen und Schüler *ständig sichtbar.*

Ein gutes Tafelbild zu gestalten, erfordert eine vorherige Planung und technisches Können. Als Anfänger ist man gut beraten, außerhalb der Unterrichtszeit an der eigenen Schrift zu arbeiten und sich mit dem Gebrauch von Geodreieck und Zirkel vertraut zu machen. Technische Beherrschung des Mediums ist notwendig, um gleichzeitig zu denken, zu sprechen, zu schreiben und Kontakt zur Klasse zu halten. Obwohl das technisch unmöglich erscheint, bekommen es erfahrene Lehrkräfte hin.

Beim *Tageslichtprojektor* ist man dagegen der Klasse zugewandt. Auch an ihm kann man Gedanken entwickeln, doch sobald eine Folie voll ist, verschwindet sie. Seine Stärke liegt vielmehr in der Präsentation vorbereiteter ansprechender Darstellungen. Er verführt allerdings auch dazu, die ganze Stunde mit Folien zu begleiten. Über einer Klasse kann sich dann regelrecht ein „Foliengewitter" entladen.

3.4.5   Didaktische Materialien

Haben angesichts der großartigen Bilder am Computer z.B. einfache Holzklötze im Mathematikunterricht überhaupt noch eine Chance?

Modelle

Auch wenn man heute Pestalozzis Forderung ergänzt und einen Mathematik-unterricht mit *Kopf – Herz – Hand –* und *Maus* befürwortet, sollte man doch die *Hand* nicht vergessen. Gegenständliche Modelle dienen dem Erfassen von Zusammenhängen und können insbesondere als Verständnisgrundlagen genutzt werden. Sie können so auch der Vorbereitung eines Computereinsatzes dienen oder diesen ergänzen.

Beispiele: (1) Regina Möller hat gezeigt, wie man mit Bauklötzen in der Grundschule grundlegende Erfahrungen zu Ware-Preis-Zuordnungen vermitteln kann (Möller 1997).

(2) Schülerinnen und Schüler sollten alle einmal die wichtigsten Körperformen von allen Seiten betrachtet haben und verschiedene Ansichten skizzieren können. Insbesondere sollten sie einmal einen Würfel im Schrägbild nicht nur von rechts oben (A) her gesehen, sondern auch von links unten (B) her gesehen zeichnen.

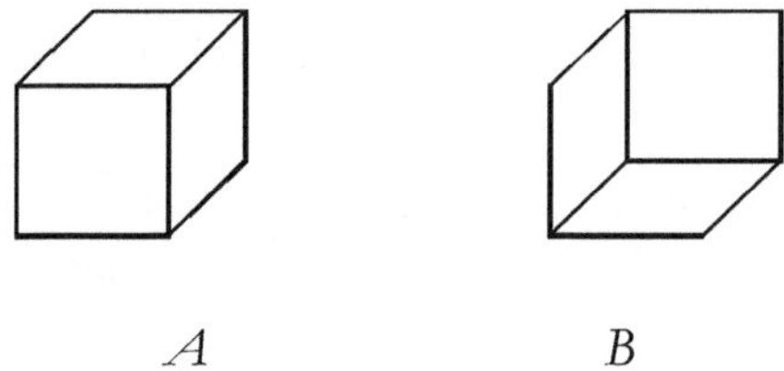

Abbildung 3.7 Ansichten eines Würfels

In der Grundschule gibt es natürlich viel „Mathematik zum Anfassen". Doch auch im Gymnasium kann man in fortgeschrittenen Klassen mit der dann verfügbaren leistungsfähigen Trigonometrie, analytischen Geometrie und Analysis durchaus anspruchsvolle Modelle zum Beispiel in Projekten anfertigen lassen.

Beispiele: Die hier dargestellten Körper wurden in Projekten gebaut (Ludwig 1998).

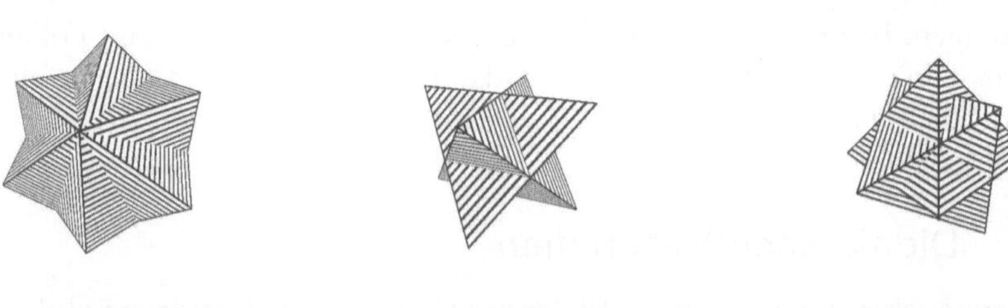

Abbildung 3.8 Modelle von Körpern (Zeichnungen: Matthias Ludwig, Frankfurt a. M.)

Unter dem Einfluss von Klein wurden an vielen Mathematischen Instituten Modellsammlungen angelegt. Einen Überblick über die Fülle interessanter Modelle, die dort noch zu finden ist, gibt Fischer (1986).

Man sollte den Bau von Modellen in der Geometrie nicht unterschätzen. In der Konvexgeometrie wurde z.B. bis in unsere Zeit mit Modellen die Existenz bestimmter, sehr komplizierter Körper nachgewiesen. Auch beim Beweis des Vier-Farben-Satzes wurden ganz konkrete Typen von Graphen mit dem Computer durchgemustert (z.B. Bigalke 1988).

Spiele

Es gibt zahlreiche Spielmaterialien, die man im Unterricht verwenden kann. In der Grundschule sind sie fest etabliert (z.B. Müller und Wittmann 1984[3], Radatz und Schipper 1983). Auch in der Sekundarstufe I kann das Spiel zahlreiche unterschiedliche Funktionen übernehmen. Schupp nennt z.B. die unterbrechende, die darstellende, die einübende, die verdeutlichende, die problematisierende, die heuristische, die analysierende, die mediale, die strategische, die produzierende und die modellierende Funktion (Schupp 1978).

Selbst in der Sekundarstufe II können Spiele mathematische Betrachtungen auslösen. So hat z.B. Schupp aus dem bekannten „Mühlespiel" eine „Mühle-Geometrie" entwickelt, an der Grundzüge der Axiomatik deutlich gemacht werden können (Schupp 1974).

Vielfältige Anregungen rund um Spiele in Übungs- und in Erarbeitungsphasen des Mathematikunterrichts finden sich auch bei Leuders (2008, 2009).

Experimente

In vielen Anwendungsbereichen der Mathematik wird experimentiert. Man denkt hier in erster Linie an die *Physik*. Im Mathematikunterricht werden grundlegende Größen wie Länge, Flächeninhalt, Rauminhalt, Gewicht (Masse), Zeit und Geschwindigkeit behandelt. Hier wird auch im Mathematikunterricht gemessen. Abhängigkeiten zwischen Größen werden unter dem Aspekt der *Funktionen* im Mathematikunterricht behandelt. Dabei bietet es sich an, auch im Mathematikunterricht zu experimentieren, ohne allerdings dem Physikunterricht vorzugreifen (Vollrath 1978c, Vordermann 2000).

Beim Experimentieren erarbeiten sich Schülerinnen und Schüler selbsttätig Anschauungsgrundlagen, die ganz wesentlich zur Entwicklung von Verständnis und zum Erkenntnisgewinn beitragen. Dazu müssen sie zunächst Erfahrungen im Umgang mit der Situation sammeln, diese Erfahrungen anschließend interpretieren, ggf. idealisieren und auf dieser Grundlage modellieren. Es ist wichtig und notwendig, die so entstandenen Ideen auf ihre Tragfähigkeit hin zu testen, indem man beim Experimentieren die Einflussgrößen systematisch variiert. Dazu können dynamisch-geometrische Simulationen auf der Basis von dynamischen Geometriesystemen erstellt oder gegenständliche Modelle herangezogen werden (Roth 2006a, S. 110-119).

Beispiel: Mit Würfeln und Ziehungen aus einer „Urne" kann man einen experimentellen Zugang zum Begriff der *Wahrscheinlichkeit* finden. Auch Experimente an einem Galton-Brett können zu dem Begriff der Wahrscheinlichkeit hinführen (Jäger und Schupp 1983).

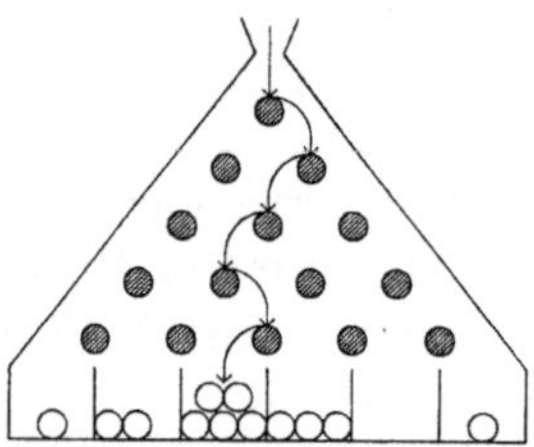

Abbildung 3.9 Galton-Brett (aus: Jäger und Schupp 1987)

Weitere grundsätzliche Aspekte zum Experimentieren im Mathematikunterricht und vielfältige Beispiele findet man bei Leuders et al. (2006) und Ludwig und Oldenburg (2007).

Lernwerkstatt bzw. Mathematik-Labor

Die Idee von Lernwerkstätten oder Mathematik-Labors besteht darin, Lernumgebungen zu schaffen, in denen Schülerinnen und Schüler Alltagsphänomene oder mathematische Sachverhalte anhand von Materialien selbstständig erforschen und mathematisch durchdringen können. Dies kann an gegenständlichen Modellen, Alltagsobjekten, mit Bastelmaterialien, Papier und Bleistift, in Simulationen und mit Hilfe von Computerwerkzeugen (gemeint sind hier dynamische Geometriesysteme, Tabellenkalkulationsprogramme, Computeralgebrasysteme und dynamische Mathematiksysteme) geschehen. Damit wird die Möglichkeit eines differenzierenden und von den Schülerinnen und Schülern selbstbestimmten, kooperativen Arbeitens in einem ihnen jeweils eigenen Lern- und Arbeitstempo eröffnet (Appell 2004).

Beim Experimentieren mit entsprechend aufbereiteten gegenständlichen Modellen geht es darum, Funktionsweisen zu erforschen, Erfahrungen zu sammeln, Eigenschaften zu entdecken, Hypothesen aufzustellen und so die Mathematisierung vorzubereiten. Beim Mathematisieren werden Erfahrungen mit den Modellen aufbereitet und systematisiert sowie mathematische Darstellungen und analytische Beschreibungen entwickelt. Dadurch sollen die Schülerinnen und Schüler Zusammenhänge entdecken und mathematisch darstellen, notwendige mathematische Grundlagen klären, damit Probleme lösen und so letztlich die beobachteten Phänomene verstehen (Appell et al. 2008).

Beispiel: „Gleichdicks" sind Figuren, die interessante Eigenschaften besitzen. Um diese zu erforschen, können gegenständliche Modelle eingesetzt, aber auch Simulationen genutzt werden. Dabei wird der vom Kreis bekannte Begriff des Durchmessers zum Konzept der „Dicke" einer Figur verallgemeinert und erst dadurch für Anwendungen nutzbar gemacht. Gleichdicks sind Figuren, die in alle Richtungen dieselbe Dicke aufweisen. Dadurch werden sie zwar als Unterlegrollen brauchbar (Abb. 3.10), nicht jedoch als an Achsen befestigte Räder (Abb. 3.11).

Abbildung 3.10 Die Gleichdicks Kreis und Reuleaux–Dreieck als Rollen im Holzmodell (Foto: Roth)

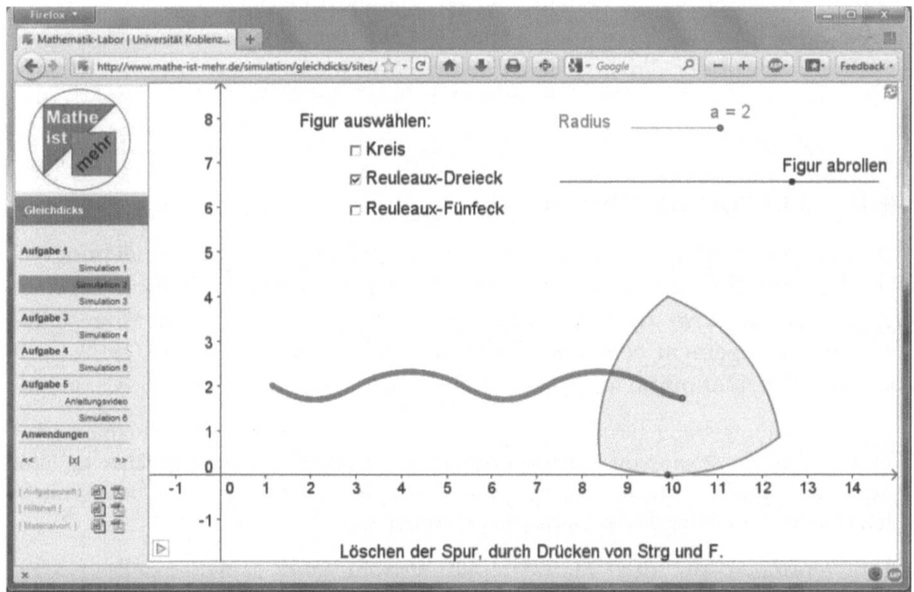

Abbildung 3.11 Simulation eines Reuleaux-Dreiecks als Rad an einer Radachse (interaktives Arbeitsblatt: Roth, *mathematikunterricht.net*)

Diese Laborstation erlaubt bereits in der Sekundarstufe vielfältige inhaltliche Vernetzungen im Mathematikunterricht (vgl. *www.mathe-labor.de* → Simulationen → Gleichdicks). So können z.B. Formeln für den Flächeninhalt und den Umfang von Gleichdicks unter Rückgriff auf bekannte Flächeninhaltsformeln bestimmt und interessante Konstruktionsaufgaben (Gleichdicks konstruieren) gelöst werden. Weitere Möglichkeiten ergeben sich mit Blick auf die Sekundarstufe II.

Entscheidend bei der Arbeit in einer Lernwerkstatt ist die *vertiefte Auseinandersetzung*. Um diese anzustoßen, kann es hilfreich sein, die Schülerinnen und Schüler Hypothesen aufstellen und diese anschließend untersuchen zu lassen. Sowohl die Hypothesen als auch die Arbeitsergebnisse und ggf. Reflexionen über die eigene Arbeit sollten in einem „Laborprotokoll" festgehalten werden. Dies unterstützt zum einen die vertiefte Auseinandersetzung mit den mathematischen Inhalten während der Bearbeitung und ermöglicht zum anderen auch ein Nachvollziehen der Ergebnisse und Lösungsprozesse im Rückblick. Um ein erfolgreiches Arbeiten für alle Schülerinnen und Schüler zu gewährleisten, muss auch eine Möglichkeit des Abrufs von Hilfestellungen geschaffen werden. Dies kann etwa durch ein „Hilfeheft" geschehen, das bei Bedarf gestufte Hilfen anbietet.

Das Einrichten eines solchen Mathematik-Labors ist zunächst recht aufwändig, dieser Aufwand reduziert sich für die einzelne Lehrkraft aber erheblich, wenn entsprechende Lernumgebungen im Rahmen der Zusammenarbeit eines Fachkollegiums an einer Schule erstellt werden. Dadurch verbessert sich wegen der gegenseitigen Rückmeldungen auch die Qualität der Laborstationen. Anregungen finden sich in der didaktischen Literatur und im Internet unter *mathematikunterricht.net*.

3.4.6 Lernumgebungen

In der neueren didaktischen Literatur ist immer wieder von „Lernumgebungen" die Rede, ohne dass es für diesen Begriff eine einheitliche Definition gäbe. In der Regel ist damit ein zur Unterstützung von Lernprozessen planvoll gestaltetes Gesamtarrangement gemeint. Mandl und Reinmann-Rothmeier (1999, S. 5) geben folgende Definition an:

> [Eine] Lernumgebung besteht aus einem Arrangement von Unterrichtsmethoden und -techniken sowie von Lernmaterialien und Medien. Sie stellt gleichzeitig aber auch die aktuelle zeitliche, räumliche und soziale Lernsituation dar und schließt letztlich auch den jeweiligen kulturellen Kontext ein.

Lernumgebungen für den Mathematikunterricht sind „substanzielle Unterrichtseinheiten" (Wittmann, 1992), die Wollring (2007) charakterisiert als „eine Erweiterung dessen, was traditionell eine Aufgabe ausmacht oder ein flexibles Aufgabenformat. Sie besteht aus einem Netzwerk kleinerer Aufgaben, die durch Leitideen strukturiert und gebunden werden." Entscheidend ist dabei, dass die Lernumgebungen mathematisch fundiert und reichhaltig genug sind, dass wesentliche Entdeckungen gemacht und Erkenntnisse gewonnen oder vertieft werden können.

Gute Lernumgebungen regen Schülerinnen und Schüler dazu an, ihr eigenes Handeln zu reflektieren. Dies kann durch das Einfordern von Erklärungen und Beschreibungen des eigenen Tuns (in der Partnerarbeit und im Plenum) und durch geeignete Methoden der Ergebnissicherung unterstützt werden. Daneben müssen Lernumgebungen eine Binnendifferenzierung ermöglichen, logistisch leicht im Unterricht eingesetzt werden können und dürfen nicht isoliert stehen, sondern müssen bewusst mit anderen Lernumgebungen vernetzt sein.

Die folgende Zusammenstellung stellt den Versuch dar, wesentliche Aspekte explizit zu benennen, die bei der Entwicklung und Beurteilung von Lernumgebungen für den Mathematikunterricht von Bedeutung sind:

Lernumgebungen für den Mathematikunterricht

- sind inhaltlich durchdacht aufgebaut und fachlich korrekt,

- bieten vielfältige Zugänge zu einem mathematischen Phänomen,

- sind auf das selbstständige Arbeiten von Lerngruppen oder individuellen Lernenden abgestellt,

- sollen entdeckendes Lernen ermöglichen,

- umfassen geeignete Medien, Materialien sowie Aufgabenstellungen, die hinreichend offen sind, um differenzierend zu wirken,

- setzen einen methodischen und sozialen Rahmen,

- fordern zur Kommunikation und Reflexion über das Erarbeitete heraus,

- enthalten Aufforderungen zur Dokumentation der Ergebnisse

- und bieten bei Bedarf individuell abrufbare Hilfestellungen an.

Beispiel: Anhand von geometrischen Figuren, den sogenannten „EXIs" soll im Rahmen einer Lernumgebung die Entwicklung von Verständnisgrundlagen für die Bruchrechnung unterstützt werden (Roth 2009a). Es geht darum, dass die Schülerinnen und Schüler handelnd inhaltliche Vorstellungen aufbauen, in bildlichen Darstellungen festhalten und auf dieser Grundlage reflektieren. Dabei wird mit einem regulären Sechseck als dem Ganzen gearbeitet, zu dem verschiedene Teilfiguren existieren, mit denen das Sechseck ausgelegt werden kann (Abb. 3.12).

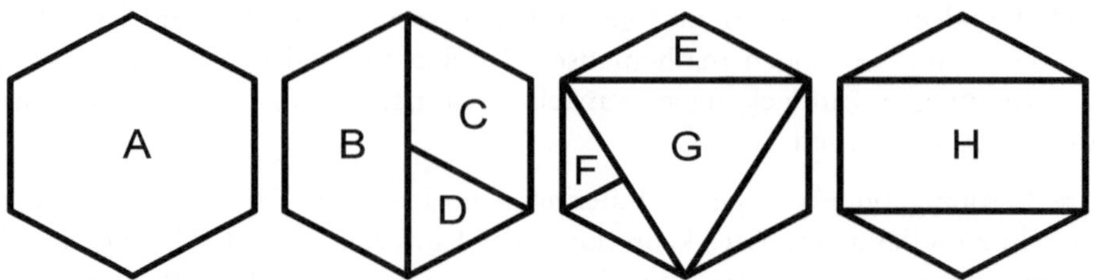

Abbildung 3.12 Das reguläre Sechseck A und die (Teil–)Figuren B bis H sind die „EXIs"
(aus: Roth 2009a)

Um die Grundvorstellung „Bruch als Teil eines Ganzen" auszubilden, ist es
hilfreich, das Ganze, hier also das regelmäßige Sechseck A, mit verschiedenen
jeweils gleichen Teilen auszulegen. Durch das Abzählen der zum vollständigen
Auslegen benötigten Stücke lässt sich auf den Bruchteil des einzelnen Stücks
bezüglich des Ganzen schließen (Abb. 3.13).

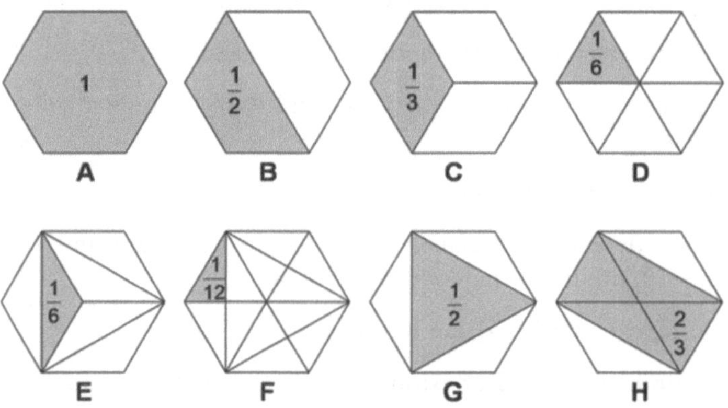

Abbildung 3.13 Bruchteile des Sechsecks, den die jeweiligen „EXIs" jeweils darstellen
(aus: Roth 2009a)

Wie in Abbildung 3.13 ersichtlich, steckt in dieser Aufgabe durchaus Differen-
zierungspotential. Mit den EXI-Typen G (großes gleichseitiges Dreieck) und H
(Rechteck) kann das Sechseck nicht vollständig ausgelegt werden. Dadurch
wird auch die Bestimmung des zugehörigen Bruchteils schwieriger. Hier können aber auf sehr unterschiedliche Weise Ergebnisse verwendet werden, die bei
den anderen EXI-Typen gewonnen wurden. Dies führt unter anderem zum
Erweitern von Brüchen als Verfeinern der Einteilung und das Kürzen von
Brüchen als das Vergröbern der Einteilung, wie es exemplarisch in Abbildung
3.14 dargestellt ist.

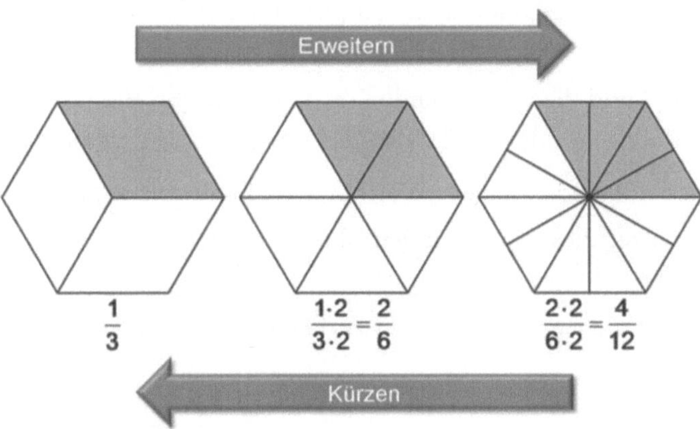

Abbildung 3.14 Bruchteile erweitern bzw. kürzen bedeutet, die Unterteilung des Bruchteils und des Ganzen entsprechend zu verfeinern bzw. zu vergröbern (aus: Roth 2009a)

Entscheidend ist, dass die Ergebnisse der Arbeit mit dem Material in einer Skizze festgehalten werden. Nur so kann man sich anschließend darüber austauschen und später auch ohne Material auf die damit gewonnenen Erkenntnisse (notfalls durch Anfertigen von Skizzen) zurückgreifen. Dazu sollten zu jeder Aufgabe Sechseckvorlagen (Abb. 3.15) zum Eintragen der Arbeitsergebnisse auf einem Arbeitsblatt angeboten werden.

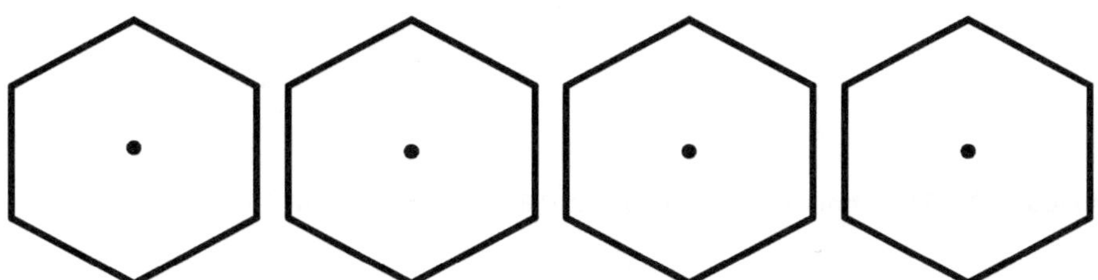

Abbildung 3.15 Sechseckvorlage für Skizzen zu den Aufgaben der Lernumgebung (aus: Roth 2009a).

Neben Aufgaben zu Grundvorstellungen von Bruchzahlen sowie zum Kürzen und Erweitern von Brüchen können in diesem Rahmen auch solche zu allen grundlegenden Rechenoperationen gestellt werden.

Hier sollen exemplarisch zwei Aufgaben zum Thema „Division von Bruch durch Bruch" angegeben werden:

- Bei der Division $\frac{1}{2} : \frac{1}{3}$ ist das Maß $\frac{1}{3}$ kleiner als $\frac{1}{2}$, also das, was gemessen werden soll. Hier stellt sich folgende Frage: „Wie oft ist $\frac{1}{3}$ in $\frac{1}{2}$ enthalten?" Beantwortet diese Frage, indem ihr ein passendes EXI mit einem geeigneten anderen EXI messt.

- Nun werden das Maß und die zu messende Größe vertauscht. Bei der Division $\frac{1}{3}:\frac{1}{2}$ ist das Maß $\frac{1}{2}$ größer als $\frac{1}{3}$, also das was gemessen werden soll.

  Hier stellt sich also folgende Frage: „Welcher Bruchteil von $\frac{1}{2}$ ist in $\frac{1}{3}$ enthalten?" Beantwortet diese Frage, indem ihr ein passendes EXI mit einem geeigneten anderen EXI messt.

In Abbildung 3.16 werden die Ergebnisse dieser Aufgaben festgehalten.

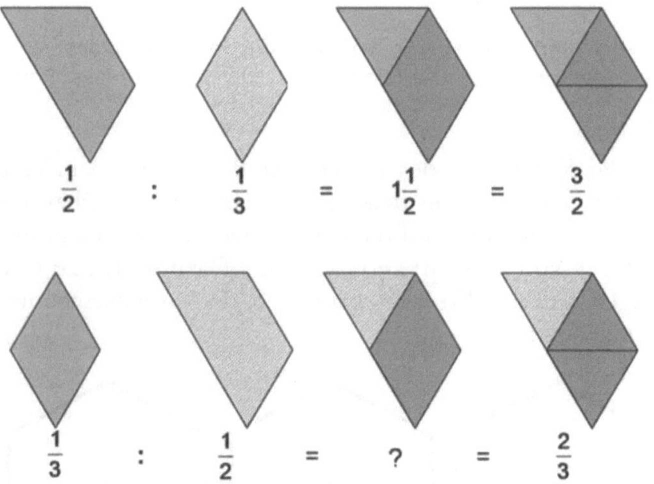

Abbildung 3.16 Ergebnisse der Aufgaben zu „Bruch durch Bruch" (aus: Roth 2009a).

3.4.7 Der Computer als Medium im Mathematikunterricht

Der Computer kann in vielfältiger Weise Medium, also Vermittler, im Mathematikunterricht sein. Er fungiert als Träger und Übermittler von Informationen, kann dazu Ton, Text und statische sowie dynamische Bilder integrieren und ermöglicht zusätzlich einen interaktiven Umgang damit. Folglich ist der Computer als *das* Medium für Multimedia-Anwendungen anzusehen.

Das Internet im Mathematikunterricht

Über das Internet ist mit Hilfe des Mediums Computer der einfache und schnelle Zugriff auf eine unübersehbare Datenmenge möglich, was aber auch die Frage des Auffindens von jeweils relevanten Informationen aufwirft. Hier ist die Entwicklung der Fähigkeit zum sinnvollen Umgang mit Suchmaschinen ein anzustrebendes Prozessziel. Gerade auch im Rahmen der Modellierung ist dies von Vorteil, weil mit realen und aktuellen Daten gearbeitet werden kann und damit die Lebenswirklichkeit der Schülerinnen und Schüler ansatzweise in den Mathematikunterricht Einzug hält.

Beispiel: Bei dem Modellierungsprojekt „Stand-by" (Maas 2007, S. 130 ff.) geht es um die Frage, wie viel Energie und Stromkosten in Deutschland durch das konsequente Abschalten von Geräten mit Stand-by-Funktion gespart werden könnten. Gerade auch die Diskussion nach der Reaktorkatastrophe im japanischen Fukushima wirft die Frage auf, ob es allein dadurch möglich wäre, eines der Kernkraftwerke in Deutschland abzuschalten. Die benötigten aktuellen Daten lassen sich aus dem Internet gewinnen. Mögliche Quellen sind etwa unter *mathematikunterricht.net* zu finden.

Daneben gibt es eine Vielzahl von guten, aber auch weniger guten oder sogar schlechten Unterrichtsmaterialien für den Mathematikunterricht im Netz. Das führt dazu, dass das Auffinden von geeigneten Materialien oft sehr zeitaufwändig und trotzdem unbefriedigend ist. Dies gilt sowohl für Lehrkräfte bei der Unterrichtsvorbereitung als auch für Schülerinnen und Schüler beim Suchen nach geeigneten Übungsmaterialien. Hier können Link-Datenbanken für den Mathematikunterricht helfen.

Beispiel: Die Linkdatenbank *www.mathematik-digital.de* erhebt den Anspruch, sortiert nach Lehrplanthemen bzw. Themen der KMK-Bildungsstandards Links zu guten Unterrichtsmaterialien im Internet bereitzustellen. Hier können jederzeit Links eingetragen werden, die anschließend von Redaktionsteams aus Mathematiklehrkräften der Sekundarstufen hinsichtlich ihrer Eignung für den Unterricht bewertet werden. Je besser ein Link zu einem Thema bewertet wurde, desto weiter oben steht er.

Das Internet bietet aber auch die Möglichkeit, eigene Informationen sehr einfach weltweit zur Verfügung zu stellen. Dies ermöglicht es jeder Lehrkraft, den eigenen Schülern Materialien über das Internet anzubieten, und erleichtert die Zusammenarbeit von Mathematiklehrkräften über Schulstandorte hinweg. Darüber hinaus kann es für Schülerinnen und Schüler sehr motivierend sein, in Projekten selbst Informationen zu Themen des Mathematikunterrichts zusammenzustellen und der „Welt" im Netz zu präsentieren.

Beispiel: Eine einfache und schnelle Möglichkeit der Veröffentlichung und Zusammenarbeit im Internet stellen die Wikis dar. Hier kann man direkt im Browser Texte, Bilder, interaktive Elemente und mathematische Formeln eingeben und so etwa Lernpfade für Schülerinnen und Schüler gestalten. Diese sind nach dem Aktualisieren direkt weltweit für jeden abrufbar. Eine sehr weitreichende und gut gepflegte Umgebung für diesen Zweck bietet etwa das ZUM-Wiki. Links zu diesem Wiki und zu beispielhaften Lernpfaden, die auch für den eigenen Unterricht angepasst werden können, findet man unter *mathematikunterricht.net*.

Texte am Computer

Wie bereits in Abschnitt 3.4.2 ausgeführt, stellen Schulbücher immer weniger Lesetexte für den Mathematikunterricht zur Verfügung. Hier kann der Computer mit Internetanschluss gegensteuernd wirken, weil hier nicht nur in Online-Lexika wie Wikipedia (*http://www.wikipedia.de*) eine ganze Reihe von Texten zur Verfügung stehen, die gerade im Bereich der Mathematik oft von verblüffend guter Qualität sind. Daneben finden sich auch historisch interessante mathematische Texte im Internet, die auch als Anregungen zum Lesen sinnvoll sind. Eine thematisch geordnete Zusammenstellung derartiger Texte für den Mathematikunterricht findet man etwa auf der Internetseite der Arbeitsgruppe von Hans Niels Jahnke. (Die Linkadresse findet man unter *mathematikunterricht.net*.)

Daneben ist es aber auch sinnvoll, die Schülerinnen und Schüler dazu anzuhalten, selbst Texte mathematischen Inhalts zu produzieren. Dies kann der Motivation, aber insbesondere auch der Entwicklung der Fähigkeit zur Kommunikation über Mathematik dienen. Ganz nebenbei werden dabei auch moderne Arbeitstechniken am Computer (Formel- und Textsatz, Umgang mit und Erstellen von Graphiken, Layout-Fragen …) eingeübt. Auch hier gibt es vielfältige Möglichkeiten im Rahmen von Projektarbeit, Facharbeiten usw.

Bilder am Computer

Die verschiedenen Funktionen von Bildern im Mathematikunterricht (vgl. Abschnitt 3.4.3) werden durch die Nutzung von Computern alle unterstützt. Zusätzlich ergeben sich die oben angesprochenen Möglichkeiten des Internets. Insbesondere durch Einsatz von Computerwerkzeugen, wie etwa den dynamischen Geometriesystemen, können darüber hinaus dynamische Bilder bzw. Simulationen erstellt werden, die den Erkenntnisprozess durch die Möglichkeit der systematischen Variation von Parametern unterstützen und so die Begriffsbildung erleichtern können. So ist es möglich, Sonder- und Grenzfälle zu erkunden sowie die Aufmerksamkeit auf jeweils relevante Aspekte zu richten. Dies kann sowohl von der Lehrkraft zu Präsentationszwecken im Rahmen des Unterrichtsgesprächs als auch von Schülerinnen und Schülern in Partnerarbeit am Computer während des Unterrichts sowie (bei Verfügbarkeit im Internet) zu Hause für die Nachbereitung des Unterrichts genutzt werden.

Beispiel: Um sich einen Überblick über Begriffe am Dreieck zu verschaffen und Eigenschaften dieser Begriffe zu erfassen, kann es hilfreich sein, ein dynamisches Bild eines Dreiecks zur Verfügung zu haben, bei dem sich die jeweils relevanten Aspekte ein- und ausblenden lassen und insbesondere das Dreieck beliebig verformt werden kann. Durch die Möglichkeit der Variation liegt nicht nur, wie bei statischen Bildern, ein Repräsentant eines Dreiecks vor, sondern es werden potentiell alle möglichen Dreiecke darstellbar. In Abbildung 3.17 ist ein entsprechendes dynamisches Bild eines Dreiecks mit eingezeichneten Höhen dargestellt. (Den Link zum dynamischen Bild findet man unter *mathematikunterricht.net*.) Das Dreieck lässt sich durch Ziehen an den Eckpunkten verformen.

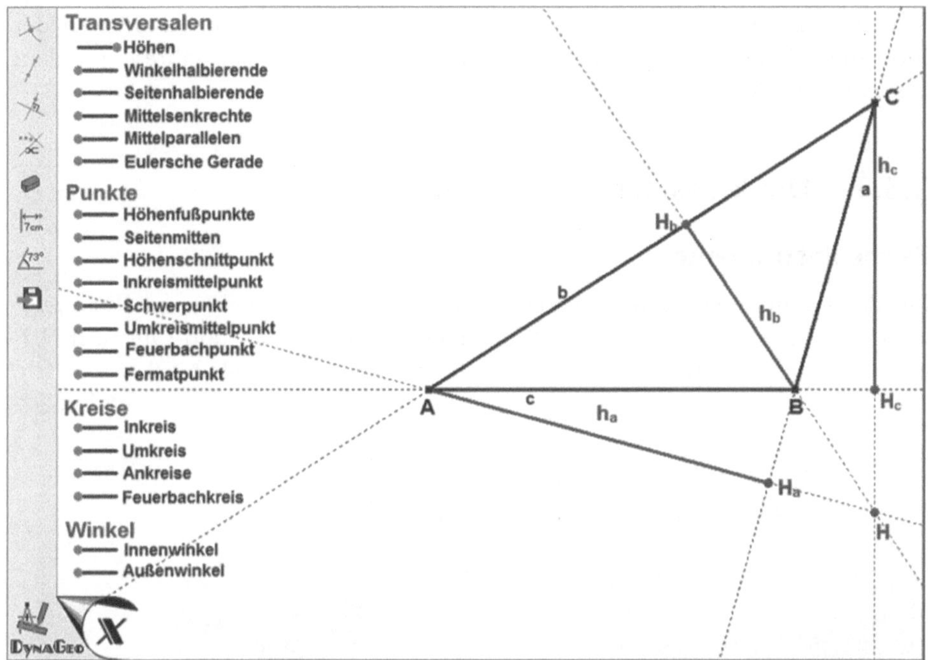

Abbildung 3.17 Dynamisches Bild zum Thema „Begriffe am Dreieck" (interaktives Arbeitsblatt: Roth, *mathematikunterricht.net*)

Das interaktive Whiteboard

Aktuell hält das interaktive Whiteboard Einzug in immer mehr Klassenzimmer und Fachräume. Es lässt sich als Kombination aus herkömmlicher Wandtafel und interaktiver Projektionsfläche des Computerbildschirms beschreiben, auf der wie bei einem Tablett-PC (mit einem Stift oder dem Finger) direkt geschrieben werden kann sowie Mausaktionen durchgeführt werden können. Dies gestattet die Einbindung von allen Aspekten des Mediums Computer in den Unterricht. Es ist allerdings darauf zu achten, dass das interaktive Whiteboard nicht dazu verführt, die Dominanz des lehrerzentrierten Unterrichts fortzuführen.

3.5   Werkzeuge im Mathematikunterricht

Mathematik spielt sich im Denken des Menschen ab. Fragt man forschende Mathematiker nach ihren Werkzeugen, dann werden sie heute immer noch zunächst „Papier und Bleistift" nennen. Unzählige mathematische Arbeiten sind auf der Rückseite von Schreiben der Verwaltung oder gar auf Briefumschlägen entstanden. Entsprechende Werkzeuge im Mathematikunterricht sind natürlich auch das – meist karierte – Heft und ein Schreibwerkzeug. Aber z.B. bei Facharbeiten und in Projekten wird auch zunehmend der Computer als Schreibwerkzeug eingesetzt. Mathematiker, die in der Wirtschaft oder in der Industrie arbeiten, haben allerdings bereits seit den 1960er Jahren mit dem Computer als Werkzeug zu tun.

3.5.1 Die klassischen Werkzeuge

Zeicheninstrumente

Für den Geometrieunterricht waren das *Lineal*, das *Zeichendreieck*, der *Winkelmesser* und der *Zirkel* die klassischen Werkzeuge. In der Mittel- und Oberstufe kamen dann Schablonen für die Kegelschnitte und Kurvenlineale hinzu.

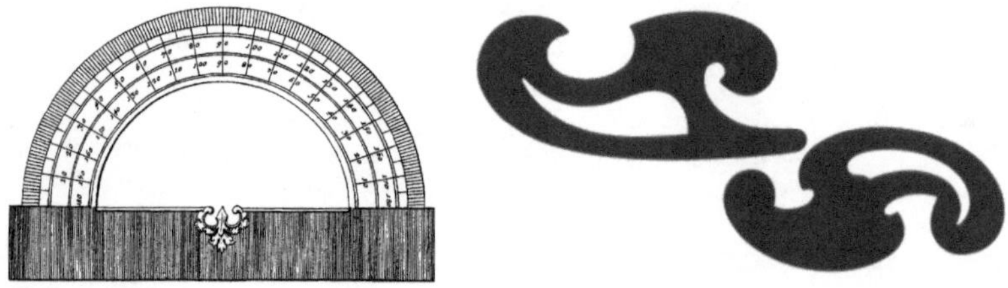

Abbildung 3.18 Links: Winkelmesser (aus: Johann Friedrich Penther, *Praxis geometriae,* Augsburg (Probst) 1788, Tab II, Fig. 2); rechts: Kurvenlineale (Foto: Vollrath)

Übrig geblieben sind das *Geodreieck* und der *Zirkel* sowie die *Parabelschablone*. Das Geodreieck stellt eine Sammlung von Werkzeugen dar.

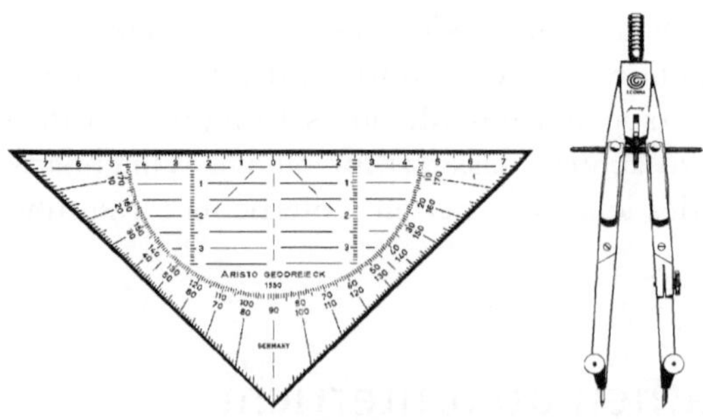

Abbildung 3.19 Geodreieck und Zirkel (Foto: Vollrath)

Es ist nicht nur die Vereinigung des Winkelmessers mit dem Zeichendreieck, sondern umfasst ganze Module, in denen mehrere mit Zirkel und Lineal notwendige Konstruktionsschritte zusammengefasst werden. So ist etwa das Zeichnen einer Parallelen zu einer gegebenen Geraden mit einem Geodreieck eine Grundkonstruktion, kann also in einem Schritt durchgeführt werden, während dazu mit Zirkel und Lineal mehrere Konstruktionsschritte erforderlich sind.

Tafeln und Formelsammlungen

Tafeln (auch Tafelwerke) waren über viele Jahrhunderte bis in die zweite Hälfte des 20. Jahrhunderts das Mittel der Wahl, wenn numerische Ergebnisse berechnet werden sollten. Hier wurden z.B. die Werte des dekadischen und des natürlichen Logarithmus tabellarisch aufgelistet. Sie sind mit der Entwicklung von leistungsfähigen Taschenrechnern und Computern praktisch bedeutungslos geworden. Formelsammlungen spielen dagegen heute noch eine Rolle, z.B. bei Prüfungen im mathematisch-naturwissenschaftlichen Fächern und in den Ingenieurwissenschaften.

Rechenmaschinen

Als Werkzeug zum Rechnen wurde bis Anfang der 1970er Jahre im Mathematik- und Physikunterricht der *Rechenstab* (auch *Rechenschieber*) verwendet. Er wurde damals im Gymnasium in der 10. Jahrgangsstufe in Verbindung mit den Logarithmen als *Analogrechner* eingeführt.

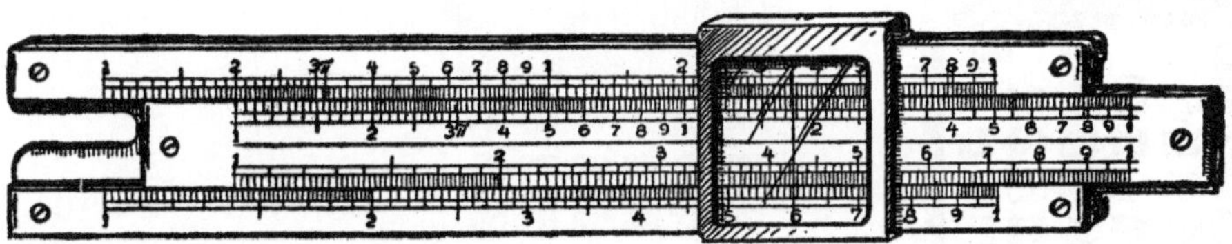

Abbildung 3.20 Rechenstab (aus: Lietzmann, 2. Teil, 1923^2, S. 243, Fig. 69)

Auch *Digitalrechner* – meist dachte man an *Sprossenradmaschinen* – wurden immer wieder für den Mathematikunterricht empfohlen (Anthes 1994). Häufig wurde dabei mit der Vorbereitung auf das Leben argumentiert. Sie konnten sich aber wegen des hohen Preises nicht durchsetzen.

Ein letzter Anlauf wurde Anfang der 1970er Jahre mit Empfehlungen zur Einführung der kleinen und sehr handlichen „Curta", einer *Staffelwalzenmaschine*, unternommen. Da begann aber bereits der elektronische Taschenrechner, seinen Siegeszug anzutreten.

Sprossenradmaschine   Staffelwalzenmaschine

Abbildung 3.21 Links: Triumphator, Sprossenradmaschine (aus: Katalog der Fa. Wichmann, Berlin, 20. Aufl., S. 453); rechts: Curta: Staffelwalzenmaschine (Foto: Vollrath)

Taschenrechner

Seit Ende der 1970er Jahre standen preiswerte *Taschenrechner* zur Verfügung. Es kam eine Fülle immer leistungsfähigerer Geräte auf den Markt. Einige Firmen machten spezielle Angebote für den Mathematikunterricht. Die Schulen wurden von der Entwicklung weitgehend überrollt.

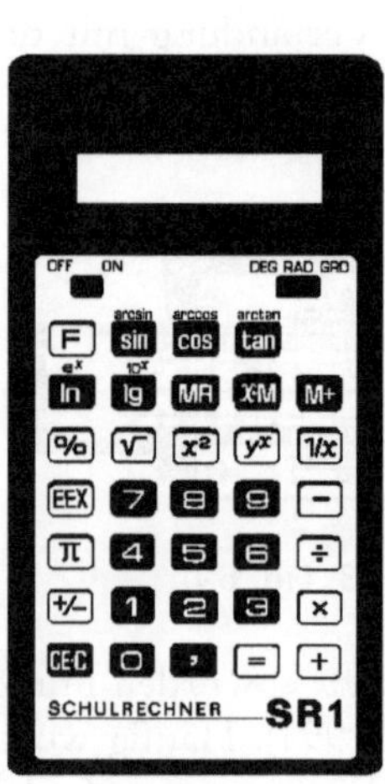

Abbildung 3.22 Links: Der erste SCHULRECHNER SR 1 der DDR (Foto: Vollrath); rechts: Taschenrechner CASIO COLLEGE fx-100 (Foto: Vollrath)

In der DDR waren Taschenrechner lange nahezu unerschwinglich. Mitte der 1980er Jahre wurde nach entsprechender Vorbereitung der Lehrkräfte ein einheitlicher „Schulrechner" eingeführt (Fanghänel und Walsch 1985).

Heute ist durch Erlass geregelt, von welcher Jahrgangsstufe ab Taschenrechner im Mathematikunterricht verwendet werden dürfen. Im Grunde genommen geht es jedoch nur noch darum, die Schülerinnen und Schüler zu einer sinnvollen Verwendung des ihnen von klein auf verfügbaren Gerätes anzuleiten.

Den Schülerinnen und Schülern sollte klar sein, dass sie Grundfertigkeiten im Kopfrechnen benötigen und dabei sogar schneller als der Taschenrechner sein können. Sie brauchen auch eine gewisse Sicherheit im schriftlichen Rechnen, die nur durch Übung zu gewinnen ist. Ihnen sollte bewusst werden, dass sie hier selbst Verantwortung für ihr Lernen tragen müssen. Mit dem Taschenrechner als „Kontrolleur" können sie z.B. ihre schriftlichen Rechnungen *selbst* überprüfen.

Unter dem Einfluss des Taschenrechners ist das intensive und zeitaufwändige Üben des schriftlichen Rechnens reduziert worden. Andererseits hat es der Taschenrechner ermöglicht, *Aufgaben mit wirklichkeitsnahen Daten* zu stellen. Die Zeit der Sachaufgaben mit unrealistischen Angaben müsste eigentlich vorbei sein. Der Taschenrechner kann aber auch die *Art des Rechnens* beeinflussen. Während Prozent- und Zinsrechnung traditionell mit dem Dreisatz als Lösungsschema arbeiteten, wird in der Praxis mit dem Taschenrechner multiplikativ gerechnet.

Beispiele: (1) Der Nettopreis einer Ware beträgt 230 €. Es sind 19 % Mehrwertsteuer aufzuschlagen. Welcher Bruttopreis ergibt sich? Man kann so vorgehen, dass man zunächst die Mehrwertsteuer berechnet und diese dann addiert. Also: 230 € · 0,19 = 43,70 €; 230 € + 43,70 € = 273,70 €.

(2) Den Bruttopreis kann man aber auch direkt durch Multiplikation mit dem „Wachstumsfaktor" 1,19 erhalten. Also: 230 € · 1,19 = 273,70 €.

(3) Will man aus dem Bruttopreis den Nettopreis bestimmen, dann braucht man nur durch 1,19 zu dividieren. Also: 273,70 € : 1,19 = 230 €.

(4) Um aus dem Bruttopreis die enthaltene Mehrwertsteuer zu bestimmen, errechnet man zunächst wie in (3) mit einer Division durch 1,19 den Nettopreis und daraus dann wie in (1) durch Multiplikation mit 0,19 die Mehrwertsteuer. Also: 273,70 € : 1,19 · 0,19 = 43,70 €.

Auch für das „Formelrechnen" im Geometrieunterricht ergeben sich neue Möglichkeiten durch den Taschenrechner. Weil dabei in der Regel komplexere Berechnungen erforderlich sind, geht es darum, den Rechner *möglichst geschickt* einzusetzen. Unterschiedliche Berechnungswege drücken sich in unterschiedlichen *Tastenfolgen* aus, so dass man verschiedene Lösungen diskutieren und vergleichen kann. Die Schülerinnen und Schüler sollten deshalb auch zum selbstständigen Suchen von geschickten Berechnungswegen angeregt werden (Glaser 1984).

3.5.2 Der Computer als Werkzeug im Mathematikunterricht

Zu Beginn der 1970er Jahre kamen die ersten erschwinglichen Computer auf den Markt, die mit Maschinensprache programmiert werden konnten. Mit ihnen konnte man alle gängigen Approximationsverfahren des Mathematikunterrichts durchführen (Hirschmann und Vierengel 1970, Engel 1977). Die Computer ließen sich bald mit BASIC, dann sogar mit PASCAL programmieren. Es gelang jedoch nicht, die Computer wirklich in den Unterricht zu integrieren. Das wäre prinzipiell bereits Anfang der 1990er Jahre möglich und sinnvoll gewesen, als preiswerte und leistungsfähige Geräte auf den Markt kamen. Doch erst zu Beginn des neuen Jahrtausends begann sich die Politik wieder für Bildung zu interessieren und in sie zu investieren.

Computerwerkzeuge

Erst mit der Entwicklung leistungsfähiger Computerwerkzeuge (CW) hielten Computer langsam Einzug in den Mathematikunterricht. Bei Computerwerkzeugen handelt es sich um Software, die flexibel für unterschiedliche Zwecke eingesetzt werden kann. So gesehen sind Computerwerkzeuge also computergestützte Universalwerkzeuge, bei denen der Anwender jeweils entscheidet, welche der vielen Funktionen er wozu einsetzt.

Die im Mathematikunterricht eingesetzten Computerwerkzeuge sind im Wesentlichen Tabellenkalkulationsprogramme (TKP), dynamische Geometriesysteme (DGS), Computeralgebrasysteme (CAS) und neuerdings dynamische Mathematiksysteme (DMS). Dynamische Mathematiksysteme lassen sich grob als Versuch darstellen, Tabellenkalkulationsprogramme, dynamische Geometriesysteme und Computeralgebrasysteme in einer Software zu integrieren. Auch graphikfähige Taschenrechner (GTR) und Taschencomputer (TC) lassen sich zusammen mit der integrierten Software als Computerwerkzeuge für den Mathematikunterricht auffassen.

Im Folgenden werden schlaglichtartig einige Thesen zum Einsatz von Computerwerkzeugen im Mathematikunterricht zusammengestellt.

Experimentierumgebung

Computerwerkzeuge eignen sich als Experimentierumgebungen zur Erkenntnisgewinnung, weil mit ihrer Hilfe Vermutungen sofort überprüft und gegebenenfalls korrigiert werden können. Darüber hinaus werden in Konfigurationen enthaltene funktionale Zusammenhänge direkt erfahrbar, wenn mit einem Computerwerkzeug einzelne Variable einer Konfiguration (etwa mit Hilfe von Schiebereglern) gezielt und stetig bzw. „quasistetig" (gemeint ist ein diskretes, aber gleichmäßiges Variieren, also eine Veränderung, die in „äquidistanten Schritten" erfolgt) verändert werden.

Heuristisches Hilfsmittel („Denkzeug")

Der Computer ist ein Werkzeug, das das Denken unterstützt, in Anlehnung an Dörfler (1991) also ein „Denkzeug", weil er bei komplexen Problemstellungen, die nicht mehr im Kopf erfassbar sind, dazu dient, die Komplexität in den Griff zu bekommen. Dies geschieht dadurch, dass das Gedächtnis entlastet wird und einzelne Fähigkeitsaspekte des Denkens an den Rechner delegiert werden. Folgende Aspekte sind hier zu nennen:

- Systematisches Probieren, das Untersuchen von Grenzfällen und ein Überblick über eventuell notwendige Fallunterscheidungen beanspruchen die mit Computerwerkzeugen arbeitenden Menschen nicht mehr im gleichen Umfang wie ohne Werkzeug. Die Variationen müssen zwar noch geplant, aber nicht mehr in Gedanken ausgeführt werden.

- Das Gedächtnis wird nicht mehr so stark belastet, da die Gesamtkonfiguration ständig zur Verfügung steht und das Computerwerkzeug geeignete Hilfsmittel bietet, um die Aufmerksamkeit auf den jeweils gewünschten Aspekt zu lenken.

- Parametervariation durch den Nutzer und die daraus resultierende (Bildschirm-)Ausgabe des Computerwerkzeugs kann zu einer Interaktion zwischen Computerwerkzeug und Nutzer und damit zum „verteilten Denken" führen. Dies ist dann der Fall, wenn aufgrund der beobachteten Computerausgabe die nächste Aktion bzw. Veränderung geplant wird. Die Betonung liegt hier also auf der *Planung* der nächsten Eingabe.

Die Entlastung in den genannten kognitiven Bereichen erlaubt beim Problemlösen die Konzentration auf Aspekte der Planung, Interpretation, Analyse und Argumentation. Voraussetzung dazu ist allerdings die Fähigkeit, mit dem jeweiligen Computerwerkzeug umgehen, seinen zielgerichteten Einsatz planen und im Laufe des verteilten Denkprozesses ggf. auch reorganisieren zu können.

Modellierungswerkzeug

Bei mathematischen Modellierungen kann das Computerwerkzeug dabei helfen, Beschränkungen der Fähigkeiten des Modellierens zu überwinden. Einerseits wird damit die Manipulation komplexer Modelle und die Verarbeitung realistischer Daten auch für Schülerinnen und Schüler überhaupt erst möglich. Andererseits sind wesentliche Aspekte der Modellbildung, etwa das Erproben und Optimieren bzw. Verwerfen verschiedener Modellansätze, noch in realistischer Weise für eine Behandlung im Mathematikunterricht zugänglich.

Kommunikationsmittel

Mit Computerwerkzeugen können Sachverhalte optimal dargestellt und visualisiert werden. Dabei spielen die Möglichkeiten des dynamischen „Vorführens" von Veränderungen und der Nutzung von Fokussierungshilfen (Roth 2008a) zur Aufmerksamkeitsfokussierung auf wesentliche Aspekte eine wichtige Rolle. Dies erleichtert das Verständnis der Sachverhalte.

Alle genannten Aspekte sprechen dafür, dass die Lehrkraft Computerwerkzeuge im Mathematikunterricht einsetzen sollte. Noch wichtiger ist aber die Nutzung von Computerwerkzeugen durch die Schülerinnen und Schüler selbst. Dadurch besteht, wie oben dargestellt, die Chance, dass sie ihre Fähigkeiten im Experimentieren, Problemlösen, Modellieren und Kommunizieren mathematischer Sachverhalte im Mathematikunterricht weiterentwickeln und vorhandene Begrenzungen überwinden.

Prinzipiell besteht aufgrund des oben umrissenen Potentials von Computerwerkzeugen die Möglichkeit, die Schülerinnen und Schüler durch ihren Einsatz von Kalkülen zu entlasten. Für den Unterricht bedeutet das:

- Der Unterrichtsschwerpunkt verschiebt sich in Richtung Planung, Analyse, Argumentation sowie kreatives und produktives Arbeiten.

- Selbsttätiges und entdeckendes Arbeiten der Schülerinnen und Schüler werden unterstützt.

- Im Hinblick auf Modellierungen eröffnen sich neue Möglichkeiten zur Behandlung realistischer Probleme.

Grundsätzlich bleibt aber festzuhalten: Es handelt sich hier nur um prinzipielle Chancen, aber nicht um zwangsläufige Folgen eines Einsatzes von Computerwerkzeugen! Die Art und Weise der Nutzung eines Computerwerkzeugs und damit auch der Erfolg eines entsprechenden Unterrichts hängen in erheblichem Maße von einer ganzen Reihe von Faktoren ab. Dazu gehören insbesondere:

- geeignete Unterrichtskonzepte,

- fachliche Fähigkeiten und Werkzeugkompetenzen aller am Unterricht Beteiligten,

- Aufgeschlossenheit gegenüber Computern und Computerwerkzeugen.

Dynamische Geometriesysteme (DGS)

Dynamische Geometriesysteme erlauben die Konstruktion von (zweidimensionalen) geometrischen Konfigurationen, die, wie der Name bereits andeutet, durch den *Zugmodus* sehr einfach bewegt und verformt werden können. Die Spur der Bewegung eines Punktes lässt sich über eine *Ortslinie* aufzeichnen und so für weitere Bearbeitungen bzw. Reflexionen zugänglich machen und festhalten.

Zum Umfang eines DGS gehört es auch, sogenannte *Makros* erstellen zu können. Dies bedeutet, dass mehrere Konstruktionsschritte nach der Durchführung zusammengefasst und abgespeichert werden können. Gibt man nach Aufruf des Makros anschließend die Startobjekte ein, dann wird sofort die gewünschte Zielkonfiguration ausgegeben. Dies erlaubt es, sehr komplexe Konfigurationen in überschaubare Schritte zu zerlegen und zeiteffizient zu konstruieren. Abbildung 3.23 zeigt die Konstruktion eines dynamischen Schrägbilds eines Tetraeders mit abgeschnittenen Ecken, das mit Hilfe von Makros konstruiert wurde.

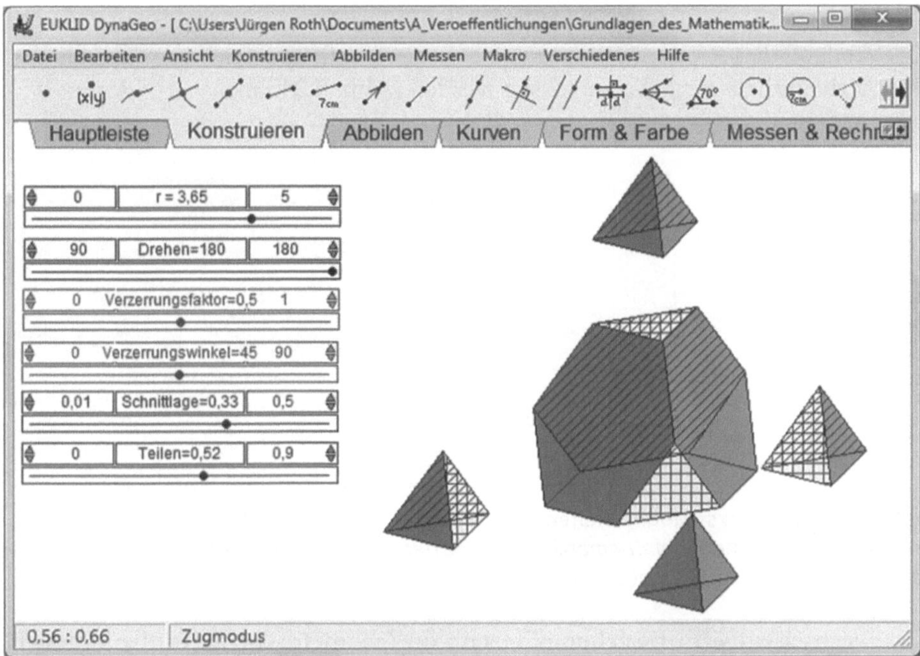

Abbildung 3.23 Dynamisches Schrägbild eines Tetraeders mit abgeschnittenen Ecken (interaktives Arbeitsblatt: Roth, *mathematikunterricht.net*)

Auch wenn der Name dieses Softwaretyps es nahe legt, ist sein Einsatz nicht auf die Geometrie und schon gar nicht auf geometrisches Konstruieren beschränkt. Er bietet als Computerwerkzeug vielmehr vielfältigste Optionen, um ihn zum Spezialwerkzeug für ganz spezifische Anwendungsgebiete zu machen. Insbesondere für Lehrkräfte stellt er eine mächtige Basis für die Entwicklung von Lernumgebungen für den Mathematikunterricht und darüber hinaus dar. Links zu entsprechenden Beispielen findet man unter *mathematikunterricht.net*.

Auch für die Raumgeometrie gibt es bereits entsprechende Software, die dynamischen Raumgeometriesysteme (DRGS). Sie bieten aber bei Weitem noch nicht den Funktionsumfang, der bei DGS bereits erreicht ist.

Beispiel: Mit einem DGS lässt sich etwa ein Trapez konstruieren, das auch nach Verformung im Zugmodus (Ziehen an den Eckpunkten, Verändern der Höhe ...) seine Grundeigenschaft, nämlich ein Trapez zu sein, erhält. Dies ermöglicht, den Begriff „Trapez" zu erfassen und zu anderen Vierecksbegriffen in Beziehung zu setzen. Darüber hinaus können mit Hilfe von Ortslinien empirische Funktionsgraphen erzeugt werden. Dazu konstruiert man ein Trapez mit den Längen a und c der parallelen gegenüberliegenden Seiten und der Höhe h. Variiert man nun jeweils eine der Streckenlängen und trägt den vom Programm gemessenen Flächeninhalt A des Trapezes gegen diese Länge im Koordinatensystem auf, dann erhält man mit Hilfe der Ortslinienfunktion den Funktionsgraphen des Flächeninhalts in Abhängigkeit von der jeweiligen Streckenlänge. Der Verlauf dieser Graphen kann anschließend reflektiert und algebraisch aus der Flächeninhaltsformel erschlossen werden (Abb. 3.24 links).

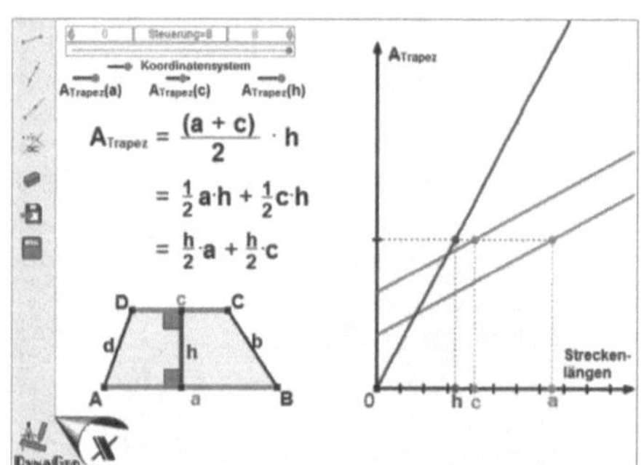 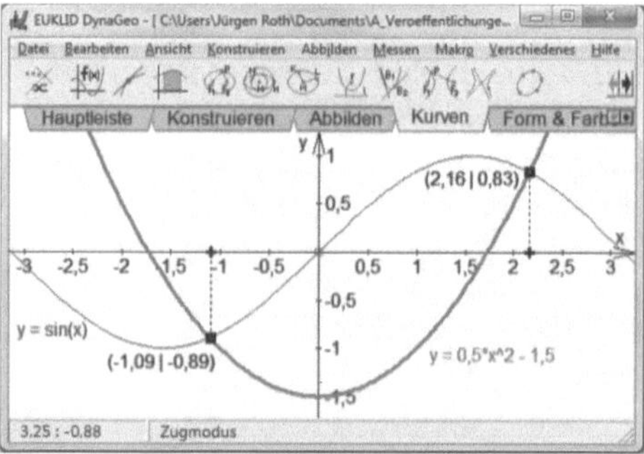

Abbildung 3.24 Links: Möglichkeiten eines DGS am Beispiel EUKLID DynaGeo (interaktives Arbeitsblatt: Roth, *mathematikunterricht.net*); rechts: graphisches Lösungsverfahren für die Gleichung sin(x) = 0,5x² – 1,5

Das wechselseitige In-Beziehung-Setzen von (geometrischen) Konfigurationen und graphischen Darstellungen unter dem Gesichtspunkt des Änderungsverhaltens ist eine der wesentlichen Stärken eines DGS. Darüber hinaus lassen sich mit einem DGS aber auch klar und ausschließlich algebraische Aspekte erschließen.

Beispiel: Die Gleichung $\sin(x) = \frac{1}{2}x^2 - \frac{3}{2}$ kann mit Hilfe eines DGS graphisch gelöst werden, indem etwa die beiden Terme auf der linken und rechten Seite der Gleichung jeweils als Funktionsterme eingegeben werden. Die x-Koordinaten der Schnittpunkte der beiden Graphen sind die Lösungen der Gleichung.

Tabellenkalkulationsprogramme (TKP)

Ein Tabellenkalkulationsprogramm (TKP) dient der Erfassung und interaktiven Verarbeitung von Daten in Tabellenform. Es erlaubt zusätzlich die graphische Darstellung der Daten. Jede Tabellenzelle wird über ihre Spaltennummer (A, B, …, Z, AA, …) und Zeilennummer (1, 2, 3, …) eindeutig adressiert; z.B. ist A1 die Zelle ganz links oben in der Spalte A und der Zeile 1. In eine Zelle kann eine Zahl, ein Text oder auch ein Term eingetragen werden, in dem als Variable Bezeichnungen von Zellen erlaubt sind. So kann man sich z.B. in einer Zelle durch Eintragen der Formel „= A1 + A3" die Summe der Zellenwerte von A1 und A3 ausgeben lassen. Die Zellenbezüge sind interaktiv, d.h., wenn in einer Zelle der Inhalt verändert wird, dann werden auch die Werte aller zugehörigen Zellen angepasst, die mit dieser Zelle über Formeln verbunden sind.

Mit Hilfe eines TKP lassen sich Daten erfassen, sortieren, numerische Berechnungen durchführen, Daten mit Hilfe von Schiebereglern dynamisieren, Zellbezüge durch Terme herstellen, funktionale Zuordnungen in Diagrammen darstellen, Gleichungen mit Hilfe des eigebauten „Solver" automatisch numerisch lösen, eingebaute mathematische Formeln und Funktionen aus verschiedensten Bereichen nutzen und vieles mehr. Einen guten Einstieg in Tabellenkalkulationsprogramme für Lehrkräfte sowie für Schülerinnen und Schüler bieten etwa Weigand und vom Hofe (2006).

Ein Tabellenkalkulationsprogramm ist aktuell in jedem Office-Paket enthalten und damit fast auf jedem Rechner verfügbar. Gängig sind z.B. Excel und Calc.

x	f(x)	g(x)
38,00	1361,80	1489,00
39,00	1377,90	1504,50
40,00	1394,00	1520,00
41,00	1410,10	1535,50
42,00	1426,20	1551,00
43,00	1442,30	1566,50
44,00	1458,40	1582,00
45,00	1474,50	1597,50
46,00	1490,60	1613,00
47,00	1506,70	1628,50
48,00	1522,80	1644,00

Abbildung 3.25 Tabellenblatt (in Excel) mit über Schieberegler gesteuerter dynamischer Tabelle und Säulendiagramm (interaktives Arbeitsblatt: Roth, *mathematikunterricht.net*)

Beispiel: Ein Energieversorger bietet zwei verschiedene Stromtarife an: Tarif „Privat" besteht aus einem Grundpreis von 7,50 €/Monat und einem Arbeitspreis von 16,10 Ct/kWh. Der Tarif „Familie" umfasst einen Grundpreis von 9,00 €/Monat und einen Arbeitspreis von 15,50 Ct/kWh. Gibt es einen monatlichen Stromverbrauch in Kilowattstunden (kWh), für den beide Tarife genau gleich teuer sind? Welchen Tarif sollte man wählen, wenn man seinen durchschnittlichen Stromverbrauch kennt. Ein Zugang zu diesem Problem mit einem Tabellenkalkulationsprogramm (Abb. 3.25) wird in Roth (2006b) beschrieben.

Hier werden unter anderem über Schieberegler gesteuerte dynamische Tabellen und Säulendiagramme eingesetzt. Der Link zu einer entsprechenden Lernumgebung auf der Basis von Excel findet sich unter *mathematikunterricht.net*.

Computeralgebrasysteme (CAS)

Von einem Computeralgebrasystem (CAS) kann man sprechen, wenn es mindestens in der Lage ist, Terme mit Variablen symbolisch umzuformen und Gleichungen algebraisch zu lösen. Daneben kann ein CAS auch Ergebnisse exakt darstellen (etwa die Lösungen der Gleichung $x^2 = 2$), numerische Berechnungen durchführen und Zusammenhänge in zweidimensionalen oder dreidimensionalen graphischen Darstellungen ausgeben (Abb. 3.26 linke Seite).

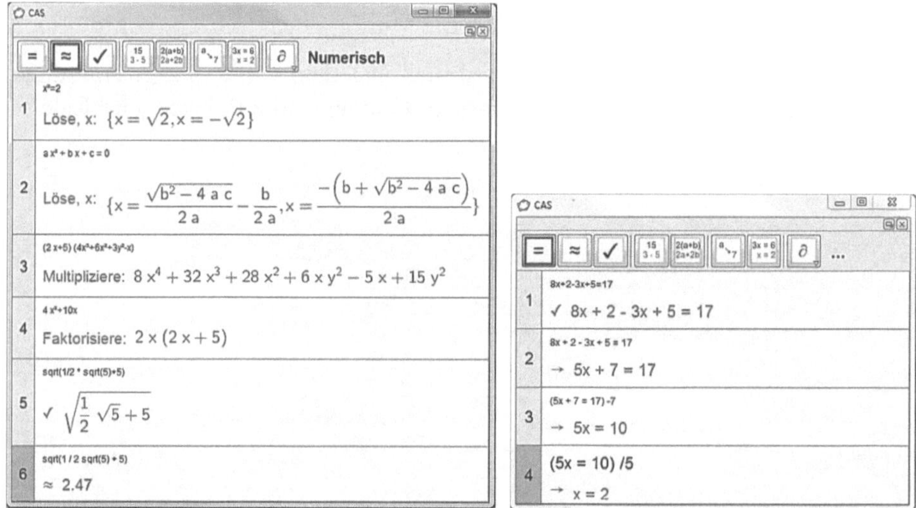

Abbildung 3.26 Ausgabe eines CAS (hier das in GeoGebra integrierte CAS)

Im Schulbereich der Sekundarstufe I sind folgende Befehle zentral: *Faktorisiere* (factorise) einen algebraischen Ausdruck, *multipliziere* (expand) einen Ausdruck aus, *löse* (solve) eine Gleichung. Wie in der Abbildung 3.26 ersichtlich ist, lässt sich eine Gleichung mit einem Computeralgebrasystem nicht nur auf einen Schlag, sondern natürlich auch schrittweise lösen. Auf diese Weise kann das Werkzeug von Schülerinnen und Schülern auch als Tutor beim Gleichungslösen genutzt werden, der bei jedem Umformungsschritt eine Rückmeldung gibt.

Beispiel: Löse die Gleichung $8x + 2 - 3x + 5 = 17$ schrittweise und überprüfe jeden deiner Bearbeitungsschritte mit einem CAS. Eine mögliche Bearbeitung dieser Aufgabe mit einem CAS zeigt die rechte Seite der Abbildung 3.26.

Dynamische Mathematiksysteme (DMS)

Dynamische Mathematiksysteme (DMS) stellen den Versuch dar, die Computerwerkzeuge TKP, DGS und CAS in eine Software zu integrieren. Dabei ist es insbesondere ein Anliegen, geometrische Eingaben, Eingaben im TKP und Eingaben im CAS jeweils dynamisch aufeinander zu beziehen. Jede Eingabe in einer Darstellung sollte die entsprechenden Veränderungen in den anderen Repräsentationsformen nach sich ziehen. Ein Vertreter dieser Klasse ist etwa GeoGebra. Die aktuelle Entwicklung bei den Taschencomputern (TC) und der jeweils zugehörigen Software für den PC geht auch in Richtung DMS. Vertreter dieser Klasse sind etwa der TI-Nspire CAS und der ClassPad.

3.5.3   Organisation des Arbeitens mit dem Computer

Computer sollten insbesondere zusammen mit Computerwerkzeugen nicht nur sporadisch und mehr oder weniger unreflektiert im Unterricht genutzt werden, sondern sich zu individuellen Werkzeugen in der Hand der Lehrkräfte *und* der Schülerinnen und Schüler entwickeln. Dabei ist insbesondere zu beachten, dass die Nutzung von Computerwerkzeugen im Mathematikunterricht kein Selbstzweck ist, sondern nur dann erfolgen sollte, wenn ein klarer inhaltlicher oder didaktischer Mehrwert erkennbar ist. (Vgl. hierzu die Abschnitte zum Computereinsatz in Kapitel 5.) Gerade weil es sich bei Computerwerkzeugen um Universalwerkzeuge handelt, sind einige grundlegende Aspekte bereits bei der Auswahl des Werkzeugs zu beachten.

Auswahl des Computerwerkzeugs

Mathematikkollegien an Schulen sollten sich unbedingt auf bestimmte (möglichst wenige) und möglichst durchgängig in allen Jahrgangsstufen im Mathematikunterricht sinnvoll einsetzbare Computerwerkzeuge einigen. Nur so ist es möglich, die Fähigkeiten im Umgang mit diesen Werkzeugen systematisch auszubauen und dann auch zu nutzen. Idealerweise wird sogar nur ein dynamisches Mathematiksystem ausgewählt, das wesentliche Fähigkeiten von allen gängigen Computerwerkzeugen (DGS, TKP, CAS) umfasst. Es muss trotzdem möglichst intuitiv zu bedienen sein und es erlauben, alle nicht benötigten Optionen gruppenweise aus- und einzublenden. Darüber hinaus sollte es möglichst kostenlos sein, damit alle Schülerinnen und Schüler es auf dem eigenen Computer einsetzen können. Zurzeit erfüllt fast nur das dynamische Mathematiksystem GeoGebra diese Kriterien. Im Folgenden wird aus Gründen der einfacheren Darstellung davon ausgegangen, dass alle am Unterricht Beteiligten zumindest auf ihren Privatrechnern über ein dynamisches Mathematiksystem verfügen.

Computerwerkzeug in der Hand der Lehrkraft

Für die Lehrkraft erfüllt ein Computerwerkzeug eine ganze Reihe von Aufgaben. Zunächst sollte es sich zum eigenen Werkzeug für das Mathematiktreiben entwickeln. Es dient aber auch dazu, über das Internet gefundene oder von Kolleginnen und Kollegen zur Verfügung gestellte Unterrichtsmaterialien an den eigenen Unterrichtsstil anzupassen oder selbst zu erstellen. Dies reicht von selbst erzeugten Bildern, Animationen und Ähnlichem für die Präsentation mit Hilfe eines Beamers oder eines interaktiven Whiteboards über Papierarbeitsblätter sowie Klassenarbeiten bis hin zu selbst erstellten Lernumgebungen.

Die Möglichkeiten sind nahezu grenzenlos. Unter *www.mathematik-digital.de* finden sich nicht nur unzählige Links zu guten Unterrichtsmaterialien, sondern auch Lernpfade, die im ZUM-Wiki erstellt wurden und für den eigenen Unterricht angepasst oder neu erstellt werden können.

Computerwerkzeug in der Hand der Schülerinnen und Schüler

Schülerinnen und Schüler sollen langfristig lernen, ihr Computerwerkzeug selbstständig wirklich als *Werkzeug* zu nutzen, indem sie es als Kontrollinstanz, als „Denkzeug" und als Kommunikationsmittel verwenden, den Einsatz selbstständig planen, es durch geeignete Interaktionen so umgestalten, dass es für den aktuellen Zweck zum Spezialwerkzeug wird und vieles mehr. Dies ist ganz offensichtlich ein Fernziel, das manche Schülerin und mancher Schüler nie erreichen werden.

Auf dem Weg zu diesem Ziel kann die Lehrkraft die Komplexität dadurch erheblich reduzieren, dass Strukturierungs- bzw. Fokussierungshilfen bereits in eine Lernumgebung eingebaut werden und den Schülerinnen und Schülern so eine Konzentration auf Analyse- und Argumentationsprozesse ermöglicht wird. Dabei wird man im Zuge der Entwicklung der Schülerinnen und Schüler die Strukturierungshilfen in den Lernumgebungen schrittweise verringern.

Es gibt Internet-Plattformen, auf denen fertige Lernumgebungen zu verschiedenen Themen vorliegen (Links dazu gibt es unter *www.mathematikunterricht.net*). Dort findet man – im Idealfall – bereits eine Umsetzung zu einem gewünschten Thema, die man als Lehrkraft an die eigenen Bedürfnisse anpassen kann, oder man erhält zumindest Anregungen dazu, wie eigene Ideen mit Hilfe von DMS umgesetzt werden können.

Fokussierungshilfen

Es wird deutlich, dass Konzeptionen zum DMS-Einsatz zwei Dimensionen berücksichtigen müssen. Dies ist zum einen die „Inhaltsdimension", die den Zweck des Einsatzes betrifft, und zum anderen die „Unterstützungsdimension", die den Grad der zur Verfügung gestellten Fokussierungshilfen betrifft. Grundsätzlich kann man drei Stufen der Fokussierungshilfen unterscheiden:

1. Eine *Konfiguration* ist *vollständig vorgegeben*.

    a. Für die wesentlichen zu beobachtenden Aspekte sind bereits Fokussierungshilfen (z.B. durch Farbgebung, Linienstärken, die Mitführung von Messwerten u.Ä.) enthalten.

    b. Eventuell sind Variationsmöglichkeiten an der Konfiguration bewusst eingeschränkt.

    c. Eventuell können einzelne Elemente ein- und ausgeblendet werden.

2. Eine *veränderbare (Teil-)Konfiguration* ist *vorgegeben*.

    a. Sie kann (bzw. muss) ergänzt oder verändert werden.

    b. Es sind nur einzelne Fokussierungshilfen vorhanden.

3. Es wird mit einer *leeren, unstrukturierten DGS-Datei* gearbeitet.

    a. Ein dynamisches Geometriesystem wird völlig selbstständig und ohne Vorgaben als Werkzeug benutzt.

Arbeitsaufträge

Selbstständige Arbeitsphasen der Schülerinnen und Schüler am Computer müssen gut vorbereitet und angeleitet sein. Insbesondere sind klare *Arbeitsaufträge* notwendig, die in der Regel immer zwei Reflexionsphasen umfassen, nämlich eine vor der jeweiligen Nutzung des Rechners und eine im Anschluss an die Nutzung, die in einer schriftlichen Sicherung der erarbeiteten Ergebnisse münden sollte. Ohne diese Vorgehensweise besteht die schon häufiger dokumentierte Gefahr, dass die Schülerinnen und Schüler das eigentliche Ziel aus den Augen verlieren und nur noch unreflektiert mit der Maus „aktiv" sind.

Konkrete Hinweise für die Gestaltung und den Einsatz von computergestützten Lernumgebungen finden sich in Abschnitt 4.6.4.

3.5.4   Der graphikfähige Taschenrechner

Der graphikfähige Taschenrechner (GTR) besitzt alle wesentlichen Fähigkeiten eines Tabellenkalkulationsprogramms und kann zweidimensionale graphische Darstellungen ausgeben sowie Gleichungen graphisch lösen. Jeder GTR besitzt einen Solver, der Gleichungen numerisch lösen kann. Damit ist er sehr vielfältig einsetzbar. Trotzdem lassen sich bezüglich der algebraischen Fähigkeiten erhebliche Einschränkungen gegenüber einem Computeralgebrasystem feststellen. Die folgende Tabelle 3.1 aus Barzel (2011, S. 8) stellt einige wesentliche Unterschiede zusammen.

Tabelle 3.1 Unterschiede zwischen CAS und GTR aus Barzel (2011, S. 8)

Funktionalität (Befehl, Beispiel)	GTR	CAS
Den Wert einer Variable oder einer Funktion definieren (define f1(x) = 3x + 5)	X	X
Gleichungen mit einer Variable numerisch lösen (solve (3x + 5 = 7, x))	X	X
Gleichungen mit mehreren undefinierten Variablen (solve (3x + 5 = 7a, x))		X
Algebraische Ausdrücke unter Berücksichtigung des Distributivgesetzes umformen (expand; factor)		X
Variablen durch Nummern oder algebraische Objekte ersetzen (3x | x = 5a)		X
Mathematische Ausdrücke oder Gleichungen umformen, z.B. zum schrittweisen Lösen ((3x + 5 = 4x + 6) – 3x)		X
Mit undefinierten Variablen rechnen und Ergebnisse mit Variablen zeigen (x + 2x – 4a – 3a)		X

Ein wesentlicher Vorteil des graphikfähigen Taschenrechners ist die Tatsache, dass er jederzeit für jede Schülerin und jeden Schüler als Werkzeug zur eigenen Handhabung im Unterricht verfügbar sein kann. Solange Computerwerkzeuge nicht in Form von Netbooks oder ähnlichen Geräten in jeder Büchertasche zu finden sind, ist dieser Vorteil im Hinblick auf die Selbsttätigkeit der Schülerinnen und Schüler entscheidend. Dagegen spricht, dass die Qualität der Computerwerkzeuge denen von graphikfähigen Taschenrechnern deutlich überlegen ist, Computer deutlich flexibler (in allen Fächern) einsetzbar sind und damit die Kosten-Nutzen-Rechnung deutlich zu Gunsten der PC-gestützten Computerwerkzeuge ausfällt. Darüber hinaus wird man nach der Schule nicht mehr mit einem graphikfähigen Taschenrechner, sondern durchweg mit Computerwerkzeugen arbeiten. Dies alles lässt einen graphikfähigen Taschenrechner als Übergangstechnik und „Notlösung" erscheinen. An einzelnen Beispielen soll im Folgenden kurz angedeutet werden, welche Möglichkeiten eines Computerwerkzeugs zur Verfügung stehen, wenn man auf einen graphikfähigen Taschenrechner angewiesen ist.

Beispiel: Mit Hilfe eines GTR lässt sich etwa die Gleichung $x^2 - 3 = \sin(x)$ numerisch lösen (Abb. 3.27). Dies geht sowohl mit dem eingebauten Solver (zunächst Schätzwerte für die Lage der gesuchten Lösung angeben) als auch mit Hilfe eines graphischen Lösungsverfahrens (Graphen der Terme zeichnen, mit Hilfe des Trace-Modus eine Schnittstelle anfahren und deren x-Koordinate ablesen; die Genauigkeit lässt sich durch das Hineinzoomen in den Graph steigern). In beiden Fällen wird eine Genauigkeit des Ergebnisses erreicht, die für alle praktischen Fälle ausreicht.

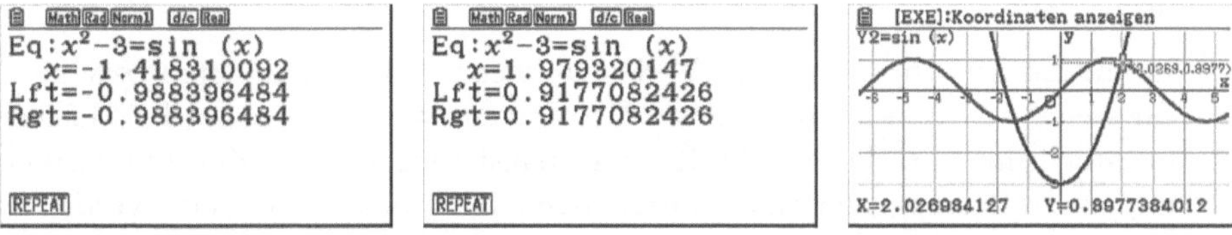

Abbildung 3.27 Gleichungen numerisch mit Hilfe eines GTR lösen

Beispiel: Ein GTR kann auch dazu genutzt werden, in Funktionen mehrere Parameter nacheinander dynamisch zu variieren. Abbildung 3.28 zeigt links zwei Einzelbilder einer dynamischen Variation des Parameters A der Funktion mit der Funktionsgleichung $y = A \cdot \sin(Bx + C)$. Dabei werden die Parameter B und C jeweils zunächst mit einer festen Zahl belegt.

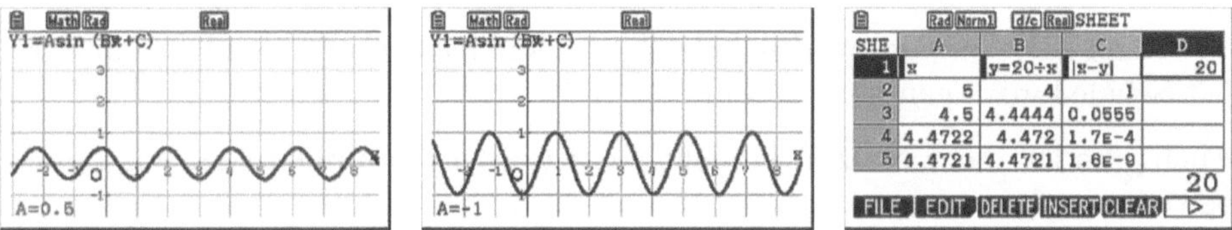

Abbildung 3.28 Ausgabebildschirme eines GTR

Beispiel: Auch ein Tabellenkalkulationsprogramm mit den wichtigsten Funktionen ist in neueren GTR verfügbar. Damit lassen sich z.B. Algorithmen gut umsetzen. Abbildung 3.28 zeigt rechts die Umsetzung des Heron-Verfahrens zur Quadratwurzelberechnung von 20. Hier wird ausgehend von einem Rechteck des Flächeninhalts 20 und der vorgegebene Länge $x = 5$ die Kantenlänge eines Quadrats mit demselben Flächeninhalt gesucht. $y = \frac{20}{x}$ ist jeweils die Breite des aktuellen Rechtecks und $|x - y|$ zeigt, wie gut die Näherung bereits ist, d.h., wie gut das aktuelle Rechteck sich einem Quadrat annähert. Der jeweils nächste Näherungswert für x ergibt sich über das arithmetische Mittel der Länge und der Breite des vorhergehenden Rechtecks $\frac{x+y}{2}$.

3.5.5   Diskussion zur Auswahl der Computerwerkzeuge

Wie in Abschnitt 3.5.3 bereits ausgeführt wurde, ist es sehr sinnvoll, sich innerhalb der Mathematik-Fachschaft einer Schule auf ein Computerwerkzeug zu einigen, das durchgängig und bereits sehr früh beginnend (ab der 5. Klasse)

sinnvoll in allen Mathematikklassen eingesetzt wird. Bei der Auswahl des Werkzeugs ist eine ganze Reihe von Fragen zu bedenken:

- Welche Einsatzszenarien sind möglich, sinnvoll und im Unterrichtsalltag umsetzbar?

- Lohnt die Einführung in das Werkzeug, wenn es nur sehr selten bzw. nur für wenige Zwecke verwendet wird? Sollte ein Werkzeug in solchen Fällen eventuell nur von der Lehrkraft als Visualisierungshilfe in Zusammenspiel mit einem Beamer oder einem interaktiven Whiteboard eingesetzt werden?

- Wie vielfältig (bzw. ggf. wie eingeschränkt) sind die Nutzungsmöglichkeiten für das Computerwerkzeug im Mathematikunterricht, auch über die Jahrgangsstufen hinweg?

- Ist die Benutzung intuitiv? Kann ggf. die Anzahl der zur Verfügung stehenden Werkzeuge dem Entwicklungsstand der Schülerinnen und Schüler angepasst werden?

- Ist es leicht möglich, interaktive Arbeitsblätter bzw. Lernpfade für die Schülerinnen und Schüler zu erstellen?

- Kann das Computerwerkzeug auch über die Fächergrenzen hinweg und die Schule hinaus genutzt werden?

Auch grundsätzliche Nutzungsmöglichkeiten für ein Computerwerkzeug sollten bedacht werden:

- Für die Lehrkraft kann ein Computerwerkzeug ein Werkzeug für das eigene Mathematiktreiben und zur Präsentation im Klassenzimmer, aber auch eine Entwicklungsumgebung für Unterrichtsmaterialien (Bilder, Simulationen, dynamische Arbeitsblätter ...) sein.

- Für Schülerinnen und Schüler kann ein Computerwerkzeug als Experimentierumgebung, interaktiver Tutor, Mittler zwischen Repräsentationsformen, „Denkzeug" und vieles mehr dienen. Es entwickelt sich bei entsprechend konzipiertem Einsatz zum Universalwerkzeug des Mathematiktreibens für jede einzelne Schülerpersönlichkeit.

Aus dieser Zusammenstellung der Fragen zum Einsatz eines Computerwerkzeugs wird deutlich, dass ein dynamisches Mathematiksystem diese Anforderungen am besten erfüllen kann und deshalb das Mittel der Wahl für den Mathematikunterricht der Sekundarstufen sein sollte.

Im folgenden Kapitel geht es um Fragen der Unterrichtsplanung. Sie werden auf der Grundlage der bisherigen Ausführungen angegangen. Es wird wissenschaftlich argumentiert, doch sollte man dabei nicht aus dem Auge verlieren, dass Mathematikunterricht etwas Lebendiges ist, das nicht bis ins Letzte geplant werden kann und soll.

Aufgaben

1. Diskutieren Sie die Bedeutung von „Freiheit" und „Verantwortung" der Lehrenden.

2. Erläutern Sie die Lehraufgaben „Einführen", „Herausarbeiten", „Verbinden", „Sichern", „Vertiefen", „Kontrollieren" und „Korrigieren" für das Thema „Potenzen mit natürlichen Exponenten".

3. Begründen Sie das „Prinzip der Selbsttätigkeit". Wie lässt es sich im Mathematikunterricht realisieren? Wo sehen Sie Grenzen der Anwendung dieses Prinzips?

4. Was bedeutet es, im Geometrieunterricht, die Viereckslehre genetisch, problemorientiert und zielorientiert zu unterrichten?

5. Erläutern Sie am Beispiel der Bruchrechnung, welche Phasen des Mathematikunterrichts sich für die einzelnen offenen Unterrichtsformen besonders eignen.

6. Welche Forderungen stellen Sie an ein leistungsfähiges Computerprogramm zum Üben der drei binomischen Formeln?

7. Skizzieren Sie einen Lehrervortrag über „Pythagoras" im Rahmen der Satzgruppe des Pythagoras.

8. Schreiben Sie eine Geschichte zum Thema „Runde Zahlen".

9. Zeigen Sie an einem Beispiel zur Multiplikation gemischter Zahlen, in welchen Schritten Sie diese Aufgabe vorrechnen und welche Erläuterungen Sie zu den einzelnen Schritten geben würden.

10. Geben Sie unterschiedliche Beispiele, was „handeln lassen" im Mathematikunterricht bedeuten kann.

11. Zeigen Sie, wie man das Thema „Der verlorene Kreismittelpunkt" nach dem Ich-Du-Wir-Prinzip behandeln kann.

12. Ein Mathematik-Labor soll Möglichkeiten zu „selbstbestimmtem Arbeiten" eröffnen. Erläutern Sie, was damit gemeint ist, und geben Sie verschiedene Beispiele an, wie sich das realisieren lässt.

13. Nennen Sie verschiedene Möglichkeiten, wie in einem Mathematik-Labor das Thema „Sterne" auf unterschiedliche Weise konkretisiert werden kann. Geben Sie einige typische mathematische Problemstellungen an und skizzieren Sie deren Behandlung.

14. Skizzieren Sie eine Lernumgebung „Verpackungen", mit der Schülerinnen und Schüler Erfahrungen zu geometrischen Körpern sammeln können. Nennen Sie typische Fragestellungen und die damit verbundenen Erwartungen.

15. Entwickeln Sie ein Arbeitsblatt zum Thema „Addition und Subtraktion gleichnamiger Brüche" mit Hilfe von EXIs (Roth 2009b).

16. In der 6. Jahrgangsstufe wird bei der Behandlung der Primzahlen das „Sieb des Eratosthenes" erwähnt. Welche Probleme ergeben sich für Schüler, die sich darüber im Internet kundig machen wollen? Welche Seite im Internet zu diesem Thema hat Ihnen selbst für diese Altersstufe am besten gefallen? Begründen Sie Ihre Antwort.

17. Geben Sie einige mathematische Themenbereiche an, zu denen Sie für Schülerinnen und Schüler brauchbare Informationen im Internet erwarten. Welche Anforderungen stellen Sie an derartige Texte?

18. Im Internet werden auch mathematische Texte angeboten, die für Printmedien erstellt wurden (z.B. pdf-Dateien). Was können derartige Texte für Lernende leisten? Geben Sie Beispiele für sinnvolle Themenbereiche an.

19. Nennen Sie einige Themen, zu denen Sie eine eigene Präsentation erstellen würden, um sie mit dem Beamer oder dem interaktiven Whiteboard vorzuführen. Welche Funktionen soll diese Vorführung für die Schülerinnen und Schüler haben?

20. Welche Bedeutung haben Zirkel und Geodreieck heute noch im Geometrieunterricht?

21. Welche geometrischen Einsichten kann die Behandlung von Konstruktionsaufgaben im Geometrieunterricht mit einem DGS vermitteln?

22. Erstellen Sie mit Hilfe des DMS GeoGebra ein dynamisches Arbeitsblatt zum Thema „Zentrische Streckung" (*http://www.geogebra.org/cms/*).

23. Stellen Sie Argumente zusammen, die für einen frühen Einsatz eines bestimmten Computerwerkzeugs in der Sekundarstufe I sprechen. Gehen Sie dabei auch auf mögliche Gegenargumente ein.

4 Mathematikunterricht planen

Als zielgerichtetes und begründetes Handeln ist das Lehren von Mathematik zu *planen*. Der Mathematikunterricht erfordert Planungen für unterschiedliche *Zeiträume*, und zwar sind zu planen:

- die *Lehrpläne* für die Lehrgänge der einzelnen Schultypen und die *Jahrespläne* für jeweils ein Schuljahr (langfristige Planung),

- die Behandlung von zusammenhängenden Themenbereichen in *Unterrichtssequenzen* oder *Projekten* über mehrere Wochen (mittelfristige Planung),

- die Gestaltung einzelner Themen in *Unterrichtseinheiten* oder in *Komponenten offenen Unterrichts*, die sich über eine oder mehrere Unterrichtsstunden erstrecken (kurzfristige Planung).

Soll die unterschiedliche *Reichweite* der Planungen ausgedrückt werden, so spricht man auch von *globaler*, *regionaler* und *lokaler* Planung (z.B. Vollrath 1984, Winter 1989).

Allgemeine didaktische Theorien befassen sich in erster Linie mit der kurzfristigen Unterrichtsplanung (z.B. Meyer 1994[6], Schulz 1981[3]). Sie entfalten meist ihre Wirksamkeit in den Schulpraktika und in der 2. Phase der Lehrerbildung.

Im Folgenden soll Unterrichtsplanung umfassender gesehen werden. Im Vordergrund stehen dabei die zu treffenden *Entscheidungen*. Es werden Möglichkeiten vorgestellt und diskutiert. Dabei soll deutlich werden, welchen Einfluss Planungsentscheidungen auf die *Struktur* des Unterrichts haben. Nacheinander („top-down") werden behandelt:

- Planung eines Lehrgangs,

- Planung des Mathematikunterrichts eines Schuljahrs,

- Planung von Unterrichtssequenzen,

- Planung von Projekten,

- Planung von Unterrichtseinheiten,

- Planung wichtiger Unterrichtsphasen.

4.1 Planung eines Lehrgangs

Der Mathematikunterricht einer Schulart soll dem *Lehrplan* folgen, der in der Regel staatlich vorgegeben ist. Er bezieht sich auf den ganzen *Lehrgang*. In ihm werden Hinweise auf allgemeine Ziele, auf die zu behandelnden Inhalte und ihre Verteilung auf die einzelnen Jahrgangsstufen gegeben. Bei zentralen Gebieten finden sich häufig methodische Hinweise. Grundlegende Schreib- und Sprechweisen werden zur Vereinheitlichung festgelegt.

4.1.1 Der Lehrplan

Lehrpläne für die staatlichen Schulen werden von den Ländern aufgestellt. Sie werden von Kommissionen aus Vertretern der Schulaufsicht, der Lehrkräfte und Wissenschaftlern unter Beratung durch die unterschiedlichen Interessengruppen (Lehrkräfte, Eltern, Hochschulen) erstellt und von den Ministerien erlassen.

Da die Lehrpläne der Kulturhoheit der Länder unterliegen, besteht vor allem bei den Fachlehrplänen ein Abstimmungsbedarf, um Kinder bei Umzügen in ein anderes Bundesland nicht in Schwierigkeiten zu bringen. Um einen gemeinsamen Grundbestand im Mathematikunterricht in der Bundesrepublik zu sichern, wurden von der Kultusministerkonferenz 1958 ein „Bundesrahmenplan für Mathematik" (Lietzmann 1961[3], S. 77–80) und 1968 „Empfehlungen und Richtlinien zur Modernisierung des Mathematikunterrichts der allgemeinbildenden Schulen" vereinbart (Meschkowski 1969, S. 483–495). Sie bewirkten eine gewisse Anpassung, die im Großen und Ganzen bis zum Ende des Jahrhunderts hielt und sich sogar nach der Wiedervereinigung auf die Lehrpläne der neuen Bundesländer auswirkte. Unter dem Einfluss der internationalen Leistungsvergleiche sind inzwischen in der Bundesrepublik *Bildungsstandards* (KMK 2003) eingeführt worden, in denen Ziele für den Mathematikunterricht der Sekundarstufe I länderübergreifend festgelegt sind und deren Erreichen überprüft wird.

Lehrpläne werden immer wieder verändert. Die Änderungen bringen Neuerungen, mit denen auf Entwicklungen reagiert wird oder durch die neue Entwicklungen angestoßen werden sollen. Lehrplanänderungen für den Mathematikunterricht können durch *Entwicklungen des Faches* veranlasst werden. Das kann zu neuen Inhalten, neuen Gebieten oder neuen Akzentsetzungen führen. In den 1960er Jahren wurden z. B. die Begriffe „Menge", „Relation", „Verknüpfung" neu eingeführt. In den 1970er Jahren wurde „Analytische Geometrie" in der Sekundarstufe II durch „Lineare Algebra" ersetzt. In den 1990er Jahren wurde der Computer als Werkzeug im Mathematikunterricht verfügbar.

Häufig wirken sich neue *pädagogische Strömungen* auch auf die Lehrpläne der einzelnen Fächer aus. In den 1960er Jahren sollte z. B. der Unterricht an der

Grundschule „wissenschaftsorientiert" werden. Aus „Rechnen" und „Raumlehre" wurde „Mathematik". Das war damals mehr als ein Etikettenwechsel. In den 1990er Jahren wurde „offener Unterricht" propagiert. „Wochenpläne" und „Projekte" z.B. bezogen auch den Mathematikunterricht mit ein.

Änderungen der Lehrpläne sind aus der Sicht der Politik Ausdruck bildungspolitischen Handelns. Das Interesse der Wählerinnen und Wähler an bildungspolitischen Fragen ist sehr schwankend. Entsprechend schwanken die Reaktionen der Politikerinnen und Politiker. Als z.B. in den 1970er Jahren von Eltern massive Kritik an der „Mengenlehre in der Schule" geübt wurde, erließ das Bayerische Kultusministerium kurz vor einer Wahl einen neuen Lehrplan für Mathematik in der Grundschule, um die absolute Mehrheit der CSU nicht zu gefährden.

Lehrkräfte beklagen im Allgemeinen die „häufigen Lehrplanänderungen". Schaut man genauer hin, dann beträgt die Gültigkeitsdauer eines Fachlehrplans selten weniger als zehn Jahre. Die Klage ist nicht so recht verständlich. Der bayerische Grundschullehrplan von 1981 galt z.B. bis zum Jahr 2001.

Lehrpläne lassen den Lehrenden unterschiedlichen Spielraum. Manche Lehrpläne beschränken sich darauf, die in den einzelnen Jahrgangsstufen zu behandelnden Inhalte anzugeben. Andere Lehrpläne gehen sehr ins Detail, sie geben Ziele an und schreiben Methoden vor. Bis in die 1960er Jahre nannten Lehrpläne in einem Vorspann allgemeine Ziele des Unterrichts, dann folgten Inhaltsangaben für die einzelnen Klassen. In den 1970er Jahren wurden sehr ausführliche Lehrpläne mit detaillierten Lernzielangaben erlassen. Inzwischen sind die Lehrpläne wieder etwas reduziert. Sie beschreiben in einem allgemeinen Teil die dem Unterricht zugrunde liegenden Ideen, geben Ziele an und weisen auf Methoden hin. Für die einzelnen Jahrgangsstufen stehen dann die Inhalte im Vordergrund. Allgemein ist inzwischen die Tendenz zu beobachten, die Lehrpläne „offener" zu gestalten, um den Lehrenden wieder mehr Gestaltungsfreiheit zu geben und damit auch mehr Verantwortung zu übertragen.

In der DDR legten die Lehrpläne sogar den Zeitpunkt fest, in dem bestimmte Inhalte zu behandeln waren. Es galt als Ziel, dass die einzelnen Inhalte landesweit in der gleichen Woche behandelt würden. In der Bundesrepublik beschränkte man sich meist auf die Angabe von Zeiträumen für die Behandlung von Gebieten.

Noch im 19. Jahrhundert konnten sich Schulen in Deutschland eigene Lehrpläne geben. Aus der Sicht heutiger Kulturpolitiker und Kultusbeamten war das ein anarchischer Zustand. Sie sehen in zentral verordneten Lehrplänen eine Chance, ein landesweit gleich hohes Niveau der Schulen zu gewährleisten. Den Lehrenden wird damit eine Verantwortung abgenommen, das kostet sie allerdings auch einen Teil ihrer Handlungsfreiheit.

4.1.2   Aufbau eines mathematischen Lehrgangs

Wie die Frage nach den mathematischen *Inhalten* eines Lehrgangs begründet wird, wurde bereits in Kapitel 1 behandelt. Jetzt geht es um die Frage, wie das Lehren dieser Inhalte für den Lehrgang organisiert werden soll.

- In der Mathematik bauen viele Inhalte aufeinander auf. Bei der Reihung von Inhalten ist das zu berücksichtigen. Hier geht es im Wesentlichen um Beachtung von Regeln des *systemorientierten* Lernens (Abschnitt 2.2).

- Grundlegende Begriffe der Mathematik können nur langfristig gelernt werden. Der Lehrgang ist so zu organisieren, dass *langfristiges* Lernen stattfinden kann (Abschnitt 2.5).

- Die kognitive Entwicklung der Kinder erfordert bestimmte Arten des Umgangs mit der Mathematik. Es ist sicherzustellen, dass sich die geplanten Inhalte entsprechend behandeln lassen (Abschnitt 2.5.1).

- In bestimmten Jahrgangsstufen sollen Abschlüsse erreicht werden (Abschnitt 1.3). Es ist dafür zu sorgen, dass bis dahin die erforderlichen Kenntnisse und Fähigkeiten erworben werden können.

- Mehrere Fächer benötigen bestimmte mathematische Inhalte und Methoden. In erster Linie ist das Physik, neuerdings auch Informatik, aber auch Chemie, Biologie, Erdkunde und Wirtschaft. Die Lehrpläne für die betroffenen Fächer sind aufeinander abzustimmen (Jung 1976, Sietmann et al. 1980).

Die zu behandelnden Inhalte gehören unterschiedlichen mathematischen Gebieten an. Das sind:

Arithmetik: Aufbau des Zahlensystems; Zahlentheorie (Teilbarkeit);

Algebra: Terme und Gleichungen, Gleichungssysteme, elementare Funktionen, Ungleichungen;

Geometrie: Ebene Geometrie, räumliche Geometrie, Abbildungen und Symmetrien, Längen, Flächen- und Rauminhalte, Trigonometrie, analytische Geometrie;

Numerik: Rechnen mit Näherungswerten, näherungsweises Lösen von Gleichungen, Algorithmen, maschinelles Rechnen;

Analysis: Funktionen, Differentialrechnung, Integralrechnung;

Lineare Algebra: Vektorräume, Abbildungen, Gleichungssysteme;

Stochastik: Wahrscheinlichkeitsrechnung, Statistik;

Anwendungen: Physik, sonstige Naturwissenschaften, Wirtschaft.

Etliche dieser Gebiete bauen aufeinander auf: Analysis setzt Arithmetik, Algebra und Numerik voraus; Lineare Algebra benötigt Algebra und Geometrie. Viele Inhalte, die in der Schule zu behandeln sind, gehören mehreren Gebieten an.

Beispiele: (1) Zu „Zahlen" leisten Arithmetik, Algebra, Numerik und Analysis wichtige Beiträge.

(2) „Funktionen" treten in der Algebra, der Trigonometrie, der Analysis und in Anwendungen auf.

(3) „Geraden" spielen in der Geometrie, der Algebra, der Numerik, der Analysis, der linearen Algebra, der Statistik und in Anwendungen eine Rolle.

Betrachtet man in den üblichen Lehrgängen für das Gymnasium einschließlich der Grundschule die großen Themenbereiche, so ergeben sich drei Linien:

Arithmetik, Algebra und Analysis;

Geometrie, Lineare Algebra;

Stochastik und Anwendungen.

Die fachliche Systematik würde nahe legen, in den einzelnen Jahrgangsstufen nacheinander die verschiedenen mathematischen Gebiete zu behandeln. Das ist in einigen Staaten auch üblich. So „nimmt" man z.B. in den USA in der Highschool Algebra, Geometrie, Trigonometrie.

Das Beispiel der Sekundarstufe II mit den weitgehend getrennt behandelten Gebieten Analysis, Lineare Algebra und Stochastik zeigt jedoch, dass dann mögliche Querverbindungen häufig nicht deutlich gemacht werden und dass interessante Inhalte sich keinem dieser Gebiete zuordnen lassen und deshalb nicht unterrichtet werden.

Beispiele: (1) In der linearen Algebra könnte man z.B. Folgen oder Funktionen als Vektoren betrachten.

(2) In Linearer Algebra kommen geometrische Fragen zu kurz. So werden z.B. Kegelschnitte weitgehend vernachlässigt.

(3) Für Grundlagenfragen, z.B. Nichteuklidische Geometrie, bleibt praktisch kein Raum, obwohl sie z.B. für wissenschaftstheoretisch Interessierte eine Bereicherung sein könnten.

Günstiger ist es, *Themenstränge* zu schaffen, die sich durch den ganzen Lehrgang ziehen und zu denen die einzelnen Jahrgangsstufen Beiträge leisten können. Sie ermöglichen *langfristiges Lernen* und geben den Schülerinnen und Schülern Orientierungshilfen. Das können z.B. die Themenstränge „Zahlen", „Funktionen", „Gleichungen", „Kurven" sein.

Dieses Vorgehen entspricht einem didaktischen Prinzip, das bereits von Diesterweg formuliert wurde:

> *Verteile und ordne den Stoff so, daß (wo es nur möglich ist) auf der folgenden Stufe in dem Neuen das Bisherige immer wieder vorkommt.* (Diesterweg 1962, S. 160)

Über hundert Jahre später ist dieses Prinzip unter dem Einfluss von Bruner als *Spiralprinzip* wieder nach Deutschland zurückgekehrt und populär geworden (Wittmann 1995[6], S. 85 f.). Um Querverbindungen zu schaffen, ist es notwendig, in den einzelnen Jahrgangsstufen *Themenkreise* (Wittenberg 1990[2]) vorzusehen, die verschiedene Themenstränge miteinander verbinden. In der 9. Jahrgangsstufe könnte z.B. „Quadrieren" ein solcher Themenkreis sein, der die Stränge „Zahlen", „Gleichungen", „Funktionen" und „Figuren" miteinander verbindet. Auch das lässt sich durch ein Prinzip ausdrücken, das Diesterweg formulierte:

> *Verbinde sachlich verwandte Gegenstände miteinander.* (Diesterweg 1962, S. 160)

Es wird heute als *Integrationsprinzip* bezeichnet (Wittmann 1995[6]). Themenstränge betonen den *Turmcharakter* der Mathematik (Abschnitt 2.2), Themenkreise ihren *Netzcharakter* (Abschnitt 2.3). Themenstränge und Themenkreise bilden das *Gerüst* eines Lehrgangs.

4.1.3   Themenstränge eines mathematischen Lehrgangs

Themenstränge sollen dazu dienen, das *Wesentliche* deutlicher hervortreten zu lassen. Indem die Schülerinnen und Schüler erleben, wie sich eine Leitlinie über die einzelnen Jahrgangsstufen hinweg entwickelt, wird Mathematik als etwas *Entwicklungsfähiges* erkannt. Schließlich machen Themenstränge bei einzelnen Themen in den Jahrgangsstufen den *Beitrag des Einzelnen zum Ganzen* deutlich. Themenstränge können bestimmt sein durch:

- grundlegende mathematische Begriffe als *Leitbegriffe,*

- grundlegende Verfahren,

- fundamentale Ideen,

- richtungweisende Probleme.

Für die Sekundarstufe I bieten sich als Themenstränge an:

> *Leitbegriffe:* Zahlen und Größen, Funktionen, Figuren und Körper, Abbildungen und Symmetrien, Wahrscheinlichkeit;

> *Grundlegende Verfahren:* Berechnen, Konstruieren, Darstellen, Lösen von Gleichungen und Ungleichungen, Modellbilden;

> *Fundamentale Ideen:* Algorithmisierung, Approximation;

> *Richtungweisende Probleme:* Anzahl, Größe, Konstruktionen, Begründen.

Um das Gerüst des Lehrgangs nicht zu unübersichtlich werden zu lassen und damit den beabsichtigen Zweck zu verfehlen, muss man eine Auswahl treffen. Eine sinnvolle Auswahl, bei der das Schwergewicht auf Leitbegriffen und fundamentalen Ideen liegt, ist:

Zahlen und Größen – Approximation – Algorithmisierung – Terme und Gleichungen – Funktionen – Figuren und Körper – Abbildungen und Symmetrien – Längen, Flächen- und Rauminhalte – Wahrscheinlichkeit.

Im Lehrplan der DDR sprach man von *Leitlinien*. Im Mathematik-Lehrplan waren sieben fachspezifische Leitlinien vorgesehen: „Arbeiten mit Mengen", „Zahlenbereiche", „Abbildungen und Funktionen", „Gleichungen und Ungleichungen", „Mathematische Terminologie und Symbolik", „Definieren" und „Beweisen" (Walsch und Weber 1975).

Auch in einem Themenstrang kann sich langfristiges Lernen als ein bloßes „Anhäufen" vollziehen. Angestrebt ist natürlich ein *Lernen in Stufen* oder ein *Lernen durch Erweiterung* (Abschnitt 2.5.3). Themenstränge bieten gute Chancen zu einer Realisierung. Wie das konkret gestaltet werden kann, soll am Themenstrang „Zahlen" gezeigt werden.

Beispiel: Der Themenstrang „Zahlen"

Grundschule: Es werden Grundvorstellungen zu den *natürlichen Zahlen* und ihren Rechenoperationen aufgebaut (vom Hofe 1995). Dabei wird ein *intuitives Verständnis* von Zahlen angestrebt. Es ist dadurch gekennzeichnet, dass die Schülerinnen und Schüler über angemessene Vorstellungen verfügen und mit den Zahlen rechnen können, ohne dass ihnen die zugrunde liegenden Regeln in ihrer Bedeutung für das Rechnen bewusst sein müssen (Padberg 1996²).

5. Jahrgangsstufe: In einer Phase der Reflexion wird betrachtet, in welchen Situationen natürliche Zahlen auftreten, welche Beziehungen zwischen den Rechenoperationen bestehen und welchen Regeln das Rechnen folgt. Die Zahlen werden zu *Trägerinnen von Eigenschaften*. Durch die Reflexion erreichen die Schülerinnen und Schüler eine höhere Stufe des Verstehens, das als *inhaltliches Verständnis* bezeichnet wird. Es hat also ein *Lernen in Stufen* stattgefunden.

6. Jahrgangsstufe: In der Menge der natürlichen Zahlen kann man nicht uneingeschränkt dividieren. Diese Beschränkung wird mit Hilfe der *Bruchzahlen* überwunden. Mit ihnen kann man nun uneingeschränkt dividieren. Zugleich wird den Schülerinnen und Schülern bewusst, dass die alten Regeln für natürliche Zahlen in den Bruchrechenregeln enthalten sind. Die natürlichen Zahlen 1, 2, 3, ... erscheinen als Bruchzahlen $\frac{1}{1}, \frac{2}{1}, \frac{3}{1}, ...$ in neuem Licht. Es hat ein *Lernen durch Erweiterung* stattgefunden.

7. Jahrgangsstufe: In der Menge der natürlichen Zahlen, aber auch in der Menge der Bruchzahlen kann man nicht uneingeschränkt subtrahieren. Diese Beschränkung wird mit Hilfe der negativen Zahlen überwunden. Es ergibt sich die

Menge der *rationalen* Zahlen. In ihr kann man uneingeschränkt subtrahieren. Bei
der Division ist allerdings die Einschränkung nötig, dass durch 0 nicht dividiert
werden kann. Die Bruchzahlen erscheinen als positive rationale Zahlen in neuem Licht. Es hat wiederum ein *Lernen durch Erweiterung* stattgefunden.

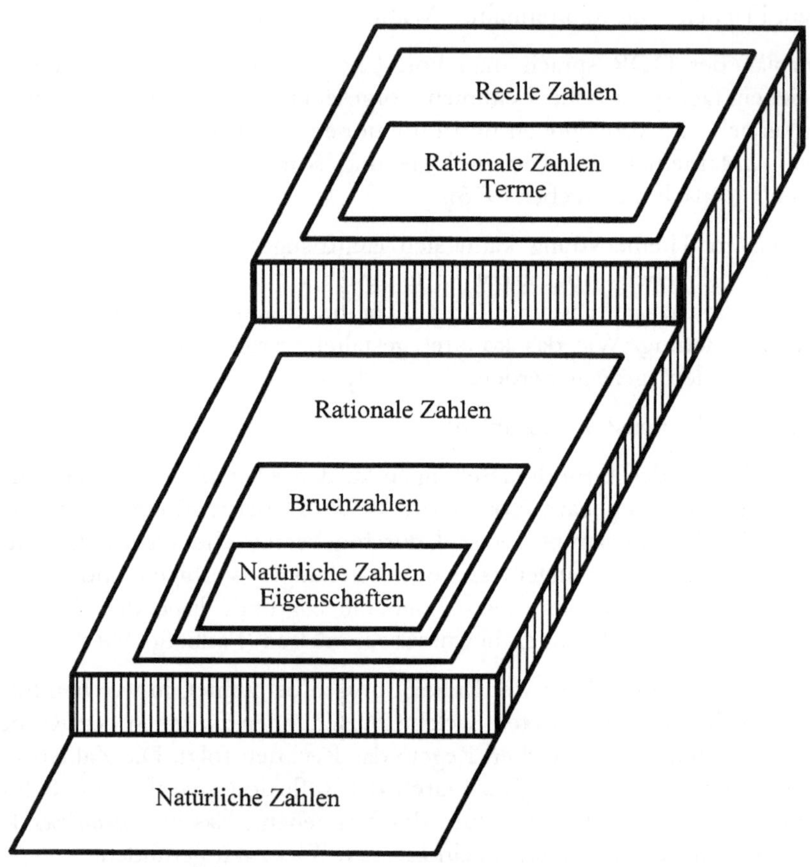

Abbildung 4.1 Modell des langfristigen Lernens der *reellen Zahlen*

7./8. Jahrgangsstufe: Das Rechnen mit Zahlen tritt gegenüber dem *Umformen von
Termen* etwas in den Hintergrund. Das ist das Ergebnis einer Reflexion über die
rationalen Zahlen, bei der Struktureigenschaften wie z.B. die Distributivität
erkannt und zum Beweisen von Regeln wie z.B. den binomischen Formeln
genutzt werden können. Es werden also *Beziehungen zwischen Eigenschaften* erfasst,
so dass die Schülerinnen und Schüler ein *integriertes Verständnis* der Zahlen ge-

winnen. Damit ist eine höhere Stufe des Verständnisses erreicht worden. Es hat also ein *Lernen in Stufen* stattgefunden.

9. Jahrgangsstufe: Beim Quadrieren und Wurzelziehen erkennen die Schülerinnen und Schüler, dass das Wurzelziehen im Bereich der positiven rationalen Zahlen nicht immer möglich ist. Mit Hilfe von Intervallschachtelungen oder unendlichen nicht periodischen Dezimalbrüchen werden die irrationalen Zahlen eingeführt und damit die *reellen* Zahlen gewonnen. Die rationalen Zahlen erscheinen damit als Zahlen, die man durch endliche oder durch unendliche periodische Dezimalbrüche darstellen kann, in neuem Licht. Es hat wiederum ein *Lernen durch Erweiterung* stattgefunden.

Damit ergibt sich für diesen Lernprozess die Darstellung in Abbildung 4.1. Man kann das in der Sekundarstufe II fortsetzen: Zu den *komplexen* Zahlen gelangt man von den reellen Zahlen mit einem Lernen durch Erweiterung.

Oder man betrachtet algebraische Strukturen, etwa den *Körper* der reellen Zahlen, und erreicht damit eine höhere Stufe des Verstehens.

4.1.4   Themenkreise eines mathematischen Lehrgangs

Mathematisch bestehen in vielen Fällen Beziehungen zwischen verschiedenen Themensträngen. In den einzelnen Jahrgangsstufen sollte man sich immer wieder darum bemühen, solche Beziehungen durch *Themenkreise* erfahrbar zu machen. Der Begriff des Themenkreises geht auf Wittenberg zurück. Er schreibt:

> Der elementare mathematische Unterrichtsstoff kann so gegliedert werden, daß der Unterricht in der eingehenden Untersuchung und Ausschöpfung einiger weniger zentraler Ideen, um die sich in naturgemäßer Weise einige bedeutungsvolle Themen gruppieren, besteht; so daß sich Lehrer und Schüler in eingehender, konsequenter Arbeit während längerer Zeit mit einem Themenkreis beschäftigen, den sie in seinem potentiellen Reichtum zu erkunden suchen. (Wittenberg 1990[2], S. 122)

Von einem guten Themenkreis erwartet man, dass er mehrere Themenstränge umfasst und in sich *reichhaltig* ist. Die Reichhaltigkeit drückt sich in erster Linie durch die Zahl sinnvoller und motivierender Problemstellungen aus.

Themenkreise können sich um eine *mathematische* Fragestellung drehen oder um ein Thema aus der *Umwelt*.

Beispiele: (1) Der mathematische Themenkreis „Mittelwerte" verbindet die Themenstränge „Zahlen und Größen", „Approximation", „Algorithmisierung", „Terme und Gleichungen", „Längen, Flächen- und Rauminhalte", „Wahrscheinlichkeit" und eröffnet eine Fülle von Fragestellungen, die man etwa in der 9. Jahrgangsstufe sinnvoll behandeln kann.

(2) Der Themenkreis „Bau von Körpermodellen" kann in der 9. Jahrgangsstufe die Themenstränge „Zahlen und Größen", „Figuren und Körper", „Abbildungen und Symmetrien" und „Längen, Flächen- und Rauminhalte" verbinden.

Themenkreise aus der Umwelt weisen auf den *universellen Werkzeugcharakter* der Mathematik hin, der in vielen Bereichen der Wissenschaft, der Technik, der Wirtschaft und des täglichen Lebens zum Tragen kommt.

Gerade im Hinblick auf die unterschiedlichen Themenstränge, die durch einen Themenkreis gebündelt werden sollen, erscheinen Formen offenen Unterrichts vorteilhaft. In einem Projekt z. B. können die verschiedenen Themenstränge zu unterschiedlichen Problemstellungen führen, die von den einzelnen Gruppen bearbeitet werden. Bei der Präsentation des Projekts können dann die verschiedenen Themenstränge als unterschiedliche Teilaspekte des Themas deutlich werden.

Beispiel: Im Projekt „Die Zahl π" in einer 10. Klasse eines Gymnasium soll Gruppe 1 die Bedeutung von π für Umfang und Flächeninhalt des Kreises deutlich machen („Längen, Flächen- und Rauminhalte", „Terme und Gleichungen"); Gruppe 2 befasst sich mit der Zahl π selbst („Zahlen und Größen"); Gruppe 3 sucht Näherungsverfahren („Approximation", „Algorithmisierung", „Wahrscheinlichkeit"); Gruppe 4 beschäftigt sich mit der Geschichte der Zahl π.

4.2   Jahresplan

Der Lehrplan legt die Inhalte fest, die im Mathematikunterricht einer Jahrgangsstufe zu behandeln sind. Wie jedoch der Unterricht zu organisieren ist, hat die Lehrkraft selbst zu entscheiden. Es ist sinnvoll, zu Beginn des Schuljahrs zunächst in einem *Jahresplan* den Unterricht grob zu planen.

Im Mathematikunterricht einer Jahrgangsstufe sind verschiedene Themenbereiche zu behandeln, die zu unterschiedlichen Themensträngen des Lehrgangs gehören. Sie setzen damit Themen aus früheren Jahrgangsstufen fort und werden in folgenden Jahrgangsstufen weitergeführt.

Beispiel: In der 6. Jahrgangsstufe sind die Themenbereiche zu behandeln: Teilbarkeit – Bruchzahlen – Symmetrien – Winkel – Umfang und Flächeninhalt von Rechtecken – Oberflächen- und Rauminhalt von Quadern.

Sie lassen sich ohne Schwierigkeiten den Themensträngen „Zahlen und Größen", „Terme und Gleichungen", „Abbildungen und Symmetrien", „Figuren und Körper" sowie „Längen, Flächen- und Rauminhalte" zuordnen.

4.2.1   Umfang der Behandlung der Themen

Die einzelnen Themenbereiche sind unterschiedlich umfangreich und erfordern verschiedenen Zeitaufwand. Zunächst ist über die Dauer der Behandlung der einzelnen Themenbereiche zu entscheiden. Lehrpläne geben gelegentlich Hinweise, wie viele Unterrichtswochen bei den einzelnen Themenbereichen angesetzt werden sollten. Sie sollen verhindern, dass wichtige Gebiete zu oberflächlich behandelt werden und dass man sich bei einzelnen Gebieten zu lange aufhält. Es handelt sich dabei um Erfahrungswerte, die Anhaltspunkte für die eigene Jahresplanung bieten.

Beispiel: Für die Behandlung der einzelnen Themenbereiche in der 6. Jahrgangsstufe können etwa angesetzt sein: „Teilbarkeit natürlicher Zahlen": 2 Wochen, „Bruchzahlen": 10 Wochen, „Symmetrien von Flächen und Körpern": 4 Wochen, „Winkel": 2 Wochen, „Umfang und Flächeninhalt von Rechtecken": 2 Wochen, „Oberflächen- und Rauminhalt von Quadern": 2 Wochen. Dabei wird von insgesamt 30 „echten" Schulwochen ausgegangen, so dass Raum für eigene Unterrichtsvorhaben bleibt.

4.2.2 Bildung von Unterrichtssequenzen

Zwar vollzieht sich Mathematikunterricht in Unterrichtsstunden oder Doppelstunden. Doch sind diese *Unterrichtseinheiten* nicht isoliert zu betrachten. Die Behandlung tiefer greifender Probleme erfordert in sich zusammenhängende Unterrichtseinheiten, in denen Gedanken entwickelt, fortgeführt und vertieft, Verfahren erarbeitet und angeeignet werden können. Das bedarf der Bildung von *Unterrichtssequenzen*.

Beispiel: Die Themenbereiche der 6. Jahrgangsstufe legen folgende Unterrichtssequenzen nahe: „Teilbarkeit", „Gewöhnliche Brüche", „Anwendungen der Brüche", „Dezimalbrüche", „Dezimalbrüche und Größen", „Symmetrie", „Winkel", „Umfänge, Flächeninhalte und Rauminhalte". Man sieht, dass einige Themenbereiche bereits als Sequenzen geeignet sind, andere sind zu zerlegen (Bruchzahlen) oder zusammenzufassen („Umfang und Flächeninhalt von Rechtecken" und „Oberflächen- und Rauminhalt von Quadern").

4.2.3 Anordnung der Unterrichtssequenzen

Für die Unterrichtssequenzen ist eine *Reihenfolge* festzulegen. Bei der Entscheidung wird man sich von unterschiedlichen Gesichtspunkten leiten lassen. Die *Sachlogik* erfordert eine bestimmte Reihung, wenn eine Sequenz inhaltlich auf eine andere aufbaut. Die Entscheidung ergibt sich auf Grund einer Sachanalyse.

Beispiele: (1) Die Sequenz „Gewöhnliche Brüche" setzt die Sequenz „Teilbarkeit" voraus. „Dezimalbrüche und Größen" setzen „Dezimalbrüche" voraus.

(2) Da in der 6. Jahrgangsstufe Umfänge, Flächeninhalte und Rauminhalte auch mit Dezimalbrüchen als Maßzahlen behandelt werden sollen, bietet es sich an, diese Unterrichtssequenz nach der Unterrichtssequenz „Dezimalbrüche" zu behandeln.

(3) Bei der Reihenfolge zwischen den Unterrichtssequenzen „Dezimalbrüche und Größen" sowie „Umfänge, Flächeninhalte und Rauminhalte" ist es zweckmäßig, die umfassendere Thematik nach der speziellen zu behandeln. Denn damit ergibt sich z.B. die Möglichkeit einer Wiederholung und Vertiefung.

Auch *didaktische Prinzipien* können eine Entscheidungshilfe sein.

Beispiel: Die Frage, ob man erst die „gewöhnlichen Brüche" und dann die „Dezimalbrüche" behandeln soll, kann man mit dem „Prinzip des Vorgehens vom Leichteren zum Schwereren" entscheiden. Danach läge es nahe, mit den Dezimalbrüchen zu beginnen.

Bei diesen Entscheidungen kann es zu *Konflikten zwischen Argumenten* kommen, so dass Prioritäten zu setzen sind.

Beispiel: Will man sich nach dem „Prinzip des Vorgehens vom Leichteren zum Schwereren" für einen Beginn mit den Dezimalbrüchen entscheiden, dann nimmt man damit in Kauf, dass es z.B. bei der Deutung der Dezimalen als Zehntel, Hundertstel, Tausendstel usw. Schwierigkeiten gibt und dass man die Rechenregeln nicht mit Bruchrechenregeln begründen kann. Hier besteht also ein Konflikt zwischen der Forderung der „Sachlogik" und dem didaktischen „Prinzip des Vorgehens vom Leichteren zum Schwereren". Für die ausführliche Diskussion dieser Problematik sei auf Padberg (2002[3]) verwiesen.

Sequenzen betonen den thematischen Zusammenhang. Sie ermöglichen es den Lernenden, sich über eine längere Zeitspanne mit einem bestimmten Thema zu beschäftigen, um so mit den Fragestellungen, den Gedanken und Verfahren vertraut zu werden.

Andererseits kann bei der längeren Beschäftigung mit einem Thema auch das Interesse abnehmen und sogar in Ablehnung umschlagen. Um dies zu vermeiden, wird man die angesprochenen Gebiete wechseln. Häufig bietet sich z.B. ein Wechsel zwischen algebraischen und geometrischen Themen an. Man kann hier – etwas hochgestochen – von der *Dramaturgie* des Unterrichts sprechen (Hausmann 1959).

Bei der Anordnung der Unterrichtssequenzen ist auch auf den *Rhythmus* des Schuljahres mit Projektwochen, Wandertagen, Ferien, Leistungsnachweisen (Klassenarbeiten) und Zeugnissen zu achten.

Unter *lerntheoretischen* Gesichtspunkten ist dafür zu sorgen, dass wichtige Sachverhalte immer wieder aufgegriffen und damit *immanent* wiederholt werden.

Beispiel: Auf Grund dieser Betrachtungen ergibt sich als mögliche Verteilung der Sequenzen in der 6. Jahrgangsstufe:

Teilbarkeit – Symmetrie – gewöhnliche Brüche – Winkel – Anwendungen der Brüche – Dezimalbrüche – Umfänge, Flächeninhalte und Rauminhalte – Dezimalbrüche und Größen.

Welche Themenstränge von den einzelnen Unterrichtssequenzen angesprochen werden und in welcher Reihenfolge dies geschieht, kann ein *Ablaufdiagramm* (Abb. 4.2) deutlich machen.

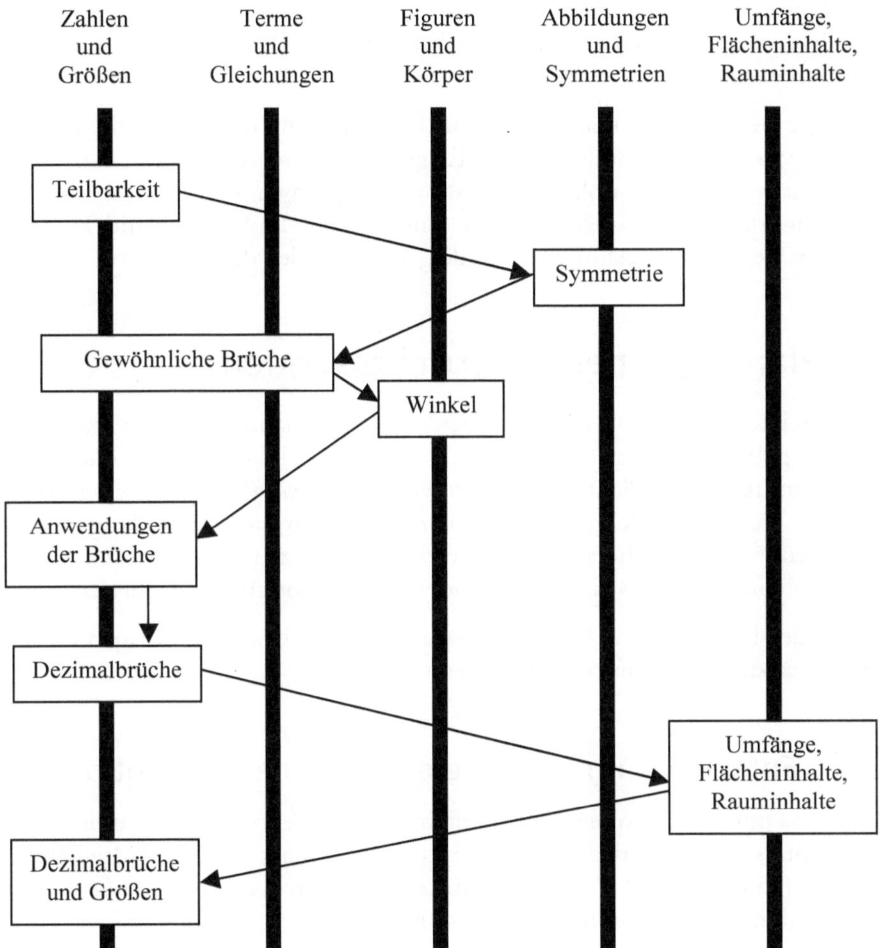

Abbildung 4.2 Themenstränge des Mathematikunterrichts der Sekundarstufe I

Im Hinblick auf das angestrebte langfristige Lernen wird man auch kontrollieren, welche Beiträge die gewählten Sequenzen zu den geplanten Themensträngen des Lehrgangs leisten.

Mit der Unterrichtssequenz „Teilbarkeit" wird an die Betrachtungen über „natürliche Zahlen" angeknüpft und werden die Bruchzahlen vorbereitet. Mit der Unterrichtseinheit „Gewöhnliche Brüche" wird in den Themensträngen „Zahlen und Größen" sowie „Terme und Gleichungen" ein Lernen durch Erweiterung angestrebt.

Mit der Betrachtung von Symmetrien wird das Phänomen gegenüber den vorangegangenen Jahrgangsstufen auf einer höheren Stufe behandelt.

Indem Umfänge, Flächeninhalte und Rauminhalte nun auch für gebrochene Maßzahlen behandelt werden, findet auch für diesen Themenstrang ein Lernen durch Erweiterung statt.

Den bisher betrachteten Plänen liegt ein Unterrichtsmodell zugrunde, in dem *Unterrichtssequenzen* aufeinander folgen. Es gibt auch andere Modelle. Am Gymnasium war es zeitweise üblich, in bestimmten Jahrgangsstufen z.B. Algebra und Geometrie parallel zueinander zu unterrichten. In Deutschland hat sich inzwischen weitgehend das hier zugrunde gelegte Modell durchgesetzt.

4.3   Planung einer Unterrichtssequenz

In Unterrichtssequenzen werden Themenbereiche behandelt, die ein mathematisches Teilgebiet umfassen. Sie erstrecken sich über einige Wochen und erfordern eine mittelfristige Planung. Sie können als *Bestandteile* eines Themenstranges diesen weiterentwickeln; als *Themenkreise* können sie Verbindungen zwischen Themensträngen herstellen. Unterrichtssequenzen bestehen aus Unterrichtseinheiten, die jeweils eine Stunde oder eine Doppelstunde umfassen.

Auch bei der Planung von Unterrichtssequenzen sind einige grundlegende Entscheidungen zu treffen und zu begründen.

4.3.1   Entscheidung über die didaktische Konzeption

Soll in der Unterrichtssequenz ein mathematischer Teilbereich behandelt werden, so gibt es für ihn in der Regel unterschiedliche mathematische Möglichkeiten des Aufbaus. Sie sind Kandidaten für mögliche mathematische *Hintergrundtheorien* didaktischer Konzeptionen (Vollrath 1979).

Beispiel: Für die Behandlung der gewöhnlichen Brüche gibt es unterschiedliche Konzeptionen, denen ausgebildete Hintergrundtheorien zugrunde liegen. So kann man Bruchzahlen etwa als *Maßzahlen von Größen*, als *Operatoren auf Größenbereichen*, als *Quotienten natürlicher Zahlen* oder als *Äquivalenzklassen von Paaren natürlicher Zahlen* behandeln (Padberg 2002[3]).

Diese unterschiedlichen Sichtweisen haben sich in einer langen historischen Entwicklung ergeben. Seit ältesten Zeiten finden sich Brüche als Maßzahlen von Größen. Bei Euklid ergeben sich die Brüche als Verhältnisse gleichartiger Größen. Euler entwickelte in seiner *Algebra* (1770) die Bruchrechnung mit Hilfe von Quotienten natürlicher Zahlen; Edmund Landau (1877–1938) führte in seinen *Grundlagen der Analysis* (1930) die Brüche als *Paare natürlicher Zahlen* ein und Hermann Weyl erhielt in seiner Schrift *Das Kontinuum* (1918) die Brüche als Multiplikatoren (Operatoren) addierbarer Größen.

Die Wahl einer bestimmten Konzeption erfordert eine *didaktische Analyse.* Dabei kann es unter Umständen notwendig sein, zu einer didaktischen Idee die zugehörige mathematische Hintergrundtheorie erst zu entwickeln. So sind beispielsweise für die Bruchrechnung unter didaktischer Zielsetzung neue Ansätze entwickelt worden (Griesel 1959, Pickert 1968).

Die Entscheidung für eine didaktische Konzeption wird häufig als eine Wahl zwischen unterschiedlichen Hintergrundtheorien gesehen (Vollrath 1979, Becker 1980, S. 125–129). So konkurrierten seit Ende der 1960er Jahre in der Bundesrepublik die Größenkonzeption und die Operatorkonzeption der Bruchrechnung miteinander. In der DDR entschied man sich für die Paarkonzeption.

In der Mathematik ist man bestrebt, jeweils einen bestimmten Ansatz konsequent durchzuführen. Die Entscheidung für eine Hintergrundtheorie kann deshalb didaktisch zu einer Verengung führen, wenn andere wichtige Aspekte vernachlässigt werden. Freudenthal warnte eindringlich vor derartigen Verengungen und plädierte dafür, wichtige mathematische Gebiete in unterschiedlichen „Anläufen" zu behandeln (Freudenthal 1973, S. 470–525).

Unter dem Einfluss von Freudenthal wurden seit Mitte der 1970er Jahre in der Bruchrechnung die unterschiedlichen Aspekte herausgearbeitet und flexibel zur Begründung der Rechenregeln herangezogen. Damit hat sich eine „Mischkonzeption" (Padberg 2002[3]) durchgesetzt. Trotzdem haben die mathematischen Hintergrundtheorien ihre Berechtigung, weil sie die unterschiedlichen Aspekte und ihre Konsequenzen sehr deutlich hervortreten lassen.

Für die *Begründung* einer Konzeption gibt es unterschiedliche Möglichkeiten der Argumentation. In der Unterrichtssequenz kommt es in erster Linie darauf an, die Lernenden und die Sache in enge Verbindung miteinander zu bringen. Das erfordert:

- Anknüpfen an Bekanntes,

- Aufbau auf Erfahrungen und Vermittlung neuer Erfahrungen,

- Wahl einleuchtender Problemstellungen,

- Aufbau tragfähiger Vorstellungen,

- Erfassen von Regeln,

- Begründen von Regeln und Verfahren,

- Vermeiden oder Reduzieren von Schwierigkeiten.

Im Hinblick auf die Entwicklung des Denkens der Lernenden sind die zu erwartenden Beiträge der Unterrichtssequenz unter der Wirkung der Konzeption abzuschätzen. Man muss sich dessen bewusst sein, dass mit den gesetzten Zielen nicht automatisch das Erreichen dieser Ziele garantiert ist. Die Forderung der Lernzielorientierung wird häufig als Ausdruck einer „normativen" Didaktik gesehen. Die „deskriptive" Didaktik beschränkt sich dagegen meist auf die Beschreibung des tatsächlich Erreichten. Beide Sichtweisen ergänzen sich jedoch, so dass eine Polarisierung vermieden werden sollte.

Beim Vergleich unterschiedlicher Konzeptionen zeigt es sich, dass immer ein Abwägen zwischen Vor- und Nachteilen erforderlich ist.

Beispiel: Bei der Größenkonzeption ist die Einführung der Addition von Bruchzahlen nahe liegend. Die Einführung der Multiplikation ist dagegen schwierig. Bei der Operatorkonzeption ist jedoch die Einführung der Multiplikation nahe liegend, während die Addition etwas künstliche Betrachtungen erfordert. Eine Mischkonzeption wird sich deshalb darum bemühen, die Addition an Größenvorstellungen und die Multiplikation an Operatorvorstellungen anzulehnen.

Unterrichtssequenzen benötigen einen *roten Faden*. Das kann ein Begriff sein, der als *Schlüsselbegriff* einen Themenbereich erschließt, oder eine Problemstellung, die sich durch die ganze Unterrichtssequenz zieht. Auch bestimmte Methoden, die einem bestimmten Handlungsmuster folgen, kommen dafür in Frage.

Beispiele: (1) In der Bruchrechnung ist natürlich der Begriff des Bruchs der Schlüsselbegriff. Bei der Schlussrechnung in der 7. Jahrgangsstufe ist es der Funktionsbegriff. Bei der Behandlung der Vierecke in der 8. Jahrgangsstufe kann es der Begriff der Symmetrie sein.

(2) Bei der Prozentrechnung in der 7. Jahrgangsstufe kann das Problem des relativen Vergleichs der rote Faden sein, bei den Flächeninhalten in der 8. Jahrgangsstufe die Suche nach einem inhaltsgleichen Rechteck.

(3) Beim Aufbau der Geometrie in der 7. Jahrgangsstufe kann man sich der Kongruenzsätze oder der Eigenschaften der Kongruenzabbildungen bedienen. Entsprechend der gewählten Methode erhält man unterschiedliche Konzeptionen.

4.3.2   Auswahl der Inhalte

Im Lehrplan werden meist konkrete Hinweise zu den Inhalten des Gebietes gegeben. Trotzdem sind Überlegungen über die zu behandelnden Inhalte erforderlich. Es ist eine Wahl zu treffen über:

- Begriffe,

- Sachverhalte,

- Verfahren,

- Anwendungen und

- Probleme.

Bei Gebieten mit einer langen Unterrichtstradition gibt es eine Fülle von Begriffen, über deren Verwendung man entscheiden muss. Dabei ist zu bedenken, dass Begriffe einerseits auf bestimmte Sachverhalte aufmerksam machen und damit eine Hilfe sind, andererseits aber auch schnell wieder vergessen werden, wenn man sie nicht mehr benötigt.

Beispiel: In der Bruchrechnung kennt man folgende Brucharten: echte Brüche, unechte Brüche, Scheinbrüche, Stammbrüche, gleichnamige Brüche, ungleichnamige Brüche, Zehnerbrüche. Werden alle diese Begriffe benötigt? Müssen sich die Schülerinnen und Schüler diese Begriffe merken?

Hier ist der Rat von Diesterweg zu beachten:

> *Lehre nichts, was dem Schüler dann, wenn er es lernt, noch nichts ist, und lehre nichts, was dem Schüler später nichts mehr ist!* (Diesterweg 1962, S. 131)

In den einzelnen mathematischen Gebieten gibt es typische Probleme, die unbedingt zu behandeln sind. Auch hier sind Entscheidungen zu treffen.

Beispiele: (1) Als arithmetischer Bereich erfordert die Bruchrechnung die Behandlung des Vergleichs, des Addierens und Subtrahierens sowie des Multiplizierens und Dividierens.

(2) Die Erarbeitung der Kongruenzabbildungen in der 7. Jahrgangsstufe erfordert die Bestimmung von Bildpunkten, von Bildfiguren, von Invarianten und von Fixmengen.

Es ist zu entscheiden, welche Sätze bzw. Regeln behandelt werden sollen. Dabei geht es zum einen um die durch sie vermittelten Einsichten, zum anderen aber auch um ihre Verwendung. Im Allgemeinen sind „zentrale" Sätze und Regeln unumstritten. Anders verhält es sich z.B. bei Sonderfällen. Sollen sie hervorgehoben, beiläufig behandelt oder gar nicht beachtet werden?

Beispiel: In der Bruchrechnung kann man den Fall „Bruchzahl plus natürliche Zahl" auf den Fall „Bruchzahl plus Bruchzahl" zurückführen:

$$\frac{3}{4} + 2 = \frac{3}{4} + \frac{8}{4} = \frac{3+8}{4} = \frac{11}{4}.$$

Soll man eine eigene Regel formulieren?

Unter den Verfahren eines Gebiets sind vor allem diejenigen von besonderem Interesse, die immer wieder benötigt werden, oder solche, die typisch für dieses Gebiet oder die Mathematik überhaupt sind.

Beispiel: Wichtige und für die Bruchrechnung typische Verfahren sind das Erweitern und Kürzen. Mit ihrer Hilfe kann man Brüche gleichnamig machen bzw. Brüche vereinfachen. Sie sind unumgänglich und werden in Zukunft immer wieder gebraucht.

Mit der Auswahl soll zugleich die notwendige *Beschränkung der Inhalte* erreicht werden. Dazu wurde von Wagenschein das *Prinzip des exemplarischen Lehrens* betont. Er war nämlich überzeugt, dass man „aus einer Einzelfrage des *Ganze* des Faches erreichen kann" (Wagenschein 1970[2], S. 225). Das setzt allerdings eine intensive Auseinandersetzung voraus. Er schreibt:

> 1. Je tiefer man sich eindringlich und inständig in die Klärung eines geeigneten Einzelproblems eines Faches versenkt, desto mehr gewinnt man von selbst das Ganze des Faches.

> 2. Je tiefer man sich in ein Fach versenkt, desto notwendiger lösen sich die Wände des Faches von selber auf und man erreicht die kommunizierende, die humanisierende Tiefe, in welcher wir als ganze Menschen wurzeln, und so berührt, erschüttert, verwandelt und also gebildet werden. (Wagenschein 1970[2], S. 229)

Dass tatsächlich im Einzelnen das Ganze sichtbar werden kann, ist zu bezweifeln (z.B. Lenné 1969, S. 62 f.), andererseits ist die Forderung sinnvoll, die Schülerinnen und Schüler typisch Mathematisches an ausgewählten bedeutsamen Inhalten erfahren zu lassen (Becker 1980).

4.3.3   Anordnung der Inhalte

Die Anordnung der Inhalte folgt in erster Linie dem *genetischen Prinzip*, nach dem Mathematik mit den Lernenden zu entwickeln ist, so dass sie Mathematik neu entdecken und das Entstehen von Mathematik unmittelbar erleben (Abschnitt 3.2.3).

Nach dem *Prinzip der Ordnung* wird eine in sich stimmige Entwicklung eines *Gedankenganges* gefordert, bei dem die Sachlogik beachtet wird (Abschnitt 3.2.2). Das gilt insbesondere dann, wenn Begriffe, Probleme und Verfahren aufeinander aufbauen. Dabei wird man jedoch auch das *Prinzip des Vorgehens vom Leichteren zum Schwereren* beachten (Abschnitt 3.2.2).

Unter dem Einfluss von Piaget ist das *operative Prinzip* (Wittmann 1995[6]) entstanden. Es fordert, Operationen so zu lehren, dass jeweils Operation und Umkehroperation aufeinander bezogen sind.

Beispiel: Zwar baut die Subtraktion auf die Addition auf, trotzdem ist es nach dem *operativen Prinzip* sinnvoll, möglichst früh beide Operationen im Zusammenhang zu betrachten. Auch Erweitern und Kürzen von Brüchen, Quadrieren und Wurzelziehen sollten aufeinander bezogen sein. In der Geometrie sollten zu Punkten ihre Bilder, aber umgekehrt zu Bildpunkten sogleich ihre Urbilder bestimmt werden.

Auch hier können Konflikte zwischen didaktischen Prinzipien auftreten. So kann z.B. das *operative Prinzip* einen Konflikt zum *Prinzip des schrittweisen Vorgehens* (Comenius) aufwerfen.

Beispiel: Traditionell werden in der Bruchrechnung nacheinander das Addieren und Subtrahieren gleichnamiger Brüche, das Addieren und Subtrahieren ungleichnamiger Brüche, das Vervielfachen und das Teilen, das Multiplizieren und das Dividieren behandelt. Dagegen propagierte Arnold Fricke (1913–1986) eine *operative Gesamtbehandlung* der Bruchrechnung. In einer ersten Phase sollten die Schülerinnen und Schüler *alle* Rechenaufgaben für die Fälle lösen, die sie unmittelbar aus dem Verständnis der Brüche heraus lösen können. Erst danach sollten schrittweise die schwierigeren Fälle behandelt werden (Fricke 1983).

Ein anderer Konflikt kann sich aus dem *Prinzip der Isolation der Schwierigkeiten* und dem *Integrationsprinzip* ergeben.

Beispiel: Nach dem Integrationsprinzip wäre es sinnvoll, Erweitern und Kürzen im Zusammenhang mit dem Addieren und Subtrahieren ungleichnamiger Brüche zu behandeln, wo es benötigt wird. Andererseits würde das zu einer Häufung von Schwierigkeiten führen, die zu vermeiden ist. Man wird sich also darum bemühen, Erweitern und Kürzen in einen eigenen Problemkontext einzubinden.

Alle Prinzipien können durch Überbetonung pervertiert werden. Sie bedürfen daher eines „Gegenprinzips" als Ausgleich.

4.3.4   Verteilung der Inhalte

Die geplanten Inhalte sind so auf die Sequenz zu verteilen, dass eine sinnvolle Gliederung in *Unterrichtseinheiten* entsteht. Dabei sollte man vermeiden, einzelne Unterrichtseinheiten zu „überladen". Auch diese Forderung findet sich bereits bei Comenius („Die Natur überlädt sich nicht, sondern ist mit Wenigem zufrieden.", Comenius 1993[8], S. 102).

Die Sequenz sollte bei den Erfahrungen der Lernenden ansetzen und dann in den einzelnen Unterrichtseinheiten klar gegliedert ohne Gedankensprünge verlaufen. Diesterweg drückt das so aus:

> *Beginne den Unterricht auf dem Standpunkte des Schülers, führe ihn von da aus stetig, ohne Unterbrechung, lückenlos und gründlich fort!* (Diesterweg 1962, S. 127).

Auswahl, Anordnung und Verteilung der Inhalte hängen miteinander zusammen. Wird zu viel Inhalt gewählt, dann kommt man leicht ins „Gedränge". Behandelt man bestimmte Inhalte sehr ausführlich, so muss man andere wesentlich knapper bearbeiten. Beginnt man gründlich und baut man zu Beginn tragfähige Vorstellungen auf (vom Hofe 1995), dann hat man es später bei schwierigeren Inhalten leichter.

Ist über die didaktische Konzeption, die Auswahl, Anordnung und Verteilung der Inhalte entschieden, dann ergibt sich ein *Plan der Unterrichtssequenz*. In der Praxis wird das eine Gliederung in Unterrichtseinheiten sein.

Der Plan einer Unterrichtssequenz zur Bruchrechnung, die den vorangegangenen Überlegungen entspricht, könnte wie folgt aussehen:

1. Brüche in der Umwelt,

2. Erweitern und Kürzen,

3. Bruchzahlen,

4. Vergleichen,

5. Addieren und Subtrahieren gleichnamiger Brüche,

6. Addieren und Subtrahieren ungleichnamiger Brüche,

7. gemischte Zahlen,

8. Vervielfachen,

9. Teilen,

10. Multiplizieren,

11. Dividieren.

4.4 Planung eines Projekts

Projekte erfordern eine Reihe von Vorarbeiten, so dass sie ebenfalls mittelfristig zu planen sind. Im Vordergrund steht dabei die Wahl des Themas.

4.4.1 Wahl des Themas

An sich gehört es zur Projektidee, die Schülerinnen und Schüler selbst das Thema finden zu lassen (Frey 1998[8]). Diese Forderung war in Bezug auf den Mathematikunterricht der Projektidee eher hinderlich (Ludwig 1998).

Projekte erfordern einen hohen Arbeitsaufwand, deshalb sollte die Wahl des Themas sorgfältig getroffen werden. Da man im Mathematikunterricht den notwendigen Überblick über die Fruchtbarkeit eines Themas und den erforderlichen Aufwand nur bei den Lehrkräften erwarten kann, werden in erster Linie sie Themen stellen oder Themen zur Auswahl vorschlagen. An Themen für Projekte stellt Matthias Ludwig folgende Forderungen (Ludwig 1998):

- Projektthemen sollen aus den in der Jahrgangsstufe behandelten Inhalten erwachsen.

- Sie sollen möglichst mehrere mathematische Themen miteinander verbinden und auch früher behandelte Inhalte mit einbeziehen.

- Sie sollten möglichst Verbindungen zu anderen Fächern herstellen.

- Projektthemen sollten einen Bezug zum Leben haben.

- Sie sollen fachliche und historische Hintergründe erhellen können.

- Die Themen sollen Möglichkeiten zur Entfaltung von Ideen und zu selbstständiger Tätigkeit bieten.

- Sie sollen unterschiedliche Interessen und Fähigkeiten ansprechen.

- Notwendige Informationen sollten von den Schülerinnen und Schülern selbst beschafft werden können.

- Projektthemen sollen ergiebig sein, also Arbeit in mehreren Gruppen ermöglichen und Einsichten vermitteln.

- Am Ende des Projekts soll etwas vorzuzeigen sein.

Es soll z.B. entschieden werden, ob das Thema „Elle, Fuß und Zoll" als Projektthema in der 6. Jahrgangsstufe geeignet ist. Elle, Fuß und Zoll sind historische Längenmaße. Zwischen diesen Längenmaßen bestand die Beziehung: 1 Elle = 2 Fuß, 1 Fuß = 12 Zoll. Die Länge einer Elle war von Ort zu Ort verschieden. Umrechnungen waren also nicht nur zwischen Elle, Fuß und Zoll, sondern auch zwischen den entsprechenden Einheiten verschiedener Orte erforderlich. Das Thema passt in die 6. Jahrgangsstufe. Denn dort werden Längen als Beispiele für Größen mit *Bruchzahlen als Maßzahlen* behandelt. Dabei sind auch *Umrechnungen* zwischen unterschiedlichen metrischen Längeneinheiten erforderlich.

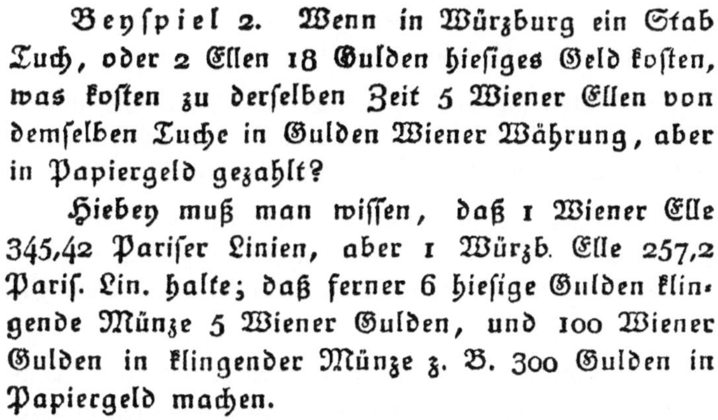

Beyfpiel 2. Wenn in Würzburg ein Stab Tuch, oder 2 Ellen 18 Gulden hiefiges Geld koften, was koften zu derfelben Zeit 5 Wiener Ellen von demfelben Tuche in Gulden Wiener Währung, aber in Papiergeld gezahlt?

Hiebey muß man wiffen, daß 1 Wiener Elle 345,42 Parifer Linien, aber 1 Würzb. Elle 257,2 Parif. Lin. halte; daß ferner 6 hiefige Gulden klingende Münze 5 Wiener Gulden, und 100 Wiener Gulden in klingender Münze z. B. 300 Gulden in Papiergeld machen.

Abbildung 4.3 Umrechnungsaufgabe (aus: Johann Schön, *Die gemeine Rechenkunst für Bürger- und Sonntagsschulen,* Würzburg (Stahel) 1812, S. 88.)

Daran kann man bei der Betrachtung der historischen Längenmaße und bei den nötigen Umrechnungen anknüpfen. Zudem werden damit die grundlegenden Betrachtungen über Längen aus der 5. Jahrgangsstufe wieder aufgegriffen und vertieft. An Aufgaben aus historischen Rechenbüchern können die Schülerinnen und Schüler typische Umrechnungsaufgaben und deren Lösungsmethoden kennen lernen. Dabei müssen sie sich auch mit der alten Frakturschrift auseinandersetzen (Abb. 4.3).

In die Betrachtungen kann man andere Fächer mit einbeziehen. Im *Deutschunterricht* kann man alte Maßeinheiten in historischer Literatur (z.B. in Märchen, in den Werken der Klassiker, Beckmann 1995) suchen lassen.

Abbildung 4.4 *Max und Moritz* (aus: *Wilhelm Busch Album, Humoristischer Hausschatz*, Stuttgart (Bassermann) 1964[26], S. 28.)

In den *Fremdsprachen* kann man etwa im Englisch- oder Lateinunterricht auf die jeweiligen Maßeinheiten der entsprechenden Länder eingehen.

In den unterschiedlichen Werten für die Elle schlägt sich die Kleinstaaterei in der deutschen *Geschichte* nieder. Für das Maßwesen sind die Herrschaft Napoleons und die deutsche Reichsgründung 1871 entscheidend gewesen.

Fragt man nach den Längenmaßen in der Bibel, so kann man eine Verbindung zum *Religionsunterricht* herstellen. Mit der Bibel hat man im Übrigen eine historische Quelle, die den meisten Schülerinnen und Schülern noch leicht zugänglich ist.

In einigen Berufsfeldern tritt immer noch die alte Einheit „Zoll" auf (z.B. bei Rohren, bei Reifen, bei Gewinden). Die Schülerinnen und Schüler können z.B. ihre Eltern danach fragen, ob sie noch mit „Zoll" im Beruf zu tun haben.

Das Projektthema spricht *unterschiedliche Interessen* an. Informationen können ohne zu großen Aufwand durch Besuche in einer *Bibliothek*, Befragung von *Experten* oder durch das *Internet* beschafft werden.

Das Thema bietet eine Fülle von Aspekten, die den Schülerinnen und Schülern viele Möglichkeiten zur Entfaltung bieten. In der Präsentation dieses Projekts müsste sich Interessantes vorzeigen lassen.

Das eben betrachtete Thema stellt keine besonderen mathematischen Anforderungen an die Schülerinnen und Schüler. Etliche der in der Literatur berichteten Projekte enthalten zum Teil anspruchsvolle mathematische Aufgaben, was im Hinblick auf die Förderung der mathematisch besonders begabten Schülerinnen und Schüler erwünscht ist (Reichel 1991, Ludwig 1998). Aber es ist doch ratsam, die *mathematischen Anforderungen* vor einer Entscheidung gründlich zu analysieren und mathematische Probleme aus dem Thema vorher selbst zu lösen, damit man bei der Durchführung des Projekts keine unangenehmen Überraschungen erlebt.

4.4.2   Stellen des Themas

Den Schülerinnen und Schülern kann das Thema so gestellt werden, dass sie sich nach einer knappen Einführung in das Thema durch die Lehrkraft selbst Probleme stellen. Das wäre eine *offene* Themenstellung. Sie entspricht den Intentionen der Projektmethode.

Man kann jedoch zum Thema auch einen Satz von Aufgabenstellungen z.B. auf Arbeitsblättern präsentieren, die dann nach freier Wahl selbstständig von den Schülerinnen und Schülern zu bearbeiten sind. Das wäre eine *gelenkte* Themenstellung.

Beides lässt sich auch kombinieren, indem man etwa den Schülerinnen und Schülern einige Beispielaufgaben zeigt, ansonsten aber zulässt, dass sie sich nach Beratung mit der Lehrkraft auch selbst eine Aufgabe stellen.

Für das Projekt „Elle, Fuß und Zoll" könnten z.B. folgende Aufgaben gestellt und in Gruppen bearbeitet werden:

(1) historische Längeneinheiten des Heimatortes,

(2) historische Entwicklung der Längenmaße,

(3) historische Längenmaße in der Literatur,

(4) Umrechnungsaufgaben in alten Rechenbüchern,

(5) Längenmaße in der Bibel,

(6) Überreste der alten Maße in unserer Zeit.

Bei einem fruchtbaren Thema sind mehr mögliche Aufgaben als Gruppen vorhanden, so dass von den Schülerinnen und Schülern eine *Auswahl* zu treffen ist. Beim Thema „Elle, Fuß und Zoll" ist z.B. die Frage nach den entsprechenden historischen Längenmessgeräten interessant. Die „Elle" war ja auch zugleich die Bezeichnung für ein Messgerät, das von Stoffhändlern und Schneidern verwendet wurde. Noch heute ist in Stoffgeschäften ein 50 cm langer Messstab in Gebrauch.

Man kann auch weitere historische Längenmaße wie „Rute" und „Meile" sowie „Linie" und „Skrupel" betrachten und mit Elle, Fuß und Zoll in Beziehung setzen.

4.4.3   Organisation

Bei der Planung ist über den *Termin* und den benötigten und zur Verfügung stehenden *Zeitraum* für das Projekt zu entscheiden. In einem Projekt sind *Kooperationen* mit anderen Fächern erwünscht. Es ist also zu überlegen, welche Fächer in Frage kommen und wie man die entsprechenden Kolleginnen und Kollegen gewinnt. Beim Thema „Elle, Fuß und Zoll" wird man z.B. versuchen, die Fächer Geschichte, Deutsch, Englisch oder Latein und Religion mit einzubeziehen.

Die *Gruppen* sind zu organisieren, so dass jeder einen sinnvollen Beitrag zur Lösung der gestellten Aufgabe leisten kann. Bei der Zusammensetzung der Gruppen wird man darauf achten, dass die Schülerinnen und Schüler auch gut zusammenarbeiten können.

Das Projekt soll am Ende der Schulöffentlichkeit vorgestellt werden. Unter Umständen lässt sich sogar die Presse für einen Bericht gewinnen. Das ist mit der Schulleitung abzusprechen. Wie die *Präsentation* im Einzelnen gestaltet wird, ist im Rahmen des Projekts von den Schülerinnen und Schülern zu planen. So wird z.B. das Bild von Wilhelm Busch mit der Schneiderelle nicht fehlen. In vielen Büchern findet sich ein Bild von Jacob Köbel (1616), das zeigt, wie man sich die Festlegung des Fußmaßes als Durchschnittswert vorstellte (Abb. 4.5). Es reizt sicher die Schülerinnen und Schüler, es nachzustellen und zu fotografieren.

Auch Modelle der historischen heimischen Maße werden nicht fehlen. Sicher werden auch Umrechnungsaufgaben gezeigt und vorgerechnet. Es ist bei diesem Projekt also mit einer interessanten Präsentation zu rechnen.

Für die Präsentation werden *Materialien* benötigt. Deshalb ist zu überlegen, was im Einzelnen erforderlich ist, und es sind Wege zu suchen, wie diese Materialien beschafft werden können. Die Kosten sind abzuschätzen und Möglichkeiten zur Finanzierung zu finden (z.B. „Sponsoring").

Abbildung 4.5 Die Bestimmung des durchschnittlichen Fußmaßes (aus: Jacob Köbel, *Geometrey*, Frankfurt a. M. (Steinmeyer) 1616, S. 5 links. SLUB Dresden, Sammlungen Geodaes. 38)

4.5   Planung einer Unterrichtseinheit

Der Mathematikunterricht vollzieht sich in *Unterrichtseinheiten*. Wesentliche Vorentscheidungen für ihre Planung sind bereits durch die Planung der Unterrichtssequenzen gefällt. Im Vordergrund stehen dabei die gewählte *didaktische Konzeption* der Sequenz und die für die Unterrichtseinheit vorgesehenen Inhalte. Darüber hinaus sind jedoch eine Reihe von Fragen zu klären und Entscheidungen zu treffen. Diese Planungen beziehen auch die Phasen selbstständigen Arbeitens der Schülerinnen und Schüler mit ein, die zunehmend Aufmerksamkeit in der Unterrichtsplanung der Lehrkräfte erfordern (Barzel und Holzäpfel 2010).

4.5.1   Typen von Inhalten

In Unterrichtseinheiten geht es um die Erarbeitung unterschiedlicher mathematischer *Inhalte*. Dabei handelt es sich im Wesentlichen um:

- Begriffe,

- Sachverhalte,

- Verfahren und

- Anwendungen.

Das Lernen dieser Inhalte wurde in den Abschnitten 2.1.2 bis 2.1.5 behandelt. Dort wurde insbesondere deutlich gemacht, was jeweils „verstehen" bzw. „beherrschen" heißt. Beim Lehren erfordern diese unterschiedlichen Typen von Inhalten jeweils bestimmte Vorgehensweisen, für die didaktische Theorien vorliegen (z.B. Vollrath 1984, Ziegenbalg 1996, Blankenagel 1994). Aus ihnen ergeben sich für die einzelnen Typen von Inhalten entsprechende Vorgehensweisen, so dass man von „typischen Unterrichtssituationen" sprechen kann.

Das Hervorheben bestimmter Unterrichtsaufgaben als typische Unterrichtssituationen und das Angebot von einschlägigen Handlungsmustern ist vor allem für Berufsanfänger eine Hilfe (z.B. Steinhöfel et al. 1978, Zech 1996[8]). In Kapitel 5 wird die Unterrichtsplanung für die einzelnen Typen von Inhalten ausführlich behandelt. Bei der Planung ist also zunächst festzustellen, um welchen Typ von Inhalten es sich handelt.

Das Lehren dieser Inhalte ist auf ihr Verstehen bzw. ihr Beherrschen gerichtet. Dem entsprechen bestimmte Ziele.

4.5.2 Ziele

Mit der Entscheidung, bestimmte Inhalte zu lehren, sind gewisse *Ziele* verbunden, die in der Natur dieser Inhalte liegen. Dabei geht es um den Erwerb von Kenntnissen und Fähigkeiten, die für das Lernen dieser Inhalte charakteristisch sind (Abschnitte 2.1.4 bis 2.1.5).

Es wurde gezeigt, dass diese Inhalte *systemorientiert* (Abschnitt 2.2) oder *problemorientiert* (Abschnitt 2.3) gelernt werden können. Auch *reflektierendes* Lernen (Abschnitt 2.4) leistet Beiträge zum Verstehen.

Mit dem Lehren eines Inhalts können unterschiedliche Lernziele angestrebt werden. Steht der Inhalt selbst im Mittelpunkt, dann beschreiben *Resultatziele* die beim Lernen zu erreichenden Kenntnisse und Fähigkeiten. Es heißt dann, „die Schülerinnen und Schüler sollen wissen, dass ..." oder „die Schülerinnen und Schüler sollen ... können." Die Überbetonung solcher Ziele im „lernzielorientierten Unterricht" hat zu einer häufig zu beobachtenden Abneigung gegen die Formulierung von Lernzielen geführt. Trotzdem ist es natürlich sinnvoll und notwendig, sich in der Planung über die zu erreichenden Ziele klar zu werden, schon damit man dann kontrollieren kann, ob der zu lehrende Begriff, der Sachverhalt, das Verfahren oder die Anwendung tatsächlich gelernt worden sind.

Häufig geht es aber beim Lernen eines Inhalts nicht nur darum, den betreffenden Inhalt zu lernen, sondern dieser Inhalt steht zugleich für eine bestimmte *mathematische Methode* oder für eine *höhere Einsicht*. Das ist z.B. dann der Fall, wenn der Inhalt *exemplarisch* sein soll. So dient in einer exemplarischen Unterrichtseinheit ein Beweis über die Irrationalität von $\sqrt{2}$ nicht nur der Klärung des Sachverhaltes, sondern er kann bei der entsprechenden Erarbeitung exemplarisch sein für den *indirekten* Beweis.

Das Lernen *mathematischer Methoden* wie Begriffe bilden, Sätze finden, Probleme lösen, Algorithmen entwickeln wird durch *Prozessziele* beschrieben. Prozessziele werden in der Regel *langfristig* erreicht (Abschnitt 2.5.3). In Unterrichtseinheiten sind deshalb jeweils nur begrenzte Beiträge zum Erreichen dieser Prozessziele zu erwarten. Deshalb stehen bei der Planung von Unterrichtseinheiten meistens Resultatziele im Vordergrund.

4.5.3 Zugänge

Mathematische Inhalte können im Unterricht auf unterschiedliche Weisen erschlossen werden. Das liegt einmal daran, dass sie verschiedene mathematische Darstellungen zulassen. Zum anderen gibt es zahlreiche didaktische Gestaltungsmöglichkeiten, etwa durch die Wahl von Problemen, von Veranschaulichungen und Formulierungen. Die zu treffende Entscheidung ist in erster Linie an den Fähigkeiten und Bedürfnissen der Lernenden zu orientieren, hat sich aber natürlich nach den Gestaltungsmöglichkeiten zu richten. Das ist in einer didaktischen Sachanalyse zu klären.

Zunächst wird man untersuchen, welche *mathematischen* Zugänge überhaupt möglich sind. Das hängt natürlich von den Inhalten ab. Ein Begriff lässt sich unterschiedlich definieren, ein Sachverhalt kann in einem einzigen Satz oder in einer Reihe mehrerer Sätze formuliert werden. Es bestehen Abhängigkeiten zwischen diesen Formulierungen. Eine „schwache" Definition hat meist mehr Sätze im Gefolge als eine „starke". Die Formulierung der Sätze wirkt sich auf die Beweise aus. Im Allgemeinen führt die Darstellung eines Sachverhalts durch mehrere Sätze zu kürzeren Beweisen.

Beispiel: Man kann das Parallelogramm als punktsymmetrisches Viereck definieren. Das ist eine sehr „starke" Definition. Aus ihr ergeben sich die wichtigsten Parallelogrammeigenschaften als unmittelbare Folgerungen: Gegenüberliegende Seiten sind gleich lang, gegenüberliegende Winkel sind gleich groß, gegenüberliegende Seiten sind parallel, die Diagonalen halbieren sich. Definiert man dagegen das Parallelogramm als Viereck, bei dem die gegenüberliegenden Seiten parallel sind, so erfordern die anderen Eigenschaften Beweise.

Nach der Klärung der unterschiedlichen mathematischen Zugänge ist zu untersuchen, wie sie mit den *lerntheoretischen* Forderungen, die sich aus den Fähigkeiten und Bedürfnissen der Lernenden ergeben, in Einklang zu bringen sind. Insbesondere sind Möglichkeiten der *Differenzierung* zu bedenken.

Beispiel: In der 8. Jahrgangsstufe wird man in der *Hauptschule* einen Zugang zum Parallelogramm wählen, bei dem die Punktsymmetrie im Vordergrund steht. Denn hier ergeben sich unmittelbar die wichtigsten Eigenschaften dieser Figur. Will man dagegen im *Gymnasium* die Beziehungen zwischen den Eigenschaften untersuchen, sorgfältig zwischen Satz und Umkehrung unterscheiden und Sätze und Umkehrungen beweisen lassen, so ist es zweckmäßiger, das Parallelogramm als Viereck mit parallelen Gegenseiten zu definieren.

4.5.4 Gliederung

Unterrichtseinheiten sind zu strukturieren. Das ergibt sich zum einen von der *Sache* her, denn in einer Unterrichtseinheit stellen sich unterschiedliche Lehraufgaben wie Einführen, Herausarbeiten, Sichern und Vertiefen, die einzelnen *Unterrichtsphasen* zugeordnet sind. Dabei ist zu entscheiden, welche Lehraufgaben sich bei der Behandlung des Themas stellen und wie die zugehörigen Phasen anzuordnen sind. Das ergibt die *Struktur* der Unterrichtseinheit.

Die Strukturierung in einzelne Phasen ist aber auch von den *Lernenden* her erforderlich. Die Bereitschaft und die Fähigkeit von Kindern und Jugendlichen, sich länger mit einer Sache zu befassen, hängen stark ab vom Alter, von der Sache und von der Situation. Es ist immer wieder erstaunlich, wie ausdauernd Kinder und Jugendliche sich mit einer Sache beschäftigen, wenn sie von ihr gepackt sind. Andererseits kann ein zunächst vorhandenes Interesse ziemlich abrupt wieder erlöschen.

Die Strukturierung sollte der *didaktischen Situation* entsprechen. In der Praxis lassen sich bestimmte Schemata beobachten. Ein häufig verwendetes Schema für „Einführungsstunden" ist:

> *Einstieg – Erarbeitung – Ergebnis – Sicherung – Vertiefung.*

Derartige Schemata gehen auf Johann Friedrich Herbart (1776–1841) zurück. Er hatte sich in philosophischen und psychologischen Studien mit dem Denken befasst und Bedingungen entdeckt, die zum Gewinnen von Erkenntnis nötig sind. Aus diesen Einsichten kam er zur pädagogischen Forderung, den Unterricht deutlich zu „artikulieren" und nacheinander die „Stufen" der „Klarheit", „Assoziation", „System" und „Methode" zu durchlaufen (Herbart 1806). Seine Anhänger haben daraus eine Theorie der „Formalstufen" gemacht, die zu Schemata für die Organisation von Unterrichtsstunden führten. Das Diktat dieser Schemata hat vor allem in der Volksschule den Unterricht gegen Ende des 19. Jahrhundert weitgehend erstarren lassen. Das hätte eine Warnung sein sollen. Trotzdem haben auch im 20. Jahrhundert die Versuche nicht aufgehört,

„Stufen" für kurzfristiges Lernen zu identifizieren und den Unterricht nach ihnen zu organisieren.

Großen Einfluss hatte Heinrich Roth mit seiner Theorie der *Lernschritte* (Roth 1965[8]). Insbesondere in der Allgemeinen Didaktik ist die Versuchung groß, nach allgemeinen Phasenschemata zu suchen. Der Schulpädagoge Hilbert Meyer stellt jedoch fest:

> Es gibt keine allgemeingültigen Stufen- oder Phasenkonzepte des Unterrichts, die wertfrei, inhalts- und zielneutral und unabhängig vom gesellschaftspolitischen Kontext der Schule eingesetzt werden könnten. (Meyer 1994[6], S. 178)

Auch er empfiehlt aber eine Gliederung, die der obigen Schrittfolge entspricht.

Wie man Unterricht vernünftig zweckmäßig gliedern kann, ohne sich einem starren Schema unterordnen zu müssen, wird in Kapitel 5 an einigen Beispielen für Pläne von Unterrichtseinheiten gezeigt.

4.5.5 Lehrmuster und Sozialformen

Für die einzelnen Phasen sind schließlich die Lehrmuster (Abschnitte 3.3.1 bis 3.3.3) und die Sozialformen (Abschnitt 3.3.4) festzulegen. Aus den Betrachtungen in Kapitel 3 ist klar, dass diese Entscheidung wesentlich bestimmt ist durch die didaktische Grundkonzeption der Lehrenden und durch die Inhalte. Angesichts der zahlreichen Lehrmuster und Sozialformen bestehen hier viele Gestaltungsmöglichkeiten. Umso erstaunlicher ist es, dass Unterrichtsbeobachtungen und systematische Erhebungen seit Jahren immer wieder das Dominieren des fragend-entwickelnden Unterrichts feststellen (Maier und Schweiger 1999, S. 134–137; Schlöglmann 2005). Dabei lassen sich in Deutschland zwei Varianten beobachten (Baumert und Lehmann 1997, S. 226):

(1) Nach der Besprechung der Hausaufgaben wird der neu zu behandelnde Inhalt zielstrebig und kurzschrittig fragend-entwickelnd erarbeitet und von der Lehrkraft an der Tafel dokumentiert.

(2) Nach der Besprechung der Hausaufgaben wird eine neue Aufgabe gestellt, die von einer Schülerin oder einem Schüler – mit Unterstützung der Klasse und der Lehrkraft – an der Tafel gelöst wird. In Stillarbeit werden dann von der Klasse ähnliche Aufgaben – meist aus dem Schulbuch – zur Einübung gelöst.

Diese Eintönigkeit muss nicht sein! Auch hier kann Abwechslung für die Lehrenden und Lernenden anregend wirken. Das bedeutet natürlich nicht, dass nun der Wechsel der Lehrmuster und Sozialformen innerhalb einer Unterrichtseinheit zu einem Qualitätsmerkmal werden soll. Wie Lehrmuster und Sozialformen angemessen wechseln können, zeigt das folgende Beispiel.

Beispiel: In einer 7. Jahrgangsstufe wird in einer Übungsstunde zu proportionalen und antiproportionalen Zuordnungen das „Wachstum von Haaren" betrachtet.

Als Einstieg erzählt die *Lehrkraft* das Märchen von Rapunzel. Bekanntlich soll ihr Haar 20 Ellen lang gewesen sein.

Um eine Vorstellung von dieser Haarlänge zu haben, wird nach der Länge in cm gefragt. Die Lehrkraft wird *mitteilen*, dass eine Elle etwa 60 cm lang war. Die Zuordnung *Länge in Ellen* → *Länge in cm* ist proportional. Damit ergibt sich eine Haarlänge von 12 m.

Hat jemand eine Chance diese Länge zu übertreffen? Die Lehrkraft *teilt mit*, dass ein Haar in 3 Tagen etwa 1 mm wächst. Diese Angabe legt die Annahme nahe, dass für das Wachstum der Haare die Zuordnung *Zeit* → *Länge* proportional ist.

Die Schülerinnen und Schüler berechnen nun in *Einzelarbeit*, dass eine Haarlänge von 12 m etwa 100 Jahre benötigt. Das ist für ein Märchen nichts Ungewöhnliches.

Ist dieser Längenrekord inzwischen eingestellt? In *Partnerarbeit* wird nun im Internet gesucht. Die Suche ergibt aus dem Guinness-Buch der Rekorde eine Haarlänge von 5,15 m (1997). Der Rekordhalter hatte seit 1929 seine Haare nicht mehr schneiden lassen. Das macht stutzig. Müssten dann seine Haare nicht etwa 8 m lang sein?

Die Lehrkraft legt nun eine *Folie auf dem Tageslichtprojektor* auf. Sie *informiert:* Die Lebensdauer eines Haares kann sehr unterschiedlich sein. Es lassen sich dabei verschiedene Phasen beobachten:

- In der *Wachstumsphase* wächst das Haar ungefähr einen Millimeter in 3 Tagen. Diese Phase dauert bei Männern 2 bis 4 Jahre und bei Frauen 4 bis 6 Jahre an.

- Nach der Wachstumsphase durchlebt das Haar eine *Übergangsphase* von 2 bis 4 Wochen.

- Daran schließt sich eine *Ruhephase* an, die ungefähr 3 bis 4 Monate dauert.

- Nach der Ruhephase fällt das Haar aus und macht Platz für ein neues Haar. Das neue Haar wächst aus derselben Haarwurzel nach. In jeder Haarwurzel kann zehn- bis zwölfmal ein Haar nachwachsen.

Diese Sachverhalte werden im *Unterrichtsgespräch* mit den Schülerinnen und Schülern diskutiert. Insbesondere wird dabei deutlich, dass die Annahme der Proportionalität der Wachstumsfunktion nur für die Wachstumsphase berechtigt ist.

Danach werden die Schülerinnen und Schüler aufgefordert, in *Gruppen* sich selbst Fragen zu diesen Sachverhalten zu stellen und gemeinsam zu beantworten. Dabei werden sie sicher auch Fragen zum Wachstum der eigenen Haare stellen, das sie naturgemäß interessiert. Das kann schließlich zu *systematischen Beobachtungen* als *Hausarbeit* führen.

4.5.6 Die Problematik der reinen Aufgabensequenzen

Traditionell spielen im Mathematikunterricht Aufgabensequenzen eine zentrale Rolle. In allen Phasen des Unterrichts werden jeweils *typische Aufgaben* gestellt, die bestimmte Funktionen haben (Markert 1979). Eine *problemhaltige Aufgabe* dient häufig als Einstieg. Nach der Formulierung eines Ergebnisses werden *Kontrollaufgaben* zum Verstehen gestellt. Es folgen *Übungsaufgaben* zur Sicherung und *Problemaufgaben* zur Vertiefung.

In den Schulbüchern wird ein umfangreicher Aufgabenvorrat tradiert. Die Schulbücher sind heute meist nach Unterrichtseinheiten gegliedert, die durch Aufgabensequenzen strukturiert sind. Damit kann das Schulbuch eine Hilfe für die Unterrichtsplanung sein. Es fördert allerdings auch die Tendenz, Unterrichtseinheiten ausschließlich durch Aufgabensequenzen zu strukturieren.

Die Dominanz der Aufgaben im Mathematikunterricht schränkt die Sicht von Mathematik erheblich ein. Im Vordergrund stehen dann bei den einzelnen Gebieten nicht Probleme, Ideen, Überlegungen und Gedankengänge, sondern Aufgabentypen. Helge Lenné (1928–1967) beschrieb diese „Aufgabendidaktik" wie folgt:

> Jedes Teilgebiet ist durch einen Aufgabentypus bestimmt, der systematisch von einfachen zu komplexen Formen hin abgehandelt wird. Komplexe Aufgaben lassen sich dabei als Kombinationen einfacher Aufgaben auffassen. Die einzelnen Gebiete zeigen so in sich eine strenge Systematik. Sie sind jedoch untereinander wenig verknüpft, sondern werden jeweils relativ isoliert behandelt. „Anwendungsaufgaben" werden jedem Gebiet gesondert zugeteilt, und nur die Reihenfolge der Gebiete wird so festgelegt, daß ein Gebiet möglichst die notwendigen Voraussetzungen für die nächstfolgenden liefert. Gebiete, die einmal behandelt worden sind, gelten insoweit als erledigt; der betreffende Stoff wird als bekannt vorausgesetzt; Querverbindungen anhand übergreifender Ideen oder Strukturen werden – jedenfalls systematisch – kaum grundsätzlich herausgearbeitet. Es gilt stets „das haben wir gehabt" oder „das haben wir nicht gehabt". Die Mathematik im ganzen tritt daher dem Schüler weniger als innere ideelle Einheit, sondern vielmehr als eine Sammlung von Aufgabentypen entgegen. (Lenné 1969, 34f.)

Vor der Organisation von Unterrichtseinheiten als reinen Aufgabensequenzen ist deshalb zu warnen.

4.6 Planung wichtiger Unterrichtsphasen

Für den Erfolg des Unterrichts sind einige *Phasen* besonders wichtig. Im Folgenden werden typische Fragen bei der Planung von

- Themenstellungen,

- Einstiegen,

- Übungen,

- Eigentätigkeit und

- Lernzirkeln

angesprochen. Diese Phasen bieten besondere Möglichkeiten, in der Planung neue didaktische Ideen zu entwickeln. Deshalb soll hierauf ein besonderes Augenmerk gerichtet werden.

4.6.1 Themenstellungen

Themen für Unterrichtseinheiten ergeben sich häufig mehr oder weniger zwangsläufig aus der Sachlogik von Unterrichtssequenzen. Diese Themen sind dann meist mathematisch bestimmt. Daneben besteht jedoch auch in Unterrichtssequenzen ein Bedarf an Unterrichtseinheiten zum Sichern, zum Knüpfen von Beziehungen und zum Vertiefen, so dass es sinnvoll ist, sich hier geeignete Themen neu zu überlegen.

Auch zwischen Unterrichtssequenzen bieten sich Unterrichtseinheiten zur Überbrückung, zur Auflockerung, zu freierem Arbeiten an. Eine solche *besondere* Unterrichtstunde, die aus der Routine ausbricht, kann die faszinierende Seite der Mathematik zeigen, kann auch Fähigkeiten bei den Schülerinnen und Schülern ansprechen, die im normalen Unterricht zu kurz kommen, und kann schließlich den Schülerinnen und Schülern eine Chance geben, die sonst eher unauffällig sind.

Die Lehrpläne lassen den Lehrkräften zunehmend Spielräume für eigene Entwicklungen und freie Themenwahl, in denen sie didaktische Ideen entfalten können. Beim Ausprobieren von neuen Themen wird es „Sternstunden" und vielleicht auch einmal ein „Fiasko" geben. Die folgenden Hinweise sollen eine Hilfe bei der Wahl eines neuen Themas sein.

Wecken von Emotionen

Das Thema der besonderen Stunde soll Neugierde wecken, auf Interesse stoßen, motivierend sein, Freude bereiten und vielleicht Staunen auslösen. Damit sind Emotionen beschrieben, die im üblichen Mathematikunterricht leicht zu kurz kommen.

Als Kontrastprogramm zu den üblichen Unterrichtsstunden wird vieles anders sein als sonst. Das Thema wird anders dargeboten als üblich: Eine Geschichte wird erzählt, ein Bild wird betrachtet, eine provokative Frage wird gestellt, ein unbekannter Gegenstand wird gezeigt, ein Spiel wird vorgestellt, ein historischer Text wird gelesen, eine Kiste mit Verpackungen wird mitgebracht. Die Schülerinnen und Schüler sollen Meinungen äußern, Vorschläge machen, etwas ausprobieren, Vermutungen vorbringen, Argumenten zuhören und Gegenargumente nennen können. Wenn es möglich ist, sollten sie etwas produzieren können, wobei es besonders zu begrüßen ist, wenn jeder Einzelne zu dem Gesamtwerk etwas beitragen kann. Ein „Flickenbild" kann z.B. ein solches Thema sein.

Beispiel: In einer 5. Jahrgangsstufe bringt die Lehrerin vor Beginn der Unterrichtssequenz über geometrische Figuren ein Flickenbild mit.

An ihm kann man mathematische Grundformen und Relationen entdecken: Dreieck, Rechteck, Trapez und Kreis; sowie rechts – links, oben – unten, davor – dahinter, gleich groß – kleiner – größer.

Zum anderen kann man mit den Kindern auch das Bild reflektieren: „Kann man die Wirklichkeit so sehen wie auf dem Flickenbild?" Wie kommt es, dass man eine Kirche, ein Wohnhaus, einen Laubbaum, einen Nadelbaum und einen Bus erkennt? Woran erkennt man, dass ein Haus vor einem anderen steht? Wie macht man es geschickt, dass z.B. die Kirchenfenster alle gleich groß sind?

Abbildung 4.6 Flickenbild (Zeichnung: Vollrath)

Dieses Thema reizt natürlich zum Handeln. Es lädt dazu ein, dass die Schülerinnen und Schüler selbst ein Thema für ein großes Flickenbild wählen und herstellen. Jeder kann dabei einen Teil zum Ganzen beitragen. Beim Basteln werden die Grundfiguren und einige grundlegende Relationen bewusst gemacht.

Aha-Erlebnisse vermitteln

Mit Hilfe der Mathematik lassen sich viele Phänomene unserer Umwelt verstehen. Das bezieht sich sowohl auf die uns umgebende Natur als auch auf die vom Menschen gestalteten Bereiche wie Wirtschaft, Technik und Kunst. In vielen Schulfächern werden bestimmte Sachverhalte mathematisch erfasst. Man denkt dabei meist in erster Linie an die naturwissenschaftlichen Fächer, das gilt aber auch für die Kunst, z.B. die Perspektive, oder die Musik, z.B. die unterschiedlichen Takte.

Einige dieser Phänomene können im Mathematikunterricht behandelt werden und schlagen damit eine Brücke zwischen den Fächern. Im Mathematikunterricht sollten aber auch Fragen des täglichen Lebens oder des Berufslebens angesprochen werden.

Beispiel: Zu Beginn der Bruchrechnung in der 6. Jahrgangsstufe kann man z.B. die Frage stellen, wie man eigentlich Kuchen sinnvoll teilt. Beim Bäcker treten folgende Fälle auf: Ein Brot soll halbiert werden, ein rechteckiger Blechkuchen oder eine kreisförmige Torte sollen geteilt werden. Hier kündigen sich also die beiden grundlegenden Modelle der Bruchrechnung an.

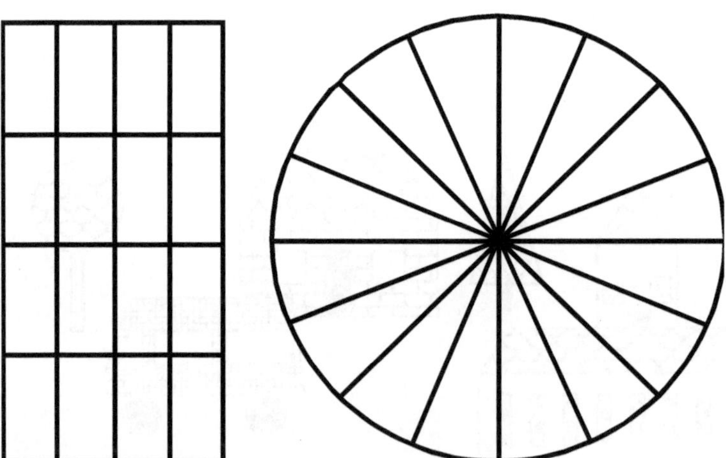

Abbildung 4.7 Links Rechteckmodell; rechts Kreismodell

Man sammelt Vorschläge, wie man einen rechteckigen Blechkuchen in 8, in 12, in 15 gleich große Stücke teilen kann. Bei der Torte werden dann Teilungen in 8, 16 und 12 Stücke der üblichen Form diskutiert.

Profis schaffen eine Tortenteilung in 14 Stücke. Wie machen sie das bloß? Sie benutzen einen Tortenteiler als Schablone! (Ach, so!)

Abbildung 4.8 Tortenteiler (Foto: Vollrath)

Und wie wird der Tortenteiler hergestellt? Diese Frage führt zur Kreisteilung. Hier wird eine Brücke zwischen Arithmetik und Geometrie geschlagen.

Die „runde" Stunde

Das Thema einer besonderen Unterrichtsstunde sollte so gewählt sein, dass man in der Unterrichtseinheit zum Wesentlichen des Themas kommt und einen gewissen Abschluss erreicht. Andererseits ist es durchaus erwünscht, dass das Thema auch auf die folgenden Unterrichtseinheiten ausstrahlt. Kurzum, es sollte sich eine „runde" Stunde ergeben.

Ein Schulbuch zeichnete einmal bestimmte Aufgaben als „Oasen" aus. Leider setzten dann böse Zungen fort: „Und der Rest ist Wüste!" Das ist natürlich auch das Risiko der „besonderen" Stunden. Andererseits entspricht es der Natur des Menschen, dass er hin und wieder etwas Besonderes benötigt, um dann auch wieder das Alltägliche mit Freude zu tun.

Gelegentlich wird der Mathematikunterricht wegen seiner Routine kritisiert. Als leuchtende Vorbilder werden dann Themen empfohlen, die man als mathematische „Perlen" betrachten kann.

Die meisten Beispiele von Wagenschein sind von dieser Art. Als er noch an einem regulären Gymnasium unterrichtete (Wagenschein 1983), sah der Alltag anders aus. Auch bei ihm wurden Verfahren erarbeitet und geübt. Aber darüber sprach er nicht. Seine Botschaft benötigte die „Perlen", deren Glanz das exemplarische Lehren strahlen lassen sollte.

4.6.2 Einstiege

Der Einstieg hat in einer Unterrichtseinheit die folgenden Aufgaben:

- Die Schülerinnen und Schüler sollen *motiviert* werden, sich mit einer mathematischen Fragestellung auseinanderzusetzen.

- Der Unterricht soll gleich zu Beginn eine *Problemorientierung* erhalten.

- Durch den Einstieg soll der weitere Unterrichtsverlauf *strukturiert* werden.

Ziel eines solchen Einstiegs ist die Konzentration der Schülerinnen und Schüler auf ein Problem, das Erzeugen einer Bereitschaft der Lernenden, auf die Lösung des Problems hinzuarbeiten und damit mathematische Einsicht zu gewinnen. Der Einstieg soll also dazu dienen, die Schülerinnen und Schüler zu *motivieren*.

Motivation und Problemorientierung

Mit den Einstiegen kann man unterschiedliche Interessen ansprechen.

Mögliche Einstiege in das Thema „Ähnlichkeit" können z. B. sein:

(1) Auf unmittelbar *mathematisches* Interesse ist die Problemstellung gerichtet: „Gibt es für Dreiecke auch einen Kongruenzsatz www?" Dies führt zur Entdeckung ähnlicher Dreiecke hin.

(2) Auf *allgemeines* Interesse stoßen Schattenbilder. Man kann die Schülerinnen und Schüler Schattenbilder erzeugen und dann untersuchen lassen.

(3) Schülerinnen und Schüler, die gern *fotografieren*, kann man für die Frage interessieren, auf welche der Bildformate man ein Foto verlustfrei vergrößern kann.

(4) Bei der Untersuchung von gezeichneten Bildern eines Gegenstandes auf Ähnlichkeit zum Gegenstand kann man an *künstlerische* Interessen anknüpfen.

(5) Wittenberg (1990^2, S. 138) gibt das hübsche Beispiel aus Swifts *Gullivers Reisen*, wo die Liliputaner dem zwölfmal so großen Gulliver

$$12 \cdot 12 \cdot 12 = 1728$$

Essenrationen zubilligen, weil er 12^3-mal so schwer ist wie sie. Das führt zu der Frage, wie sich das Volumen bei ähnlicher Vergrößerung ändert. Durch dieses Beispiel können Schülerinnen und Schüler mit *literarischen* Neigungen angesprochen werden. Zahlreiche Hinweise auf „mathematische Spuren in der Literatur" findet man bei Radbruch (1997).

(6) Schülerinnen und Schüler mit Freude am *Zeichnen* kann man ansprechen, indem man z. B. einen Pantographen mitbringt, die Schülerinnen und Schüler damit arbeiten lässt und dann analysiert, warum dieses Gerät eigentlich ähnlich vergrößert.

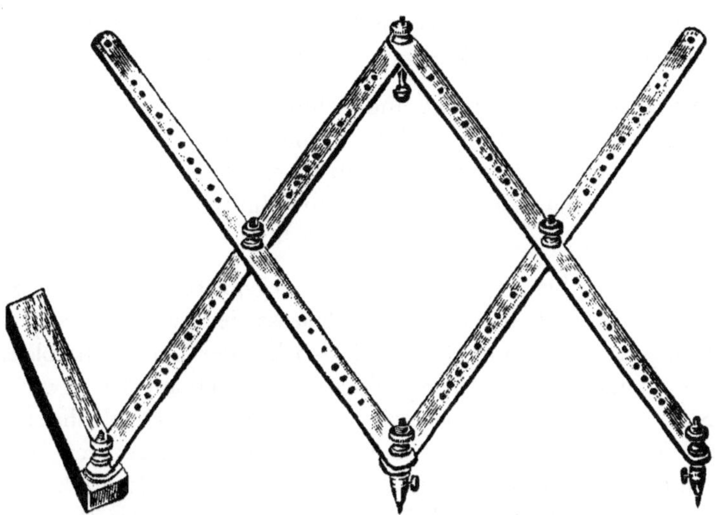

Abbildung 4.9 Pantograph (aus: Katalog der Fa. Wichmann, Berlin, 20. Aufl., S. 503)

(7) Schülerinnen und Schüler, die sich gern mit *Modellbau* befassen, kann man etwa mit der Frage gewinnen, welche Länge D-Zug-Wagen der Spur HO haben müssten, um wirklichkeitsgetreu zu sein, oder noch schwieriger, welchen Krümmungsradius gebogene Modellbahngleise haben müssten, um der Praxis der Bahn zu entsprechen.

Die Beispiele sollen deutlich machen, dass hier ein großer Spielraum zur Entfaltung didaktischer Ideen gegeben ist. Es drängt sich freilich die Frage auf, ob es nicht eine billige Effekthascherei ist, so vordergründig auf Interessen von Schülerinnen und Schülern zu setzen. Ja, man kann mit Ergebnissen der Lernpsychologie argumentieren, dass *Primärmotivationen* wesentlich wirksamer sind als *Sekundärmotivationen*. Schließlich besteht auch die Gefahr, dass man nur bestimmte Schülerinnen oder Schüler anspricht, während andere eher abgestoßen werden.

Andererseits ist es gerade nicht das Ziel solcher Einstiege, lediglich ein vordergründiges Interesse zu erzeugen, sondern hinter die Dinge zu kommen, mit Hilfe der Mathematik einzusehen, „warum es sich so und nicht anders verhält". Ein häufiger Wechsel der angesprochenen Interessengebiete bietet zudem die Möglichkeit, dass immer andere – ja, sogar mathematisch unauffällige – Schülerinnen oder Schüler einmal die Chance haben, als „Experten" zu glänzen.

Strukturierung

Durch das gewählte Einstiegsproblem wird häufig die Unterrichtseinheit mathematisch strukturiert. Es kann auf einen bestimmten *Satz* hinführen.

Beispiele: (1) Man zeichnet 3 Punkte an die Tafel, die nicht in einer Geraden liegen, und fragt: Kann man einen Kreis durch diese 3 Punkte zeichnen? Dieses Problem zielt auf den Satz vom Umkreismittelpunkt des Dreiecks.

(2) Fordert man z. B. die Schülerinnen und Schüler auf, ein ausgeschnittenes Papierdreieck so zu falten, dass man die Mittelsenkrechten der Seiten als Faltlinien erhält, und diskutiert dann die Frage, ob diese Linien tatsächlich durch einen Punkt gehen, so gelangt man zum Satz vom Schnittpunkt der Mittelsenkrechten des Dreiecks.

An diesen Beispielen wird klar, wie stark das Einstiegsproblem bei dicht beieinander liegenden geometrischen Sätzen den Prozess des Entdeckens in eine bestimmte Richtung lenken kann. Man wird also bei der Unterrichtsplanung genau zu prüfen haben, ob das Einstiegsproblem tatsächlich auf den gewünschten Satz zielt. So bezieht sich Wagenscheins Frage: „Was steckt dahinter, daß Eisenbahner und Zimmerleute, wenn sie im Gelände einen rechten Winkel abstecken wollen, drei Latten mit den Maßen 3, 4, 5 zu einem Dreieck zusammenfügen?" (Wagenschein 1970[2], S. 401) nicht auf den Satz des Pythagoras, sondern auf seine Umkehrung.

Ein Einstieg kann auch auf ein ganzes *Satzgefüge* lenken.

Beispiel: Je nachdem, ob man das Parallelogramm als Schnittmenge von Streifen, als punktsymmetrisches Viereck, als Viereck mit parallelen Gegenseiten oder als Viereck mit sich gegenseitig halbierenden Diagonalen einführt, wird man unterschiedliche Satzgefüge erhalten, die sich natürlich z. T. überdecken, sich jedoch vor allem hinsichtlich ihrer Zugänglichkeit für das Beweisen unterscheiden.

Durch die Wahl bestimmter Zeichengeräte kann man sogar ganze *Teilbereiche* der Geometrie strukturieren.

Beispiele: (1) Die von Ruth Proksch (1914–1998) erschlossene Geometrie des *Spiegellineals* (Proksch 1956).

(2) Die von Prade behandelte Geometrie des *Parallelenlineals* (Prade 1966).

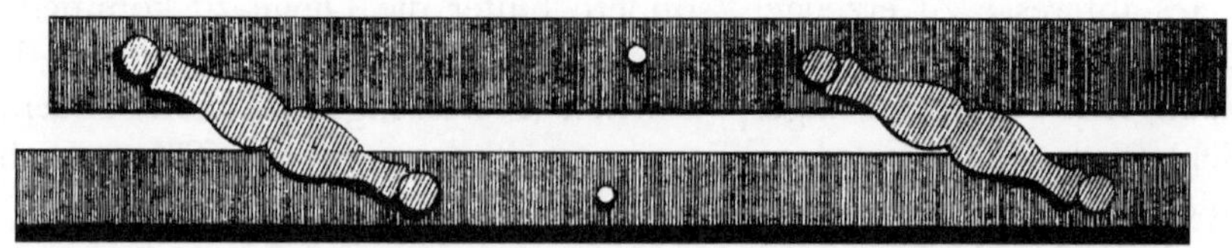

Abbildung 4.10 Parallelenlineal (aus: G. Adams, *Geometrical and Graphical Essays*, London (Dillon) 1797, Plate II)

(3) Die Geometrie, die von einem *Textverarbeitungsprogramm* angeboten wird, mit ihren Verschiebungen, Drehungen, zentrischen Streckungen und senkrechten Achsenaffinitäten sowie deren Verkettungen.

Schließlich sollte in diesem Zusammenhang auch die Möglichkeit hervorgehoben werden, durch den Einstieg „Organisationshilfen" für den Lernprozess im Sinne von Ausubel (1974) anzubieten (Abschnitt 2.2.2).

Angemessenheit

Freilich sollte man bei der Wahl des Einstiegs nicht das Verhältnis des Aufwands zum Ertrag übersehen. Bei Prüfungslehrproben erlebt man es immer wieder, dass für den Einstieg eine Fülle von Anschauungsmitteln zusammengetragen wird, so dass „von jedem etwas" zu finden ist. Abgesehen davon, dass dabei der Einstieg die Gewichte des Unterrichts völlig verlagert, ist zu befürchten, dass eher Ablenkungseffekte erzielt werden, die der Auseinandersetzung mit dem mathematischen Thema hinderlich sind.

Muss jede Stunde einen besonderen Einstieg haben? Es wäre wohl unrealistisch, das zu fordern. Der Einstieg kann dann zu einem „Ritual" werden, das die Schülerinnen und Schüler bald durchschaut haben. Und doch kann ein gelungener Einstieg den Weg vorzeichnen und kann neben dem Erfolg auch den Beteiligten Freude bereiten. Bei einem Rennen gilt meist, dass es entscheidend ist, wie man vom Start weg kommt. Das trifft bis zu einem gewissen Grade auch für den Unterricht zu. Es mag ein Trost sein, dass man manchmal auch nach einem schlechten Start noch ein gutes Rennen machen kann.

4.6.3   Übungen

Das Üben nimmt im Unterricht verhältnismäßig viel Raum ein. Aufgabenlieferant ist in erster Linie das Schulbuch. Daneben sind Übungshefte verbreitet, in die die Schülerinnen und Schüler direkt die Lösungen eintragen können. Zunehmend gewinnt auch das Üben am Computer an Bedeutung.

Die Qualität der Übungsaufgaben hat zugenommen. In den Schulbüchern finden sich zwar immer noch „Aufgabenplantagen" – und sie werden auch von den Lehrenden nachgefragt –, aber das ist nicht alles. Die Aufgabenformulierungen sind ansprechender geworden. Es finden sich auch in den Übungsteilen problemhaltige Aufgaben mit Umweltbezügen und Aufforderungen zum Handeln.

Die Bemühungen um eine Steigerung der Qualität des Übens wurden durch Arbeiten von Winter und Wittmann in den 1980er Jahren angestoßen (Winter 1984, Wittmann 1989), die dabei auch Ideen von Wilhelm Oehl (1904–1991) einbezogen (Oehl 1962[7], 1965).

Winter will das Üben mit dem entdeckenden Unterricht verbinden. Er fordert, dass im Unterricht „entdeckend geübt und übend entdeckt" wird (Winter 1984, S. 6 f.). Das Entwickeln neuer Übungsaufgaben und Übungsformen erfordert Ideen, ist aber auch eine reizvolle Aufgabe für Lehrerinnen und Lehrer, an der sie ihre Kreativität zeigen können. Nach Winter sollte man dabei einige Prinzipien beachten.

- *Prinzip der Problemorientierung beim Üben:* Für die Ausbildung von Fertigkeiten sind gleichartige Übungsaufgaben unvermeidlich. Sie sollten aber nach Möglichkeit der Lösung eines Problems dienen.

- *Prinzip des operativen Übens:* Bei den gleichartigen Übungsaufgaben sollten die Daten im Sinne des *operativen Prinzips* systematisch variiert werden. Die Lernenden sollten damit die Möglichkeit erhalten, Gesetzmäßigkeiten zu erkennen. Damit kann auch das Üben zu einem Zuwachs an Erkenntnis führen.

- *Prinzip des produktiven Übens:* Das Üben sollte möglichst mit praktischen Tätigkeiten verbunden werden.

- *Prinzip des anwendungsorientierten Übens:* Das Üben sollte Sachsituationen mit einbeziehen, um praktische Erfahrungen und Vorstellungen zu vermitteln. Damit wird zugleich eine Bereicherung des Sachwissens angestrebt.

Die Prinzipien beziehen sich in erster Linie auf den *Inhalt* der Übungen. Für die Schülerinnen und Schüler kann das Üben aber auch durch die *Form* der Aufgabenstellungen anziehender gemacht werden. Der beschränkte Raum in den Schulbüchern lässt das in der Regel nicht zu. Hier bieten sich *Übungshefte* an, die über mehr Platz verfügen und in die sie selbst schreiben können, was ja bei geliehenen Schulbüchern nicht möglich ist.

Häufig stellen Lehrerinnen und Lehrer auch selbst Arbeitsblätter zum Üben her. Hier sollten dann auch spielerische Elemente hinzukommen. Ein Beispiel ist das folgende „Schneckenrennen".

Beispiel: Jeder bekommt ein Spielblatt und einen Würfel. Bei diesem Spiel wird die Addition von Brüchen geübt. Es kommt nicht auf Geschwindigkeit an. Als Einsicht kann vermittelt werden, dass auch bei der Addition von Stammbrüchen die Summe immer größer als jede vorgegebene Zahl werden kann. Interessant sind auch die Fragen, wie viele Würfe man mindestens und wie viele man höchstens benötigt, um die 5 zu erreichen.

Man kann das Spiel auch in Gruppen spielen lassen. Dann geht es darum, wer als erster die 5 erreicht. Die Spieler kontrollieren sich dabei gegenseitig, ob richtig addiert wird. Schließlich kann man auch fragen, wie das Spiel zu verändern wäre, wenn Brüche multipliziert werden sollten.

Schnecken-Rennen

In dem Spiel musst du würfeln und immer den Bruch $\dfrac{1}{\text{Augenzahl}}$ addieren.

Beispiel: Du würfelst eine 2 und musst $\dfrac{1}{2}$ addieren. Das Spiel beginnt bei 0.

Trage die Zahlen, die du addierst, in die Kreise ein und die Ergebnisse in die Karos ein. Du bist fertig, wenn du die 5 erreicht hast. Viel Spaß!

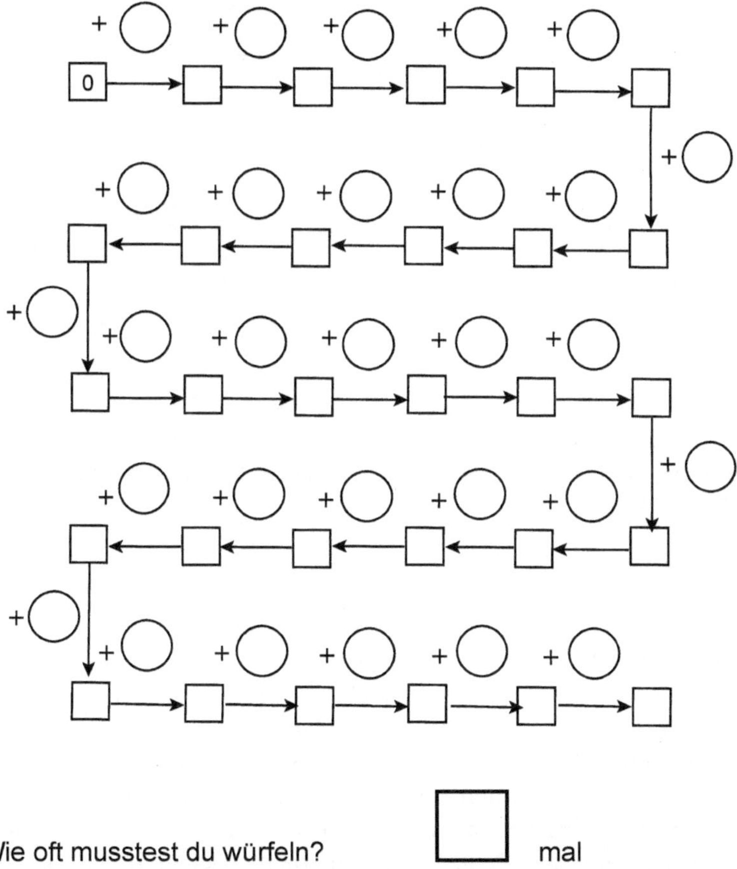

Wie oft musstest du würfeln?   mal

Abbildung 4.11 Würfelspiel zur Addition von Brüchen (Spiel: Vollrath)

4.6.4   Computergestützte Lernumgebungen

In Abschnitt 3.4.6 wurden *Lernumgebungen* charakterisiert. Zu den dort genannten Aspekten, die bei der Entwicklung und Beurteilung zu beachten sind, treten bei *computergestützten Lernumgebungen* weitere hinzu, und es ergeben sich zusätzliche Möglichkeiten für deren Gestaltung. Bei den computergestützten Lernumgebungen kann man im Wesentlichen zwei Typen unterscheiden:

Interaktive Arbeitsblätter

Interaktive Arbeitsblätter bestehen in der Regel aus einer Internetseite, auf der sich *ein* Applet (ein im Browser lauffähiges Programm) auf der Basis eines DGS oder DMS und zugehörige Aufgabenstellungen befinden (vgl. etwa Schumann 1998, Elschenbroich 2001b, Heintz 2003). Links zu interaktiven Arbeitsblättern findet man unter *mathematikunterricht.net*.

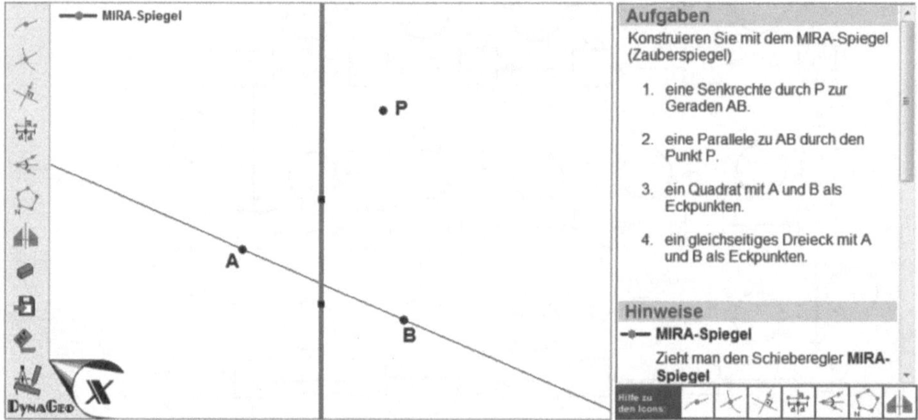

Abbildung 4.12 Beispiel für ein interaktives Arbeitsblatt (interaktives Arbeitsblatt: Roth, *mathematikunterricht.net*)

Wie aus Abbildung 4.12 ersichtlich ist, sollte ein interaktives Arbeitsblatt neben dem Applet und zugehörigen Arbeitsaufträgen noch Möglichkeiten zum Abrufen von Hilfestellungen anbieten. Diese können sich auf die Bedienung des Applets beziehen (In Abbildung 4.12 sieht man rechts unten Hilfen zur Funktion der Bedienelemente des Applets), aber auch Hinweise zur Lösung der gestellten Aufgaben anbieten. Interaktive Arbeitsblätter werden mit dem Ziel entwickelt, dass die Schülerinnen und Schüler die Vorteile des Einsatzes von Computerwerkzeugen nutzen können, ohne sich lange in die Bedienung der entsprechenden Software einarbeiten zu müssen. Sie sollen sich sofort und möglichst ausschließlich mit der Reflexion der mathematischen Inhalte befassen können.

Lernpfade

Lernpfade (manchmal auch als *dynamische Lernumgebungen* bezeichnet) gehen insoweit über interaktive Arbeitsblätter hinaus, als sie in der Regel eine ganze Sequenz von aufeinander abgestimmten interaktiven Aufgaben umfassen (Eirich und Schellmann 2008, 2009, Ulm 2009). Es handelt sich hierbei um ganze Unterrichtseinheiten, die von den Schülerinnen und Schülern selbsttätig bearbeitet werden. Zu den jeweiligen Arbeitsaufträgen gibt es jeweils abrufbare Hilfen und in der Regel die Möglichkeit, die eigenen Ergebnisse zu kontrollieren. Lernpfade weisen häufig eine Bausteinstruktur auf, so dass Schülerinnen und Schüler im Sinne der Differenzierung entsprechend ihres jeweiligen Leistungsstands für sie geeignete Bausteine auswählen können. Wichtig ist, dass die Erarbeitungsergebnisse in einem Protokoll festgehalten werden und dies auch immer im Rahmen der Arbeitsaufträge eingefordert wird. Selbst komplexe Lernpfade sind, da sie in der Regel im Internet abrufbar sind, jederzeit verfügbar und damit zeitökonomisch einsetzbar. Eine Liste mit Internetquellen zu Lernpfaden findet man unter *mathematikunterricht.net*.

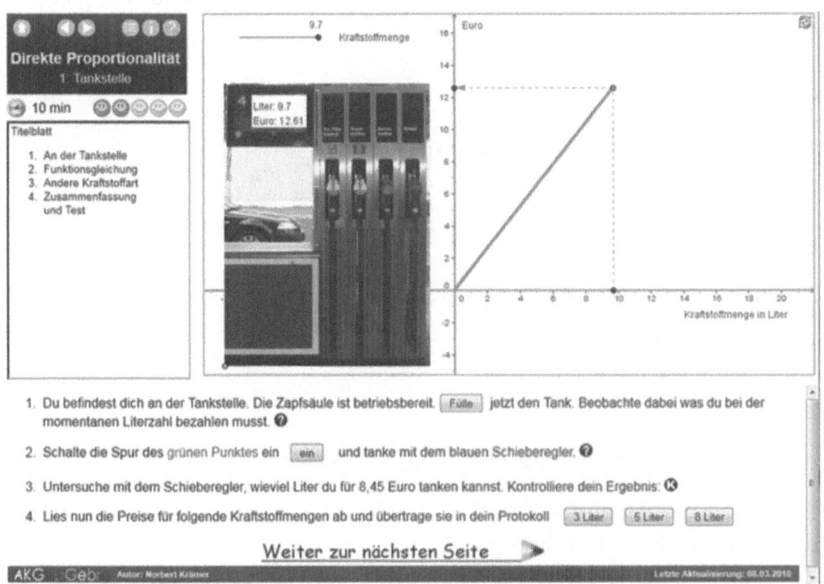

Abbildung 4.13 Lernpfad zur direkten Proportionalität (interaktives Arbeitsblatt: AK GeoGebra unter der Leitung von Roth, *mathematikunterricht.net*)

Computergestützte Lernumgebungen entwickeln und beurteilen

Als Einstieg in die Entwicklung von computergestützten Lernumgebungen für Lehrkräfte eignet sich das Erarbeiten eines interaktiven Arbeitsblatts auf der Basis eines DGS. Dies liegt daran, dass praktisch alle aktuellen DGS über eine einfache Möglichkeit verfügen, aus einer fertigen Konfiguration über wenige

Mausklicks ein solches Arbeitsblatt auszugeben. Nach und nach kann man sich dann an immer komplexere Lernumgebungen heranarbeiten. Grundsätzlich gilt: Wer selbst Lernumgebungen erstellt, sollte diese mit anderen austauschen und über das Internet zur Verfügung stellen. Nur gemeinsam lässt sich der Pool an geeigneten Lernumgebungen vergrößern! Eine sehr einfache Möglichkeit, solche Lernumgebungen im Internet zur Verfügung zu stellen und damit auch den eigenen Schülerinnen und Schülern für die Hausaufgabe an die Hand zu geben, besteht etwa über das ZUM-Wiki (Link unter *mathematikunterricht.net*).

Bei der Entwicklung von Lernumgebungen und deren Beurteilung sollte auf folgende Aspekte geachtet werden:

Schülerorientierung

- Arbeitsaufträge in schüleradäquater Sprache geben,

- Ziele und Erwartungen transparent machen,

- Differenzierungsmöglichkeiten bieten,

- Möglichkeiten zur Selbstkontrolle und abrufbare Hilfen (sowohl zur Bedienung als auch zu den Inhalten) einbauen.

Schüleraktivitäten

- Vermutungen aufstellen und formulieren,

- Experimentieren,

- Begründen und Reflektieren,

- Kommunizieren (mit dem Partner und im Plenum!),

- Ergebnisse protokollieren.

Inhalt und Oberfläche

- Inhalte fachlich korrekt und sinnvoll strukturiert darstellen,

- Oberfläche benutzerfreundlich und übersichtlich sowie mit klar erkennbarer Navigationsstruktur gestalten,

- nur notwendige Werkzeugelemente anbieten.

Medieneinsatz

- Medien zieladäquat mit sinnvollen Interaktivtäten einsetzen,

- Repräsentationsformen aufeinander beziehen,

- geeigneten Medienmix bieten (ggf. gegenständliche Medien einbinden und auch mit Papier und Bleistift arbeiten).

Den Umgang mit computergestützten Lernumgebungen organisieren

Mit computergestützten Lernumgebungen sollten sich Schülerinnen und Schüler idealerweise in Partner- oder Einzelarbeit auseinandersetzen. Dies kann durch die Bereitstellung über das Internet entweder im Rahmen der Hausaufgabe (bei größeren Lernpfaden auch als Wochenplanaufgabe) erfolgen oder im Computerraum. Im zweiten Fall muss in der Regel etwas langfristiger geplant werden, um den Computerraum nutzen zu können. Grundsätzlich sollte die Arbeit an Lernpfaden oder auch interaktiven Arbeitsblättern gut in den Unterricht im Klassenverband eingebunden werden. Dies kann durch geeignete Vorbereitung (auch organisatorisch bezüglich der Arbeitsweise im Computerraum) und insbesondere durch eine Diskussion und Zusammenführung der in Partner- oder Einzelarbeit entstandenen Ergebnisse im Plenum erfolgen. Wichtig ist, dass den Schülerinnen und Schülern bewusst wird, dass die Arbeit am Computer der Erarbeitung von Inhalten dient, die auch in Klassenarbeiten abgefragt werden können.

Für das selbstgesteuerte Arbeiten an computergestützten Lernumgebungen ist die Partnerarbeit ideal, weil so gemeinsam über die Inhalte kommuniziert und reflektiert werden kann und jeder einmal die Interaktivitäten mit der Maus bedient bzw. die Arbeitsaufträge im Blick behält. Im Laufe der Bearbeitung eines Lernpfades sollten die Partner sich hier auch mindestens einmal abwechseln. Organisatorische Fragen zum Arbeiten im Computerraum müssen grundsätzlich vor der Partnerarbeitsphase geklärt sein. Nur so kann die Lehrkraft während der Arbeit im Computerraum ausschließlich für Einzelberatungen zu den Inhalten zur Verfügung stehen und den Arbeitsprozess der Schüler verfolgen.

4.6.5 Lernzirkel

Das Lernen an *Stationen* ist eine Form des offenen Unterrichts, die noch in der Entwicklung begriffen ist. Entsprechend bietet sie den Lehrenden viele Möglichkeiten, eigene Ideen einzubringen. Dabei sollte man beachten:

- Lernzirkel sollen den Schülerinnen und Schülern Angebote machen, Erfahrungen mit Mathematik durch *Handeln* zu erwerben.

- Die Stationen sollen möglichst *verschiedene Aspekte* eines Themas behandeln.

- Die Instruktionen sollen schriftlich gegeben werden, so dass sie *selbstständig* von den Schülerinnen und Schülern aufgenommen werden können.

- Die Aufgaben sollen so formuliert sein, dass die Schülerinnen und Schüler wissen, was sie tun sollen. Sie sollten andererseits auch einen gewissen *Entscheidungsspielraum* lassen.

- Die Stationen sollen auch zur *Lösung von Problemen* auffordern, die ein Nachdenken erfordern und zu neuer Einsicht führen.

Im Folgenden werden einige Stationen eines Lernzirkels vorgestellt, bei dem die Schülerinnen und Schüler einer 7. Jahrgangsstufe *Experimente zu proportionalen Zuordnungen* ausführen sollen. Es werden dabei nur solche Größen miteinander verbunden, die ohnehin im Sachrechnen des Mathematikunterrichts im 7. Schuljahr behandelt werden und Sachsituationen aus dem täglichen Leben entsprechen. Die benötigten Geräte dürften vorhanden oder leicht zu beschaffen sein. Bei den Versuchen geht es immer darum, einige Messwerte zu gewinnen und in eine vorgefertigte Tabelle einzutragen. Die Messpunkte sind dann in ein Achsenkreuz einzutragen, dessen Achsen und Einheiten von den Schülerinnen und Schülern selbst festzulegen sind. Dann ist die zugehörige Gerade einzuzeichnen und ein Problem zu lösen (Vollrath 1978c; auch Beckmann 2007).

Beispiele: Versuche

(1) *Rauminhalt eines Wassertropfens*

Man lässt Wasser aus einem Wasserhahn in einen Messzylinder tropfen und misst den Rauminhalt des Wassers in Abhängigkeit von der Anzahl der Tropfen. Es wird das Problem gestellt, das direkt kaum messbare Volumen eines Wassertropfens zu bestimmen. Das wird gelöst, indem man z.B. das Volumen von 1000 Tropfen abliest und dann dividiert.

(2) *Schichtenzählung durch Dickenmessung*

Eine Reihe von Platten gleicher Dicke wird zusammengelegt. Es wird jeweils die Dicke gemessen. Betrachtet wird die Zuordnung *Anzahl der Schichten* → *Plattendicke.*

In der Praxis benutzt man die Technik der Dickenmessung zur Bestimmung der Schichtenzahl. Als Problem wird deshalb auch eine aus diesen Schichten verleimte Platte vorgelegt, deren Dicke gemessen werden soll, um damit die Schichtenzahl zu bestimmen.

(3) *Nägel wiegen*

Gleichartige Nägel von 12 cm Länge werden mit einer Briefwaage gewogen. Die Zuordnung *Anzahl* → *Gewicht* soll dargestellt werden. Den Schülerinnen und Schülern wird dann eine Packung Nägel gegeben, bei der sie aus dem Gewicht die Anzahl bestimmen sollen, ohne die Packung zu öffnen.

In der Praxis werden Nägel nach Gewicht gekauft. Geldrollen werden gewogen, um damit die Anzahl der Münzen zu kontrollieren.

(4) *Gewicht von Kabelstücken*

Kabellängen, Seillängen usw. werden häufig durch Gewichtsmessungen ermittelt. Man kann Kabelstücke gleichen Querschnittes mit verschiedenen Längen wiegen lassen und die Zuordnung *Länge* → *Gewicht* betrachten.

Eine interessante Problemstellung kann hier sein: Es wird ein Kabel mit angeschraubter Klemme vorgelegt. Die Schülerinnen und Schüler sollen nun das

Gewicht der Klemme bestimmen, ohne sie abzuschrauben. (Der zugehörige Messpunkt überragt die Gerade um 14 g. Das ist das Gewicht der Klemme.)

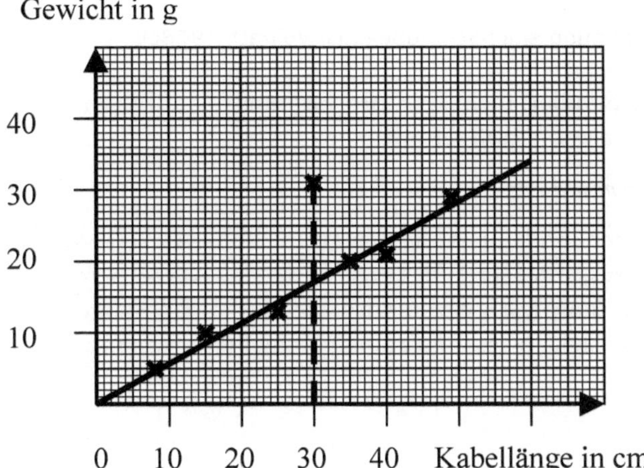

Abbildung 4.14 Gewicht in Abhängigkeit von der Kabellänge (aus: Vollrath 1978c)

(5) *Flächenmessung durch Wiegen*

Rechteckige Pappstücke gleicher Dicke und gleichen Materials werden gewogen. Durch Messen von Länge und Breite kann man die Flächeninhalte bestimmen. Nun wird die Zuordnung *Flächeninhalt* → *Gewicht* untersucht. Als Problem werden krummlinig begrenzte Flächenstücke vorgegeben. Ihren Flächeninhalt kann man aus dem Schaubild ermitteln, wenn man das Gewicht bestimmt hat. Dies Verfahren ist auch in der Praxis gebräuchlich.

(6) *Schwingungen eines Pendels*

Zu der Station gehört ein einfaches Pendel aus einem Faden und einer Mutter. Es wird die Zuordnung *Schwingungszahl* → *Zeit* untersucht. Auffällig ist, dass die Amplitude (Schwingungsweite) abnimmt, dass aber die Schwingungsdauer konstant bleibt. Als Problem wird gestellt, die Schwingungsdauer zu bestimmen.

(7) *Messen der Gewindesteigung*

Bei einer Schraube wird der Abstand d zwischen Mutter und Schraubenkopf bestimmt. Die Zuordnung *Umdrehungszahl* → *Weglänge d* ist eine Proportionalität. Man kann sie benutzen, um die Gewindesteigung zu bestimmen; das ist der bei einer Umdrehung zurückgelegte Weg.

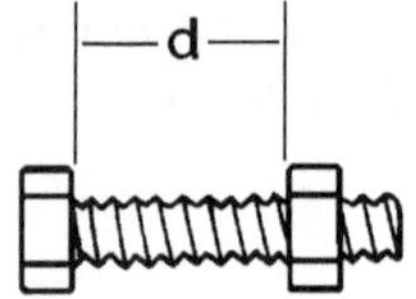

Abbildung 4.15 Zur Gewindesteigung einer Schraube (aus: Vollrath 1978c)

Um die Schülerinnen und Schüler nicht auf proportionale Zuordnungen zu fixieren, wird der nächste Versuch durchgeführt.

(8) *Längenänderung einer brennenden Kerze*

Man lässt eine Kerze brennen und misst die Länge in Abhängigkeit von der Zeit. Hier sind Fragen interessant wie: Wie lange hatte die Kerze bereits gebrannt, wenn sie neu 12 cm lang war? Wann wird die Kerze ganz abgebrannt sein? Beide Probleme lassen sich in eine Kriminalgeschichte spannend verpacken.

4.6.6   Kontrollen

> In Prüfungen muss qualitativ und quantitativ das abgefragt werden, was auch den Unterricht qualitativ und quantitativ prägt.

Dieses Zitat aus einem Vortrag von Henning Körner bringt auf den Punkt, worauf es bei Prüfungen ankommt. Insbesondere darf es nicht zu einer antididaktischen Umkehrung dieses Prinzips kommen, wie es leider immer wieder im Zusammenhang mit zentral gestellten Tests und Zentralprüfungen zu beobachten ist.

> Das worauf es [im Mathematikunterricht] ankommt, lässt sich weder eindeutig ansteuern noch eindeutig testen, aber es lässt sich durch testorientiertes Unterrichten eindeutig behindern. (Meyer 2005, S. 69)

Dies lässt sich vermeiden, wenn man bei der Konzeption von Prüfungen folgende Aspekte beachtet: Aufgaben in Mathematikprüfungen sollten

- auf das notwendige Wissen und Können von Schülerinnen und Schülern und die Ziele des Lehrplans abgestimmt sein,

- die Lehr- und Lernpraktiken des Unterrichts berücksichtigen,

- nicht nur algorithmische Fähigkeiten, sondern insbesondere auch das Grundverständnis abfragen,

- den Schülerinnen und Schülern Gelegenheit geben, ihr mathematisches Wissen zu zeigen, ihre mathematischen Ideen zu vermitteln und ihre Überlegungen darzustellen.

Nur unter Berücksichtigung der genannten Aspekte besteht die Chance, folgendem Anspruch gerecht zu werden:

> Assessment should not merely be done to students; rather, it should also be done for students, to guide and enhance their learning. (NCTM, 2000, S. 22)

Prüfungen haben normierende Wirkung, denn sie vermitteln den Schülerinnen und Schülern (zentrale Prüfungen und Tests auch den Lehrkräften) implizit durch die Art der Aufgabenstellungen, welches mathematische Wissen und welche Fähigkeiten honoriert werden und wie dieses Wissen dargestellt werden soll. Dabei spielen die Art der Aufgaben, die abgefragten Fähigkeiten, die Anzahl der auf die einzelnen Aufgaben vergebenen Bewertungseinheiten und die erlaubten technischen Hilfsmittel eine wichtige Rolle. Dieser Aspekt muss bei der Erstellung von (zentralen) Tests und Prüfungen immer bedacht und entsprechend berücksichtigt werden.

Aus den genannten Gründen ist bei der Konzeption von Leistungskontrollen auch über die Frage des Einsatzes von Computerwerkzeugen in Prüfungen und über neue Prüfungsformen zu reflektieren, die es erlauben, in Prüfungen stärker als bisher auch die prozessbezogenen Fähigkeiten in den Blick zu nehmen. Zu diesen Fragen sei auf Roth (2011) verwiesen.

Aufgaben

1. Beschreiben Sie, welche Rolle Funktionen im Lehrplan des Sie interessierenden Schultyps spielen.

2. Skizzieren Sie wichtige Etappen des Themenstranges „Funktionen" in der Sekundarstufe (Vollrath und Weigand 2007[3]).

3. Was bedeutet es, den Funktionsbegriff als Schlüsselbegriff zur sogenannten „Schlussrechnung" zu wählen? (Vollrath und Weigand 2007[3], S. 167–176). Skizzieren Sie eine entsprechende Unterrichtssequenz.

4. Beschreiben Sie die Entwicklung eines Projekts zum Thema „Kurven".

5. Entwickeln Sie eine Unterrichtseinheit zur Einführung in „Dreieckskonstruktionen".

6. Überlegen Sie sich unterschiedliche Einstiege in das Thema „Parallele Geraden".

7. Entwickeln Sie einen Lernzirkel zum Thema „Bestimmung der Maße von Gefäßen".

8. Definieren Sie eine neue Verknüpfung natürlicher Zahlen und „erforschen" Sie diese. Welche Erfahrungen können Schülerinnen und Schüler einer 5. Jahrgangsstufe sammeln, wenn diese das einmal selbst versuchen dürfen? (Ludwig 2007).

9. Wählen Sie unter *www.mathematik-digital.de* zu einem Thema des Mathematikunterrichts Ihrer Wahl eine *Lernumgebung* aus der Datenbank aus und bewerten Sie diese bezüglich der in Abschnitt 4.6.4 genannten Aspekte.

10. Verbessern Sie einen der *Lernpfade* unter *wiki.zum.de/Mathematik-digital* direkt im Wiki und beachten Sie dabei die in Abschnitt 4.6.4 angegebenen Aspekte. Sie können gerne auch einen ganz neuen Lernpfad im genannten Wiki erstellen.

11. Erstellen Sie eine Klassenarbeit zu einem von Ihnen gewählten Inhaltsbereich in einer frei wählbaren Jahrgangsstufe, die berücksichtigt, dass im Unterricht der Computer zur Erarbeitung des Inhaltsbereichs eingesetzt wurde (Roth 2011).

5 Mathematik erarbeiten

Unter der großen Vielfalt mathematischer Themen von Unterrichtseinheiten lassen sich doch einige wichtige Typen feststellen, die unterschiedlich zu erarbeiten sind.

Die folgenden Betrachtungen sollen dazu dienen, Handlungsmuster für einzelne Typen von Themen anzubieten. Dabei sollen aber auch Handlungsspielräume für die Unterrichtenden aufgezeigt werden.

Zu den einzelnen Thementypen werden beispielhaft Pläne entwickelt, mit denen die theoretischen Betrachtungen konkretisiert werden.

Im Folgenden werden behandelt:

- das Erarbeiten von Begriffen,

- das Erarbeiten von Sachverhalten,

- das Erarbeiten von Verfahren,

- das Anwenden und Modellbilden,

- das Problemlösen.

5.1 Erarbeiten von Begriffen

Begriffe haben im Mathematikunterrichtunterricht unterschiedliches Gewicht. Das hängt einmal mit ihrem *mathematischen Gehalt* zusammen, aber auch mit der *Rolle,* die sie im Mathematikunterricht spielen sollen (Vollrath 1984).

5.1.1 Zur Rolle von Begriffen

- Begriffe können als *Leitbegriffe* eines Themenstrangs dienen. Man denke etwa an die Begriffe Zahl, Funktion, Figur oder Abbildung.

- Begriffe können als *Schlüsselbegriffe* eine Unterrichtssequenz strukturieren. Das kann etwa der Begriff des Bruchs für die Bruchrechnung sein, der Begriff der proportionalen Zuordnung für die Schlussrechnung, der Begriff der Symmetrie für die Lehre von den Dreiecken und Vierecken.

- Ein Begriff kann *zentraler Begriff* einer Unterrichtseinheit sein, der in ihr erarbeitet wird. Hier ist an Begriffe zu denken wie Primzahl, Quadratwurzel, Potenzfunktion, gleichseitiges Dreieck, Kreis, Tangente, Scherung, Prisma usw.

- Schließlich dienen Begriffe als *Arbeitsbegriffe* dazu, beim Arbeiten bestimmte Sachverhalte griffig zu formulieren, um über sie sprechen zu können. Hier ist an Begriffe wie Zähler, Nenner, Klammer, Grundzahl, Hochzahl, Ecke, Seite, Kante usw. zu denken.

Soll ein Begriff in einer Unterrichtseinheit erarbeitet werden, dann ist zunächst seine Stellung im zugeordneten Themenstrang bzw. in der zugehörigen Unterrichtssequenz zu bedenken.

Beispiel: Der Begriff des Rechtecks gehört zum Themenstrang „Figuren und Körper". Er wird in verschiedenen Jahrgangsstufen behandelt. In der Grundschule ist das Rechteck eine „einprägsame Figur", in der 5. Jahrgangsstufe soll es als „Träger von Eigenschaften" erkannt werden und in der 8. Jahrgangsstufe als „Teil eines Begriffsnetzes". Entsprechend wird sich die Behandlung in den Unterrichtseinheiten der verschiedenen Jahrgangsstufen unterscheiden.

Arbeitsbegriffe werden im Rahmen von Unterrichtseinheiten eher beiläufig eingeführt, und sie werden den Lernenden im Gebrauch vertraut. Im Folgenden geht es um die Erarbeitung zentraler Begriffe von Unterrichtseinheiten. Einzelne Phasen des Unterrichts leisten dabei unterschiedliche Beiträge.

Im *Einstieg* kann ein geeigneter Problemkontext geschaffen werden. In dieser Phase können bereits der Name des Begriffs, Merkmale, Beispiele oder Darstellungen dargeboten werden, die zu ersten Vorstellungen führen.

Bei der *Erarbeitung* werden Umfang und Inhalt des Begriffs herausgearbeitet. Die Beobachtungen münden häufig in eine Erklärung.

In der *Sicherungsphase* werden Beispiele und Gegenbeispiele behandelt, so dass der Begriff gegen andere Begriffe abgegrenzt wird. Damit wird zugleich die Existenzfrage angesprochen (Walsch und Weber 1975, S. 207).

In der *Vertiefungsphase* werden Querverbindungen zu anderen Begriffen hergestellt. Es werden Spezialfälle, insbesondere auch Grenzfälle betrachtet (Walsch und Weber 1975, S. 208).

Die Tätigkeiten der letzten beiden Phasen dienen vor allem der Verankerung des Begriffs in der kognitiven Struktur. Die Spielräume für die Gestaltung dieser Phasen sollen nun etwas näher betrachtet werden.

5.1.2   Einbindung des Begriffs in einen Problemkontext

Mathematische Begriffe sind in Problemkontexten entstanden. Die Bedeutung eines Begriffs erschließt sich einem erst, wenn man ihn in einem Problemkontext sieht. Ein tieferes Verständnis eines Begriffs ist durch die bloße Mitteilung einer Definition nicht zu erreichen. Im Unterricht wird man deshalb das Lehren von Begriffen in Problemkontexte einbinden. Das ist in unterschiedlicher Weise möglich (Vollrath 1984):

- Begriffe als Quelle von Problemstellungen,

- Begriffe als Mittel zur Präzisierung von Problemstellungen,

- Begriffe als Lösungshilfe für Probleme,

- Begriffe als Lösungen von Problemen,

- Begriffe als Mittel zur Sicherung von Problemlösungen.

Der Begriff als Quelle von Problemstellungen

Die Einführung eines Begriffs führt zu einer Reihe typischer Fragestellungen, die zu seiner Erforschung dienen. Man kann sie als Probleme ansehen, die sich unmittelbar aus der Begriffsbildung ergeben.

Beispiel: Nach Einführung des Begriffs der Primzahl wird man z. B. alle Primzahlen bestimmen lassen, die kleiner als 100 sind. Man wird bei vorgelegten Zahlen entscheiden lassen, ob sie Primzahlen sind. Dabei ergibt sich das Problem, wie man natürliche Zahlen in Primfaktoren zerlegt. Die Frage, wie viele gerade Primzahlen es gibt, erfordert einiges Nachdenken.

Der Begriff als Mittel zur Präzisierung von Problemstellungen

Mathematische Begriffe haben in der Geschichte häufig dazu gedient, eine zunächst verschwommene Problemstellung zu präzisieren, um sie einer Lösung zugänglich zu machen. Diese Funktion können Begriffsbildungen auch im Unterricht übernehmen.

Beispiel: „Wann sind Figuren ähnlich?" Diese Frage ist zunächst recht verschwommen, denn der umgangssprachliche Begriff „ähnlich" ist sehr offen. Durch Einführung des Begriffs der Ähnlichkeitsabbildung kann man den Begriff präzisieren. Damit kann man nun auf solider Grundlage Probleme über die Ähnlichkeit von Figuren stellen und lösen.

Der Begriff der Ähnlichkeit ist so gewichtig, dass er zugleich Schlüsselbegriff einer Unterrichtssequenz „Ähnlichkeit" in der 9. Jahrgangsstufe sein kann.

Der Begriff als Lösungshilfe für ein Problem

Bei der Lösung von Problemen ist das Finden einer Lösungsidee häufig verbunden mit der Entdeckung eines Objekts, das die zur Lösung benötigten Eigenschaften besitzt. Das führt dann zur Bildung eines Begriffs.

Beispiel: Bei dem Problem, ein Dreieck aus 3 gegebenen Seiten zu konstruieren, beginnt man mit einer Seite und hat dann bereits 2 Ecken festgelegt. Von der dritten Ecke weiß man, wie weit sie von den anderen beiden entfernt ist. Aber wie findet man ihre Lage? Die entscheidende Entdeckung ist, dass alle Punkte mit einem bestimmten Abstand von einer Ecke auf einem Kreis um diese Ecke liegen. Man braucht also nur um die beiden Eckpunkte Kreise mit den beiden anderen Seiten als Radien zu zeichnen. Der Kreis wird hier als „Ortslinie" gesehen und verwendet. Das kann ein Anlass sein, den Begriff der Ortslinie einzuführen.

Der Begriff als Lösung eines Problems

Viele Begriffe lassen sich ohne Schwierigkeiten als Lösungen von Problemen gewinnen. Das ist meist auf vielfältige Weise möglich.

Beispiel: Die Ellipse ergibt sich bei folgenden Fragen:

Welche Schnittflächen kann man beim Schnitt einer Ebene mit einem Kreiszylinder erhalten?

Wie ist das Bild von Grund- und Deckfläche beim Schrägbild eines stehenden Kreiszylinders zu zeichnen?

Was ist der geometrische Ort aller Punkte, die von 2 festen Punkten gleiche Abstandssumme haben?

Was ist das Bild eines Kreises bei senkrechter Achsenaffinität?

Wie sieht der Schatten einer Kreisscheibe aus?

Wie zeichnet man einen Topf von schräg oben gesehen?

Was für eine Schnittfläche ergibt sich beim Schneiden einer Wurst?

Was geschieht mit dem Kreis, wenn man in einer Computergraphik an einem der mittleren „Ziehpunkte" zieht?

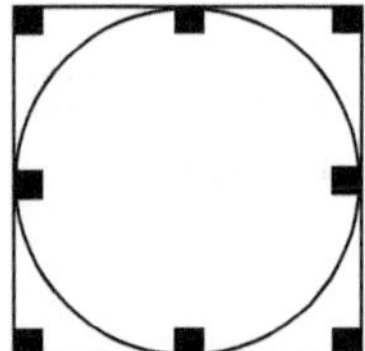

Abbildung 5.1 Zeichnung eines Kreises mit einem Computerprogramm

Man kann auf die Ellipse auch über einen Ellipsenzirkel stoßen, indem man den Schülerinnen und Schülern das Bild eines solchen Instruments zeigt und es von ihnen „erforschen" lässt.

Abbildung 5.2 Ellipsenzirkel (aus: G. Adams, *Geometrical and Graphical Essays*, London (Dillon) 1797, Plate XI, Fig. 3)

Der Begriff als Mittel zur Sicherung einer Problemlösung

Lösungsverfahren funktionieren in der Regel nur unter bestimmten Einschränkungen. Häufig werden dazu Begriffe gebildet, mit denen die Anwendbarkeit des Lösungsverfahrens gesichert werden soll. Das kann man auch im Unterricht zur Einführung von Begriffen nutzen.

Beispiel: Die typischen Dreisatzaufgaben werden nach dem Schema gelöst, das diesem Aufgabentyp den Namen gibt:

5 kg Kartoffeln kosten 4 EUR. Wie viel EUR kosten 3 kg Kartoffeln?

5 kg Kartoffeln kosten 4 EUR.
1 kg Kartoffeln kostet 4 EUR : 5 = 0,80 EUR.
3 kg Kartoffeln kosten 0,80 EUR · 3 = 2,40 EUR.

Dieses Schema funktioniert nur bei proportionalen Zuordnungen, die in diesem Zusammenhang eingeführt werden. Es ist intuitiv leicht zugänglich. Man sollte aber den Lernenden durch ein Kontrastbeispiel zeigen, dass dies nicht immer anwendbar ist. Das könnte z. B. die Abhängigkeit des Preises eines Waschmittels von seinem Packungsgewicht sein.

5.1.3   Erarbeiten des Begriffs

Hier geht es im Wesentlichen um den Aufbau angemessener *Vorstellungen* über den Begriff. In der Mathematik sind Begriffe entweder Grundbegriffe, über die durch Axiome einiges ausgesagt wird, oder abgeleitete Begriffe, die definiert werden. Im Unterricht wird nicht scharf zwischen diesen beiden Fällen unterschieden.

Bei mathematischen Grundbegriffen begnügt man sich damit, angemessene Vorstellungen zu vermitteln; bei definierbaren Begriffen strebt man mit fortschreitendem Alter eine Definition an. In diesem Fall muss eine Definition im Hinblick auf das *genetische Prinzip* im Unterricht *entwickelt* werden.

Erfahrungen zum Begriff sammeln lassen

Grundlegende mathematische Begriffe wurzeln häufig in *Erfahrungen* aus unterschiedlichen Bereichen. Man denke etwa an den Begriff der Geraden. Sie treten auf als Kanten an Gebäuden, als Lichtstrahlen, die im Dunst durch die Blätter fallen, als Kondensstreifen der Flugzeuge hoch am Himmel, als Spuren eines Fahrrades im Sand, als Bügelfalten in der Hose, als Nähte beim Nähen mit der Nähmaschine, als Schnittlinien beim Sägen, als gespannte Saiten an der Gitarre, als Linien beim Zeichnen mit dem Lineal, als Faltlinien beim Falten von Papier usw. Die Schülerinnen und Schüler verfügen über derartige Erfahrungen aus dem täglichen Leben, und sie können einige dieser Erfahrungen neu sammeln.

Im Unterricht können z.B. beim Falten von Papier oder beim Zeichnen mit dem Lineal Erfahrungen aus *Handlungen* erwachsen. Man kann so die grundlegenden Relationen „senkrecht" (A) und „parallel" (B) beim Falten erarbeiten.

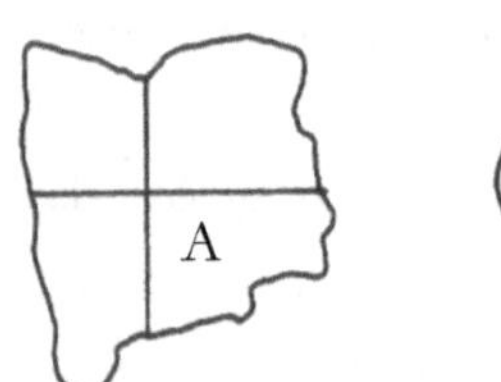
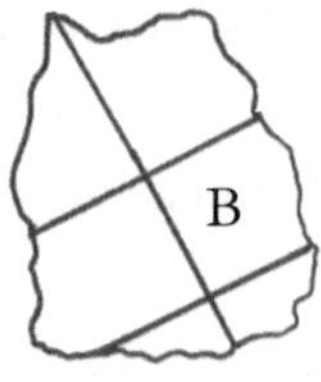

Abbildung 5.3 Faltlinien

Auch in der Arithmetik lassen sich Erfahrungen mit Zahlen durch Handlungen erwerben. Man denke an Spielsteine, Merkmalsklötze oder Stäbe. Das Angebot, Erfahrungen mit Begriffen durch Handeln zu erwerben, wird von Bruner als „enaktive Repräsentation" bezeichnet.

Beim Lehren von Begriffen durch Handeln tritt vor allem der Charakter des *Werkzeugs* hervor. Beim Handeln entdecken die Lernenden *Handlungsspielräume*, erfahren aber auch, dass sie *Sachzwängen* unterworfen sind. Indem sie im Handeln Möglichkeiten und Grenzen des Begriffs erfahren, werden sie mit dem Begriff vertraut. *Eigenschaften* des Begriffs erschließen sich ihnen als Regeln, durch die sich Handlungsmöglichkeiten, aber auch Sachzwänge im Umgang mit dem Begriff ergeben.

Handeln kann sich auch auf der Ebene der mathematischen Symbole und Zeichen vollziehen. Man spricht dann meist vom *Operieren*.

Das Betonen von Handlungen beim Lehren von Kindern hat eine lange pädagogische Tradition. Das gilt vor allem für die Grundschule. Im Gymnasium hat besonders die *Propädeutik der Geometrie* für Möglichkeiten zum konkreten Handeln gesorgt; z.B. sollten bei Peter Treutlein (1845–1912) die Kinder auch geometrische Modelle basteln (Treutlein 1985). In der Hauptschule steht bei einigen Didaktikern das konkrete Handeln im Geometrieunterricht sogar im Vordergrund (Petermann und Hagge 1935, Sprengel 1969). Als „Learning by doing", das auf Dewey zurückgeht, hat diese Einsicht ihre „moderne" Ausdrucksform gefunden.

Da geometrische Objekte im Unterricht häufig *konstruiert* werden, sind Vorstellungen von geometrischen Begriffen in der Regel mit Handlungen und ihren Ergebnissen verbunden. Derartige Handlungen werden zunächst konkret mit den Zeichengeräten vollzogen. Mit den dynamischen Geometriesystemen können Konstruktionen heute auch mit dem Computer durchgeführt werden. Damit gewinnen das Konstruieren von Figuren und das Arbeiten mit ihnen eine neue Qualität (z.B. Ludwig 1999).

Im Laufe der Zeit treten *Handlungsvorstellungen* meist zurück. Man kann sich das Zeichnen des Kreises und den gezeichneten Kreis vorstellen, man „sieht", wie sich eine Gerade auf einen Kreis zu bewegt, ihn berührt und dann schneidet (*Kopfgeometrie*). Am Ende sieht man die Figur mit ihren *Merkmalen*.

Darbieten von Objekten

Im täglichen Leben werden Begriffe wie Stuhl, Kreis, rund, glatt, stehen, liegen nicht durch Definitionen gelernt, sondern indem man *Repräsentanten* solcher Begriffe kennen lernt, die verbal beschrieben werden, etwa: „Das ist ein Stuhl.", „Das ist ein Kreis.", „Diese Form ist rund.", „Die Fläche ist glatt.", „Dieser Stuhl liegt."

Diese Art des Lernens ist in psychologischen Experimenten zum Begriffslernen gründlich untersucht worden. Die Lernenden versuchen, aus dem dargebotenen und kommentierten Material die charakterisierende Eigenschaft zu finden. Sie merken also, dass es bei solchen Prozessen auf bestimmte Merkmale ankommt, die sie entdecken sollen. Begriffsbildung hat hierbei „den Charakter eines mehr oder weniger systematischen Aufstellens und Ausprobierens von Hypothesen" (van Parreren 1972[4]).

Auch im Mathematikunterricht werden gelegentlich Begriffe nach diesem Muster gelehrt.

Beispiele: (1) In der Grundschule können einprägsame Figuren wie Quadrate, Rechtecke und Kreise so eingeführt werden.

(2) In der Orientierungsstufe teilt man vielleicht mit: „1, 4, 9, 16, ... heißen Quadratzahlen."

(3) In der 5. Jahrgangsstufe erfahren die Schülerinnen und Schüler: „Liegen zwei Geraden zueinander wie die Faltlinien in der Figur, so heißen sie *zueinander senkrecht.*"

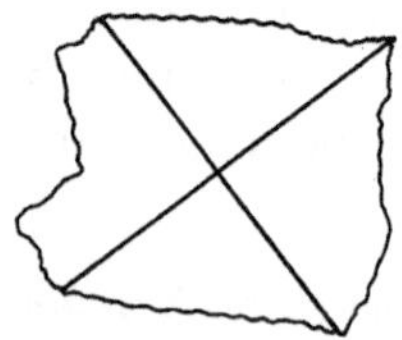

Abbildung 5.4 Zueinander senkrechte Faltlinien

Man sieht hier, wie Handeln und Beobachten miteinander verbunden sind.

(4) In der 7. Jahrgangsstufe gibt man statt einer Definition des Begriffs „Stufenwinkel" einen Hinweis auf eine Figur und sagt: „Winkel an geschnittenen Geraden, die wie α und α' liegen, heißen *Stufenwinkel.*"

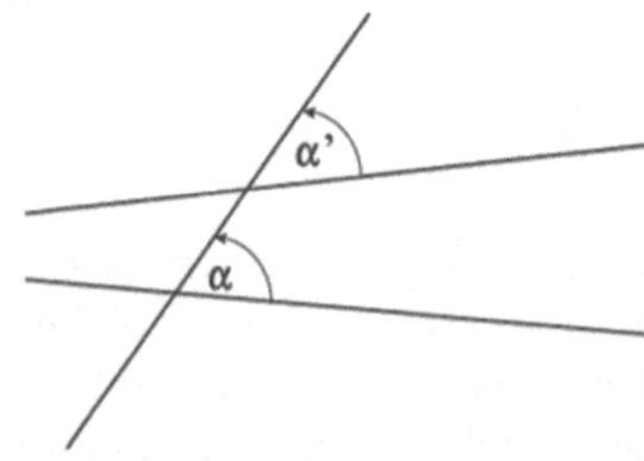

Abbildung 5.5 Stufenwinkel an geschnittenen Geraden

Es ist also für die Schule zweckmäßig, sich in der Geometrie mit einer auf eine Figur bezogene Mitteilung zu begnügen, wenn eine Definition sehr aufwändig wäre.

Indem man den Lernenden zeitweise Objekte darbietet (Bruner: „ikonische Repräsentation") und ihnen mitteilt, dass sie Beispiele für einen Begriff sind, will man erreichen, dass sie die charakteristischen Merkmale des Begriffs erfassen.

Entdecken von Merkmalen

Das Erfassen der Merkmale kann man als *entdeckendes Lernen* (Bruner 1974) organisieren, indem man eine Vielfalt von Objekten darbietet, die bestimmte Merkmale gemeinsam haben bzw. sich in bestimmten Merkmalen unterscheiden. Fragt man nach Gemeinsamkeiten und Unterschieden, so lenkt man die Aufmerksamkeit auf die Merkmale. Indem man den Lernenden Objekte darbietet und ihnen mitteilt, dass diese Beispiele für einen Begriff sind, will man erreichen, dass sie die charakteristischen Merkmale des Begriffs erfassen.

Diese Überlegungen und Erfahrungen führen zu folgenden Prinzipien (in Anlehnung an Dienes und Golding 1970):

Prinzip der Variation: Beim Lehren von Begriffen durch das Darbieten von Objekten sind genügend viele verschiedene Objekte vorzulegen, die das charakteristische Merkmal des Begriffs gemeinsam haben.

Prinzip des Kontrasts: Beim Lehren von Begriffen durch Darbieten von Objekten sind ausreichend viele Objekte vorzulegen, bei denen das charakteristische Merkmal nicht gegeben ist.

Man wird möglichst bald versuchen, diese Merkmale auch *sprachlich* auszudrücken. Solange die Schülerinnen und Schüler noch nicht über die erforderlichen mathematischen Ausdrucksmöglichkeiten verfügen, kann man sie durchaus ermutigen, die beobachteten Merkmale mit ihren Worten zu beschreiben. So kann man z. B. das erste Rechteck A als „dünn", das Rechteck B als „dick" bezeichnen.

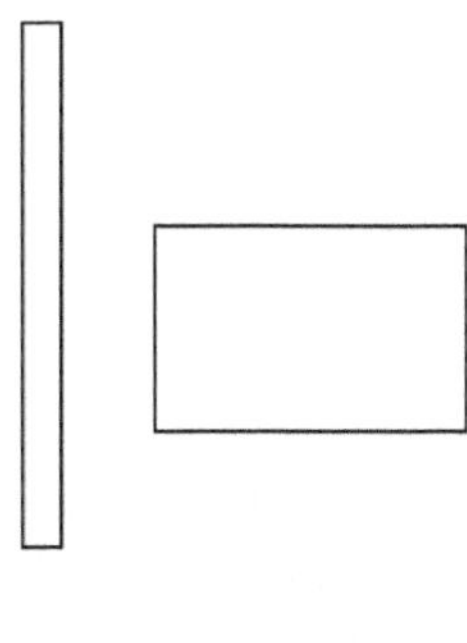

Abbildung 5.6 Merkmale von konkreten Rechtecken

Erarbeiten einer Definition

Sobald die Schülerinnen und Schüler in der Lage sind, bestimmte Merkmale als charakteristische Merkmale eines Begriffs zu erkennen und zu formulieren, kann man daran gehen, mit ihnen eine Definition zu erarbeiten. Man spricht in diesem Fall von einer *charakterisierenden* Definition.

Beispiel: Ein senkrechtes Prisma ist ein Körper, der von 2 zueinander parallelen und kongruenten Vielecken als Grund- und Deckfläche sowie lauter Rechtecken als Seitenflächen begrenzt wird.

Häufig kann man aber Begriffe auch so definieren, dass man angibt, wie sie entstanden sind.

Beispiel: Ein senkrechtes Prisma ist ein Körper, der entsteht, wenn man ein Vieleck senkrecht im Raum verschiebt.

Derartige Definitionen werden in der didaktischen Literatur *genetische* Definitionen genannt. Sie erfreuen sich traditionell großer Beliebtheit. Ihre Überlegenheit hat sich jedoch empirisch nicht nachweisen lassen (Vollrath 1984). Andererseits merkt man selbst bald, dass z.B. bestimmte Körper leichter durch eine genetische Definition, andere leichter durch eine charakterisierende Definition zu erfassen sind.

Man sollte den Schülerinnen und Schülern einprägen, dass bei den Definitionen der *Oberbegriff* anzugeben ist.

Beispiel: Eine Formulierung wie: „Ein Rechteck hat lauter rechte Winkel" ist zwar eine wahre Aussage. Man sollte diese Formulierung aber nicht als Definition gelten lassen. Es muss heißen: „Ein Rechteck ist ein Viereck, das lauter rechte Winkel hat."

Gelegentlich wird empfohlen (Fuhrmann 1973, S. 45 f.), im Unterricht Definitionen gegenüber den Sätzen durch die Verwendung bestimmter „Signalwörter" abzuheben.

Definitionen	*Sätze*
„... nennt man ..."	„... ist ein ..."
„... bezeichnet man als ..."	„... hat die Eigenschaft ..."
„... so sagt man ..."	„... so gilt ..."
„... wird als ... bezeichnet."	„... ist gleichbedeutend mit ..."

Erfahrungsgemäß kann man den Schülerinnen und Schülern jedoch erst etwa im 9. Schuljahr solche Subtilitäten bewusst machen. Es ergibt sich damit die Frage, ob es sinnvoll ist, solche Sprachmuster differenziert zu verwenden, ehe sich die Schülerinnen und Schüler ihrer Tragweite bewusst werden. Die Erfahrungen über den Spracherwerb lassen das vermuten. Wenn dann später die logischen Zusammenhänge hervorgehoben werden, verfügen sie über adäquate Ausdrucksmöglichkeiten.

Dabei sollten sich diese Sprachmuster weitgehend an die Umgangssprache anlehnen. Es erscheint übertrieben, Formulierungen zu gebrauchen, wie „Ein Viereck heißt genau dann Parallelogramm, wenn ..." statt „Ein Viereck heißt Parallelogramm, wenn ...". Sicherlich ist die erste Formulierung die präzisere, aber sie ist selbst in der Mathematik nicht allgemein gebräuchlich. Hier würde man ein Sprachmuster vermitteln, das nur scheinbar präziser ist, denn die Redewendung „genau dann, wenn" ist für die Schülerinnen und Schüler fremdartig und wenig aussagekräftig. Ihre Bedeutung kann erst nach längerer mathematischer Erfahrung erfasst werden.

Andererseits sollte man aber darauf achten, dass die definierende Eigenschaft tatsächlich charakterisierend ist, also eine notwendige und hinreichende Bedingung für den Begriff darstellt.

Kritische Reflexion

Nachdem die Definition erarbeitet worden ist, wird man sie diskutieren. In der Mathematik ist man bestrebt, einen Begriff durch eine möglichst „schwache" Forderung zu definieren.

Beispiel: Man würde die Formulierung: „Ein Rechteck ist ein Viereck mit mindestens 3 rechten Winkeln" bevorzugen gegenüber der Formulierung: „Ein Rechteck ist ein Viereck mit 4 rechten Winkeln."

Sollten die Schülerinnen und Schüler die stärkere Formulierung gewählt haben, dann kann man in einer *kritischen Reflexion* der Definition die schwächere Formulierung entdecken lassen.

Nach der Erarbeitung der Definition erfolgt häufig eine „Reduktion auf den Kern", um das Wesentliche nicht im Technischen ersticken zu lassen. Man gibt z.B. nach der formalen Definition wieder eine stärker umgangssprachlich formulierte Fassung der Definition. Dabei nimmt man an, dass eine gewisse „Schlampigkeit" nach einem Präzisierungsprozess relativ unschädlich ist.

An die Definition sollten sich Hinweise auf die *Wahl der Bezeichnung* anschließen. Man gibt vielleicht die sprachliche Wurzel an. Bei Fremdwörtern ist es auch angebracht, auf das Geschlecht hinzuweisen (*der* Rhombus, nicht *das* Rhombus), auch Hinweise auf die Aussprache sind gelegentlich angebracht (z.B. bei „Parallelepiped").

Wenn die Begriffsbezeichnung auch in der Umgangssprache verwendet wird, dann ist die mathematische Bedeutung von der umgangssprachlichen abzugrenzen.

Beispiel: Was meint man, wenn man in der Umgangssprache das Wort „ähnlich" verwendet? Bedeuten die Begriffe „senkrecht" und „lotrecht" das Gleiche? (Nein.)

5.1.4   Erkunden des Begriffs

Nach der Erarbeitung der Definition werden Objekte vorgelegt, und es ist zu prüfen, ob das Objekt unter den Begriff fällt, also ein Beispiel ist. Man sollte sich dabei nicht damit begnügen, das nur einfach feststellen zu lassen, sondern mit Hilfe der Definition eine Begründung einfordern.

Beispiele: (1) Es wurde die Definition erarbeitet: „Eine *gerade Zahl* ist eine natürliche Zahl, die durch 2 teilbar ist." 18 ist eine gerade Zahl, denn 18:2 = 9.

(2) Es wurde definiert: „Für eine nicht negative Zahl a ist $\sqrt{a}$ diejenige nicht negative Zahl, deren Quadrat a ergibt." Zunächst lässt man bei der Bestimmung von Wurzeln begründen: $\sqrt{9} = 3$, denn $3^2 = 9$.

(3) Nach Erarbeitung einer Definition des Rechtecks sollten aus vorgelegten Vierecken die Rechtecke mit der Begründung angegeben werden können, dass bei ihnen alle Winkel rechte sind. Man sollte dabei den Schülerinnen und Schülern bewusst machen, dass aus diesem Grund ein Quadrat immer auch ein Rechteck ist.

Häufig veranlasst eine Begriffsbildung weitere Begriffsbildungen. So wird z.B. die Negation der definierenden Bedingung zum Anlass einer Begriffsbildung genommen. Man denke etwa an die Begriffspaare: gerade Zahl – ungerade Zahl, echter Bruch – unechter Bruch, rationale Zahl – irrationale Zahl.

Beim Prüfen von Objekten wird man im Allgemeinen auf die definierende Eigenschaft zurückgreifen. Häufig stehen auch *Prüfkriterien* zur Verfügung. Um z.B. zu prüfen, ob eine natürliche Zahl gerade ist, muss man nicht durch 2 dividieren, sondern nur prüfen, ob die Einerziffer gerade ist. Man wird auch Beziehungen zu anderen Begriffen suchen.

Beispiele: (1) Man entdeckt als Beziehung zwischen den Quadratzahlen und den geraden Zahlen: Das Quadrat einer geraden Zahl ist wieder eine gerade Zahl.

(2) Man fragt danach, was man über ein Parallelogramm aussagen kann, das einen rechten Winkel hat, und erkennt, dass dann bereits alle Winkel rechte sind. Dieses Parallelogramm ist also ein Rechteck.

Derartige Betrachtungen vollziehen sich in der Sicherungs- und in der Vertiefungsphase. Das Arbeiten mit der Definition fördert ihre Aneignung, es schafft einen Überblick über Inhalt und Umfang des Begriffs und eine Einbindung in das Begriffsnetz der Lernenden.

Die eigentliche Erforschung des Begriffs führt zu Sätzen, die zu beweisen sind. Das steht im Zentrum von Unterrichtseinheiten, die später noch betrachtet werden. Zunächst soll jedoch ein konkreter Plan einer Unterrichtseinheit als Beispiel zum Lehren von Begriffen dargestellt werden.

5.1.5   Der Computer beim Erarbeiten eines Begriffs

Wie aus den bisherigen Ausführungen deutlich wurde, ist die *systematische Variation* ein entscheidender Aspekt bei der Begriffsbildung. Beim Sammeln von Erfahrung, beim Darbieten von Objekten, beim Entdecken von Merkmalen, beim Erarbeiten von Definitionen und natürlich bei der kritischen Reflexion eines Begriffs spielt die systematische Variation eine entscheidende Rolle. Variiert wird jeweils genau ein Aspekt und, wenn möglich, auf eine festgelegte Art und Weise. Ein solcher Aspekt kann ein Parameter, eine Eigenschaft, die Darstellungs- bzw. Repräsentationsform, die Definition sein. Es können aber auch Beispiele und Gegenbeispiele variiert werden. Im Hinblick auf die Begriffsbildung ist es dabei entscheidend, dass folgende Punkte beachtet werden:

- Art der *einen* erzwungenen Änderung festlegen bzw. bewusst machen,

- daraus resultierende Änderungen beachten und reflektieren,

- Invarianten erfassen und analysieren,

- Grenzfälle/Extremfälle bewusst ansteuern und untersuchen,

- Erfahrungen ausführlich reflektieren und Resultate testen,

- Ergebnisse sichern.

Erst danach wird ein anderer Aspekt gezielt systematisch variiert.

Computerwerkzeuge (insbesondere DGS und DMS) sind für die Umsetzung dieses Programms geradezu geschaffen. Hier können etwa über den Zugmodus, die Möglichkeit, Punkte an Linien zu binden, Steuerung von Parametern über Schieberegler und vieles mehr Einflussgrößen wie etwa Längen, Winkelgrößen, Zahlenwerte, Lagen von Geraden gezielt variiert werden. Wichtig dabei ist insbesondere, dass man sich anschließend Rechenschaft über die Art der Variation und die sich daraus ergebenden Veränderungen und Invarianten der Konfiguration geben kann. Andernfalls ist die Variation für die Begriffsbildung wertlos!

Beispiel: Die Lernumgebung „Vierecke: Begriffshierarchie" auf der Basis eines DGS dient zur Erarbeitung der Begriffshierarchie der Viereckstypen „Drachenviereck", „Parallelogramm", „Quadrat", „Raute", „Rechteck und Trapez". Sie kann unter *mathematikunterricht.net* → 5.1 im Netz abgerufen werden. Abbildung 5.7 zeigt die Bildschirmansicht der Lernumgebung.

Für jeden Schieberegler sind dabei folgende *Arbeitsaufträge* abzuarbeiten:

Zieht den ersten Schieberegler langsam nach rechts. Dadurch wird die Änderung eines Aspekts des dargestellten Vierecks erzwungen. Das kann z.B. eine Größe (Länge, Winkel) oder die Lage einer Strecke sein.

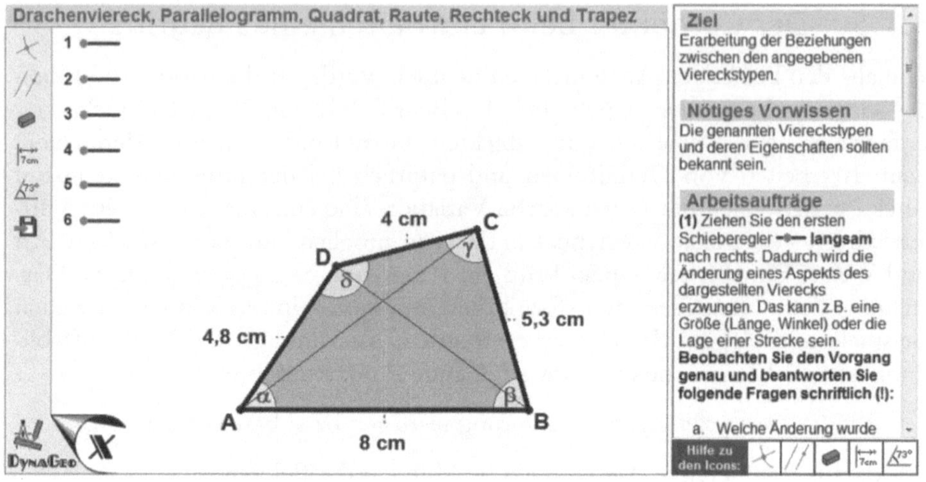

Abbildung 5.7 Lernumgebung zur Erarbeitung der Begriffshierarchie von Vierecken (interaktives Arbeitsblatt: Roth, *mathematikunterricht.net*)

Beobachtet den Vorgang genau und beantwortet folgende Fragen schriftlich:

- Welche Änderung wurde erzwungen?

- Welche Änderungen ergaben sich als Folge der erzwungenen Änderung noch?

- Welche Eigenschaften des Ausgangsvierecks bleiben bei der durchgeführten Änderung erhalten?

- Zu welchem Viereckstyp gehörte das Viereck vor der Änderung und zu welchem gehört es nach der Änderung?

- Welcher Viereckstyp liegt während der Änderung vor?

- Welcher der beteiligten Viereckstypen ist Oberbegriff des anderen Viereckstyps? Begründet das mit Hilfe eurer Antworten auf die anderen Fragen.

- Gebt Definitionen der beteiligten Viereckstypen an, bei denen die erkannte Beziehung zwischen ihnen anhand der benutzten charakterisierenden Eigenschaften deutlich werden.

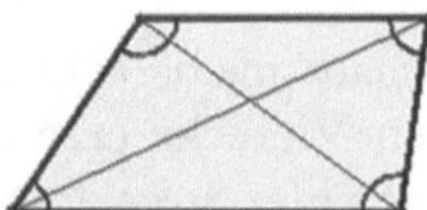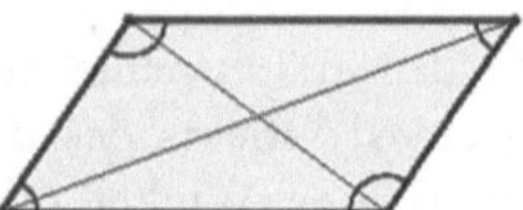

Abbildung 5.8 Übergang vom „allgemeinen" Trapez zum Parallelogramm

In Abbildung 5.8 wird exemplarisch eine der beiden zueinander parallelen Seiten eines Trapezes verlängert, wobei ihr linker Endpunkt seine Lage beibehält. Analysiert man diese Veränderung, so fällt auf, dass sich dabei die Ausrichtung der Seite in der euklidischen Ebene nicht verändert, sie also parallel zur gegenüberliegenden Seite bleibt. Schließlich erreicht die obere Seite genau die Länge der unteren Seite. Bei dieser Verformung des Ausgangstrapezes haben sich zwar die Länge der rechten Seite des Vierecks, die an ihr anliegenden Innenwinkel und die Länge und Lage einer der beiden Diagonalen des Vierecks verändert, die charakteristische Trapezeigenschaft, nämlich die Parallelität von zwei gegenüberliegenden Seiten des Vierecks blieb aber erhalten. Damit ist das Viereck auch in der Endform ein Trapez. Es hat aber offensichtlich (mindestens) eine zusätzliche Eigenschaft gewonnen, nämlich die, dass die beiden parallelen Seiten nun auch gleich lang sind. Dies führt dazu, dass das Viereck in seiner Endform ein Parallelogramm ist. Aus dieser Überlegung heraus wird deutlich, dass jedes Parallelogramm auch ein Trapez ist, aber nicht jedes Trapez ein Parallelogramm, da beim Rückgängigmachen der Längenänderung wesentliche Parallelogrammeigenschaften verloren gehen, aber immer noch ein Trapez vorliegt. Auf diese Weise können Schülerinnen und Schüler erfassen, dass der Begriff „Parallelogramm" ein Unterbegriff des Begriffs „Trapez" ist.

Mit dynamischen Mathematiksystemen können Repräsentationsformen (Graph, Figur, Tabelle, Term) wechselseitig in Beziehung gesetzt werden, indem Veränderungen an einer Repräsentationsform entsprechend und gleichzeitig bei den anderen umgesetzt werden. Dies unterstützt die Begriffsbildung in vielfältiger Weise (Roth 2008b).

5.1.6   Beispiel: Ein Plan zur Erarbeitung eines Begriffs

Im Folgenden soll ein Plan zum Lehren des Begriffs der *Tangente an einen Kreis* für die 8. Jahrgangsstufe eines Gymnasiums besprochen werden.

Ziele

Die Schülerinnen und Schüler sollen den Begriff der Tangente an einen Kreis lernen. Sie sollen wissen:

Eine Tangente an einen Kreis ist eine Gerade, die mit dem Kreis genau einen Punkt gemeinsam hat. Dieser Punkt heißt Berührpunkt der Tangente.

Die Tangente ist senkrecht zu ihrem Berührungsradius.

Die Schülerinnen und Schüler sollen folgende Grundaufgaben lösen *können:*

1. Grundaufgabe: Konstruiere die Tangente in einem Kreispunkt an den Kreis.

2. Grundaufgabe: Konstruiere die Tangenten von einem Punkt außerhalb des Kreises an den Kreis.

Mathematischer Zugang zum Thema

Zunächst sollte man sich Klarheit über den Begriffstyp verschaffen. Man spricht zwar auch isoliert von einer Tangente und könnte meinen, es handle sich um einen Objektbegriff. Aber das ist irreführend. Der Begriff der Tangente ist in diesem Kontext nur sinnvoll in Verbindung mit dem Begriff des Kreises. Es handelt sich also um eine *Relation*.

Es gibt unterschiedliche Zugänge zum Begriff der Tangente an einen Kreis (Appell 2000). In der traditionellen geometrischen Sicht ist die Tangente an einen Kreis als Gerade definiert, die mit dem Kreis *genau einen Punkt*, den Berührpunkt, gemeinsam hat. Durch die Infinitesimalrechnung wird nahe gelegt, die Tangente als *Grenzfall der Sekante* zu sehen, bei dem die beiden Schnittpunkte zusammenfallen.

Entscheidender Satz für die Konstruktion der Tangente in einem Punkt ist:

Die Tangente an einen Kreis ist die Senkrechte zum Berührungsradius im Berührungspunkt.

Bei einem abbildungsgeometrischen Zugang ist der entscheidende Satz:

Die Figur, die aus einem Kreis mit einer Sekante gebildet wird, die nicht durch den Mittelpunkt geht, hat genau eine Symmetrieachse. Sie geht durch den Mittelpunkt des Kreises und ist senkrecht zur Sekante.

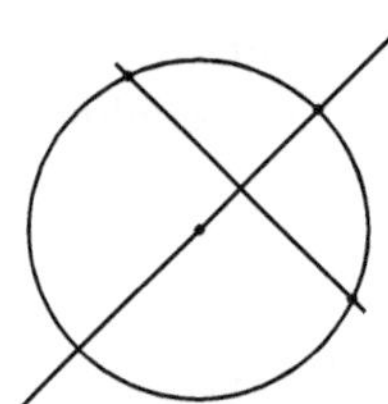

Abbildung 5.9 Symmetrieachse vom Kreis mit einer Sekante

Als Grenzfall ergibt sich:

Die Figur, die aus einem Kreis mit einer Tangente gebildet wird, hat genau eine Symmetrieachse. Sie geht durch den Mittelpunkt des Kreises und den Berührpunkt und ist senkrecht zur Tangente.

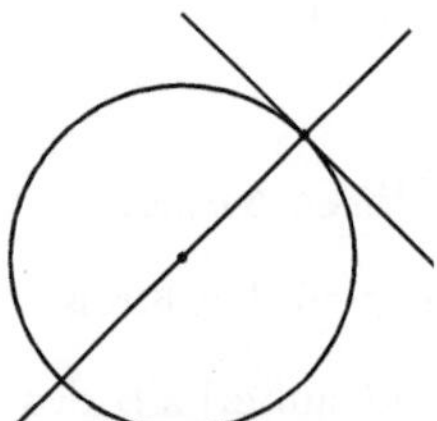

Abbildung 5.10 Symmetrieachse vom Kreis mit einer Tangente

Diesen letzten Satz kann man wie folgt begründen:

Jede Gerade durch den Mittelpunkt ist Symmetrieachse des Kreises. Jede Senkrechte zur Tangente ist Symmetrieachse der Tangente – auch die Tangente selbst ist Symmetrieachse der Tangente. Es gibt unter all diesen Achsen genau eine, die sowohl Achse des Kreises als auch Achse der Tangente ist, das ist die Achse, die durch den Mittelpunkt verläuft und senkrecht zur Tangente ist.

Die beiden Grundaufgaben machen von diesem Satz Gebrauch. Zur Lösung der 2. Grundaufgabe wird der Satz des Thales benötigt.

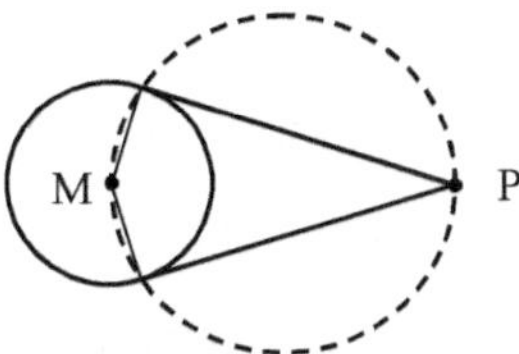

Abbildung 5.11 Zur Konstruktion der Tangenten von einem Punkt an einen Kreis

Man kann ganz unterschiedliche Zugänge zu diesem Thema wählen. Aus mathematischer Sicht können das z. B. sein: „die Tangente als Gerade, die mit dem Kreis genau einen Punkt gemeinsam hat", „die Tangente als Grenzfall der Sekante" oder „die Tangente als Senkrechte zum Berührungsradius".

Im Folgenden soll nun auf der Grundlage der bisherigen Überlegungen ein Unterrichtsplan angegeben und besprochen werden, in dem mögliche Lagen von Kreis und Gerade zueinander betrachtet werden. Vorausgesetzt werden ein abbildungsgeometrischer Aufbau der Geometrie, Grundkenntnisse über den Kreis und der Satz des Thales. Der Plan wird schematisch dargestellt. Die unterschiedlichen Phasen sind hervorgehoben; die geplanten Aktionen der Lehrkraft und das erwartete Verhalten der Schülerinnen und Schüler werden so notiert, dass die Absicht erkennbar ist. In der Schulpädagogik und in der zweiten Phase der Ausbildung werden meist ausführlichere Pläne verlangt, in denen Zeitangaben, Hinweise auf die geplanten Sozialformen und Begründungen der einzelnen Schritte verlangt werden. Das mag für die Schulpraxis sinnvoll sein. Hier geht es jedoch in erster Linie darum, eine Vorstellung vom geplanten Unterrichtsverlauf zu vermitteln.

Plan

Im Unterricht soll die Einsicht angesteuert werden, dass es für die Beziehung zwischen Kreis und Gerade in der Ebene drei verschiedene Möglichkeiten gibt: Sie haben 2 Punkte, 1 Punkt oder gar keinen Punkt gemeinsam. Hierbei ergibt sich die Tangente als *Lösung eines Problems*. Als *Ergebnis* wird eine Definition des Begriffs der Tangente angegeben. Dabei bietet es sich an, sogleich auch den Begriff *Sekante eines Kreises* einzuführen. In der *Sicherungsphase* wird die Tangente mit dem Geodreieck nach „Augenmaß" gezeichnet. In der *Vertiefungsphase* werden dann die beiden Grundaufgaben behandelt. Der Begriff der Tangente wird damit selbst zur *Quelle von Problemen*. Als *Hausaufgaben* werden Aufgaben aus dem Schulbuch gestellt, in denen im Wesentlichen die Grundaufgaben geübt werden.

Phase	**Geplante Aktion**	**Erwartetes Verhalten**
Einstieg	Problem: Wie viele Punkte können ein Kreis und eine Gerade gemeinsam haben?	Zeichnungen, etwa: 1 oder 2 Punkte
Erarbeitung	Welche Fälle sind möglich?	2 Punkte gemeinsam: schneiden
	Wie kann man sie beschreiben?	1 Punkt gemeinsam: berühren
		kein Punkt gemeinsam: vorbeigehen
Ergebnis	Eine Gerade, die mit einem Kreis genau einen Punkt gemeinsam hat, heißt **Tangente** an den Kreis.	Übertragung ins Heft
	Der gemeinsame Punkt heißt **Berührpunkt**.	
	Eine Gerade, die 2 Punkte mit dem Kreis gemeinsam hat, heißt **Sekante** des Kreises.	
	Tangente: „Berührende"	
	Sekante: „Schneidende"	
Sicherung	Zeichnet einen Kreis und legt einen Punkt P auf dem Kreis fest. Zeichnet mit dem Geodreieck möglichst genau eine Tangente durch P an den Kreis.	

Phase	**Geplante Aktion**	**Erwartetes Verhalten**
Vertiefung	1. Hier ist ein Kreis mit einer Tangente gezeichnet. Überlegt, ob diese Figur eine Symmetrieachse besitzt.	
	Wenn ja, wie verläuft sie zum Kreis und zur Tangente?	Die Symmetrieachse geht durch den Mittelpunkt und durch den Berührpunkt. Sie ist senkrecht zur Tangente.
	2. Wie kann man mit dem Geodreieck die Tangente in einem Kreispunkt an den Kreis zeichnen?	Man zeichnet die Verbindung zwischen Berührpunkt und Mittelpunkt und auf ihr die Senkrechte durch den Berührpunkt.
	3. Zeichnet mit dem Geodreieck eine Tangente im Punkt A an den Kreis.	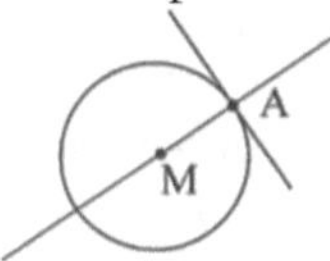
	4. Zeichnet einen Kreis und einen Punkt A außerhalb des Kreises.	
	a) Wie viele Tangenten gibt es von A an den Kreis?	Es gibt 2 Tangenten von A an den Kreis:
	b) Zeichnet die Tangenten „nach Augenmaß" mit dem Geodreieck.	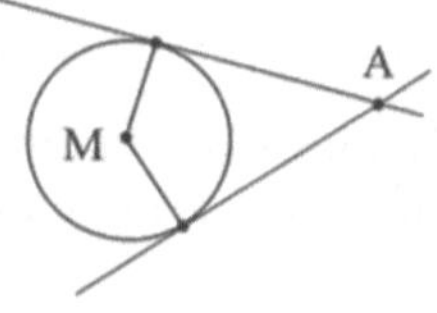
	5. Wie kann man die Tangenten konstruieren?	Man zeichnet den Kreis über $\overline{MA}$ und verbindet die Schnittpunkte mit dem gegebenen Kreis mit A.
		Nach dem Satz des Thales erhält man dann rechte Winkel.
		Also sind die Verbindungen von A mit den Schnittpunkten Tangenten.
Hausaufgabe	Aufgaben aus dem Schulbuch	

Um die 1. Grundaufgabe lösen zu können, ist die Einsicht erforderlich, dass die Tangente zum Berührungsradius senkrecht ist. Auf diese Einsicht wird durch eine Symmetriebetrachtung hingeführt. Damit sollten dann die Schülerinnen und Schüler die 1. Grundaufgabe selbstständig lösen können.

Die 2. Grundaufgabe wird vermutlich weitere Hilfen erfordern. Dazu kann man zunächst eine *Planfigur* zeichnen lassen:

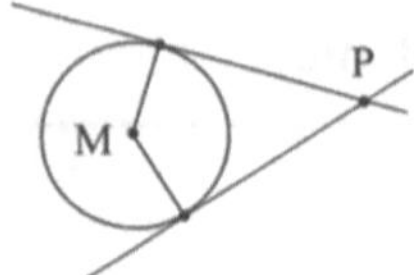

Abbildung 5.12 Planfigur zur 2. Grundaufgabe

Dabei wird man die rechten Winkel hervorheben, wenn die Schülerinnen und Schüler nicht selbst darauf kommen. Die 2. Grundaufgabe stellt erhebliche Anforderungen an die Problemlösefähigkeiten.

Zu den Planungsentscheidungen

Bei der Planung von Unterrichtseinheiten stellt man fest:

- Planungsentscheidungen greifen ineinander, so dass sich selten ein linearer Entscheidungsprozess ergibt.

- Planungsentscheidungen sind nicht bloße Entscheidungen für eine bestimmte Lösung, sondern häufig sind verschiedene Möglichkeiten der Unterrichtssituation anzupassen.

- Planungsentscheidungen werden auf verschiedenen Ebenen begründet: Sie müssen der zugrunde liegenden Unterrichtskonzeption, den Fähigkeiten der Schülerinnen und Schüler, der Struktur des Gegenstandes und den Zielsetzungen entsprechen. Die Entscheidungen müssen miteinander verträglich sein.

- Planungsentscheidungen sollten im Unterrichtsverlauf revidierbar sein, um auf die konkrete Unterrichtssituation angemessen reagieren zu können.

5.2   Erarbeiten von Sachverhalten

In diesem Abschnitt geht es darum, wie im Unterricht *Sachverhalte* zu erarbeiten sind. Hierunter fallen Eigenschaften mathematischer Objekte, Regeln für den Umgang mit ihnen, Eigenschaften von Begriffen und Beziehungen zwischen ihnen. In jedem Fall soll es sich um begründbare Aussagen handeln. Sie werden traditionell unterschiedlich deklariert als *Regeln*, *Gesetze* oder *Sätze*.

5.2.1   Didaktische Aufgaben

Häufig ergeben sich diese Sachverhalte bei der gründlichen Erkundung neu erarbeiteter Begriffe. Damit setzen die folgenden Betrachtungen die vorangegangen Überlegungen fort. In diesen Unterrichtseinheiten soll Folgendes geschehen:

- das Entdecken von Sachverhalten,

- das Formulieren der Sachverhalte als mathematische Aussagen,

- das Begründen der Aussagen,

- das Verstehen der Sachverhalte.

In einer solchen Unterrichtseinheit geht es darum, bei den Schülerinnen und Schülern einen geistigen Prozess anzuregen, der zu neuer mathematischer Erkenntnis führt.

Dem liegt die Überzeugung zugrunde, dass ein derartiger Prozess zwar angestoßen und durch Hinweise hilfreich begleitet werden kann, dass aber das Wesentliche in den Schülerinnen und Schülern selbst geschehen muss. Das bedeutet nach Winter insbesondere, dass sie zum Beobachten, Erkunden, Probieren und Fragen ermuntert werden. Sie können ihre eigene Sprache verwenden, ohne befürchten zu müssen, dass ungenaue Redewendungen sogleich korrigiert werden. Sie werden angehalten, ihre Lösungsansätze selbst zu kontrollieren. Fehler werden als „normal" angesehen und gemeinsam analysiert (Winter 1989S. 4 f.). Sie werden nach einem Vorschlag von Walther L. Fischer auch angeregt, ihre „Schmierzettel" mit ihren Lösungsversuchen als „heuristisches Protokoll" zu betrachten und zu reflektieren.

Das Entdeckenlassen der Sachverhalte, das Formulieren und Begründen entsprechender Aussagen vollzieht sich in den ersten Phasen der Unterrichtseinheit. Dem Verstehen des Sachverhalts ist vor allem die Phase der Vertiefung gewidmet.

5.2.2   Erschließung neuer Sachverhalte

Man wird sich bemühen, das Entdecken von Sachverhalten in Problemkontexte einzubinden.

Einbinden in Problemkontexte

Auch hier ergeben sich wieder verschiedene Möglichkeiten.

Beispiel: Man hat z.B. gefunden, dass das Quadrat einen Umkreis besitzt. Dieser Sachverhalt kann zur *Quelle des neuen Problems* werden, ob jedes Rechteck einen Umkreis besitzt.

Die Lösung des Problems gelingt mit der Entdeckung des Sachverhalts, dass sich die Diagonalen im Rechteck halbieren und gleich lang sind. Dieser Sachverhalt ist die entscheidende *Lösungshilfe*. Der Sachverhalt, dass das Rechteck einen Umkreis besitzt, ist dann die *Lösung* des Problems.

Eine besondere Rolle spielt die Begründung eines Sachverhalts. Sie kann als *Herleitung* die Entdeckung des Sachverhalts anbahnen oder als *Beweis* den vermuteten Sachverhalt begründen. Die Herleitung enthält also die *Lösungsidee*, während das Finden des Beweises selbst wieder ein *Problem* darstellt.

Entdecken von Sachverhalten

Beim Betrachten neuer Objekte fallen bestimmte Sachverhalte ins Auge. Andere – möglicherweise mathematisch tiefer liegende – Merkmale werden übersehen. Schließlich widersprechen bestimmte Sachverhalte den Erwartungen. Letztlich geht es hier um die Frage, wie neue mathematische Erkenntnis gewonnen wird. Das Entdecken bestimmter Merkmale führt *induktiv* zu neuer Erkenntnis. Das Folgern aus gegebenen Sachverhalten ergibt neue Sachverhalte *deduktiv*. Das ist aber im Wesentlichen Routine. Überraschende Sachverhalte werden häufig entdeckt, wenn man *Hypothesen* bildet, die sich bei genauerem Hinsehen als falsch erweisen.

In der Wissenschaftstheorie von Karl Popper war die zentrale These, dass in den Wissenschaften neue Erkenntnis nicht induktiv gewonnen wird, sondern beim Versuch, Hypothesen zu widerlegen (Popper 1989[9]).

Beispiel: Aus den Erfahrungen mit natürlichen Zahlen hat sich bei den Schülerinnen und Schülern die Gewissheit gebildet, dass das Quadrieren einer Zahl zu einer größeren Zahl führt, also kurz und bündig: „Quadrieren vergrößert." In der 6. Jahrgangsstufe erleben sie dann auf einmal, dass z.B. $0{,}5^2 = 0{,}25 < 0{,}5$ ist. Das führt zur Beobachtung, dass Quadrieren nur bei Zahlen vergrößert, die größer als 1 sind.

Trotz eines Beispiels kann das daran beobachtete Phänomen für die Schülerinnen und Schüler „paradox" bleiben. Der Unterricht sollte sich deshalb um „Aufklärung" derartiger Paradoxien bemühen (Winter 1989, S. 161–168).

Begründen und Verstehen

Das Begründen eines Sachverhalts geschieht in der Mathematik durch einen Beweis. Aus bereits begründeten Sachverhalten wird logisch gefolgert, bis sich der fragliche neue Sachverhalt ergibt (direkter Beweis), oder die Negation des Sachverhalts wird angenommen und zum Widerspruch mit bereits begründeten Sachverhalten geführt (indirekter Beweis).

Auch wenn ein Beweis korrekt ist und Schritt für Schritt nachvollzogen werden kann, ist damit nicht gesagt, dass der Sachverhalt wirklich verstanden ist (Abschnitt 2.4.2). Man sollte sich nicht damit begnügen, durch einen Beweis die Wahrheit einer Aussage zu sichern, sondern man sollte durch den Beweis Einsicht in den Sachverhalt vermitteln (Winter 1983). Denn eine wesentliche Funktion des Beweisens besteht darin, „Beziehungen zu erklären oder Wissen zu kommunizieren" (Reiss 2009, S. 3).

Beispiel: Man kann den Beweis, dass das Quadrieren bei Zahlen größer als 1 vergrößert, *formal* führen. Etwa so:

Nach Voraussetzung gilt: $1 < a$.
Beidseitige Multiplikation mit a ergibt: $a < a^2$.
Das ist die Behauptung.

Ob damit Einsicht in den Sachverhalt erzeugt wird, ist fraglich. Fragt man dagegen: „Für welche x gilt $x < x^2$?" und übersetzt diese Frage in die Sprache der Funktionen, dann ergibt sich: „Für welche x verläuft der Graph von $x \to x^2$ oberhalb des Graphen von $x \to x$?" Hier kann man das Ergebnis unmittelbar ablesen. Damit ist zugleich die „Paradoxie des Verkleinerns durch Multiplikation" anschaulich aufgeklärt worden (Winter 1989, S. 161–163).

Betonung der logischen Struktur von Aussagen

Um einen mathematischen Sachverhalt beweisen zu können, ist es erforderlich, ihn als Aussage zu formulieren. In ihr soll die logische Struktur hervortreten. Traditionell wird mit Hinweis auf Euklid empfohlen, deutlich Voraussetzung und Behauptung zu trennen. Tatsächlich macht Euklid das in seinen *Elementen* gar nicht. Seine Formulierungen sind dem jeweiligen Sachverhalt angemessen. Typische Redewendungen sind bei ihm:

„Wenn in zwei Dreiecken ..., dann muss ..."

„Im gleichschenkligen Dreieck sind ..."

„In jedem Dreieck sind zwei Winkel ..."

„Sind in einem Dreieck ..., so müssen ..."

„Im Parallelogramm sind ..."

„In jedem Parallelogramm sind …"

Es ist aber durchaus ratsam, sich vor dem Lesen des Beweises zunächst klar zu machen, was vorausgesetzt und was behauptet wird. Man sollte daher auch im Unterricht einen zunächst umgangssprachlich formulierten Sachverhalt bewusst etwas künstlich als Wenn-dann-Aussage formulieren (Abschnitt 2.4.2).

5.2.3   Verschiedene Begründungsweisen

In der Mathematik gibt es zwar unterschiedliche Beweistypen, doch liegen ihnen allen logische Schlussregeln zugrunde. In der Entwicklung der Mathematik sind neue Erkenntnisse nicht in erster Linie deduktiv gewonnen worden. Es würde daher eine Verengung darstellen, würde man im Mathematikunterricht nur Deduktionen als Begründungen zulassen. Am Beispiel des *Satzes von der Winkelsumme im Dreieck* sollen unterschiedliche Begründungsweisen vorgestellt und diskutiert werden.

Erfahren von Handlungsspielräumen und Sachzwängen

Den Schülerinnen und Schülern einer 7. Jahrgangsstufe wird die Aufgabe gestellt, ein Dreieck mit c = 5 cm, α = 70°, β = 30° und γ = 50° zu zeichnen.

Sie beginnen die Aufgabe, indem sie c zeichnen und dann die Winkel α und β antragen. Damit ist das Dreieck schon fertig. Auch der Winkel γ liegt damit fest. Beim Nachmessen zeigt sich γ = 80°.

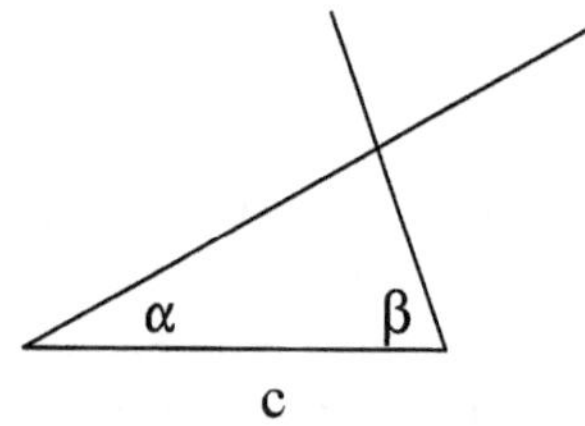

Abbildung 5.13 Zur Wahlfreiheit von zwei Dreieckswinkeln

Die Schülerinnen und Schüler hatten sich einem „Sachzwang" zu beugen. Offensichtlich liegt nach Wahl zweier Winkel in einem Dreieck der dritte Winkel fest.

Nun können sie untersuchen, wie frei sie in der Wahl der anderen beiden Winkel sind. Nehmen wir an, sie wählen α = 90°. Wenn sie dann auch β = 90° wählen würden, würden sich die beiden freien Schenkel nicht mehr schneiden. Für den Winkel γ bliebe dann nichts mehr übrig. Drei Winkel ergeben sich nur dann, wenn zwei der Winkel zusammen kleiner sind als 180°.

Diese Sachzwänge haben ihre Ursache darin, dass die Winkelsumme im Dreieck 180° beträgt. Der Winkelsummensatz ist damit nicht begründet, aber es wird deutlich, dass sich mit ihm die Befunde erklären ließen.

Probieren

Eine Vermutung über die Winkelsumme kann man durch „Eckenabreißen" bei einem Papierdreieck gewinnen. Das Ergebnis kann wie folgt aussehen:

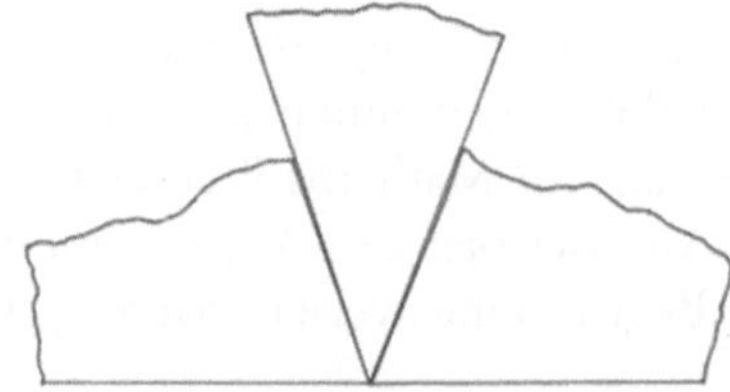

Abbildung 5.14 Winkelsumme durch Eckenabreißen

Man erkennt, dass die drei Winkel zusammen einen gestreckten Winkel bilden. Die Figur macht die Winkelsumme des Dreiecks „sichtbar". Eine Begründung kann man daraus gewinnen, wenn man versucht, eine entsprechende Konfiguration durch Falten herzustellen.

Abbildung 5.15 Winkelsumme durch geschicktes Falten

Messen

Man kann auch einen *empirischen* Zugang zu dem Satz finden. Dazu lässt man die Schülerinnen und Schüler jeweils ein beliebig gewähltes Dreieck zeichnen, lässt die Winkel messen und die Maße angeben. So ergibt sich eine große Zahl von Messwerten. Diese trägt man in eine Tabelle ein.

Tabelle 5.1 Winkelsumme im Dreieck

α	β	γ	$\alpha + \beta + \gamma$
60°	60°	60°	180°
32°	65°	83°	180°

Das entspricht dem Vorgehen in der Physik. Dabei ist mit Schwankungen der gefundenen Werte für die Winkelsumme zu rechnen. Es ergeben sich manchmal weniger, manchmal mehr als 180°. Das sollte mit den Schülerinnen und Schülern diskutiert werden, um ihnen den Einfluss von Messfehlern deutlich zu machen.

Sonderfälle

Sonderfälle sind zwar nicht beweiskräftig für den allgemeinen Fall, aber man kann daraus unter Umständen einen *Beweis* für den allgemeinen Fall gewinnen.

Man beobachtet z.B., dass man ein rechtwinkliges Dreieck durch ein kongruentes Dreieck zu einem Rechteck ergänzen kann. Im Rechteck ist die Winkelsumme offensichtlich $4 \cdot 90° = 360°$. Jedes der rechtwinkligen Dreiecke hat also eine Winkelsumme von 180°. Davon beansprucht der rechte Winkel 90°, für die beiden anderen Winkel bleiben zusammen 90°.

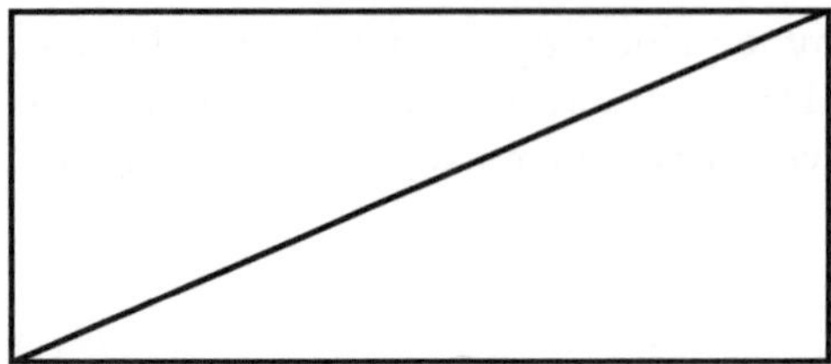

Abbildung 5.16 Winkelsumme rechtwinkliger Dreiecke

Da man ein beliebiges Dreieck in zwei rechtwinklige Dreiecke zerlegen kann, ergibt sich die Winkelsumme des Ausgangsdreiecks nach folgender Skizze:

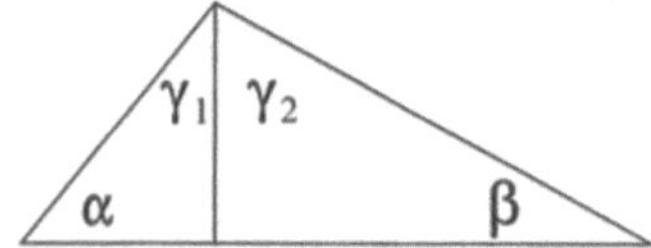

Abbildung 5.17 Beweis durch Zerlegung in rechtwinklige Dreiecke

$$\alpha + \gamma_1 = 90° \text{ und } \beta + \gamma_2 = 90°,$$

also

$$\alpha + \gamma_1 + \beta + \gamma_2 = 90° + 90° = 180°.$$

$$\text{Mit } \gamma_1 + \gamma_2 = \gamma \text{ ergibt sich } \alpha + \beta + \gamma = 180°.$$

Klassischer Beweis

Auf den Satz über die Wechselwinkel an geschnittenen Parallelen stützt sich der folgende *Beweis*:

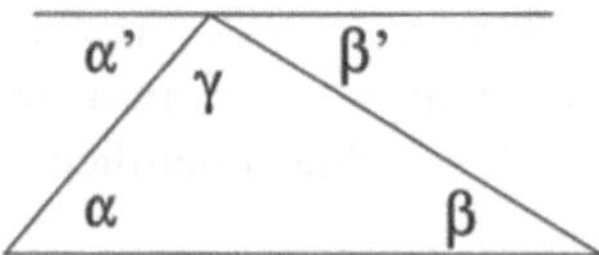

Abbildung 5.18 Beweis durch Ziehen einer Parallelen zur Grundseite durch die Spitze

Man zeichnet die Parallele durch die Spitze zur Grundseite. Nach dem Satz über die Wechselwinkel gilt $\alpha = \alpha'$ und $\beta = \beta'$. Der Figur entnimmt man:

$$\alpha' + \beta' + \gamma = 180°,$$

daraus folgt

$$\alpha + \beta + \gamma = 180°.$$

Hat man die „Hilfslinie" gefunden, so ist das Problem im Prinzip gelöst. Es war Wertheimers Anliegen (Abschnitt 2.4.4), derartige Hilfslinien die Problemlöser selbst finden zu lassen.

Diskussion

Der Satz von der Winkelsumme im Dreieck ist einer der ersten geometrischen Sachverhalte für die Schülerinnen und Schüler, die nicht unmittelbar anschaulich klar sind. Da die Abhängigkeit der Winkel voneinander nicht direkt sichtbar ist, muss man nach Wegen suchen, diese Beziehung entdecken zu lassen. Die ersten drei Zugänge zu diesem Satz leisten das.

Mathematische Beweise stützen sich auf bereits begründete Sachverhalte. Das ist bei dem zuletzt gegebenen Beweis der Satz von den Wechselwinkeln an geschnittenen Parallelen. Dieser muss den Schülerinnen und Schülern vertraut sein. Sie müssen aber erst einmal darauf kommen, dass dieser Satz das vorliegende Beweisproblem löst.

Der Satz von der Winkelsumme im Dreieck ist seinerseits als Grundlage für andere Sätze brauchbar. Mit ihm begründet man z.B., dass im gleichseitigen Dreieck jeder Winkel 60° beträgt. Man kann mit ihm auch den Satz über die Winkelsumme im Viereck gewinnen. Derartige Überlegungen sollten sich in jedem Fall anschließen (z.B. Vollrath 2000b).

Die verschiedenen Begründungen stellen unterschiedliche Anforderungen an die Schülerinnen und Schüler. Man kann sie nacheinander in einer Unterrichtseinheit erarbeiten. Dazu kann man wie eben vorgehen.

Man wird sich aber z.B. in der Hauptschule mit den anschaulichen Begründungen begnügen (Breidenbach 1966[9], S. 120–123). Mit der Begründung durch Messen schlägt man überdies eine Brücke zur Physik.

5.2.4.   Der Computer beim Erarbeiten von Sachverhalten

Der Einsatz von Computerwerkzeugen kann an verschiedensten Stellen beim Erarbeiten von Sachverhalten hilfreich sein. So lassen sich mit ihrer Hilfe u.a.

- Sachverhalte entdecken,

- grundlegende Beziehungen zwischen Voraussetzungen und Behauptungen eines Satzes erschließen,

- Ideen visualisieren und Verständnisgrundlagen erarbeiten,

- Beweisideen erarbeiten, vermitteln und überblicksartig wiederholen und

- präformale Beweise führen.

Diese Aufzählung erhebt keinen Anspruch auf Vollständigkeit, soll aber die grundsätzliche Möglichkeiten andeuten. Diese werden in den folgenden Beispielen etwas erläutert.

Schülerinnen und Schüler können Sachverhalte selbstständig experimentell entdecken, indem sie Konfigurationen systematisch variieren.

Beispiel: Die Tatsache, dass sich die drei Höhengeraden eines Dreiecks in einem Punkt schneiden, können Schülerinnen und Schüler durch Konstruktion mit einem DGS entdecken. Dazu muss nur nach der Konstruktion das Dreieck durch Ziehen an den Eckpunkten verformt werden. Es wird deutlich, dass sich die drei Höhengeraden offensichtlich immer schneiden, dass der Höhenschnittpunkt bezüglich des Dreiecks aber verschiedene Lagen hat. Die systematische Variation der Konfiguration zeigt, dass er für rechtwinklige Dreiecke mit einer Ecke des Dreiecks zusammenfällt, für spitzwinklige Dreiecke im Inneren des Dreiecks und bei stumpfwinkligen Dreiecken außerhalb des Dreiecks liegt. Entsprechendes lässt sich auch für den Umkreismittelpunkt eines Kreises entdecken. Unter *mathematikunterricht.net* → 5.1 findet man eine dynamische Konfiguration, die Schülerinnen und Schüler dabei unterstützen kann, dies auch argumentativ zu begründen. Dort finden sich bei Bedarf auch Lösungshinweise.

Mit einem DGS erzeugte dynamische Konfigurationen können bei Beweisen dazu eingesetzt werden, die gesamte Beweisidee zu vermitteln, sie also „auf einen Blick" erfassbar und verstehbar zu machen. Hier spricht man auch von visuellen Beweisen. Sie sind präformal, lassen sich aber immer auch zu formalen Beweisen ausbauen, indem Zwischenargumente ergänzt werden. Für den Satz des Pythagoras gibt es eine ganze Reihe von derartigen Beweisen im Netz. Einige findet man etwa unter *mathematikunterricht.net* → 5.2. Elschenbroich (2001a) geht auf weitere Aspekte beim Einsatz von DGS im Zusammenhang mit dem präformalen Beweisen ein.

Beispiel: Mit Hilfe einer dynamischen Konfiguration (vgl. *mathematikunterricht.net* → 5.2) lässt sich die Erarbeitung eines Beweises zum Satz des Thales im Unterrichtsgespräch visuell unterstützen. Dabei sollten die einzelnen Visualisierungsschritte jeweils erst dann durchgeführt werden, wenn sie bereits mit den Schülerinnen und Schülern erarbeitet wurden. Die Konfiguration beginnt mit einem Kreis, auf dem die Ecken eines Dreiecks liegen, dessen eine Seite Kreisdurchmesser ist. Durch Ziehen an den Eckpunkten kann die Konfiguration dynamisch variiert und so der Beweis prinzipiell für alle möglichen rechtwinkligen Dreiecke betrachtet werden. Da die dynamische Konfiguration im Internet zur Verfügung steht, ermöglicht sie es den Schülerinnen und Schülern, sich auch nach dem Unterricht jederzeit wieder den roten Faden des Beweises zu erschließen. Wenn man sich vor Augen hält, wie schwierig es oft für Lernende (nicht nur in der Schule!) ist, eine Beweisidee (d.h., den „roten Faden" des Beweisganges) zu erfassen, wird deutlich, welches Potential mit einem DGS erzeugte dynamische Konfigurationen hier eröffnen.

Auch das Finden von Beweisideen geschieht im Rahmen eines experimentellen, zielgerichteten Arbeitens.

Beispiel: Zu beweisen ist folgender Sachverhalt: Die Winkelhalbierende des rechten Winkels in einem rechtwinkligen Dreieck teilt das Quadrat über der Hypotenuse in zwei Teilflächen gleichen Flächeninhalts.

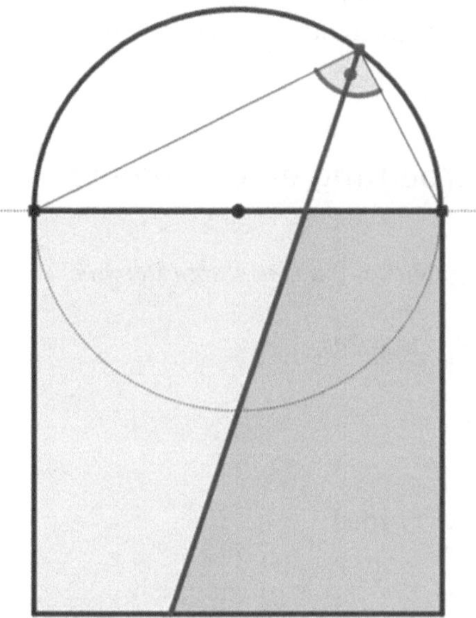

Abbildung 5.19 Halbierter rechter Winkel (vgl. *mathematikunterricht.net* → 5.2)

Um eine Beweisidee zu generieren, kann es sinnvoll sein, die zu beweisende Konfiguration mit einem DGS nachzukonstruieren und den Einfluss der Bedingungen auf das Problem zu untersuchen. Dazu variiert man jede Bedingung einzeln und hält dabei die anderen Bedingungen konstant.

Eine der möglichen Variationen, nämlich die Bewegung des Scheitelpunkts des rechten Winkels auf dem Thaleskreis führt zu einer entscheidenden Idee. Bei dieser Bewegung ändert sich auch die Lage der Winkelhalbierenden des rechten Winkels. Man kann vermuten, dass es sich um eine Drehung handelt. Es stellt sich die Frage, um welchen Punkt diese Drehung erfolgt.

Oft hilft es – zur Klärung von Fragen wie dieser – die Veränderungen bis hin zu Extremlagen auszuführen. Wendet man diese Strategie auf die hier betrachtete Bewegung an, so bedeutet das, den Punkt auf dem Thaleskreis so weit zu ziehen, dass er (fast) mit den Endpunkten der Hypotenuse zur Deckung kommt. In diesen Lagen scheint die Winkelhalbierende jeweils (näherungsweise) mit einer der Diagonalen des Hypotenusenquadrates zusammenzufallen. Die Diagonalen schneiden sich aber im Mittelpunkt des Quadrates. Dies legt die Vermutung nahe, dass der Drehpunkt der Winkelhalbierenden der Mittelpunkt des Hypotenusenquadrates ist. Das ist besonders deshalb interessant, weil sich in diesem Punkt auch die Mittelsenkrechte der Hypotenuse und der Thaleskreis schneiden. Diese Vermutung ist der Kern der Problemlösung. Alles Weitere lässt sich nun mit einer einfachen Kongruenzüberlegung (Die Gerade durch den Scheitel des rechten Winkels und den Mittelpunkt des Quadrats halbiert die Quadratfläche.) bzw. mit Winkelbetrachtungen an gleichschenkligen Hilfsdreiecken (Die Gerade durch den Scheitel des rechten Winkels und den Mittelpunkt des Quadrats ist die Winkelhalbierende des rechten Winkels.) zeigen.

5.2.5   Beispiel: Ein Plan zur Erarbeitung eines Sachverhalts

Im Folgenden wird ein Plan zur Erarbeitung der beiden *binomischen Formeln*:

$$(a + b)^2 = a^2 + 2ab + b^2 \text{ und } (a - b)^2 = a^2 - 2ab + b^2$$

vorgestellt.

Mathematischer Hintergrund

Die erste Formel ergibt sich als Sonderfall der Formel

$$(a + b)(c + d) = ac + ad + bc + bd,$$

die sich ihrerseits aus dem *Distributivgesetz* ergibt.

Die zweite Formel ergibt sich aus der ersten, indem man umformt:

$$(a - b)^2 = [a + (- b)]^2.$$

Die Begründungen dieser Formeln erhält man also unmittelbar aus ihren *Herleitungen*.

Liest man die Formeln von links nach rechts, so geben sie Auskunft, wie man das Quadrat einer Summe (im Sinne der Algebra) in eine Summe umwandelt. Von rechts nach links gelesen geben sie Auskunft, wie man bestimmte Summen als Quadrate von Summen schreiben kann. In beiden Richtungen werden die Formeln benötigt.

Betrachtet man die Formeln im Kontext des *Quadrierens*, so sind sie im Kontrast zu den Formeln

$$(ab)^2 = a^2b^2 \quad \text{und} \quad (a : b)^2 = a^2 : b^2$$

zu sehen. Produkte und Quotienten werden „gliedweise" quadriert. Das würde man zwar gern auch bei den Summen und Differenzen so handhaben; doch gerade das „verbieten" die binomischen Formeln.

Die binomischen Formeln sind mit den Variablen a und b formuliert. Man kann sie aber auch auf Fälle wie $(x + y)^2$, $(2x + 3y)^2$, $(x^2 + y^3)^2$ usw. anwenden.

Zu den binomischen Formeln wird auch noch die Formel gerechnet:

$$(a + b)\,(a - b) = a^2 - b^2.$$

Sie wird in der geplanten Unterrichtseinheit noch nicht behandelt.

Ziele

Die Schülerinnen und Schüler sollen die ersten beiden binomischen Formeln kennen lernen und sich einprägen.

- Sie sollen die Formeln aufsagen können.

- Sie sollen ihre Herleitung verstehen. Insbesondere soll ihnen klar sein, wie das „gemischte Glied" zustande kommt.

- Sie sollen diese Formeln als Umformungsregeln von links nach rechts und von rechts nach links erfassen.

- Sie sollen entsprechend die Formeln zum Umformen von Termen verwenden können.

Schwierigkeiten

Die binomischen Formeln bereiten den Schülerinnen und Schülern erfahrungsgemäß eine Reihe von Schwierigkeiten (Malle 1993, Vollrath und Weigand 2007[3]).

- Häufigster Fehler ist das „gliedweise" Quadrieren.

- Es fällt den Schülerinnen und Schülern schwer, in Termen wie $2xy$ und $3vw$ die Variablen a und b der Formeln zu erkennen.

Man kann dem Fehler des gliedweisen Quadrierens in unterschiedlicher Weise begegnen. Dass $(a + b)^2$ nicht gleich $a^2 + b^2$ sein kann, lässt sich z.B. durch Einsetzen zeigen:

$$(3 + 5)^2 = 8^2 = 64, \text{ aber } 3^2 + 5^2 = 9 + 25 = 34.$$

Die Ergebnisse sind verschieden.

Man kann den Schülerinnen und Schülern auch anschaulich klar machen, dass beim gliedweisen Quadrieren etwas fehlt. Das geschieht z.B. mit der folgenden Figur, an der sich die erste binomische Formel für positive a und b ablesen lässt.

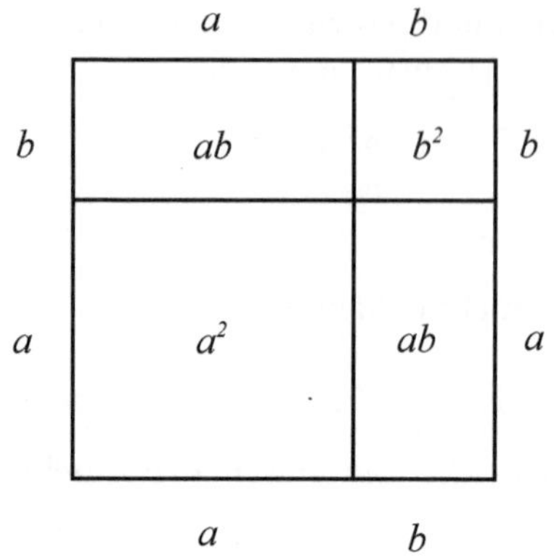

Abbildung 5.20 Veranschaulichung der binomischen Formel

Probleme mit den Variablen begegnet man durch Zeichen als Leerstellenbezeichnungen (Strunz 1968[5], S. 130 f.), mit denen man die „Struktur" der Formeln betont.

Beispiel:

$$(\blacksquare + \bullet)^2 = \blacksquare^2 + 2\blacksquare\bullet + \bullet^2 .$$

Genau dieses Hilfsangebot kann sich jedoch als neue Schwierigkeit erweisen (Krummheuer 1983), wenn die Schülerinnen und Schüler darin eine „neue" Aufgabe sehen.

So ergibt sich ein Interessenkonflikt: Während das Interesse der Schülerinnen und Schüler auf die Bewältigung der konkret gestellten Aufgabe gerichtet ist, möchte die Lehrkraft das Problem grundsätzlicher angehen.

Plan

Phase	Geplante Aktion	Erwartetes Verhalten
Einstieg	Bei einem gegebenen Quadrat mit der Seitenlänge a wird die Seitenlänge um b vergrößert. Wie ändert sich der Flächeninhalt des Quadrats?	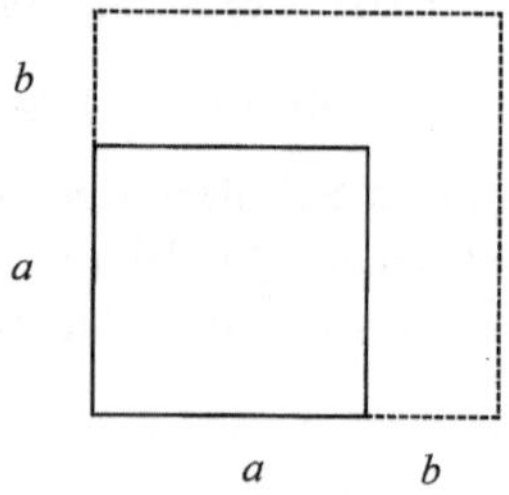

Phase	Geplante Aktion	Erwartetes Verhalten
		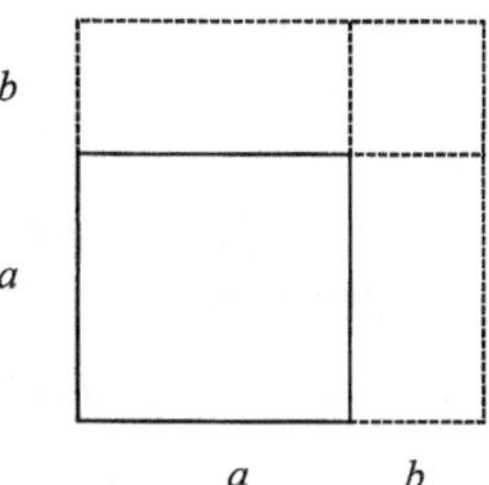
		Es vergrößert sich um ein Quadrat mit dem Flächeninhalt b^2 und um zwei Rechtecke mit dem Flächeninhalt ab.
	Wie lässt sich das durch eine Formel ausdrücken?	$(a + b)^2 = a^2 + b^2 + 2ab$
Erarbeitung	Versucht, diese Formel durch eine Termumformung zu erhalten!	$(a + b)^2 = (a + b)(a + b)$ $= a^2 + ab + ba + b^2$ $= a^2 + 2ab + b^2 = a^2 + b^2 + 2ab$
Ergebnis	Die Formel $(a + b)^2 = a^2 + 2ab + b^2$ wird **binomische Formel** genannt. Binom: Summe aus 2 Gliedern.	
Sicherung	Verwandelt in eine Summe: $(x + y)^2$, $(x + 3)^2$, $(5 + z)^2$, $(a + 2b)^2$, $(2a + 3b)^2$ Eventuell Fehlerkorrektur ! Eventuell weitere Aufgaben der Art.	$(x + y)^2 = x^2 + 2xy + y^2$, $(x + 3)^2 = x^2 + 6x + 9$, $(5 + z)^2 = 25 + 10z + z^2$, $(a + 2b)^2 = a^2 + 4ab + 4b^2$, $(2a + 3b)^2 = 4a^2 + 12ab + 9b^2$
Vertiefung	Verwandelt $(a - b)^2$ in eine Summe.	z.B. $(a - b)^2 = (a - b)(a - b)$ $= a^2 + a(- b) - ba + b^2$ $= a^2 - 2ab + b^2$

Phase	Geplante Aktion	Erwartetes Verhalten
Sicherung	Oben beim Ergebnis einfügen: Die Formel $(a - b)^2 = a^2 - 2ab + b^2$ wird **2. binomische Formel** genannt. Gleichzeitig dort **1.** einfügen!	
	Verwandelt in eine Summe $(x - y)^2, (x - 2)^2, (2 - y)^2$ usw.	$(x - y)^2 = x^2 - 2xy + y^2,$ $(x - 2)^2 = x^2 - 4x + 4,$ $(2 - y)^2 = 4 - 4y + y^2$
Hausaufgabe	Aufgaben aus dem Schulbuch	

Die Unterrichtseinheit beginnt mit einem geometrischen Problem als *Einstieg*, das auf die geometrische Deutung der binomischen Formel zielt. Damit hat man ein anschauliches Problem und verankert gleich zu Beginn eine angemessene geometrische Vorstellung der Formel. Die Formel ist damit gewonnen.

Weshalb man nun noch eine algebraische Begründung erwartet, lässt sich mit dem Hinweis erklären, dass die Formel ja zunächst nur für positive a und b gewonnen wurde.

Die Phase der *Erarbeitung* liefert einen Beweis.

Als *Ergebnis* wird die Formel benannt. Hier könnte man auch daran denken, die Struktur der Formel hervorzuheben. Das Wort „Binom" sollte erklärt werden.

Man sollte an der Tafel Platz lassen, um nachher die 2. binomische Formel angeben zu können, die in der Phase der *Vertiefung* erarbeitet wird. Die Herleitung kann nach dem vorigen Muster erfolgen. Man kann aber auch die 1. binomische Formel umformen (s.o.).

In den *Sicherungsphasen* werden Aufgaben nach wachsendem Schwierigkeitsgrad gestellt. In der Hausaufgabe sollte man unter anderem ein geometrisches Problem für die 2. binomische Formel finden lassen.

In der folgenden Unterrichtseinheit werden schwierigere Übungsaufgaben gestellt. Nun sind auch Summen in Quadrate zu verwandeln. Auch die quadratische Ergänzung wird hier behandelt.

Der 3. binomischen Formel wäre dann eine eigene Unterrichtseinheit zu widmen.

5.3   Erarbeiten von Verfahren

Ist in der Mathematik ein Problem gelöst, dann strebt man danach, aus dem Lösungsweg ein schematisches *Lösungsverfahren* für eine ganze Klasse von Problemen zu gewinnen. Ein *Algorithmus* macht schließlich aus einem Problem eine Routineaufgabe. Grundlage eines solchen Verfahrens sind Regeln oder Sätze; die enge Verbindung zwischen Problem, Lösung und Satz lässt sich bereits in Euklids *Elementen* erkennen.

5.3.1   Didaktische Aufgaben

Nachdem im vergangenen Abschnitt gezeigt wurde, wie Regeln und Sätze problemorientiert in Unterrichtseinheiten gelehrt werden können, werden diese Betrachtungen im Folgenden mit der *Erarbeitung von Verfahren* in Unterrichtseinheiten fortgesetzt. Aus den bisherigen Überlegungen ergeben sich folgende Forderungen:

- Verfahren sind als *Lösungsschemata* für bestimmte Problemtypen zu entwickeln.

- Lösungsschemata sind als *Schrittfolgen* deutlich zu machen, die abzuarbeiten sind.

- Die Beiträge der einzelnen Lösungsschritte auf das *Ziel* hin sind deutlich zu machen.

- Die einzelnen Schritte müssen *begründet* sein.

- Die Verfahren sind von den Schülerinnen und Schülern zu lernen.

- Es ist anzustreben, Lösungsschemata mit zunehmendem Alter so notieren zu lassen, dass sie als *Algorithmen* durch einen Computer ausgeführt werden können.

- Die Schülerinnen und Schüler sind anzuhalten, über *Alternativen* nachzudenken und sich insbesondere um eine *Verbesserung* des gefundenen Algorithmus zu bemühen.

Die zu lehrenden Verfahren beziehen sich in der *Arithmetik* in erster Linie auf die Rechenoperationen in den verschiedenen Zahlbereichen, auf das Lösen von Sachaufgaben für Größen mit Hilfe von Funktionen sowie auf die Bestimmung von Funktionswerten; in der *Algebra* betreffen sie das Lösen von Gleichungen, Gleichungssystemen und Ungleichungen; in der *Geometrie* geht es um das Konstruieren, das Berechnen von Umfängen, Flächeninhalten und Rauminhalten, das Darstellen von Körpern und in der *Trigonometrie* um die Dreiecksberechnungen.

5.3.2 Benötigte Vorkenntnisse und Fähigkeiten

Die Erarbeitung von Verfahren setzt meist nicht nur eine bestimmte Regel voraus, sondern eine *Hierarchie von Regeln*. Soll ein neues Verfahren erarbeitet werden, dann kommt es nicht nur darauf an, die entscheidende Regel oder den wesentlichen Satz zu kennen. Vielmehr ist sicherzustellen, dass früher erarbeitete Sachverhalte, die benötigt werden, auch tatsächlich verfügbar sind. Dazu sind unter Umständen *Wiederholungen* erforderlich.

Beispiel: Die schriftliche Multiplikation mehrstelliger natürlicher Zahlen miteinander setzt folgende Hierarchie von Fähigkeiten voraus:

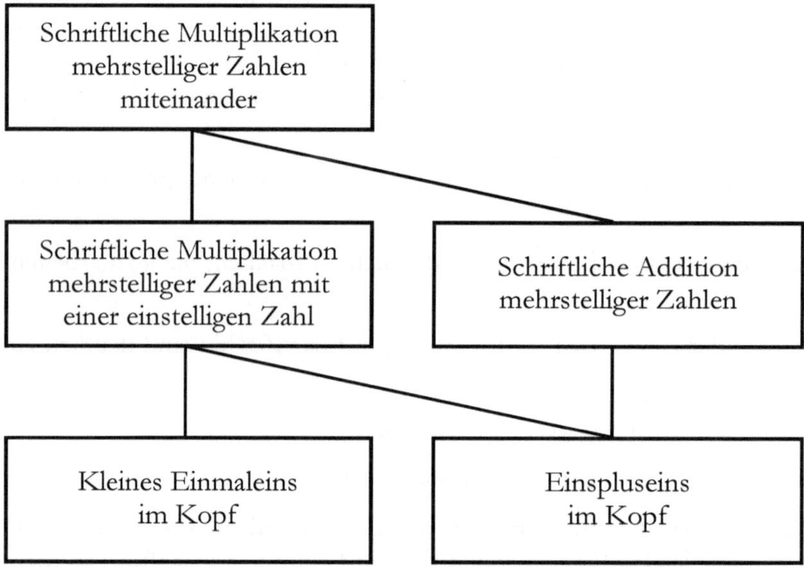

Abbildung 5.21 Hierarchie von Regeln bei der schriftlichen Multiplikation

Auch hier wird deutlich, dass sich im Mathematikunterricht die Planung von Unterrichtseinheiten nicht isoliert betrachten lässt, sondern dass größere Zusammenhänge gesehen werden müssen. So sehr es zu begrüßen ist, im Sinne von Wagenschein in Unterrichtseinheiten immer wieder Themen zu bearbeiten, die nur wenige Voraussetzungen benötigen, kann dies kein durchgängiges Unterrichtsprinzip sein.

5.3.3 Von der Idee zum Rezept

Auch bei der Erarbeitung eines Verfahrens ist der Ansatzpunkt ein Problem. Es soll durch das Verfahren zu einer Routineaufgabe werden. Das führt zu einem grundlegenden Wechsel der geistigen Arbeit. Stehen bei der Lösung des Problems das Fragen, das Suchen in verschiedenen Richtungen, das Nachdenken, die Idee und das Verstehen im Vordergrund, so erfordert ein Verfahren schrittweises, sicheres, den Regeln gehorchendes, kontrolliertes und zielgerichtetes Arbeiten. Ist für das Lösen eines Problems *Phantasie* ganz wesentlich, so ist beim Arbeiten nach „Rezept" in erster Linie geistige *Disziplin* erforderlich. Zwar wird dieser Begriff in der Mathematikdidaktik eher negativ gesehen, doch haben Rezepte als „Träger von Ideen" durchaus ihre Berechtigung (Herget 1996).

Weil in der Schule im Mathematikunterricht die Verfahren so stark im Vordergrund stehen, verbinden die meisten Menschen mit Mathematikern eher die Vorstellung der Disziplin als die der Phantasie. Besonders phantasievolle Kinder haben deshalb auch Schwierigkeiten mit dieser Seite der Mathematik. Sie wollen ihre eigenen – meist kürzeren, allerdings häufig gegen Regeln verstoßenden – Wege gehen. Schritte werden übersprungen, mehrere Schritte werden in Gedanken zusammengefasst, wobei sich unbemerkt ein Fehler einschleicht. Oder ein bestimmter Gedanke ist im Hinblick auf das Ziel so verlockend, dass alle Vorsicht aufgegeben wird.

Ein Computer kann zu diszipliniertem Arbeiten anhalten. Wo das kritische Nachfragen der Lehrkraft als lästig empfunden und daher möglichst ignoriert wird, zwingt die „Sturheit" des Computers dazu, ihm in einem Programm für das Verfahren wirklich jeden Schritt genau vorzuschreiben. Merkwürdigerweise wird das von den Schülerinnen und Schülern meist akzeptiert. Bevor Computer im Unterricht zur Verfügung standen, wurde versucht, die Schülerinnen und Schüler mit Maschinenmodellen an algorithmisches Arbeiten zu gewöhnen und damit algorithmisches Denken zu fördern (Cohors-Fresenborg 1985). Inzwischen gibt es allerdings für die meisten Algorithmen, die in der Schule benötigt werden, Algebra- oder Geometrieprogramme, mit denen man die üblichen Aufgaben lösen kann, indem man den entsprechenden Algorithmus aufruft, die gegebenen Daten eingibt und dann die gesuchten Daten abliest. Sie stellen vor allem das Üben von Verfahren und Algorithmen in Frage.

5.3.4 Ziele und Wege

Bei der Erarbeitung der einzelnen Schritte eines Verfahrens ist den Lernenden bewusst zu machen, dass mit dem nächsten Schritt ein bestimmtes Ziel erreicht werden soll und dass man dazu einen bestimmten Weg einschlagen muss. Dieser Unterschied zwischen Ziel und Weg sollte sich in den Beschreibungen niederschlagen.

Beispiel: Beim Lösen einer Gleichung stößt man auf die Gleichung

$$5x + 2 = 12.$$

Im folgenden Schritt ist das Ziel, „+2 auf die andere Seite zu bringen". Der Weg besteht darin, auf beiden Seiten 2 zu subtrahieren. Daraus erhält man

$$5x = 10.$$

Ein Schüler formt im nächsten Schritt um zu

$$x = 5.$$

Ein Nachfragen ergibt, dass er „die 5 mit einem Minus auf die andere Seite gebracht" hat. Das Ziel, die 5 auf die andere Seite zu bringen, ist zwar richtig angegeben, aber der Weg ist falsch, denn er berücksichtigt nicht, welche Rolle die 5 auf der linken Seite der Gleichung spielt. Günstiger wäre es gewesen, deutlicher zwischen dem Ziel („5 auf die andere Seite bringen") und dem Weg („beidseitig durch 5 dividieren") zu unterscheiden. Aus dem Vermischen von Weg und Ziel ergeben sich sehr leicht Fehler beim Lösen von Gleichungen (Vollrath und Weigand 2007[3], S. 227 f.). Jeder Schritt eines Verfahrens erfordert im Grunde zwei unterschiedliche Begründungen. Die Frage „Wozu?" ist auf das Ziel gerichtet und liefert eine *finale* Begründung. Mit der Frage „Warum?" wird der Weg in Frage gestellt und eine *kausale* Begründung erwartet. Allerdings sind in der Umgangssprache diese Feinheiten heute weitgehend verloren gegangen.

5.3.5 Üben und Verstehen

Die Beherrschung von Verfahren ist nur durch *Üben* zu erreichen. Komplexe Verfahren sind schrittweise zu erarbeiten: Erst wenn ein Schritt beherrscht wird, darf man zum nächsten übergehen.

Beispiel: Bei der schriftlichen Multiplikation ist zunächst mit der schriftlichen Multiplikation einer mehrstelligen Zahl mit einer einstelligen Zahl zu beginnen. Dann wird „halbschriftlich" multipliziert. Erst wenn das beherrscht wird, darf man die Multiplikation mit einer mehrstelligen Zahl angehen. Sinnentleertes Üben ist allerdings ziemlich wirkungslos. Die so erworbenen Fähigkeiten gehen sehr schnell wieder verloren. Wagenschein warnte deshalb eindringlich vor dem „Drill des Unverstandenen." Er schreibt über einen Unterricht, in dem es in erster Linie um die Erarbeitung von Schemata geht:

> Glanz und Elend liegen hier dicht beieinander: aus der Gunst, daß jeder das Mathematische verstehen kann, wird die Kunst (der Trick), daß jeder es manipulieren könne, *ohne* es zu verstehen. Die Schule ist dieser Erkrankung in einem Maße erlegen, das wir gar nicht ernst genug nehmen können.

> Das besonders Schlimme ist, daß diese Krankheit sich so leicht verbirgt. Eine Primanerin vertraute nach einer solchen Rechnung einer Referendarin an: „Da habe ich nun den Beweis an der Tafel vorgeführt und eine ‚2' gekriegt, und kein Mensch hat gemerkt, daß ich es nicht verstanden habe." Das tapfere Mädchen war noch un-

versehrt, aber wie viele wissen gar nicht mehr, was Verstehen ist. (Wagenschein 1970², S. 423 f.)

Wagenschein war ausdrücklich nicht gegen das Üben. Aber er forderte zunächst das *Verstehen*. Er sah sich durch die Beobachtungen von Maria Montessori bestätigt, dass nach dem Verstehen in den Kindern von selbst das Bedürfnis zum Üben entsteht. Sie schreibt: „... je genauer eine Übung den Kindern in allen Einzelheiten der Ausführung erklärt wurde, desto mehr hatte es den Anschein, als würde sie zum Ansporn für unermüdliche Wiederholungen" (Montessori 1987, S. 125).

5.3.6   Der Computer bei der Erarbeitung eines Verfahrens

Zur Erarbeitung eines Verfahrens lassen sich Computerwerkzeuge an verschiedenen Stellen einsetzen. Dabei sind insbesondere folgende Aspekte im Hinblick auf den Aneignungsprozess eines Verfahrens wesentlich:

- Idee kommunizieren und Einsicht gewinnen,

- Schritte erfassen und an konkreten Beispielen umsetzen,

- bewerten.

Wie bereits oben dargestellt, sollten bei der Erarbeitung eines Verfahrens zunächst die grundlegenden Ideen vermittelt und Einsicht in die Funktionsweise erarbeitet werden. Anschließend müssen die einzelnen Schritte des Algorithmus verstanden und darauf aufbauend das Verfahren an einem konkreten Beispiel von jeder Schülerin und jedem Schüler individuell umgesetzt werden. Erst auf dieser Grundlage kann man darangehen, das Verfahren zu bewerten. Wie am folgenden Beispiel deutlich wird, kann an allen diesen Stellen ein Computerwerkzeug (idealerweise ein DMS) gewinnbringend eingesetzt werden.

Beispiel: Das Heron-Verfahren zur näherungsweisen Berechnung der Quadratwurzel $\sqrt{A}$ lässt sich geometrisch als Suche nach der Seitenlänge eines Quadrats mit vorgegebenem Flächeninhalt A deuten. Ist ein Rechteck des entsprechenden Flächeninhalts $A = x_0 \cdot y_0$ vorgegeben, dann ist eine Seite x_0 länger als die benachbarte Seite $y_0 = \frac{A}{x_0}$. Will man ein Quadrat erhalten, dann muss die längere Seite kürzer und die kürzere Seite länger werden. Ein sehr naheliegender Ansatz besteht darin, den Mittelwert der beiden Seiten als den nächsten Versuch für eine bessere Seitenlänge zu verwenden $x_1 = \frac{x_0 + y_0}{2}$ usw.

Mit einem DMS kann man den geometrischen Algorithmus, etwa mit Hilfe eines Schiebereglers der die Iterationstiefe n regelt, schrittweise vorführen und so gut dynamisch visualisieren (Abb. 5.22).

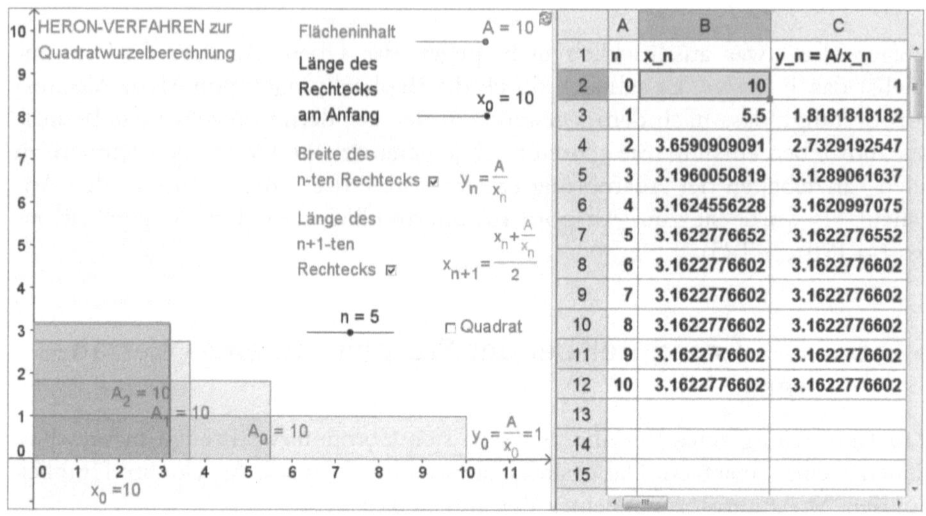

	A	B	C
1	n	x_n	y_n = A/x_n
2	0	10	1
3	1	5.5	1.8181818182
4	2	3.6590909091	2.7329192547
5	3	3.1960050819	3.1289061637
6	4	3.1624556228	3.1620997075
7	5	3.1622776652	3.1622776552
8	6	3.1622776602	3.1622776602
9	7	3.1622776602	3.1622776602
10	8	3.1622776602	3.1622776602
11	9	3.1622776602	3.1622776602
12	10	3.1622776602	3.1622776602
13			
14			
15			

Abbildung 5.22 Heron-Verfahren mit Hilfe von GeoGebra erarbeiten (interaktives Arbeitsblatt: Roth, *mathematikunterricht.net*)

Wenn die Schülerinnen und Schüler die Entwicklung des Rechtecks hin zum Spezialfall des Quadrats verfolgt und diskutiert haben, fällt es ihnen erfahrungsgemäß leichter, die Berechnungsterme der Seitenlängen anzugeben, die für die Konstruktion der einzelnen Rechtecke notwendig sind. Auf diese Weise lässt sich ein Grundverständnis für die Funktionsweise und den Erfolg des Algorithmus erarbeiten.

An einem konkreten Zahlenbeispiel, etwa der Suche nach der Quadratwurzel aus 10, können die Schülerinnen und Schüler dann in der Tabellenansicht des DMS (oder in einem TKP) den erarbeiteten Algorithmus selbstständig umsetzen. Die Ausgabe des Computerwerkzeugs dient gleichzeitig immer als Kontrolle der verwendeten Berechnungsformeln (Abb. 5.22). Dabei wird auch deutlich, was das Abbruchkriterium für den Algorithmus sein muss (Vergleich der Länge und Breite des Rechtecks), und dass er sehr schnell konvergiert, also nur wenige Iterationsschritte notwendig sind, bis ein angemessener Näherungswert für die Quadratwurzel vorliegt. Dies ist übrigens auch einer der Gründe dafür, dass die meisten Taschenrechner und in der Regel auch die Tabellenkalkulationsprogramme das Heron-Verfahren nutzen, um Quadratwurzeln zu berechnen. Zur Bewertung des Verfahrens ist es sehr hilfreich, die Ausgangsgrößen (hier die Zahl A, aus der die Wurzel berechnet werden soll, und die Länge x_0 des Ausgangsrechtecks) dynamisch zu variieren und die Auswirkungen auf die Ergebnisse des Algorithmus zu beobachten. Dies ist etwa über Schieberegler sehr gut möglich.

5.3.7   Beispiel: Ein Plan zur Erarbeitung eines Verfahrens

Im Folgenden soll ein Plan zur Erarbeitung eines Näherungsverfahrens für die Berechnung von Quadratwurzeln in der 9. Jahrgangsstufe vorgestellt werden. Bei diesem Thema lernen die Schülerinnen und Schüler erstmals Intervallschachtelungen als ein wichtiges Werkzeug der *numerischen Mathematik* kennen (Blankenagel 1985). Dass sie auch Mittel zur Darstellung reeller Zahlen sind, soll in dieser Unterrichtseinheit nicht im Vordergrund stehen. Das Ergebnis ist eine rationale Zahl, die als Dezimalbruch dargestellt ist und die fragliche reelle Zahl mit vorgegebener Genauigkeit approximiert.

Ziele

Die Schülerinnen und Schüler sollen Intervallschachtelungen als Verfahren zur approximativen Lösung eines numerischen Problems kennen lernen.

- Sie sollen die wesentlichen Eigenschaften einer Intervallschachtelung intuitiv erfassen.

- Sie sollen eine Quadratwurzel aus einer Primzahl durch eine Intervallschachtelung näherungsweise mit vorgegebener Genauigkeit bestimmen können.

- Sie sollen den Algorithmus zur Bestimmung der Intervallschachtelung verstanden haben und angemessen beschreiben können.

Als Hilfsmittel wird der Taschenrechner zugelassen.

Schwierigkeiten

Der Erfolg der Unterrichtseinheit hängt in erster Linie davon ab, ob Schülerinnen und Schüler das Verfahren der Intervallschachtelung verstehen und in der Lage sind, es angemessen zu handhaben. Zum vollen Verständnis des Begriffs der Intervallschachtelung gehört, dass die *Intervalllängen* eine Nullfolge bilden. Das können die Schülerinnen und Schüler in dieser Altersstufe prinzipiell nur intuitiv erfassen. Diese Eigenschaft wird aber in dem vorliegenden Kontext gar nicht benötigt. Es reicht aus, wenn man zeigt, dass die Intervalllänge kleiner gemacht werden kann als jede vorgegebene positive Zahl. Es soll ein Algorithmus für die Erzeugung der Intervallschachtelung erarbeitet werden. Grundlage ist die Idee, ineinander liegende Intervalle zu bestimmen, in denen die fragliche Wurzel liegt und deren Länge von Schritt zu Schritt um eine Zehnerpotenz abnimmt. Die Intervalle werden durch Probieren gefunden. Grundlegend ist dabei folgende Einsicht, die hier vorausgesetzt wird: Für positive Zahlen x, y und a gilt:

$$\text{Wenn } x^2 < a < y^2, \text{ dann } x < \sqrt{a} < y.$$

Plan

Phase	Geplante Aktion	Erwartetes Verhalten
Einstieg	1. Bestimmt die Quadratwurzel und begründet das Ergebnis: $$\sqrt{1}, \sqrt{4}, \sqrt{9}, \sqrt{16}, \sqrt{25}$$	$\sqrt{1} = 1,\ $ denn $1^2 = 1.$ $\sqrt{4} = 2,\ $ denn $2^2 = 4.$ $\sqrt{9} = 3,\ $ denn $3^2 = 9.$ $\sqrt{16} = 4,\ $ denn $4^2 = 16.$ $\sqrt{25} = 5,\ $ denn $5^2 = 25.$
	2. Was gilt für $\sqrt{2}$?	2 ist keine Quadratzahl.
	Wo liegen die Schwierigkeiten?	Man kann nur vermuten, dass $\sqrt{2}$ zwischen 1 und 2 liegt.
	Immerhin haben wir schon: $$1 < \sqrt{2} < 2$$	
	Wir wollen versuchen, das Ergebnis zu verbessern.	
Erarbeitung	Man bezeichnet die Strecke, die durch zwei Zahlen auf der Zahlengeraden begrenzt wird, als **Intervall**.	
	Die Länge der Strecke heißt die **Intervalllänge**.	
	Die Länge des Intervalls von 1 bis 3 ist 2.	
	Wie kann man ein Intervall finden, in dem $\sqrt{2}$ liegt und das eine Länge 0,1 hat?	Ausprobieren: $1{,}1^2 = 1{,}21 < 2$ $1{,}2^2 = 1{,}44 < 2$ $1{,}3^2 = 1{,}69 < 2$ $1{,}4^2 = 1{,}96 < 2$ $1{,}5^2 = 2{,}25 > 2$ $1{,}4 < \sqrt{2} < 1{,}5,$ denn $1{,}4^2 < 2 < 1{,}5^2$

Phase	Geplante Aktion	Erwartetes Verhalten
	Bestimmt ein Intervall, in dem $\sqrt{2}$ liegt und das die Länge 0,01 hat.	$1,41^2 = 1,9881$ $1,42^2 = 2,0164$ $1,41 < \sqrt{2} < 1,42$, denn $1,41^2 < 2 < 1,42^2$
Ergebnis	$\sqrt{2}$ ist durch eine Folge von Intervallen angenähert. Es gilt: 1. Jedes neue Intervall liegt im vorher gehenden. 2. Die Intervalllänge beträgt nacheinander 1; 0,1; 0,01 und lässt sich beliebig klein machen. 3. $\sqrt{2}$ liegt in jedem Intervall. Man sagt: $\sqrt{2}$ ist durch eine **Intervallschachtelung** angenähert.	
Sicherung	Woran denkt ihr bei einer Intervallschachtelung?	z.B. Matroschka
	Zeichnet die gefundene Intervallschachtelung für $\sqrt{2}$ an der Zahlengeraden.	
	Setzt die Intervallschachtelung so weit fort, wie es euer Taschenrechner zulässt.	Letztes Intervall: $1,414213562 < \sqrt{2} < 1,414213563$
	Vergleicht mit dem Wert, den die Wurzeltaste liefert.	1,414213562
	Bestimmt eine Intervallschachtelung für $\sqrt{3}$ so genau wie möglich.	$1,732050807 < \sqrt{3} < 1,732050808$
Vertiefung	Ihr habt die Intervallschachtelung gefunden, indem ihr nacheinander probiert habt. Kann man das etwas abkürzen?	Ja, mit der Halbierungsmethode!

Phase	**Geplante Aktion**	**Erwartetes Verhalten**
Hausaufgabe	Bestimmt eine Intervallschachtelung für $\sqrt{6}$ so genau wie möglich.	
	Multipliziert die Näherungswerte für $\sqrt{2}$ und $\sqrt{3}$ und vergleicht die Ergebnisse.	

Die Darstellung einer Intervallschachtelung an der Zahlengeraden wird besonders deutlich, wenn man „zoomt":

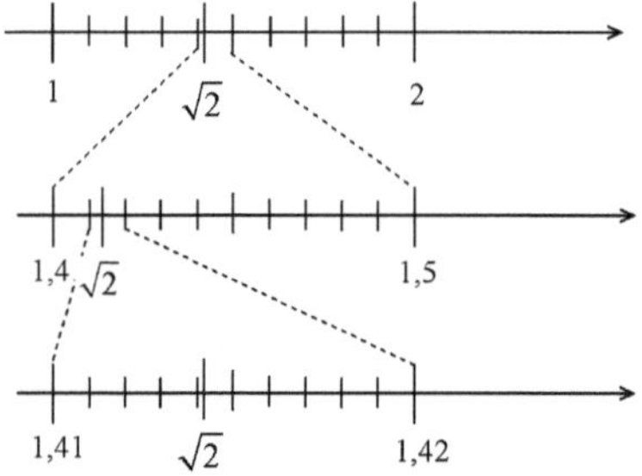

Abbildung 5.23 Intervallschachtelung für $\sqrt{2}$

An die Unterrichtseinheit wird man zumindest am Gymnasium eine Unterrichtseinheit über den Heron-Algorithmus (Abschnitt 3.5.6) anschließen (Blankenagel 1994, S. 75–77). Danach bietet es sich an, die Frage zu behandeln, ob man $\sqrt{2}$ „genau", d.h. durch einen endlichen Dezimalbruch angeben kann. Das leitet dann über zur Irrationalität von $\sqrt{2}$.

5.4 Anwenden und Modellbilden

Mathematik lässt sich auf vielfältige Weise *anwenden*. Gehört die Anwendung zu einem mathematischen Gebiet, so spricht man von einer *innermathematischen* Anwendung. Da der Mathematikunterricht darum bemüht ist, möglichst viele Querverbindungen zwischen unterschiedlichen mathematischen Gebieten zu schlagen, werden häufig innermathematische Anwendungen behandelt.

Mit *außermathematischen* Anwendungen bemüht man sich, den Schülerinnen und Schülern immer wieder den „Nutzen" der Mathematik deutlich zu machen und sie damit zu motivieren. Im Umgang mit Anwendungen haben sich im Unterricht zwei Wege eingebürgert:

- Man steigt in ein neues Gebiet mit einem „praktischen" Problem ein. Damit wird signalisiert: Die mathematischen Fragestellungen sind aus praktischen Problemen erwachsen.

- Nach der Erarbeitung eines Gebiets zeigt man an einigen Beispielen, in welchen Bereichen es angewendet werden kann.

Beide Wege haben ihre Berechtigung, wenn sie sich nicht auf Äußerlichkeiten beschränken, sondern wirklich an praktischen Problemen orientiert sind, die in den Unterricht integriert werden.

Es ist also nicht damit getan, statt mit Zahlen auch einmal mit Größen zu rechnen oder eine Aufgabe einfach nur praktisch „einzukleiden". Das genetische Prinzip fordert, Mathematik dort, wo es für das Verständnis der Mathematik wesentlich ist, aus praktischen Fragen zu entwickeln. Freudenthal nannte dies *Mathematisieren* (Freudenthal 1973, S. 125–138). Heute wird meist von *Modellbildung* gesprochen.

5.4.1   Phänomene

Vielen mathematischen Begriffen liegen *Phänomene* der Umwelt zugrunde. Dieses Bewusstsein muss offensichtlich immer wieder geweckt werden. So gab Wagenschein einem Aufsatz den Titel „Rettet die Phänomene!" (Wagenschein 1977). Er sah Geometrie als „Mathematik aus der Erde" (Wagenschein 1970[2], S. 430–434) und forderte, dass sie im Unterricht aus Naturphänomenen erwachsen solle. Dazu hat er selbst einige Vorschläge gemacht.

Beispiel: Er regte an, den Satz über die Wechselwinkel an geschnittenen Parallelen über das klassische Problem der Bestimmung des Erdumfangs nach Eratosthenes zu erschließen. Das Phänomen besteht darin, dass zu einem Zeitpunkt, an dem eine Säule in Assuan schattenlos war, eine Säule in Alexandrien einen Schatten warf. Dieses Phänomen kann mit der Kugelgestalt der Erde und dem Satz über die Wechselwinkel an geschnittenen Parallelen gedeutet werden und führt zur Lösung des Problems.

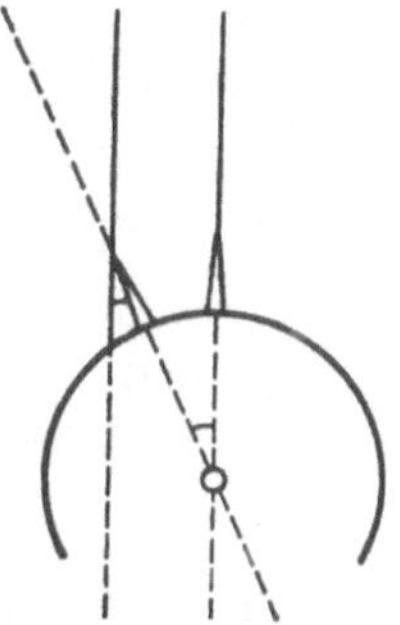

Abbildung 5.24 Bestimmung des Erdumfangs (aus: Wagenschein 1970[2], S. 432)

An diesem Beispiel hat Wagenschein das Naturphänomen, aber auch die historische Deutung des Phänomens fasziniert, die seiner Vorstellung vom genetischen Lehren entsprach.

Umfassend und anregend ist das Thema „Elementargeometrie und Wirklichkeit" von Wittmann behandelt worden (Wittmann 1987). Geometrische Begriffe lassen sich häufig von angestrebten Zwecken her deuten. Die Gestaltung von einfachen Werkzeugen und Maschinen lässt sich häufig auf grundlegende geometrische Phänomene zurückführen. Peter Bender und Alfred Schreiber sehen hier die „operative Genese der Geometrie" (Bender und Schreiber 1985). Für die grundlegenden Begriffe des Mathematikunterrichts hat Freudenthal in seiner „Didaktischen Phänomenologie" die zugrunde liegenden Phänomene aufgespürt und dargestellt (Freudenthal 1983). Es gehört zur *didaktischen Sachanalyse*, sich bei der Planung eines Themas die einschlägigen Phänomene bewusst zu machen.

Phänomene können beobachtet werden, sie haben sich zum Teil in der Umgangssprache und auch in der Fachsprache niedergeschlagen. Man wird also versuchen, bereits im *Einstieg* ein Problem zu wählen, das auf ein grundlegendes Phänomen Bezug nimmt. Die Neugier des Menschen lässt ihn immer wieder neue Phänomene entdecken. Der Unterricht sollte ihr Spielraum lassen. Russell schrieb:

> Während der Erziehung sollte vom ersten bis zum letzten Tag eine Art geistiger Abenteuerlust gepflegt werden. Die Welt ist voll verwirrender Erscheinungen, die bei entsprechendem Bemühen verstanden werden können. Es ist ein frohes und schönes Gefühl, all die rätselhaften Erscheinungen allmählich zu verstehen. Jeder gute Lehrer sollte in der Lage sein, dieses Gefühl der Lust im Kind hervorzurufen. (Russell 1928, S. 197)

5.4.2   Anwendungsaufgaben

Anwendungsaufgaben werden im Mathematikunterricht meist dann gestellt, wenn die benötigte Mathematik gerade behandelt worden ist. Durch Vernachlässigung mancher „störender" Sachverhalte wird dann die Situation überschaubar gemacht. Schließlich werden die Daten so „geschönt", dass die Schülerinnen und Schüler auch mit ihnen keine besonderen Schwierigkeiten haben. Die Sachaufgabe ist dann so „frisiert", dass sie leicht gelöst werden kann.

Beispiel: „Jemand fährt mit dem Auto um 8.15 Uhr in Würzburg ab und fährt auf der Autobahn zum 280 km entfernten München. Wann erreicht er München, wenn er 130 km/h fährt? Sein Wagen verbraucht erfahrungsgemäß 7,5 l Kraftstoff auf 100 km. Er hat noch 20 l Kraftstoff im Tank. Wird das bis München reichen?"

Man kann die Aufgabe rechnen. Leider hat sie mit der Realität nur wenig zu tun. Die Entfernungsangabe ist ungenau; es ist unklar, was mit der Geschwindigkeitsangabe gemeint ist. Auch die Angabe des Kraftstoffverbrauchs hilft in der konkreten Situation nur wenig. Die ganze Aufgabe wird im Übrigen bereits beim ersten Stau am Biebelrieder Kreuz illusorisch. Weil die Schülerinnen und Schüler das durchschauen, gilt der Mathematikunterricht trotz noch so vieler Anwendungsaufgaben im Allgemeinen nicht gerade als realitätsnah (Baruk 1989).

Von den im Mathematikunterricht gestellten Aufgaben wird erwartet, dass sie *genau* die Angaben machen, die zur Lösung benötigt werden. Aufgaben sollen also weder „überbestimmt" noch „unterbestimmt" sein. In realen Sachsituationen ist das ganz anders. Hier sind unter Umständen Daten vorhanden, mit denen man zur Lösung des Problems nichts anfangen kann, während man sich andererseits Daten, die benötigt werden, erst selbst beschaffen muss.

Man kann durchaus Aufgaben offener stellen, die den Schülerinnen und Schülern mehr Spielraum lassen.

Beispiel: „Kann man die Flüssigkeit aus dem Standzylinder links in den rechten Standzylinder schütten, ohne dass er überläuft?"

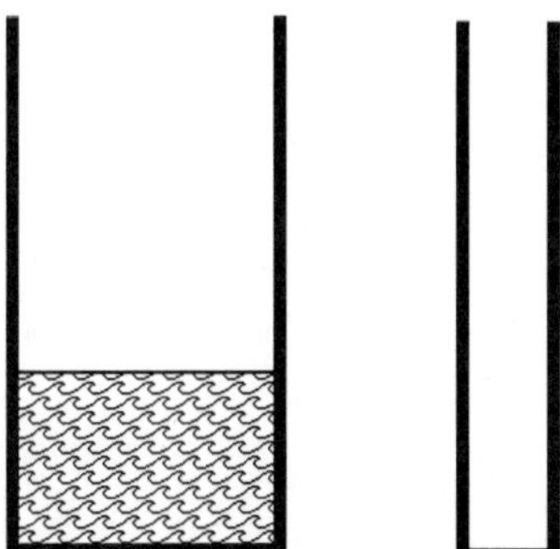

Abbildung 5.25 Umfüllversuch

Die Aufgabe hat einen praktischen Hintergrund. Sie ist eine Anwendungsaufgabe zum Zylindervolumen. Die Schülerinnen und Schüler sollen erst schätzen, dann überschlagen und schließlich rechnen. Zum Rechnen benötigen sie Maße, die sie sich selbst an der Zeichnung beschaffen können. Besser ist es natürlich, wenn der Versuch an konkreten Standzylindern auch durchgeführt werden kann.

5.4.3   Sachstruktur

Modellbildung setzt bei Situationen an, die eine bestimmte Struktur haben. Die *einschlägigen Begriffe* haben häufig eine eigene Entwicklungsgeschichte. In der Regel ist eine Sachsituation auch *komplex,* so dass in ihr unterschiedliche Beziehungen vorhanden sind. Ehe ein Sachproblem mathematisch gelöst werden kann, muss die *Sachstruktur* erfasst sein.

Die Sachstruktur kann man nach einem Vorschlag von Walter Breidenbach (1893–1984) mit Hilfe von Diagrammen deutlich machen (Breidenbach 1963[6]). Er betrachtet sie als eine wesentliche Hilfe, um aus der Sachsituation das zugehörige Rechenschema zu finden, mit dem die Sachaufgabe gelöst werden kann.

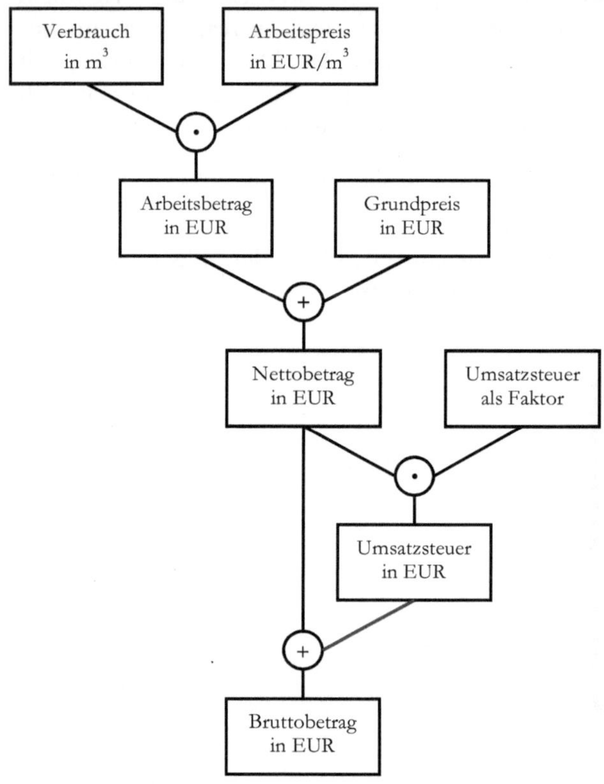

Abbildung 5.26 Strukturdiagramm einer Gasrechnung

Mit der Problematik der Sachaufgaben und ihrer Lösungen hat sich Fricke sehr gründlich auseinandergesetzt. Er diskutiert ausführlich Vorteile und Schwächen verschiedener Darstellungen bei der Lösung der Sachaufgaben (Fricke 1987). Gehört die Sachsituation zum Erfahrungsbereich der Schülerinnen und Schüler, so kann man unmittelbar mit der Modellbildung beginnen. Häufig wird es aber nötig sein, zunächst ausführlich über die Sache zu sprechen.

Beispiel: „Vom Waschmittel AHA kostet die 3-kg-Packung 3,99 EUR. Beim Waschmittel OHO kostet die 2,5-kg-Packung 2,99 EUR. Welches Waschmittel ist günstiger?"

Mit dieser Aufgabe kann man den Begriff des kg-Preises erarbeiten. Bei AHA beträgt er 1,33 EUR/kg, bei OHO etwa 1,20 EUR/kg. Die Situation dürfte den Schülerinnen und Schülern in der 8. Jahrgangsstufe klar sein. Nach der Erfahrung müsste die kleinere Packung die ungünstigere sein. Tatsächlich ist das hier nicht der Fall. Bei der Kalkulation dieser Waschmittel ist anscheinend diese Erwartung missbraucht worden.

Die hinter diesen Betrachtungen liegende mathematische Idee besteht darin, die der Einheit zugeordneten Funktionswerte der zugehörigen proportionalen Ware-Preis-Funktionen zu bestimmen und zu vergleichen.

5.4.4   Der Computer beim Modellieren

In der aktuellen mathematikdidaktischen Literatur wird im Zusammenhang mit dem Modellbilden von „Modellieren" gesprochen. Die Prozesse die dabei ablaufen, wurden von einer Reihe von Autoren (z. B. Blum und Leiß (2005)) in sogenannte Modellierungskreisläufe gefasst (vgl. Abbildung 5.27). Ein Modellierungskreislauf unterstellt nicht, dass Modellieren in einem Kreislauf in genau dieser Reihenfolge stattfindet, er kann aber als Erklärungsmodell insbesondere bei der Planung und Evaluation von Unterrichtssequenzen zur Modellierung hilfreich sein. Hier soll er nur dazu genutzt werden, die Möglichkeiten des Computereinsatzes im Zusammenhang mit der Modellierung darzustellen.

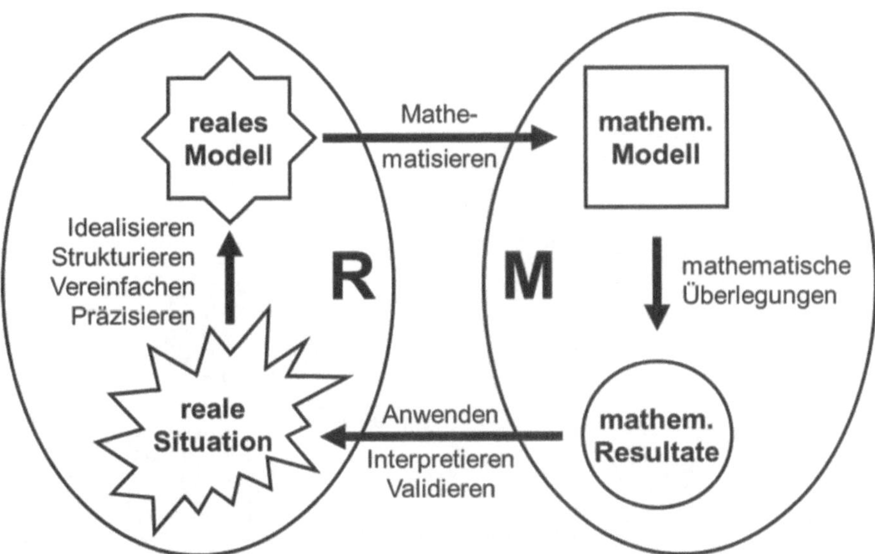

Abbildung 5.27 Modellierungskreislauf (R steht für Realität, M für Mathematik) (Zeichnung: Roth)

Um eine reale Situation aus dem Alltag zu erfassen, ist es in der Regel notwendig, Informationen einzuholen und Daten zu sammeln. Hier kann neben dem Literaturstudium in Bibliotheken eine Internetrecherche mit Hilfe des Computers wegen der dort verfügbaren aktuellen Daten sehr sinnvoll sein. Gegebenenfalls kann ein Tabellenkalkulationsprogramm dabei helfen, die verfügbaren Daten auszuwerten. Auch nach dem Vereinfachen und Strukturieren der realen Situation kann etwa ein DGS oder ein DMS genutzt werden, um ein reales bzw. mathematisches Modell der Wirklichkeit geometrisch zu simulieren. Die systematische Variation der dynamisch-geometrischen Simulation kann zur Verbesserung des Modells oder auch zu neuen Lösungsideen bzw. Erkenntnissen beitragen. Beim Übergang vom mathematischen Modell zum mathematischen Resultat kann der Einsatz eines Computerwerkzeugs eine Lösung ggf. erst ermöglichen, weil (noch) mathematisch Fähigkeiten (etwa zum Auflösen einer Exponentialgleichung) fehlen. Beim Beurteilen der eigenen Lösung kann wieder eine Internetrecherche dazu beitragen, das erzielte Ergebnis einzuordnen.

Beispiel: In der Fahrschule lernt man in etwa folgende Regel für das parallele Einparken am Straßenrand: In einer geeigneten Startposition wird das Lenkrad voll nach rechts eingeschlagen, man fährt bis zu einem bestimmten Punkt, bleibt stehen, lenkt vollständig in die Gegenrichtung und fährt weiter bis man in der Parklücke steht. Soweit klingt das ganz gut, es stellen sich allerdings eine ganze Reihe von Fragen: Wie groß muss die Parklücke mindestens sein? Wo soll man zu Beginn des Einparkvorgangs stehen? An welcher Stelle sollte man anhalten und gegenlenken? Usw.

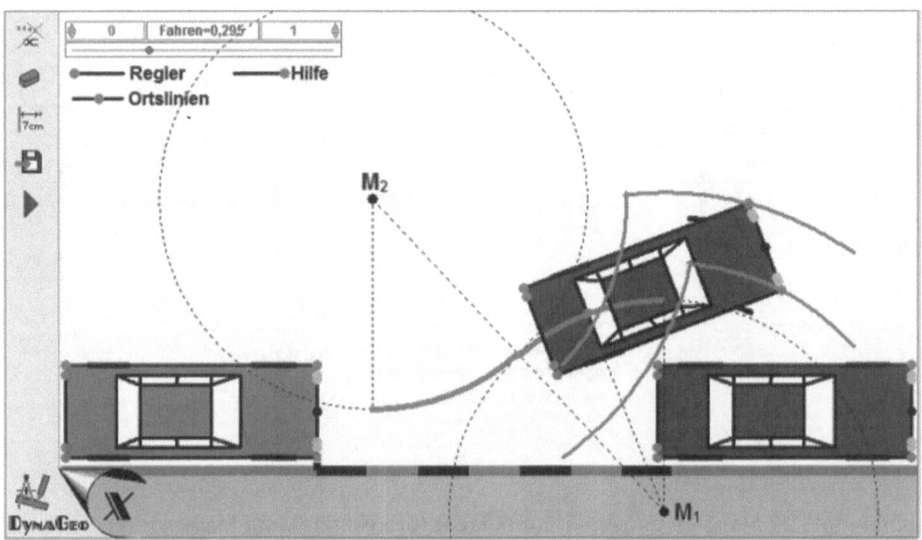

Abbildung 5.28 Dynamisch-geometrische Simulation des Einparkvorgangs (interaktives Arbeitsblatt: Roth, *mathematikunterricht.net*)

Die Daten von einzelnen Fahrzeugen (z.B. Länge, Breite, Wendekreisradius) lassen sich relativ leicht im Internet bei den Herstellern ausfindig machen. Mit ein bisschen Überlegung wird auch schnell klar, dass es sich bei der Einparkbewegung um zwei Kreisbögen handelt, die jeweils zu gleich großen Mittelpunktswinkeln gehören.

Auf dieser Grundlage kann eine dynamisch-geometrische Simulation des Einparkvorgangs erstellt und durch systematische Variation der Einflussgrößen untersucht werden (vgl. *mathematikunterricht.net* → 5.4). Dies kann dabei unterstützen, ein mathematisches Modell zu entwickeln. Mit Hilfe des Satzes des Pythagoras und etwas Trigonometrie im rechtwinkligen Dreieck können damit die gesuchten Größen bestimmt werden (Roth 2006a).

5.4.5 Beispiel: Ein Plan einer Modellbildung

Das folgende Beispiel behandelt eine Situation aus einer 9. Jahrgangsstufe, in der Vorgänge an der Zapfsäule einer Tankstelle analysiert werden sollen. Den Schülerinnen und Schülern ist natürlich bekannt, dass die Volumen-Preis-Funktion proportional ist. Dabei wird „proportional" im Sinne von Kirsch als *Eigenschaft* einer Funktion gesehen (Kirsch 1969). Die üblichen Aufgaben, in denen nach dem Preis für ein bestimmtes Volumen und nach dem Volumen für einen gegebenen Preis gefragt wird, werden als *Anwendungen* des Arbeitens mit proportionalen Funktionen behandelt (Vollrath 1993b).

Betrachtet man den Tankvorgang selbst etwas genauer, so kann man durch eine andere *Modellbildung* zu einem vertieften Verständnis des Vorgangs gelangen. Nach einer Idee von Kristina Appell kann man das Volumen und den Preis als Funktionen der Zeit ansehen (Appell 1995). Diese Funktionen beschreiben die Wirkungen bei der Betätigung der Zapfpistole auf das Volumen und den Preis. Proportionalität tritt nun als *Relation zwischen Funktionen* in Erscheinung. Damit ist diese Modellbildung geeignet, auch das Verständnis des Funktionsbegriffs zu vertiefen (Vollrath und Weigand 2007[3]). Den Übergang vom üblichen Modell zu diesem neuen Modell kann man als Beispiel *dynamischer Modellbildung* sehen (Henning 1993).

Sachsituation

Bei einem Tankvorgang wird beobachtet, wie eine ganze Folge von Zahlenpaaren auf der Anzeige der Zapfsäule nacheinander erscheint. Die Geschwindigkeit ist dabei gering genug, dass man Zahlen erkennen kann, aber doch so hoch, dass man diesen Ablauf als Bewegung wahrnimmt. Diese Zählerbewegungen und der Zusammenhang zwischen ihnen stehen hier im Mittelpunkt.

Man kann die Zählerabläufe als Funktionen der Zeit auffassen: Mit V wird die Volumenfunktion, mit P wird die Preisfunktion bezeichnet. Die Funktionen P und V ordnen den Elementen t des Zeitintervalls I beim Tankvorgang die Zahlen zu, die zum „Zeitpunkt" t auf dem jeweiligen Zähler der Zapfsäule erscheinen. Der proportionale Zusammenhang zwischen den beiden Funktionen V und P lässt sich dann so darstellen: Es gibt eine Zahl p (Preis pro Liter), so dass für alle t aus I gilt:

$$P(t) = pV(t).$$

Aus dieser Gleichung kann man eine Gleichung zwischen Funktionen erhalten:

$$P = pV.$$

Sie drückt eine Relation zwischen den Funktionen V und P aus. Man sagt: „Die Funktion P ist zur Funktion V proportional." Oder kürzer: „P ist zu V proportional." Das entspricht der in der Physik üblichen Sprechweise.

Zeichnet man die Graphen der Funktionen in dasselbe Koordinatensystem, so wird deutlich, dass die Kurven sehr ähnlich verlaufen.

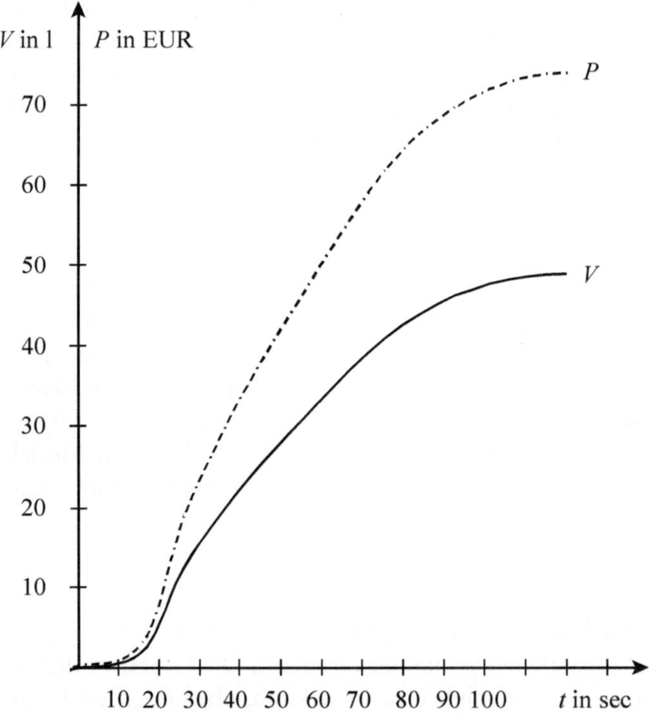

Abbildung 5.29 Volumen und Preis der Füllmenge in Abhängigkeit von der Zeit

Der Graph der Funktion V lässt sich mit einer senkrechten Achsenaffinität auf den Graphen der Funktion P abbilden, wobei die t-Achse Affinitätsachse und der Proportionalitätsfaktor p der Affinitätsfaktor ist. Damit wird auch deutlich, dass der Relation zwischen den Funktionen eine geometrische Verwandtschaft zwischen den zugehörigen Graphen entspricht.

Es ist beeindruckend, dass die Graphen der einzelnen Funktionen entsprechend der Betätigung der Zapfsäule zwar mathematisch recht „wild" aussehen, dass aber doch zwischen ihnen ein auch geometrisch sichtbarer Zusammenhang besteht. Durch die Betrachtung der Proportionalität als Relation zwischen Funktionen wird die Situation an der Zapfsäule mit Hilfe eines formal anspruchsvolleren Modells interpretiert und kann damit auch zu einem tieferen Verständnis der Situation führen.

Plan

Phase	Geplante Aktion	Erwartetes Verhalten
Einstieg	An einer Zapfsäule kostet der Liter Kraftstoff 1,49 EUR. Welcher Geldbetrag wird bei 10 l, 15 l, 20, l, 25 l, 30 l, 35 l, 40 l, 45 l, 50 l angezeigt?	14,90 EUR, 22,35 EUR, 29,80 EUR, 37,25 EUR, 44,70 EUR, 52,15 EUR, 59,60 EUR, 67,05 EUR, 74,50 EUR.
Erarbeitung	Im Diagramm wird dargestellt, wie sich das Volumen in Abhängigkeit von der Zeit beim Tanken verhält. Beschreibt den Vorgang.	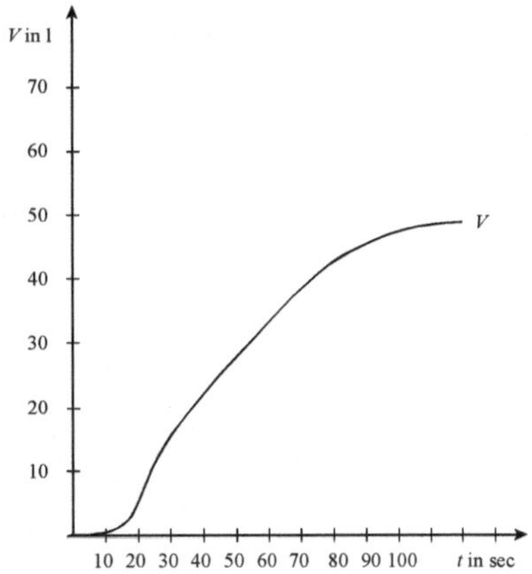 (Diagramm: V in l gegen t in sec) Erst fließt der Kraftstoff langsam, dann schnell, dann mit etwa konstanter Geschwindigkeit, dann wird der Zustrom langsamer und hört bei 50 l auf.
	Wie kann man mit den berechneten Werten die zugehörigen Punkte für das Zeit-Preis-Diagramm finden?	Man multipliziert die Werte für das Volumen mit 1,49, sucht die Zeitpunkte, an denen 10 l, 15 l, 20 l usw. zugeflossen sind und trägt an diesen Stellen die berechneten Preise ein.

Phase	Geplante Aktion	Erwartetes Verhalten

Die Punkte werden eingetragen und verbunden.

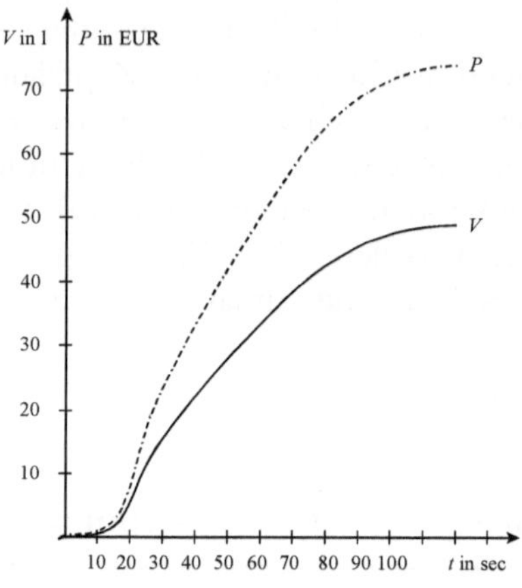

Welche Beziehung besteht zwischen den Diagrammen?

Die Ordinaten bei den Preisen sind 1,49-mal so groß wie die der Volumina.

Ergebnis

Das Volumen V und der Preis P sind Funktionen der Zeit t. Wenn der Literpreis p beträgt, so gilt:

$$P(t) = pV(t) \text{ für alle } t.$$

Man sagt: Die Preis-Funktion ist proportional der Volumen-Funktion.

Sicherung

Füllt die folgende Tabelle aus und zeichnet die Graphen in ein Diagramm.

Es werden in ein Achsenkreuz die beiden Graphen eingetragen.

t in sec	V in l	P in EUR
10	2	
20	10	15,80
30	15	
40	20	
50	25	
60	30	
70	42	
80	50	
90	53	

Vertiefung

Welche Beziehung erkennt ihr zwischen den Graphen?

Das Ergebnis wurde hier mit $P(t) = pV(t)$ für alle t auf der Ebene der Funktionswerte formuliert. Sind den Schülerinnen und Schülern Funktionen schon als *Objekte* bewusst, mit denen man operieren kann, dann kann man natürlich auch noch zur kürzeren und eindringlicheren Schreibweise $P = pV$ übergehen.

5.5   Problemlösen

Beim Erarbeiten von Begriffen, von Sachverhalten, von Verfahren, von Anwendungen und Modellbildungen spielen Probleme im weitesten Sinne eine zentrale Rolle. Der Mathematikunterricht erhält dadurch die angestrebte *Problemorientierung*. Das Problemlösen im engeren Sinne kann und soll aber auch selbst zu einem Thema werden.

5.5.1   Problemlösen lehren

Mit Problemen sind hier Aufgaben gemeint, bei denen der Lösungsweg nicht unmittelbar klar ist. Zur Lösung von mathematischen Problemen wird neben mathematischem Wissen auch heuristisches Wissen als metamathematisches Wissen benötigt.

Aufgaben werden im Unterricht in der Regel in bestimmte Kontexte eingebunden, die dann meist auch die entscheidende Lösungsidee liefern. Vergleichsstudien über die Leistungsfähigkeit von Schülerinnen und Schülern beim Lösen von Aufgaben zeigen, dass Aufgaben, die bereits in einem Kontext Routineaufgaben sind, nach einiger Zeit zu Problemen werden, wenn der entsprechende Kontext fehlt (z.B. Baumert und Lehmann 1997). Zur Sicherung des angestrebten *Basiswissens* ist es deshalb notwendig, im Unterricht immer wieder Aufgaben zu stellen, zu deren Lösung früher erworbenes Wissen gehört.

Heuristisches Wissen wird im Allgemeinen in Reflexionsphasen nach erfolgreichem Problemlösen vermittelt. Im Wesentlichen handelt es sich dabei um die auf Pólya zurückgehenden Regeln (Abschnitt 2.4.4). Darüber hinaus gibt es heuristische Prinzipien wie das *Extremalprinzip* (Engel 1979). Ist eine Aussage über eine Menge von Objekten zu beweisen, dann rät das Extremalprinzip, ein kleinstes, ein größtes oder sonst wie „extremales" Element zu betrachten. Für weitere derartige Prinzipien sei auf Sewerin (1979) verwiesen.

Ob das *Lehren* heuristischer Regeln im Unterricht für die Lernenden beim Problemösen tatsächlich hilfreich ist, ist umstritten. Unstrittig ist jedoch, dass erfolgreiche Problemlöser auch über leistungsfähige heuristische Strategien verfügen, die sie sich beim Problemlösen angeeignet haben. Neben mathematischem Basiswissen und heuristischem Wissen ist es zum erfolgreichen Problemlösen erforderlich, dieses Wissen einsetzen zu können. Die Erfahrungen aus *mathematischen Wettbewerben* zeigen, dass dies nur durch *Übung* zu erreichen ist.

Wer das Problemlösen – etwa für die Teilnahme an einem Wettbewerb – trainieren will, sollte die allgemeinen Ratschläge von Baptist beherzigen:

- „Nicht mit zu schwierigen Problemen beginnen. Gerade als Anfänger braucht man Erfolgserlebnisse, um Selbstvertrauen zu gewinnen."

- „Es ist sinnvoll, die Lösungen der bearbeiteten Aufgaben genau aufzuschreiben. Man wird gezwungen, seine Überlegungen zu ordnen, um sie in knapper Form niederschreiben zu können."

- „Problemlösen ist nicht alles. D.h. man sollte nicht zu viel Zeit und Energie auf das reine Problemlösen verwenden. ... Das Problemlösen soll zur Mathematik hinführen und kein reiner Selbstzweck sein." (Baptist 1992, S. 277–278)

Baptist weist übrigens darauf hin, dass man nicht nur durch eigene Lösungsversuche das Problemlösen lernen kann, sondern dass sich auch das Durcharbeiten von Musterlösungen als hilfreich erweist (Baptist 1992, S. 278).

5.5.2   Freude und Leid des Problemlösens

Mathematische Probleme stellen für viele Menschen eine Herausforderung dar. Wird eine Knobelaufgabe in einer populären Fernsehsendung gestellt, dann kann sich unter Umständen die „ganze Nation" den Kopf zerbrechen.

Das Lösen mathematischer Probleme kann also Freude bereiten. Das Finden der Lösung ist die Belohnung für beharrliches Nachdenken, das sich auch durch Misserfolge nicht hat entmutigen lassen. Mathematiker sind in Wirtschaft und Industrie vor allem wegen ihrer Problemlösefähigkeiten und ihre durch das Lösen schwieriger Übungsaufgaben entwickelte „Frustrationstoleranz" geschätzt. Das Problemlösen ist an sich eine *selbstständige* Tätigkeit, bei der man sich zunächst einmal Zeit lassen sollte. Es ist auch nicht besonders günstig, Probleme unter Wettbewerbsbedingungen zu lösen. Zwar kann ein Wettbewerb motivieren, doch schafft er eine Spannung, die dem Finden einer Lösung eher hinderlich ist.

Beim Problemlösen zeigen sich auch sehr deutlich Leistungsunterschiede, die den Problemlösern bewusst werden und auf leistungsschwächere Schülerinnen oder Schüler entmutigend wirken können. Insofern sind im normalen Unterricht im Grunde keine günstigen Bedingungen zum „echten" Problemlösen gegeben. Sollen trotzdem im Unterricht Probleme gelöst werden, dann wird man versucht sein, Hilfen zu geben, sobald der Problemlöseprozess nicht vorankommt. Nach dem *Prinzip der minimalen Hilfe* sollte man sich dabei jedoch sehr zurückhalten. Friedrich Zech (1939–2001) nennt folgende Hilfen zunehmender Stärke (Zech 1996[8], S. 316 f.):

- *Motivationshilfen,* die den Lernenden nur mehr oder weniger Mut machen und ihn an der Aufgabe halten.

  Beispiel: „Du wirst die Aufgabe schon schaffen!"

- *Rückmeldungshilfen,* die den Lernenden Auskunft darüber geben, ob sie auf dem richtigen Weg sind.

  Beispiel: „Mach weiter so, bisher war alles richtig!"

- *Allgemein-strategische Hilfen,* die auf heuristische Strategien hinweisen.

  Beispiel: „Was ist gegeben, was ist gesucht?"

- *Inhaltsorientierte strategische Hilfen,* die auf stärker fachbezogene Problemlösungsmethoden aufmerksam machen.

  Beispiele: „Versuch doch mal, eine Gleichung aufzustellen!" Oder: „Zeichne eine Figur so, als ob das Problem schon gelöst wäre!"

- *Inhaltliche Hilfen,* die spezielle Hinweise geben auf Begriffe, Regeln und Sätze.

  Beispiele: „Versuch es doch mal mit dem Satz des Thales!" Oder: „Denk doch mal an die binomischen Formeln!"

Inhaltliche Hilfen sind offenbar als die stärksten Hilfen anzusehen.

Wesentliche Voraussetzung für das Lernen des Problemlösens im Mathematikunterricht ist eine vertrauensvolle, auf Erkenntnis gerichtete Arbeitsatmosphäre, die den Lernenden Freude an der eigenen Leistung vermittelt (Bruder 1992).

Die Einschätzungen des Problemlösens für den Mathematikunterricht sind sehr unterschiedlich. Dabei scheinen sich häufig persönliche Vorlieben niederzuschlagen (Führer 1997, S. 68). Bei einer historischen Betrachtung des Mathematikunterrichts kann man wechselnde Bevorzugungen des Problemlösens oder der Systematik beobachten.

5.5.3   Der Computer beim Problemlösen

Eine der schwierigsten Phasen beim Problemlöseprozess ist das Finden eines Zugangs zur Problemstellung und das Finden geeigneter heuristischer Strategien. Hier ist das Experimentieren ein guter Weg, die Problemsituation zu erfassen. Gerade in der Sekundarstufe findet man aber eine ganze Reihe von Schülerinnen und Schülern, die dieses Herantasten an einen Lösungsweg bereits bei der ersten sich ergebenden Schwierigkeit aufgeben und nicht „am Ball" bleiben. Eine Möglichkeit, diesem Problem zu begegnen, besteht darin, den Spieltrieb der Schülerinnen und Schüler konstruktiv zu nutzen. Dazu können Online-Spiele eingesetzt werden, wie die von Jahnke-Soltau (1998–2007). Dabei handelt es sich mehrheitlich um Problemlöseaufgaben, die man auch in Schulbüchern findet. Die „Verpackung" in interaktive Strategiespiele erleichtert einen ersten Zugang zu den Problemaufgaben. Hier kann nämlich zunächst einfach probiert werden, ohne dass eine Notation der Züge notwendig ist, und die Auswirkungen des eigenen Vorgehens lassen sich direkt beobachten. Da die Spiele alle nicht lange dauern (nach maximal 5 Minuten sind sie so oder so beendet), sind auch mehrere Anläufe kein Problem. So können Erfahrungen gesammelt, darauf aufbauend (Teil-)Strategien entwickelt, diese anschließend mit dem Applet auf Tragfähigkeit getestet und ggf. verbessert oder angepasst werden. Zufällige Lösungen lassen sich in der Regel nicht (sofort) wiederholen und regen deshalb dazu an, die angewandten Strategien bewusst zu reflektieren (Roth 2008b).

Beispiel: Suche die Gewinnstrategie!

- Suche dir von den Spielen „Lucas Balls", „Wandertag", „Banküberfall", „Krawallbrüder" bzw. „Nimm's weg" auf folgender Seite eines aus: *http://www.gamecraft.de/get_gruppe.php?gruppe=ma*

- Spiele das Spiel und versuche, *zweimal hintereinander* zu gewinnen.

- Beschreibe, worin die Schwierigkeit bei diesem Spiel besteht.

- Notiere deinen Lösungsweg so, dass deine Mitschülerinnen und Mitschüler mit Hilfe deiner Aufzeichnungen das Spiel beim ersten Versuch gewinnen könnten. (Hinweis: Manchmal ist es sinnvoll, eine Skizze anzufertigen oder ein Diagramm zu zeichnen.)

- Spiele das Spiel noch einmal und folge deinem notierten Lösungsweg.

- Welche Strategien hast du angewandt, um zur Lösung des Problems zu kommen? Schreibe sie mit deinen Worten auf.

- Gib deinem Tischnachbarn das Blatt mit deinen Aufzeichnungen zum Lösungsweg deines Spiels und beobachte, ob er das Spiel damit gewinnen kann. Tauscht anschließend die Rollen, d.h., du versuchst, nach seinem Plan dessen Spiel zu gewinnen.

- Tausche dich mit deinem Tischnachbarn über die Lösungsstrategien aus, die ihr jeweils angewandt habt. Wenn es darunter solche gibt, die in beiden Spielen anwendbar sind, dann notiere sie noch einmal gesondert.

Grundsätzlich können Computerwerkzeuge an mehreren Stellen des nach Pólya (1967², Umschlaginnenseite) vier Schritte umfassenden Problemlöseprozesses hilfreich sein:

- *Verstehen der Aufgabe:* Durch systematische Variation mit Hilfe eines Computerwerkzeugs können die Voraussetzungen durchschaut und durch das Ausloten von Grenzfällen sowie experimentellem Arbeiten an Sonderfällen Ideen generiert werden.

- *Ausdenken eines Plans:* Dies ist der einzige Schritt im Problemlöseprozess, bei dem ein Computerwerkzeug eher nicht sinnvoll einsetzbar ist.

- *Ausführen des Plans:* Hier kann ein Computerwerkzeug vom algorithmischen Arbeiten entlasten und dazu beitragen, mögliche Problemfelder des aufgestellten Lösungsplans schneller zu identifizieren.

- *Rückschau:* Wurde die Problemkonfiguration im Zuge der Auseinandersetzung in einem dynamischen Mathematiksystem umgesetzt, so kann man daran sehr gut die verwendeten Heurismen rückblickend analysieren.

Beispiele zum experimentellen und heuristischen Arbeiten im Rahmen von Problemlöseprozessen mit DGS, unter anderem die $(n-1)$-Strategie, die auf Ortslinien beruht, findet man etwa bei Weth (2002).

5.5.4 Unterricht als Problem

Am Ende dieses Buches soll aber noch einmal deutlich werden, dass Mathematik zu unterrichten selbst ein Problem darstellt (Bromme und Seeger 1979). Jede Unterrichtsstunde stellt die Lehrenden vor eine neue Aufgabe, die es zu lösen gilt.

Dabei können sie sich auf fachliches und didaktisches Wissen und Können stützen und sich von eigenen Unterrichtserfahrungen leiten lassen; *Routinen* bieten Sicherheit, können den Unterricht aber auch erstarren lassen, indem er immer nach dem gleichen Muster abläuft. Beschränken sich Routinen jedoch auf das „Alltägliche", dann können sie Freiräume für neue *didaktische Ideen* schaffen. Routinen sind für die „handwerkliche" Seite des Unterrichts zuständig. Didaktische Ideen sind die Quellen kreativen Unterrichts.

Auch Mathematikdidaktik hat diese beiden Seiten. Unterrichtserfahrungen, Unterrichtsbeobachtungen, empirische Forschungen, mathematische Analysen und Anwendungen psychologischer und pädagogischer Theorien münden in *mathematikdidaktische Theorien,* die das Lehren und Lernen von Mathematik in der Schule beschreiben, sowie Empfehlungen und Begründungen für professionelles didaktisches Handeln liefern. Aber auch Mathematikdidaktik lebt von Ideen und will dem Unterricht neue Impulse geben.

Mathematikdidaktische Theorien werden an den Hochschulen gelehrt, werden veröffentlicht und müssen dann mit anderen Theorien konkurrieren und sich empirischen Untersuchungen und natürlich der alltäglichen Unterrichtspraxis stellen.

Auch die Didaktiker sind also Lernende. Bei dem Bemühen, dem Lehren und Lernen von Mathematik auf den Grund zu gehen, entdecken sie immer wieder Überraschendes. Die Perspektiven wandeln sich. Manches an didaktischem

Wissen hat Bestand, vieles unterliegt dem Wandel, etliches wird immer wieder neu entdeckt.

Ermutigend ist das in der Bibel gegebene Versprechen (Daniel 12, 3):

Die da lehren, werden leuchten wie des Himmels Glanz.

Aufgaben

1. Zeigen Sie, wie der Begriff der Parabel in der Sekundarstufe I in unterschiedliche Problemkontexte eingebunden werden kann.

2. Entwickeln Sie eine Unterrichtseinheit zum Begriff des unendlichen periodischen Dezimalbruchs.

3. Auf der Seite *mathematikunterricht.net* → 5.1 finden sich neben ausgearbeiteten Lernumgebungen zu Vierecksbegriffen auch einfache DGS-Dateien. Suchen Sie sich von diesen eine aus und entwickeln Sie dazu geeignete Arbeitsaufträge für Schülerinnen und Schülern zu einem Aspekt der Begriffsbildung bei Vierecken.

4. Entwerfen Sie einen Plan, wie man die Formel für den Inhalt der Oberfläche eines Quaders erarbeiten kann.

5. Zu den binomischen Formeln finden Sie im Internet unter der Adresse *mathematikunterricht.net* → 5.2 dynamisch-geometrische Visualisierungen auf Basis eines DGS. Diskutieren Sie Vor- und Nachteile der Verwendung dieser Dateien im Unterricht. Überlegen Sie, wie man diese Dateien sinnvoll einsetzen kann.

6. Erstellen Sie eine geeignete GeoGebra-Datei, mit deren Hilfe Sie mit Ihren Schülerinnen und Schülern den Heron-Algorithmus erarbeiten können. Anregungen können Sie unter *mathematikunterricht.net* → 5.3 erhalten.

7. Zeigen Sie an einem Plan, wie man das Thema „Der Ball ist rund!" am Beispiel von Fußbällen behandeln kann (Ludwig 2008, S. 101–121).

8. Gesucht ist der Punkt, der von den Eckpunkten eines Dreiecks gleich weit entfernt ist. Geben Sie verschiedene „Einkleidungen" dieses Problems an und diskutieren Sie diese.

9. Erproben Sie selbst das Beispiel zum Einstieg in das Lernen des Problemlösens anhand von Online-Spielen aus Abschnitt 5.5.3 (http://www.gamecraft.de/get_gruppe.php?gruppe=ma).

Literatur

Aebli, H., *Zwölf Grundformen des Lehrens*, Stuttgart (Klett) 2001[11]

Anderson, J.R., *Kognitive Psychologie*, Heidelberg (Spektrum Akademischer Verlag) 2001[3]

Anthes, E., *Mechanische Rechenmaschinen in der Schule*, in: Pickert, G., Weidig, I. (Hrsg.), *Mathematik erfahren und lehren*, Festschrift für Hans-Joachim Vollrath, Stuttgart (Klett) 1994, 32–40

Appell, K., *Funktionsbetrachtungen an der Zapfsäule*, Mathematik in der Schule 33 (1995), 515–524

Appell, K., *Das Tangentenproblem im Mathematikunterricht*, in: Baptist, P. (Hrsg.), *Mathematikunterricht im Wandel – Bausteine für den Unterricht*, Bamberg (Buchner) 2000, 99–126

Appell, K., *Lernwerkstatt Mathematik*, mathematik lehren 122 (2004), 4–7

Appell, K., Roth, J., Weigand, H.-G., *Experimentieren, Mathematisieren, Simulieren – Konzeption eines MATHEMATIK-Labors*, Beiträge zum Mathematikunterricht 2008, 25–28

Artmann, B., *Euclid – The Creation of Mathematics*, New York (Springer) 1999

Ausubel, D.P., *Psychologie des Unterrichts*, Weinheim (Beltz) 1974

Baptist, P., *Die Entwicklung der neueren Dreiecksgeometrie*, Mannheim (BI) 1992

Baptist, P., *Pythagoras und kein Ende?*, Leipzig (Klett) 1997

Baptist, P., *Bausteine für Veränderungen in der Unterrichtskultur*, in: Baptist, P. (Hrsg.), *Mathematikunterricht im Wandel – Bausteine für den Unterricht*, Bamberg (Buchner) 2000, 7–30

Bardey, E., *Aufgabensammlung*, Leipzig (Teubner) 1904

Baruk, S., *Wie alt ist der Kapitän? – Über den Irrtum in der Mathematik*, Basel (Birkhäuser) 1989

Barzel, B., Holzäpfel, L., *Leitfragen zur Unterrichtsplanung*, mathematik lehren 158 (2010), 4–9

Barzel, B., *Expertise zum Einsatz von Computeralgebra-Systemen (CAS) im Mathematikunterricht in Thüringen*, unter Mitwirkung von Raja Herold und Matthias Zeller, erscheint 2011

Bauersfeld, H., *Kommunikationsmuster im Mathematikunterricht*, in: H. Bauersfeld (Hrsg.), *Fallstudien und Analysen zum Mathematikunterricht*, Hannover (Schroedel) 1978, 158–170

Baumert, J., Lehmann, R. et al., *TIMSS – Mathematisch-naturwissenschaftlicher Unterricht im internationalen Vergleich*, Opladen (Leske & Budrich) 1997

Becker, G., *Geometrieunterricht*, München (Klinkhardt) 1980

Beckmann, A., *Der literarische Mathematikunterricht*, Bad Salzdetfurth (Franzbecker) 1995

Beckmann, A., *Was verändert sich, wenn …*, mathematik lehren 141 (2007), 44–51

Bender, P., A. Schreiber, *Operative Genese der Geometrie*, Wien (Hölder, Pichler, Tempsky) 1985

Beutelspacher, A., *„In Mathe war ich immer schlecht …"*, Braunschweig (Vieweg) 2009[5]

Bigalke, H.-G., *Heinrich Heesch – Kristallgeometrie, Parkettierungen, Vierfarbenforschung*, Basel (Birkhäuser) 1988

Blankenagel, J., *Numerische Mathematik im Rahmen der Schulmathematik*, Mannheim (BI) 1985

Blankenagel, J., *Elemente der angewandten Mathematik*, Mannheim (BI) 1994

Blum, W., Kirsch, A., *Zur Konzeption des Analysisunterrichts in Grundkursen*, Der Mathematikunterricht 25, Heft 3 (1979), 6–24

Blum, W., Leiß, D., *Modellieren im Unterricht mit der „Tanken"-Aufgabe*, in: mathematik lehren 128 (2005), 18-21

Blumenthal, O., *Lebensgeschichte*, in: *Hilberts gesammelte Abhandlungen 3*, Berlin (Springer) 1935, 388–429

Bornhausen, K., *Pascal*, Basel (Reinhardt) 1920

Breidenbach, W., *Rechnen in der Volksschule*, Hannover (Schroedel) 1963[6]

Breidenbach, W., *Raumlehre in der Volksschule*, Hannover (Schroedel) 1966[9]

Brezinka, W., *Orientierung durch Bildung*, zur debatte 30/3 (2000), 1–5

Bromme, R., Seeger, F., *Unterrichtsplanung als Handlungsplanung*, Königstein (Scriptor) 1979

Bruder, R., *Problemlösen – aber wie?*, mathematik lehren 52 (1992), 6–12

Brüning, S., *Musik verstehen durch Mathematik: Überlegungen zu Theorie und Praxis eines fächerübergreifenden Ansatzes in der Musikpädagogik.* Essen (Blaue Eule), 2003

Bruner, J.S., Olver, R.R., Greenfield, P.M., *Studien zur kognitiven Entwicklung*, Stuttgart (Klett) 1971

Bruner, J.S., *Entwurf einer Unterrichtstheorie*, Berlin (Berlin) 1974

Bruner, J.S., *Der Prozeß der Erziehung*, Berlin (Berlin) 1980[5]

Cohors-Fresenborg, E., *Verschiedene Repräsentationen algorithmischer Begriffe*, Journal für Mathematik-Didaktik 6 (1985), 187–209

Comenius, J.A., *Große Didaktik*, Flitner A. (Übers., Hrsg.), Stuttgart (Klett-Cotta) 1993[8]

Courant, R., Robbins, H., *Was ist Mathematik?*, Berlin (Springer) 1962

Damerow, P., *Die Reform des Mathematikunterrichts in der Sekundarstufe I*, Bd. 1, Stuttgart (Klett-Cotta) 1977

Davis, P.J., Hersh, R., *Erfahrung Mathematik*, Basel (Birkhäuser) 1986

Dewey, J., *Demokratie und Erziehung*, Braunschweig (Westermann) 1964[3]

Diederich, J., *Vom Fluch der Liebe zur Mathematik*, Journal für Mathematik-Didaktik 1 (1980), 277–297

Dienes, Z.P., Golding, E.W., *Methodik der modernen Mathematik*, Freiburg (Herder) 1970

Diesterweg, A., *Wegweiser zur Bildung für deutsche Lehrer und andere didaktische Schriften*, F. Hofmann (Hrsg.), Berlin (Volk und Wissen) 1962

Diophantos aus Alexandria, *Arithmetik*, Czwalina, A. (Übers.), Göttingen (Vandenhoeck & Ruprecht) 1952

Dörfler, W., *Der Computer als kognitives Werkzeug und kognitives Medium*, in: Dörfler, W. et al. (Hrsg.), *Computer – Mensch – Mathematik: Beiträge zum 6. Internationalen Symposium zur Didaktik der Mathematik, Universität Klagenfurt, 23.-27.09.1990*. Wien (Hölder-Pichler-Tempsky), Stuttgart (B. G. Teubner) 1991, 51-75

Drews, U. (Hrsg.), *Didaktische Prinzipien*, Berlin (Volk und Wissen) 1976

Drüke-Noe, C., *Mathematische Texte auch in Klassenarbeiten*, mathematik lehren (2009), 52–57

Einstein, A., *Aus meinen späten Jahren*, Stuttgart (Deutsche Verlags-Anstalt) 1952

Eirich, M., Schellmann, A., *Entwicklung und Einsatz interaktiver Lernpfade*, mathematik lehren 146 (2008), 59–62

Eirich, M., Schellmann, A., *Auf gemeinsamen Lernpfaden – Unterricht entwickeln in einem Wiki*, mathematik lehren 152 (2009), 18–21

Elschenbroich, H.-J., *DGS als Werkzeug zum präformalen visuellen Beweisen*, in: Elschenbroich, H.-J., Gawlick, T., Henn H.-W. (Hrsg.): *Zeichnung – Figur – Zugfigur, Mathematische und didaktische Aspekte Dynamischer Geometrie-Software*, Hildesheim (Franzbecker) 2001a, 41-53

Elschenbroich, H.-J., *Lehren und Lernen mit interaktiven Arbeitsblättern – Dynamik als Unterrichtsprinzip*, in: Herget, W., Sommer, R. (Hrsg.), *Lernen im Mathematikunterricht mit neuen Medien*, Bericht über die 18. Arbeitstagung des Arbeitskreises „Mathematikunterricht und Informatik" in der Gesellschaft für Didaktik der Mathematik e.V. vom 22. bis 24. September 2000 in Soest, Hildesheim (Franzbecker) 2001b, 31-39

Engel, A., *Elementarmathematik vom algorithmischen Standpunkt*, Stuttgart (Klett) 1977

Engel, A., *Das Extremalprinzip als heuristisches Prinzip beim Problemlösen*, Der Mathematikunterricht 25, Heft 1 (1979), 11–22

Enzensberger, H. M., *Der Zahlenteufel – Ein Kopfkissenbuch für alle, die Angst vor der Mathematik haben*, München (Hanser) 1997

Euklid, *Elemente*, Thaer, C. (Übers., Hrsg.) Darmstadt (Wissenschaftliche Buchgesellschaft) 1962²

Euler, L., *Algebra*, Leipzig (Reclam) o. J.

Fanghänel, G., Walsch, W., *Stoffgebiet „1. Elektronischer Taschenrechner; Anwendung von Verhältnisgleichungen"*, *Kl. 7*, Mathematik in der Schule 23 (1985), 36–55

Fischer, G., *Mathematische Modelle*, Braunschweig (Vieweg) 1986

Fischer, W.L., *Die Formale Begriffsanalyse als Werkzeug in der Mathematikdidaktik*, in: Pickert, G., Weidig I. (Hrsg.), *Mathematik erfahren und lehren*, Festschrift für Hans-Joachim Vollrath, Stuttgart (Klett) 1994, 80–88

Fischer, W.L., *Mathematikdidaktik zwischen Forschung und Lehre, Ausgewählte Aufsätze*, Loska, R., Weigand, H.-G. (Hrsg.), München (Klinkhardt) 1996

Fladt, K., *Euklid*, Berlin (Salle) 1927

Fladt, K., *Didaktik und Methodik des mathematischen Unterrichts*, Frankfurt am Main (Hirschgraben) o. J.

Fraedrich, A.M., *Planung von Mathematikunterricht in der Grundschule*, Heidelberg (Spektrum Akademischer Verlag) 2001

Freudenthal, H., *Mathematik als pädagogische Aufgabe 1 und 2*, Stuttgart (Klett) 1973

Freudenthal, H., *Vorrede zu einer Wissenschaft vom Mathematikunterricht*, München (Oldenbourg) 1978

Freudenthal, H., *Didactical Phenomenology of Mathematical Structures*, Dordrecht (Reidel) 1983

Frey, K., *Die Projektmethode*, Weinheim (Beltz) 1998⁸

Fricke, A., *Operative und anwendungsorientierte Behandlung der Bruchrechnung*, in: Vollrath, H.-J. (Hrsg.), *Zahlbereiche*, Klett (Stuttgart) 1983, 7–25

Fricke, A., *Sachrechnen*, Stuttgart (Klett) 1987

Führer, L., *Pädagogik des Mathematikunterrichts*, Braunschweig (Vieweg) 1997

Fuhrmann, E., *Zum Definieren im Mathematikunterricht*, Berlin (Volk und Wissen) 1973

Fynn, *Hallo, Mister Gott, hier spricht Anna*, Hamburg (Fischer) 1978

Gagné, R. N., *Die Bedingungen des menschlichen Lernens*, Hannover (Schroedel) 1969

Gallin, P., Ruf, U., *Sprache und Mathematik in der Schule. Ein Bericht aus der Praxis*, Journal für Mathematik-Didaktik 14 (1993), 3–33

Gericke, H., *Mathematik in Antike und Orient*, Berlin (Springer) 1984

Glaser, H., *Der Taschenrechner im Geometrieunterricht*, in: Vollrath, H.-J. (Hrsg.) *Praktische Geometrie – Darstellen, Messen Berechnen*, Stuttgart (Klett) 1984, 83–128

Glatfeld, M., *Die Eigenständigkeit des Volksschulrechnens*, Der Mathematikunterricht 13, Heft 2 (1967), 41–63

Gleich, M., Maxeiner, D., Miersch, M., Nicolay F., *Life Counts*, Berlin (Berlin) 2000

Green, N., Green K., *Kooperatives Lernen im Klassenraum und im Kollegium – Das Trainingsbuch*, Seelze-Velber (Kallmeyer) 2005

Griesel, H., *Eine verbandstheoretische Analyse der Bruchrechnung*, Mathematisch-physikalische Semesterberichte 6 (1959), 195–216

Griesel, H., *Lokales Ordnen und Aufstellen einer Ausgangsbasis, ein Weg zur Behandlung der Geometrie der Unter- und Mittelstufe*, Der Mathematikunterricht 9, Heft 4 (1963), 55–65

Gutzmer, A., *Die Tätigkeit der Unterrichtskommission der Gesellschaft Deutscher Naturforscher und Ärzte, Gesamtbericht*, Leipzig (Teubner) 1908

Hadamard, J., The Psychology of Invention in the Mathematical Field, Princeton (University Press) 1949

Hasemann, K., *Kognitionstheoretische Modelle und mathematische Lernprozesse*, Journal für Mathematik-Didaktik 9 (1988), 95–161

Hausmann, G., *Didaktik als Dramaturgie des Unterrichts*, Heidelberg (Quelle & Meyer) 1959

Hayen, J., *Planung und Realisierung eines mathematischen Unterrichtswerks als Entwicklung eines komplexen Systems*, Oldenburg (Klett) 1987

Hefendehl-Hebeker, L., *„Weshalb ist 4 < 9?“*, mathematik lehren 14 (1986), 1

Heintz, G., *Einsatz von DGS am Beispiel von Cinderella*, in: Bender, P., Herget, W., Weigand, H.-G., Weth, T. (Hrsg.), *Lehr- und Lernprogramme für den Mathematikunterricht*, Bericht über die 20. Arbeitstagung des Arbeitskreises „Mathematikunterricht und Informatik“ in der Gesellschaft für Didaktik der Mathematik e.V. vom 27. bis 29. September 2002 in Soest, Hildesheim (Franzbecker) 2003, 71-78

Heinze, A., *Zum Umgang mit Fehlern im Unterrichtsgespräch der Sekundarstufe I*, Journal für Mathematik-Didaktik 25 (2004), 221–244

Heitzer, J., *Spiralen*, Klett (Leipzig) 1998

Henning, H., *Mathematisieren und/oder Modellieren – das ist die Frage!?*, Beiträge zum Mathematikunterricht 1993, 178–181

Hentig, H. v., *Was ist eine humane Schule?* München (Hanser) 1976

Hentig, H. v., *Die Schule neu denken*, München (Hanser) 1993

Herbart, J.F., *Allgemeine Pädagogik aus dem Zweck der Erziehung abgeleitet*, Göttingen 1806 in: *J.F. Herbarts Sämtliche Werke Bd. II*, Kehrbach, K. (Hrsg.) Leipzig (Veit) 1885

Herget, W., *Rettet die Ideen! – Rettet die Rezepte?*, in: Hischer, H., Weiß, M. (Hrsg.) *Rechenfertigkeit und Begriffsbildung*, Bad Salzdetfurth (Franzbecker) 1996, 156–169

Herget, W., *Mathe kommt vor!*, mathematik lehren 145 (2007), 4–8

Hermes, H., *Einführung in die mathematische Logik*, Stuttgart (Teubner) 1969[2]

Heron, *Heronis Alexandrini opera quae supersunt omnia, IV*, Heiberg, J.L. (Hrsg.), Stuttgart (Teubner) 1976

Heymann, H.W., *Allgemeinbildung und Mathematik*, Weinheim (Beltz) 1996

Hiele, P.M. van, *Piagets Beitrag zu unserer Einsicht in die kindliche Zahlbegriffsbildung*, in: Odenbach, K. (Hrsg.), *Rechenunterricht und Zahlbegriff*, Braunschweig (Westermann) 1967[3], 105–131

Hilbert, D., *Axiomatisches Denken*, Mathematische Annalen 78 (1918), 405–415

Hilbert, D., *Grundlagen der Geometrie*, Stuttgart (Teubner) 1999[14]

Hirschmann, G., Vierengel, H., *Der moderne Mathematik-Unterricht*, Frankfurt am Main (Olivetti) 1970

Hofe, R. vom, *Grundvorstellungen mathematischer Inhalte*, Heidelberg (Spektrum Akademischer Verlag) 1995

Hofe, R. vom, *Explorativer Umgang mit Funktionen – Interaktion und Kommunikation in selbst organisierten Arbeitsphasen*, Journal für Mathematik-Didaktik 20 (1999), 186–221

Holland, G., *Geometrie in der Sekundarstufe*, Heidelberg (Spektrum Akademischer Verlag) 1996[2]

Hopf, D., *Mathematikunterricht*, Stuttgart (Klett-Cotta) 1980

Jäger, J., Schupp, H., *Curriculum Stochastik in der Hauptschule*, Paderborn (Schöningh) 1983

Jäger, J., Schupp, H., *Wann sind alle Kästchen besetzt?*, Didaktik der Mathematik 1 (1987), 37–48

Jahnke-Soltau, U., *Mathematik-Spiele*. Abgerufen am 08. April 2011 von Gamecraft (ujas javascript-spiele 1998-2007): http://www.gamecraft.de/get_gruppe.php?gruppe=ma

Jank, W., Meyer, H., *Didaktische Modelle*, Berlin (Cornelsen) 1994[3]

Jung, W., *Logische Aspekte der Schulmathematik*, Frankfurt am Main (Salle) 1967

Jung, W., *Wachsende Kluft zwischen Schulmathematik und Schulphysik?*, Beiträge zum Mathematikunterricht 1976, 95–102

Kadunz, G., *Visualisierung, Bild und Metapher. Die vermittelnde Tätigkeit der Visualisierung beim Lernen von Mathematik*, Journal für Mathematik-Didaktik 21 (2000), 280–302

Kant, I., *Metaphysische Anfangsgründe der Naturwissenschaften* (1786), in: Kant, I., *Schriften zur Naturphilosophie*, Weischedel, W. (Hrsg.), Frankfurt am Main (Suhrkamp) 1977

Kant, I., *Kritik der reinen Vernunft*, Werke Bd. 2, Tomann, R. (Hrsg.), Köln (Könemann) 1995

Karaschewski, H., *Wesen und Weg des ganzheitlichen Rechenunterrichts*, Stuttgart (Klett) 1966

Keitel, C., Otte, M., Seeger, F., *Text, Wissen, Tätigkeit*, Königstein (Scriptor) 1980

Kirsch, A., *Eine Analyse der sogenannten Schlußrechnung*, Mathematisch-physikalische Semesterberichte 16 (1969), 41–55

Klafki, W., *Neue Studien zur Bildungstheorie und Didaktik*, Weinheim (Beltz) 1985

Klein, F., *Elementarmathematik vom höheren Standpunkte aus*, 1. Band, Berlin (Springer) 1933[4]

Klingberg, L., *Einführung in die Allgemeine Didaktik*, Berlin (Volk und Wissen) 1974[2]

KMK, *Bildungsstandards im Fach Mathematik für den mittleren Schulabschluss*, Beschluss der KMK vom 4.12.2003

KMK, *Vereinbarung zur Gestaltung der gymnasialen Oberstufe in der Sekundarstufe II*, Beschluss der KMK vom 2.6.2006

Krantz, S.G., *How to teach mathematics: a personal perspective*, Providence (American Mathematical Society) 1994

Krauthausen, G., Scherer, P., *Einführung in die Mathematikdidaktik*, Heidelberg (Spektrum Akademischer Verlag) 2007[3]

Krüger, K., *Erziehung zum funktionalen Denken*, Berlin (Logos) 2000

Krummheuer, J., *Das Arbeitsinterim im Mathematikunterricht*, in: Bauersfeld, H. et al. (Hrsg.), *Analysen zum Unterrichtshandeln II*, Köln (Aulis) 1983, 57–106

Landau, E., *Grundlagen der Analysis*, Leipzig (Akademische Verlagsgesellschaft) 1930

Lenné, H., *Analyse der Mathematikdidaktik in Deutschland*, Stuttgart (Klett) 1969

Lense, J., *Vom Wesen der Mathematik und ihren Grundlagen*, München (Leibniz) 1949

Leuders, T., Ludwig, M. Oldenburg R. (Hrsg.), *Experimentieren im Geometrieunterricht, Herbsttagung 2006 des GDM-Arbeitskreises Geometrie*, Hildesheim (Franzbecker) 2006

Leuders, T., *Gespielt – gelernt – gewonnen! – Produktive Übungsspiele*, Praxis der Mathematik in der Schule 22 (2008), 1–7

Leuders, T., *Spielst du noch – oder denkst du schon? – Produktive Erarbeitungsspiele*, Praxis der Mathematik in der Schule 25 (2009), 1–9

Lietzmann, W., *Methodik des mathematischen Unterrichts, 1. Teil, 2. Teil*, Leipzig (Quelle & Meyer) 1926[2], 1923[2]

Lietzmann, W., *Methodik des mathematischen Unterrichts*, Stender, R. (Bearb.) Heidelberg (Quelle & Meyer) 1961[3]

Lietzmann, W., *Der pythagoreische Lehrsatz*, Leipzig (Teubner) 1965

Lietzmann, W., *Lustiges und Merkwürdiges von Zahlen und Formen*, Göttingen (Vandenhoeck & Ruprecht) 1982

Lindemann, F., *Auszug aus den Lebenserinnerungen*, Manuskript im Archiv des Mathematischen Instituts der Universität Würzburg, o.J.

Lompscher, J. (Hrsg.), *Theoretische und experimentelle Untersuchungen zur Entwicklung geistiger Fähigkeiten*, Berlin (Volk und Wissen) 1972

Loska, R., *Lehren ohne Belehrung*, Bad Heilbrunn (Klinkhardt) 1995

Ludwig, M., *Projekte im Mathematikunterricht des Gymnasiums*, Hildesheim (Franzbecker) 1998

Ludwig, M., *Ein Schuljahr mit EUKLID – Arbeiten mit dynamischer Geometriesoftware in Klasse 9*, Mathematik in der Schule 37 (1999), 297–304

Ludwig, M., *Wie funktioniert die Abblitzion?* mathematik lehren 141 (2007), 12–14

Ludwig, M., *Mathematik + Sport*, Wiesbaden (Vieweg, Teubner) 2008

Ludwig, M., Oldenburg, R., *Lernen durch Experimentieren – Handlungsorientierte Zugänge zur Mathematik*, mathematik lehren 141 (2007), 4–11

Maas, K., *Mathematisches Modellieren, Aufgaben für die Sekundarstufe I*, Berlin (Cornelsen Scriptor) 2007

Maier, H., Voigt, J. (Hrsg.), *Interpretative Unterrichtsforschung*, Köln (Aulis) 1991

Maier, H., Schweiger, F., *Mathematik und Sprache*, Wien (öbv & hpt) 1999

Malle, G., *Didaktische Probleme der elementaren Algebra*, Braunschweig (Vieweg) 1993

Mandl, H., Reinmann-Rothmeier, G., *Unterrichten und Lernumgebungen gestalten*, (Forschungsbericht Nr. 60). München: Ludwig-Maximilians-Universität, Lehrstuhl für Empirische Pädagogik und Pädagogische Psychologie, Internet, ISSN 1614-6336, 1999

Markert, D., *Aufgabenstellen im Mathematikunterricht*, Freiburg (Herder) 1979

Meier, A., *realmath.de: Konzeption und Evaluation einer interaktiven dynamischen Lehr-Lernumgebung für den Mathematikunterricht in der Sekundarstufe I*, Hildesheim (Franzbecker) 2009

Menninger, K., *Ali Baba und die 39 Kamele*, Köln (Aulis) 1992a

Menninger, K., *Rechenkniffe*, Göttingen (Vandenhoeck & Ruprecht) 1992b

Mertens, D., *Schlüsselqualifikationen. Thesen zur Schulung für eine moderne Gesellschaft*, Mitteilungen aus Arbeitsmarkt und Berufsforschung (1974), 36–43

Meschkowski, H., *Mathematik als Bildungsgrundlage*, Braunschweig (Vieweg) 1965

Meschkowski, H. (Hrsg.), *Mathematik-Duden für Lehrer*, Mannheim (BI) 1969

Metzger, W., *Gesetze des Sehens*, Frankfurt am Main (Kramer) 1975[3]

Meyer, H.L., *Einführung in die Curriculum-Methodologie*, München (Kösel) 1972

Meyer, H., *Unterrichtsmethoden I, II*, Berlin (Cornelsen) 1994[6], 1987

Meyer, J, *Zu den Zielen des Mathematikunterrichts*. Der Mathematikunterricht 51 (2005), Heft 2/3, 58-69

Meyer, M., Voigt, J., *Entdecken mit latenter Beweisidee – Analyse von Schulbüchern*, Journal für Mathematik-Didaktik 29 (2008), 124–151

Möller, R.D., *Zur Entwicklung von Preisvorstellungen bei Kindern*, Journal für Mathematik-Didaktik 18 (1997), 285–316

Montessori, M., *Kinder sind anders*, München (dtv) 1987

Moser Opitz, E., „*Ich liebe es einfach, mit Zahlen und Brüchen zu jonglieren.*" *Begründungsmuster zur Einstellung zum Fach Mathematik in Klasse 5 und 8*, Journal für Mathematik-Didaktik 30 (2009), 181–205

Müller, G., Wittmann, E.Ch., *Der Mathematikunterricht in der Primarstufe*, Braunschweig (Vieweg) 1984[3]

NCTM, *Principles and Standards for School Mathematics*. Reston (National Council of Teachers of Mathematics) 2000

OEEC, *Synopses for modern secondary school mathematics*, Paris (OEEC) 1961

Oehl, W., *Der Rechenunterricht in der Grundschule*, Hannover (Schroedel) 1962[7]

Oehl, W., *Der Rechenunterricht in der Hauptschule*, Hannover (Schroedel) 1965

Otte, M., *Das Formale, das Soziale und das Subjektive*, Frankfurt am Main (Suhrkamp) 1994

Otto, G., Schulz, W. (Hrsg.), *Methoden und Medien der Erziehung und des Unterrichts*, Stuttgart (Klett-Cotta) 1993[2]

Padberg, F., *Didaktik der Bruchrechnung*, Heidelberg (Spektrum Akademischer Verlag) 1995[2]

Padberg, F., *Didaktik der Arithmetik*, Heidelberg (Spektrum Akademischer Verlag) 1996[2]

Padberg, F., *Didaktik der Bruchrechnung*, Heidelberg (Spektrum Akademischer Verlag) 2002[3]

Parreren, C.F. van, *Lernen in der Schule*, Weinheim (Beltz) 1972[4]

Pestalozzi, J.H., *ABC der Anschauung, oder Anschauungs-Lehre der Maßverhältnisse*, Zürich und Bern (Geßner) 1803

Petermann, B., Hagge, K., *Gewachsene Raumlehre*, Freiburg (Herder) 1935

Piaget, J., Szeminska, A., *Die Entwicklung des Zahlbegriffs beim Kinde*, Stuttgart (Klett) 1969[2]

Piaget, J., Inhelder, B., *Die Psychologie des Kindes*, Olten (Walter) 1973[2]

Pickert, G., *Die Bruchrechnung als Operieren mit Abbildungen*, Mathematisch-physikalische Semesterberichte 15 (1968), 32–47

Pickover, C.A., *Die Mathematik und das Göttliche*, Heidelberg (Spektrum Akademischer Verlag) 1999

Pietzsch, G., *Zur problemhaften Gestaltung des Mathematikunterrichts*, Berlin (Akademie der Pädagogischen Wissenschaften) o. J.

Pimm, D., *Speaking Mathematically*, London (Routledge) 1987

Platon, *Menon*, Kranz, M. (Übers., Hrsg.) Stuttgart (Reclam) 1994

Pólya, G., *Schule des Denkens*, Bern (Francke) 1967[2]

Popper, K.R., *Ausgangspunkte*, Hamburg (Hoffmann und Campe) 1984[3]

Popper, K.R., *Logik der Forschung*, Tübingen (Mohr) 1989[9]

Prade, H., *Affine Geometrie im Mittelstufenunterricht des Gymnasiums*, Der Mathematikunterricht 12, Heft 5 (1966), 5–36

Prediger, S., *Über das Verhältnis von Theorien und wissenschaftlichen Praktiken – am Beispiel von Schwierigkeiten mit Textaufgaben*, Journal für Mathematik-Didaktik 31 (2010), S. 167–195

Preyer, W., *Die Seele des Kindes*, Leipzig (Grieben) 1908[7]

Proklus Diadochus, *Kommentar zum ersten Buch von Euklids „Elementen"*, Steck, M. (Hrsg.) Halle (Leopoldina) 1945

Proksch, R., *Geometrische Propädeutik*, Göttingen (Vandenhoeck & Ruprecht) 1956

Radatz, H., Schipper, W., *Handbuch für den Mathematikunterricht an Grundschulen*, Hannover (Schroedel) 1983

Radbruch, K., *Mathematische Spuren in der Literatur*, Darmstadt (Wissenschaftliche Buchgesellschaft) 1997

Reble, A., *Geschichte der Pädagogik*, Stuttgart (Klett) 1999[19]

Reichel, H.C. (Hrsg.), *Fachbereichsarbeiten und Projekte im Mathematikunterricht*, Wien (Hölder, Pichler, Tempsky) 1991

Reiss, K., *Wege zum Beweisen*, mathematik lehren 155 (2009), 3, 4–9

Rezat, S., *Die Struktur von Mathematikbüchern*, Journal für Mathematik-Didaktik 29 (2008), 46-67

Robinsohn, S.B., *Bildungsreform als Revision des Curriculum*, Berlin (Luchterhand)1973[4]

Roth, H., *Pädagogische Psychologie des Lehrens und Lernens*, Hannover (Schroedel) 1965[8]

Roth, J., *Experimentelle Geometrie und Projektarbeit am Beispiel „Einparken"*, in: Leuders, T., Ludwig, M., Oldenburg, R. (Hrsg.), *Experimentieren im Geometrieunterricht, Herbsttagung 2006 des GDM-Arbeitskreises Geometrie*, Hildesheim (Franzbecker) 2006a, 109-128

Roth, J., *Terme dynamisch – Mit Tabellen Terme analysieren*, mathematik lehren 137 (2006b), 14-16

Roth, J., *Dynamik von DGS – Wozu und wie sollte man sie nutzen?* in: Kortenkamp, U., Weigand, H.-G., Weth, T. (Hrsg.), *Informatische Ideen im Mathematikunterricht.* Bericht über die 23. Arbeitstagung des Arbeitskreises „Mathematikunterricht und Informatik" in der Gesellschaft für Didaktik der Mathematik e.V. vom 23. bis 25. September 2005 in Dillingen an der Donau, Hildesheim (Franzbecker) 2008a, 131-138

Roth, J., *Online-Spiele im Mathematikunterricht*, mathematik lehren 146 (2008b), 68-69

Roth, J., *Eine geometrische Lernumgebung – Entwicklung von Verständnisgrundlagen für Bruchzahlen und das Rechnen mit Brüchen*, in: Fritz-Stratmann, A., Schmidt, S. (Hrsg.): *Fördernder Mathematikunterricht in der Sekundarstufe I – Rechenschwierigkeiten erkennen und überwinden*, Weinheim (Beltz) 2009a, S. 186-200

Roth, J., *Strukturen, Figuren und Abbildungen – Ein Zusammenspiel von konkreter Kunst und Mathematik*, Der Mathematikunterricht, Heft 2, 55 (2009b), 5-11

Roth, J. *Computerwerkzeuge und Prüfungen – Probleme, Lösungsansätze und Chancen*, in: Kortenkamp, U., Weigand, H.-G., Weth, T. (Hrsg.): *Computerwerkzeuge und Prüfungen.* Bericht über die 24. Arbeitstagung des Arbeitskreises „Mathematikunterricht und Informatik" in der Gesellschaft für Didaktik der Mathematik e.V. vom 22. bis 24. September 2006 in Soest, Hildesheim (Franzbecker) 2011, 79-93

Ruf, U., Gallin, P., *Dialogisches Lernen in Sprache und Mathematik*, Bd. 1, Seelze-Velber (Kallmeyer) 1998

Russell, B., *Ewige Ziele der Erziehung*, Heidelberg (Kampmann) 1928

Schlöglmann, W., *Warum sind Unterrichtsformen so stabil? – Zur individuellen wie sozialen Funktion von Routine*, Journal für Mathematik-Didaktik 26 (2005), 143–159

Schmidt, F., Stäckel, P. (Hrsg.), *Briefwechsel zwischen Carl Friedrich Gauß und Wolfgang Bolyai*, Leipzig (Teubner) 1899 (Nachdruck New York-London 1972)

Schmidt, J. A., *Lehrerhilfen im Mathematikunterricht*, Stuttgart (Klett) 1984

Schreiber, A., *Idealisierungsprozesse – Ihr logisches Verständnis und ihre didaktische Funktion*, Journal für Mathematik-Didaktik 1 (1980), 42–61

Schubring, G., *Das genetische Prinzip in der Mathematik-Didaktik*, Stuttgart (Klett) 1978

Schulz, W., *Unterrichtsplanung*, München (Urban & Schwarzenberg) 1981[3]

Schumann, H., *Interaktive Arbeitsblätter für das Geometrielernen*, Mathematik in der Schule 36 (1998), Heft 10, 562-569

Schupp, H., *Mühlegeometrie*, Paderborn (Schöningh) 1974

Schupp, H., *Funktionen des Spiels im Mathematikunterricht der Sekundarstufe I*, Praxis der Mathematik 20 (1978), 107–112

Schupp, H., *Optimieren*, Mannheim (BI) 1992

Schupp, H., *Zu den „Paradoxien des Verstehens von Mathematik"*, Journal für Mathematik-Didaktik 14 (1993), 331–335

Schupp, H., *Kegelschnitte*, Hildesheim (Franzbecker) 2000

Schweiger, F., *Fundamentale Ideen*, Aachen (Shaker) 2010

Scupin, E., Scupin, G., *Bubis erste Kindheit: Ein Tagebuch über die geistige Entwicklung eines Knaben in den ersten drei Lebensjahren*, Leipzig (Grieben) 1907

Sewerin, H., *Mathematische Schülerwettbewerbe*, München (Manz) 1979

Sietmann, G. et al., *Inhaltliche Beziehungen zwischen dem Mathematikunterricht und den Unterrichtsfächern Physik, Chemie und Biologie*, Rostock (Bezirkskabinett für Weiterbildung der Lehrer und Erzieher) 1980

Singh, S., *Fermats letzter Satz*, München (dtv) 2000[4]

Snow, C.P., *Die zwei Kulturen. Literarische und naturwissenschaftliche Intelligenz*, Stuttgart (Klett) 1967

Speiser, A., *Klassische Stücke der Mathematik*, Zürich (Füssli) 1925

Sprengel, H., *Anschaulicher Raumlehreunterricht*, Hannover (Zickfeldt) 1969

Steck, M., *Ein unbekannter Brief von Gottlob Frege über Hilberts erste Vorlesung über die Grundlagen der Geometrie*, Sitzungsberichte der Heidelberger Akademie der Wissenschaften, 6. Abteilung, Heidelberg 1940

Stein, M., *Beweisen*, Bad Salzdetfurth (Franzbecker) 1986

Steiner, H.-G., *Elementare moderne Algebra*, in: Behnke, H. et al. (Hrsg.), *Die Neugestaltung des Mathematikunterrichtes an den höheren Schulen*, Stuttgart (Klett) 1969, 48–65

Steiner, H.-G., *Zur Geschichte der Lehrplanentwicklung für den Mathematikunterricht der Sekundarstufe*, Mathematisch-physikalische Semesterberichte 25 (1978) 172–193

Steiner, H.-G., *Über Metaphern, Modelle und Mathematik*, in: Bender, P. (Hrsg.), *Mathematikdidaktik: Theorie und Praxis*, Berlin (Cornelsen) 1988 , S. 190–201.

Steinhöfel, W., Reichold, K., Frenzel, L., *Zur Gestaltung typischer Unterrichtssituationen im Mathematikunterricht*, Berlin (Volksbildung) 1978

Stern, C., Stern, W., *Die Kindersprache*, Darmstadt (Wissenschaftliche Buchgesellschaft) 1987[5]

Stern, W., *Psychologie der frühen Kindheit bis zum sechsten Lebensjahr*, Heidelberg (Quelle & Meyer) 1952[7]

Strunz, K., *Der neue Mathematikunterricht in pädagogisch-psychologischer Sicht*, Heidelberg (Quelle & Meyer) 1968[5]

Törner, G., Grigutsch, S., „*Mathematische Weltbilder*" bei Studienanfängern – eine Erhebung, Journal für Mathematik-Didaktik 15 (1994), 211–251

Treutlein, P., *Der geometrische Anschauungsunterricht*, Schönbeck, J. (Hrsg.), Paderborn (Schöningh) 1985

Ulm, V., *Lernumgebungen mit Neuen Medien – Kristallisationspunkte für inkrementell-evolutionäre Innovationsentwicklungen im Mathematikunterricht*, Karlsruher pädagogische Beiträge 72 (2009), 39-57

Viet, U., Sommer, N., *Leistungsdifferenzierung im Mathematikunterricht des 5. und 6. Schuljahres*, Journal für Mathematik-Didaktik 1 (1980), 143–170

Vohns, A., *Fundamentale Ideen und Grundvorstellungen: Versuch einer konstruktiven Zusammenfassung am Beispiel der Addition von Brüchen*, Journal für Mathematik-Didaktik 26 (2005), S. 52–79

Vollrath, H.-J., *Formeln und Berufsorientierung im Mathematikunterricht*, Westermanns Pädagogische Beiträge 27 (1975), 489–496

Vollrath, H.-J., *Klassifikationen nach Ähnlichkeit*, Der Mathematikunterricht 24, Heft 2 (1978a), 105–115

Vollrath, H.-J., *Rettet die Ideen!*, Der mathematisch-naturwissenschaftliche Unterricht 13 (1978b), 449–455

Vollrath, H.-J., *Schülerversuche zum Funktionsbegriff*, Der Mathematikunterricht 24, Heft 4 (1978c), 90–101

Vollrath, H.-J., *Die Bedeutung von Hintergrundtheorien für die Bewertung von Unterrichtssequenzen*, Der Mathematikunterricht 25, Heft 5 (1979) 77–89

Vollrath, H.-J., *Methodik des Begriffslehrens im Mathematikunterricht*, Stuttgart (Klett) 1984

Vollrath, H.-J., *Sätze angemessen bewerten lernen*, Mathematik in der Schule 31 (1993a), 395–404

Vollrath, H.-J., *Dreisatzaufgaben als Aufgaben zu proportionalen Zuordnungen*, Mathematik in der Schule 31 (1993b), 209–221

Vollrath, H.-J., *Paradoxien des Verstehens von Mathematik*, Journal für Mathematik-Didaktik 14 (1993c), 35–58

Vollrath, H.-J., *Modelle langfristigen Lernens von Begriffen im Mathematikunterricht*, Mathematik in der Schule 33 (1995), 460–472

Vollrath, H.-J., *Die Rolle des Didaktischen in der Grundlegung der Arithmetik*, Mathematische Semesterberichte 43 (1996), 109–122

Vollrath, H.-J., *Problemorientierung als didaktisches Prinzip*, in: Baptist, P. (Hrsg.), Mathematikunterricht im Wandel – Bausteine für den Unterricht, Bamberg (Buchner) 2000a, 31–45

Vollrath, H.-J., *Argumentationen mit Winkeln*, in: Flade, L. Herget, W., *Mathematik Lehren und Lernen nach TIMSS*, Berlin (Volk und Wissen) 2000b, S. 51–58

Vollrath, H.-J., Weigand, H.-G., *Algebra in der Sekundarstufe*, Heidelberg (Spektrum Akademischer Verlag) 2007[3]

Vordermann, C., *Spannendes aus der Welt der Mathematik*, London (Christian Verlag) 2000

Wagenschein, M., *Ursprüngliches Verstehen und exaktes Denken*, Bd. 1, Stuttgart (Klett) 1970[2]

Wagenschein, M., *Rettet die Phänomene!*, Mathematisch-naturwissenschaftlicher Unterricht 30 (1977), S. 129–137

Wagenschein, M., *Erinnerungen für morgen*, Weinheim (Beltz) 1983

Wallrabenstein, W., *Offene Schule – Offener Unterricht, Ratgeber für Eltern und Lehrer*, Reinbeck (Rowohlt) 1991

Walsch, W., *Zum Beweisen im Mathematikunterricht*, Berlin (Volk und Wissen) 1972

Walsch, W., Weber, K. (Hrsg.), *Methodik Mathematikunterricht*, Berlin (Volk und Wissen) 1975

Weidig, I., *Die Behandlung der negativen Zahlen in der Hauptschule*, in: Vollrath, H.-J. (Hrsg.), Zahlbereiche, Stuttgart (Klett) 1983, S. 58–84

Weigand, H.-G., Weth, T., *Computer im Mathematikunterricht*, Heidelberg (Spektrum Akademischer Verlag) 2002

Weigand, H.-G., vom Hofe, R., *Mit Tabellen kalkulieren*, mathematik lehren 137 (2006)

Weigand, H.-G. et al., *Didaktik der Geometrie für die Sekundarstufe I*, Heidelberg (Spektrum Akademischer Verlag) 2009

Wells, D., *Which is the most beautiful?* The Mathematical Intelligencer 10 Heft 4 (1988), 30–31

Wells, D., *Are these the most beautiful?* The Mathematical Intelligencer 12 Heft 3 (1990), 37–41

Wertheimer, M., *Produktives Denken*, Frankfurt am Main (Kramer) 1957

Weth, T., *Kreativität im Mathematikunterricht*, Hildesheim (Franzbecker) 1999

Weth, T., *Der Computer als heuristisches Werkzeug im Geometrieunterricht*, in: Peschek, W. (Hrsg.), Beiträge zum Mathematikunterricht 2002, Hildesheim (Franzbecker) 2002, 511-514

Weyl, H., *Topologie und abstrakte Algebra als zwei Wege mathematischen Verständnisses*, Unterrichtsblätter für Mathematik und Naturwissenschaften 38 (1932), 177–188

Winter, H., *Vorstellungen zur Entwicklung von Curricula für den Mathematikunterricht in der Gesamtschule*, in: Beiträge zum Lernzielproblem, Ratingen (Henn) 1972, 67–95

Winter, H., *Zur Problematik des Beweisbedürfnisses*, Journal für Mathematik-Didaktik 4 (1983), 59–95

Winter, H., *Begriff und Bedeutung des Übens im Mathematikunterricht*, mathematik lehren Heft 2 (1984), 4–16

Winter, H., *Entdeckendes Lernen im Mathematikunterricht*, Braunschweig (Vieweg) 1989

Wittenberg, A.I., *Bildung und Mathematik*, Stuttgart (Klett) 1990[2]

Wittmann, E., *Infinitesimalrechnung I, II in genetischer Darstellung*, Ratingen (Henn) 1973

Wittmann, E., *Themenkreismethode und lokales Ordnen*, Der Mathematikunterricht 20, Heft 1 (1974), 5–18

Wittmann, E., *Zur Rolle von Prinzipien in der Mathematikdidaktik*, Beiträge zum Mathematikunterricht 1975, 226–235

Wittmann, E.Ch., *Elementargeometrie und Wirklichkeit*, Braunschweig (Vieweg) 1987

Wittmann, E.Ch., *Wider die Flut der „bunten Hunde“ und der „grauen Päckchen“: Die Konzeption des aktiv entdeckenden Lernens und des produktiven Übens*, Sachunterricht und Mathematik in der Primarstufe 17 (1989), 445–446, 455–460, 493–494, 503–505

Wittmann, E.Ch., *Mathematikdidaktik als „design science“*, Journal für Mathematik-Didaktik 13 (1992), 55–70

Wittmann, E.Ch., *Grundfragen des Mathematikunterrichts*, Braunschweig (Vieweg) 1995[6]

Wolff, Ch. von, *Neuer Auszug aus den Anfangsgründen aller mathematischen Wissenschaften*, Marburg (Akademische Buchhandlung) 1797

Wollring, B., *Zur Kennzeichnung von Lernumgebungen für den Mathematikunterricht in der Grundschule*, Vorlage zu einem Text in der Schriftenreihe der Arbeitsgruppe „Empirische Bildungsforschung“ an der Universität Kassel, Handout für Teilnehmende der SINUS-Landestagung am 26.–27.10.2007 in der Reinhardswaldschule in Fuldatal, 2007, http://www.mathematik.uni-kassel.de/didaktik/HomePersonal/lilitakis/ home/workshops/LernumgebungenWofSinusHessen07071.pdf, (Abruf 30.03.2011)

Zech, F., *Grundkurs Mathematikdidaktik*, Weinheim (Beltz) 1996[8]

Ziegenbalg, J., *Algorithmen*, Heidelberg (Spektrum Akademischer Verlag) 1996

Hinweis

Die Aufsätze der Verfasser sind im Internet verfügbar unter der Adresse:

Jürgen Roth:

http://www.juergen-roth.de/publikationen_roth.html

Hans-Joachim Vollrath:

http://www.mathematik.uni-wuerzburg.de/history/vollrath/papers/

Index